合成生物学

主　编　刘建忠

副主编　白林泉　黄明涛

科学出版社

北　京

内 容 简 介

本书涵盖微生物合成生物学和医学合成生物学两大领域，以合成生物学元件、方法、技术到应用为主线，从生物元件、装置和生物系统的合成技术及其典型应用范例全视角，系统、全面地介绍合成生物学的基本原理、技术及最新的发展成果。全书共9章，包括概论，元件、装置和途径的合成，合成酶学，合成生物系统，合成基因线路，放线菌合成生物学，酵母合成生物学，医学合成生物学和合成微生物群。

本书适合作为高等院校生物科学、生物技术、生物工程、生物化工、生物制药和食品科学与工程等高年级本科生和研究生的教材，也可供广大的合成生物学和生物制造研究者阅读参考。

图书在版编目（CIP）数据

合成生物学 / 刘建忠主编. —北京：科学出版社，2024.6
ISBN 978-7-03-078635-7

Ⅰ.①合⋯ Ⅱ.①刘⋯ Ⅲ.①生物合成-高等学校-教材 Ⅳ.①Q503

中国国家版本馆CIP数据核字（2024）第110572号

责任编辑：刘　畅　韩书云 / 责任校对：周思梦
责任印制：肖　兴 / 封面设计：无极书装

科 学 出 版 社 出版
北京东黄城根北街16号
邮政编码：100717
http://www.sciencep.com

北京天宇星印刷厂印刷
科学出版社发行　各地新华书店经销
*
2024年6月第 一 版　开本：787×1092　1/16
2024年6月第一次印刷　印张：16 3/4
字数：428 800

定价：79.00元
（如有印装质量问题，我社负责调换）

《合成生物学》编写人员

主　　编　刘建忠

副 主 编　白林泉　黄明涛

编　　委（按姓氏笔画排序）

王亚军　浙江工业大学药学院

白林泉　上海交通大学生命科学技术学院

刘　龙　江南大学生物工程学院

刘建忠　中山大学生命科学学院

林　园　中山大学中山医学院

赵文婧　中山大学医学院

黄明涛　华南理工大学食品科学与工程学院

序 言
Foreword

2000 年《自然》发表了双稳态拨动开关和振荡器基因线路后，合成生物学正式作为一门学科而得到了快速发展。合成生物学是在工程学思想指导下，对生物体进行有目的的设计、改造，乃至从头合成，甚至创建具有非自然功能的"人造生命体"，即通过设计和改造人工生物系统赋予生物体新的功能。合成生物学是继 DNA 双螺旋结构发现和基因组测序之后的"第三次生物科学革命"，被认为是能改变世界的前沿颠覆性学科，已成为世界各国抢占的科技战略高地。

目前国内许多高校开设了"合成生物学"的课程，一些高校也设立了合成生物学本科专业。鉴于合成生物学快速发展以及人才培养的需求，中山大学刘建忠教授邀请了上海交通大学、江南大学、华南理工大学和浙江工业大学等高校从事合成生物学研究和教学的教师组织编写了这本《合成生物学》教材。该教材内容涵盖微生物合成生物学和医学合成生物学两大领域，以合成生物学元件、方法、技术到应用为主线，从生物元件、装置和生物系统的合成技术及其典型应用范例全视角，系统、全面地介绍合成生物学的基本原理、技术及最新的发展成果。本教材主编为中山大学刘建忠教授，上海交通大学白林泉教授和华南理工大学黄明涛教授为副主编。江南大学刘龙教授、浙江工业大学王亚军教授、中山大学林园教授和赵文婧教授参与编写。

总之，这是一本值得推荐的教材。我相信，该教材的出版将为我国合成生物学的人才培养做出重要贡献，它在使学生了解和掌握合成生物学的基本原理、技术和方法上发挥重要作用。

2024 年 6 月
于上海交通大学

前　言
Foreword

合成生物学是生物学、工程学、物理学、化学、数学和计算机科学等学科相互交叉的一个新兴学科。它是在工程学"自下而上"理念的指导下，综合系统、合成、定量、计算与理论科学的手段，采用"设计-构建-测试-学习"的迭代研究，认识生命，创建特定结构功能的工程化生命系统的理论架构与方法体系。2000 年，双稳态拨动开关和振荡器基因线路的成功构建，推动了合成生物学作为一门新兴学科的发展。

2004 年，美国麻省理工学院出版的 *Technology Review* 将合成生物学评为将改变世界的十大新兴技术之一。合成生物学被称为是继"DNA 双螺旋结构发现"所催生的分子生物学革命和"人类基因组计划"实施所催生的基因组学革命之后的"第三次生物科学革命"。合成生物学将为改善人类健康，解决资源、能源、环境等重大问题提供全新的解决方案，为现代工业、农业、医药等产业带来跨越性乃至颠覆性的发展机遇。合成生物学所具有的革命式、颠覆式创新潜力，已经成为世界各国必争的科技战略高地，正在引发新一轮科技与产业国际竞争。

2020 年以来，美国、英国、澳大利亚、欧盟等国家和地区不断更新与发布相关的研究和技术路线图，加大经费投入并持续支持新的研究项目，建立合成生物学/工程生物学研究中心和平台设施等。我国《"十四五"生物经济发展规划》多次提及合成生物学。目前，我国正处在高质量发展、全面建设社会主义现代化国家的阶段。生物制造是国家重点发展的战略性新兴产业。生物制造和合成生物学是加快传统产业转型升级、建设新质生产力、发展未来产业的重要抓手。

学科和产业的发展，离不开教学开展和人才培养。为了满足合成生物学教学、科研及生物制造快速发展的需要，中山大学刘建忠教授自 2017 年起开始在本校给本科生和研究生开设合成生物学课程。在教学过程中，备感学习资料匮乏，深深体会到编写一本适合我国高校师生和研究人员使用的合成生物学教材的必要性。经过几年的不断完善，他组织中山大学、上海交通大学、江南大学、华南理工大学和浙江工业大学等高校从事合成生物学研究和教学的教师编写了这本《合成生物学》教材。本书内容涵盖微生物合成生物学和医学合成生物学两大领域，以合成生物学元件、方法、技术到应用为主线，从生物元件、装置和生物系统的合成技术及其典型应用范例全视角，系统、全面地介绍合成生物学的基本原理、技术及最新的发展成果。

　　全书内容、结构和各章节编写由中山大学刘建忠教授统筹安排。本书共 9 章。第一章概论和第二章元件、装置和途径的合成，由中山大学刘建忠教授编写；第三章合成酶学，由浙江工业大学王亚军教授编写；第四章合成生物系统，由中山大学刘建忠教授和华南理工大学黄明涛教授编写；第五章合成基因线路，由江南大学刘龙教授编写；第六章放线菌合成生物学，由上海交通大学白林泉教授编写；第七章酵母合成生物学，由华南理工大学黄明涛教授编写；第八章医学合成生物学，由中山大学林园教授编写；第九章合成微生物群，由中山大学赵文婧教授编写。本书主编为刘建忠教授，副主编为白林泉教授和黄明涛教授。

　　本书适合作为高等院校生物科学、生物技术、生物工程、生物化工、生物制药和食品科学与工程等高年级本科生和研究生的教材，也可供广大的合成生物学和生物制造研究者阅读参考。

　　本书引用了国内外有关合成生物学的文献资料，在此对这些参考文献的作者致以衷心感谢。科学出版社刘畅副编审及其同事为本书的出版付出了辛勤劳动，在此向他们致以诚挚的谢意。本书的出版得到了中山大学教学质量与教学改革工程类项目和国家重点研发计划项目的资助及中山大学生命科学学院的支持，特此致谢。

　　由于合成生物学发展迅速、重大成果日新月异，编者的视野和水平有限，教材欠妥或不足之处在所难免，诚恳地希望广大读者批评指正！我们会在后续更新完善。

编　者

2024 年 1 月

目　录
Contents

第一章
概 论

第一节 **合成生物学的定义与研究内容**

一、合成生物学的定义

合成生物学近年来频繁出现在各种媒介，引起了学界、企业界、投资行业和各级政府的高度关注。2004年，它被美国麻省理工学院（MIT）主办的世界著名科技杂志 *Technology Review* 评为将改变世界的十大新兴技术之一。合成生物学被称为是继"DNA 双螺旋结构发现"所催生的分子生物学革命和"人类基因组计划"实施所催生的基因组学革命之后的"第三次生物科学革命"，无论在医疗、食品、新材料行业，还是农业、美妆、环境等领域都有广泛用途。

"合成生物学"这个词是在法国物理化学家 Stéphane Leduc 于其1910年出版的《生命与自然发生的物理化学理论》一书中第一次出现的。真正有合成生物学这一专业术语含义的是1980年法国科学家 Barbara Hobom 首次用这个词来解释基因工程菌。而合成生物学成为一门真正的学科则是基于2000年 Eric Kool 对合成生物学的重新定义，他将合成生物学定义为基于系统生物学的遗传工程学。同年，*Nature* 上报道了两个最早的合成基因线路：双稳态拨动开关[1]和振荡器[2]。并在2010年《生命与自然发生的物理化学理论》一书出版百年大庆之时，第一个人工合成的全基因组支原体"Synthia"[3]问世。至此，开启了合成生物学的新篇章。

合成生物学是生物学、工程学、物理学、化学、数学和计算机科学等学科相互交叉的一个新兴学科。许多学者和团体提出了多个版本的定义。目前被普遍接受的定义是，合成生物学是在工程学思想指导下，对生物体进行有目的的设计、改造，乃至从头合成，甚至创建具有非自然功能的"人造生命体"，即通过设计和改造人工生物系统赋予生物体新的功能。中国科学家对其进行了精辟的描述："造物致知、造物致用"或"建物致知、建物致用"[4-6]。

合成生物学使生命科学研究从以发现描述与定性分析为主的所谓"格物致知"阶段，进入以"造物致知"和"造物致用"为主的新阶段，开启了可定量、可计算、可预测及工程化的"汇聚"新时代[4]。合成生物学区别于其他传统生命科学的核心是其"工程学本质"。工程学内涵是合成生物学的核心科学基础。其一方面体现在，在人工设计的指导下，采用"自下而上"的原理构建人工生物系统：优化、改造或重新设计、合成和标准化生物元件（称为元件工程）；由生物元件按一定生物逻辑关系构建具有特定生物学功能的装置；基因元件组成的代谢或调控回路（称为基因回路、基因电路或基因线路）；将装置、基因线路引入宿主细胞构建人工生物系统。合成生物学的工程学内涵的另一方面体现在，目标导向地构（重构）建（建造）"人工生命"，即"自上而下"地构建简约基因组和简约细胞；结合简约基因组或模式生物，进行功能再设计和优化所获得的细胞称为底盘细胞。

赵国屏院士指出，合成生物学开启了生命科学"汇聚"研究新时代[4]。"汇聚特性"是合成生物学内涵的核心。它汇聚了科学研究的"发现能力"，工程学策略的"建造能力"，以及颠覆性技术的"发明能力"，从而全面提升社会的"创新能力"。

二、合成生物学的研究内容

合成生物学的研究内容主要包括以下几个方面。

1. 元件工程

合成生物学按工程学的理念，将生命系统中发挥功能的最简单、最基本的单元，称为生物元件（biological part）。它是遗传系统中最简单、最基本的生物积块（BioBrick），是具有特定功能的氨基酸或者核苷酸序列，可以与其他元件进一步合成具有特定生物学功能的生物装置（biodevice）。

生物元件是合成生物学的基石。合成生物学"自下而上"的工程学本质决定了建立元件库的必然性和至关重要性。一方面需要从自然界中不断地挖掘生物元件；另一方面有必要对现有生物元件的结构与功能进行改造。更有挑战性的工作是设计合成自然界不存在的元件，如近年来的人工设计蛋白。

2. 代谢与线路工程

生物元件按一定逻辑关系，参照电子工程学原理和方式设计、模拟，构建具有一定功能的模块、装置。其中基因元件组成的代谢或调控回路称为基因回路、基因电路或基因线路。合成生物学这一学科形成的标志性工作是人工基因线路的设计和合成。2000 年，Gardner 等构建的双稳态拨动开关[1]、Elowitz 和 Leibler 设计的振荡器[2]，是创建基因线路的开创性工作，也是现代合成生物学这一学科形成的标志性工作。

设计和改造代谢途径或网络，创建人工微生物以高效生产符合人类要求的产物，也即代谢工程是合成生物学的重要研究内容。最具代表性的工作是构建了人工酿酒酵母以商业化生产青蒿酸[6]。随着人类在食品、化工、医药、美妆、能源材料和双碳等方面的需求不断增长，人们迫切期望利用合成生物学技术生产出更多物质，以及提高代谢工程的效率。

3. 基因组与细胞工程

合成的基因线路只有引入生物细胞中，才能发挥其生物学功能。但是，这些基因线路引入异源宿主后，宿主对其并没有精确的调控机制，往往难以让其生物学功能充分发挥出来，甚至完全无法发挥。因此，合成的基因线路与宿主适配是合成生物学"自下而上"策略的重要研究内容，需要对宿主细胞基因组进行改造。

宿主基因组往往含有许多冗余基因。这些基因的复制会消耗大量的碳源和能源。有必要对宿主基因组进行简约化，以构建最小基因组和底盘细胞。"自上而下"地优化与简约基因组，是合成生物学的另一个重要研究内容。

"人造生命"是合成生物学追求的目标，也是合成生物学使能技术发展的基础。2010年，美国 Venter 团队设计、合成和组装了 1.08Mb 的蕈状支原体基因组，并将其移植到山羊支原体受体细胞中，创造了世界上第一个"人工生命体"（JCVI-syn1.0）[3]。其后，他们不断优化，创造了能正常分裂增殖的新细胞 JCVI-syn3A[7]。2012年，美国 Jef D. Boeke 领导全球科学家开始人工合成酵母染色体（Sc 2.0），到2017年完成了6条酿酒酵母染色体的合成。2023年完成了酿酒酵母全部16条染色体的人工合成。至此，人工合成基因组已涵盖病毒、原核生物和真核生物，并向合成多细胞基因组发起挑战。

4. 使能技术

使能技术是合成生物学发展的关键。合成生物学使能技术包括 DNA 测序技术，DNA 合成技术，基因组设计、合成与组装技术，基因编辑技术，计算与建模技术等。其中 DNA 合成技术和基因编辑技术是合成生物学的核心使能技术。

生命体的复杂性，导致人工设计的基因线路很难达到预期，需要长时间地按"设计-构建-测试-学习"循环，进行海量的试错。克服这一难题的最有效方法就是建立自动化、工程化研究平台，如美国劳伦斯伯克利国家实验室的 Agile BioFoundry、美国伊利诺伊大学的 iBioFAB、美国麻省理工学院的 MIT-Broad Foundry、英国帝国理工学院的 London DNA Foundry、中国科学院深圳先进技术研究院的合成生物大设施自动化平台及一些合成生物学公司的自动化平台等。

5. 转化与应用研究

利用合成生物学技术，有可能合成出越来越多的物质，取代传统石化资源的物质文明，成为可持续的物质制造新范式；也可能解决长期困扰基因治疗和生物治疗的一系列难题，为癌症、糖尿病等复杂疾病开发出更多有效的药物和治疗手段。

合成代谢是合成生物学领域发展最早、成果最多的一个应用领域。合成生物学推动了生物制造的发展，越来越多的化学品和材料实现了生物制造，如 1,3-丙二醇、L-丙氨酸、丁二酸、戊二酸、己二酸、戊二胺、苹果酸、D-乳酸等[5,6]。利用合成生物学技术，将许多天然产物的合成途径在异源宿主中进行了表达，构建了高效人工微生物，打通了其合成生物学制造路线，实现了合成生物学制造，如青蒿酸、紫杉烯、人参皂苷、甜菊糖、红景天苷、天麻素、丹参新酮、灯盏花素、番茄红素、β-胡萝卜素等的制造[6]。

医学是合成生物学的另一个重要应用领域。合成生物学的发展为解决人类健康问题提供了新的可能性。合成生物学在药物的生物制造、活体治疗、基因治疗和噬菌体治疗等方面表现出了强大的应用潜力。

在农业领域，合成生物学同样呈现出了广阔的应用前景。合成生物学技术将为世界性农业生产难题提供革命性解决方案，有望突破传统农业瓶颈和资源的刚性约束，将开创光合作用、生物固氮、微生物制剂和未来食品等的新纪元。

第二节　合成生物学的重要性

合成生物学被认为是认识生命的钥匙（造物致知）、改变未来的颠覆性技术（造物致用）。在此介绍一些重要的标志性成果进行例证。

一、合成生物制造：物质制造的新范式

随着分子生物学、遗传学、生物信息学等学科的发展，微生物作为物质制造的细胞工厂已成为共识。自工程酵母商业化生产青蒿酸的标志性成果诞生以来，越来越多的物质实现了合成生物学制造。

植物天然产物是许多重要药物、保健品和化妆品的重要原料，其生产常受到资源、地域、生长周期、气候、病虫害等多方面的影响。科学家一直在尝试通过微生物发酵来规模化生产它们，但因其代谢通路复杂，有关研究进展缓慢。但是，合成生物学的崛起，令植物天然产物的微生物合成取得了许多突破性成果。2006 年，加利福尼亚大学伯克利分校 Keasling 团队通过基因编辑，将青蒿酸合成途径引入到酿酒酵母中生产出了青蒿酸[8]，成为合成生物学制造植物天然产物的范例。随后，在盖茨基金的资助下，Keasling 团队与 Amyris 公司合作，对工程酵母进行了进一步的优化与改造，将青蒿酸产量由 100mg/L 提升到 25g/L，实现了商业化生产，可为发展中国家提供更多的一线抗疟疾药物[9]。另一个标志性成果是，美国麻省理工学院 Stephanopoulos 团队将常用的抗癌临床药物紫杉醇前体紫杉烯的合成途径引入到大肠杆菌中，然后应用模块工程技术使紫杉烯产量达到 1g/L 水平[10]。我国学者通过多年来的努力创建了人参皂苷、甜菊糖、红景天苷、酪醇、羟基酪醇、天麻素、丹参酮、灯盏乙素、番茄红素、β-胡萝卜素、玉米黄素和虾青素等的人工微生物，生产效率大幅度提高，其中人参皂苷、甜菊糖、红景天苷、天麻素、番茄红素、β-胡萝卜素等已具备产业化技术条件，正在与企业推进产业化。

石油基化学合成是目前物质制造的主要方式，是不可持续的。理论上 90% 的石油基化学品都可以由生物制造获得，但是目前全球生物制造产品占石化产品的比例从 2000 年不到 1% 增长到现在的 10%。随着合成生物学技术的发展，生物制造产品将以每年高于 20% 的速度增长，呈现出生物基产品的强劲发展势头。据估计，至 21 世纪末全球生物制造将占全球制造业产出的 1/3 以上，价值接近 30 万亿美元。围绕生物基化学品合成的重大需求，我国学者开展了大量卓有成效的研究，建立了生物质到有机酸、化工醇、高分子材料等化学品的绿色生物制造工艺，实现了丁二酸、D-乳酸、戊二胺、苹果酸和 1,3-丙二醇等生物制造产业化[11]。自主研发的生物制造 1,3-丙二醇，有望打破杜邦公司专利技术垄断，正在逐步推进产业化。在设计构建氧化还原平衡的丁二酸合成途径的基础上，结合强化二氧化碳固定策略，构建了高效人工大肠杆菌，开发的全新生物制造丁二酸技术，已建成 5 万吨全球最大的生产线，与石化工艺相比成本下降 20%、二氧化碳减排 94%[12]。

合成生物学技术的发展，使生物制造的原料向着多元化方向发展。以淀粉和油脂为代表的第一代生物制造目前占主导地位，处于成熟的商业化阶段，但存在与人类争粮的缺陷。为了解决与人类争粮的问题，以木质纤维素、CO_2 等一碳化合物为原料的第二代和第三代生物

制造是其出路。以木质纤维素为原料的第二代生物制造将逐步进入中试和产业化示范阶段。通过强化逆向三羧酸循环（rTCA 循环）及苹果酸运输模块，强化 CO_2 浓缩模块，创建产苹果酸的人工嗜热真菌，可以在 45～50℃ 条件下进行发酵生产，而且能够直接利用纤维素作为原料进行发酵，苹果酸产量达到 181g/L，糖酸转化率为 0.99g/g；以玉米芯为碳源，苹果酸产量超过 150g/L，达到目前利用生物质合成大宗化学品领域已报道的最高水平[13]。以 CO_2、甲醇等一碳化合物为原料的第三代生物制造，可有效降低生物制造的原料成本，已引起世界各国政府和学者的高度重视。马延和团队通过搭积木技术筛选了 10 个酶，结合定向进化等技术，创建了一条 CO_2 人工合成淀粉的途径，将光合作用淀粉合成的 60 步反应减少至 11 步反应，在体外实现了 88% 的碳转化率，能量转换效率由光合作用的 2% 提高到 7%[14]。该项技术如能实现产业化，不仅能解决粮食短缺问题，也能为第一代生物制造提供大量原料。中国科学院深圳先进技术研究院于涛团队独创了一条 CO_2 合成葡萄糖和脂肪酸的电催化-生物合成相结合的新途径[15]。首先电催化还原 CO_2 合成高浓度乙酸，然后利用工程酿酒酵母对乙酸进行发酵以合成葡萄糖和脂肪酸。

二、合成生物技术使异养微生物变成自养微生物

异养微生物是指从有机化合物中获取碳营养的一类微生物。根据能量来源不同，其又可分为化能异养微生物和光能异养微生物。自养微生物是指仅以无机化合物为营养进行生长、繁殖的一类微生物。其同样有光能自养和化能自养微生物。绝大部分微生物都是化能异养微生物，如合成生物学中常用的底盘细胞大肠杆菌、酵母、谷氨酸棒杆菌、枯草芽孢杆菌等。

合成生物学的一个巨大挑战是让异养生物变成自养生物。以色列科学家利用新陈代谢重分配和实验室进化相结合技术，将大肠杆菌转化为自养菌[16]。在大肠杆菌中表达卡尔文循环（Calvin-Benson-Bassham，CBB 循环；Calvin cycle）中的酶（包括 Rubisco、磷酸核酮糖激酶）以固定 CO_2，表达甲酸脱氢酶以利用甲酸作为能源，结合实验室进化，获得以 CO_2 为唯一碳源、甲酸为能源的自养大肠杆菌。这一标志性成果再一次展示了合成生物学的惊人之处，同时也为第三代生物制造、变废物为燃料、食品、药品、化工产品等开辟了令人振奋的新前景。

甲基营养型巴斯德毕赤酵母可利用一碳化合物甲醇为唯一碳源和能源，被广泛应用于生产制药和酶中。甲醇被氧化成甲醛，然后进入同化或异化代谢途径。其中同化途径与 CBB 循环高度相似，都位于多酶体中。在这两种途径中，一碳分子都转移到糖磷酸酯上，产生 C-C 键。奥地利科学家将毕赤酵母的同化途径改造成类似于 CBB 循环的 CO_2 固定途径[17]。以 CO_2 为唯一碳源培养时，最大比生长速率（μ_{max}）为 0.008h^{-1}；适应性进化后最大比生长速率提高到 0.018h^{-1}。

三、合成生物学技术在医学中的应用：医学合成生物学

在医学领域，合成生物学以人工设计的基因线路改造人体自身细胞，或改造细菌、病毒等人工生命体，再使其间接作用于人体。除了前述的合成生物学制造药物，其在细菌治疗、细胞治疗、病毒治疗和干细胞治疗等方面同样显示了良好的应用前景，取得了令人瞩目的成

果。合成生物学的发展，有望开创智能生物诊疗的新时代。

1. 细菌治疗

19 世纪初，有医生观察到癌症患者在感染细菌后，时常会减缓肿瘤的生长甚至将其根除。受此启发，19 世纪中叶，人们开始主动尝试利用细菌治疗癌症。美国医生 Coley 将化脓性链球菌（*Sreptococcus pyrogenes*）和粘质沙雷氏菌（*Serratia marcescens*）灭活，制成了著名的细菌制剂（Coley's toxin）进行治疗，在相当部分患者身上取得了成功。据后人统计，其成功率并不低于放疗、化疗和手术治疗[18]。研究者并没有局限于仅用灭活细菌治疗肿瘤。目前已有许多活细菌用于肿瘤治疗的报道，包括鼠伤寒沙门氏菌（*Salmonella typhimurium*）、破伤风梭菌（*Clostridium tetani*）、丁酸梭菌（*Clostridium butyricum*）、猪霍乱沙门氏菌（*Salmonella choleraesuis*）、霍乱弧菌（*Vibrio cholera*）、单核细胞增生性李斯特菌（*Listeria monocytogenes*）等致病菌，以及大肠杆菌（*Escherichia coli*）、嗜酸乳杆菌（*Lactobacillus acidophilus*）、植物乳杆菌（*Lactobacillus plantarum*）、两歧双歧杆菌（*Bifidobacterium bifidum*）、桥石短芽孢杆菌（*Brevibacillus choshinensis*）等非致病菌[19]。

细菌对肿瘤的抑制作用机制虽然至今还未完全揭示，但主要包括：①肿瘤组织的厌氧、酸性、缺乏营养的微环境，对外来细菌的免疫力弱，允许细菌生长，而正常组织具有很强的免疫系统，导致细菌无法生长；②细菌在肿瘤内部增殖，将与癌细胞竞争营养和氧气；③细菌在肿瘤微环境中本身具有强烈的免疫调节作用，能够重新唤醒和激活免疫系统，从而杀死癌细胞；④可作为药物或细胞因子的递送载体，增强肿瘤的抑制效果。

应用合成生物学技术对细菌进行改造，降低细菌毒性，增强细菌对肿瘤细胞的靶向性，利用基因线路表达效应分子赋予细菌多样化功能，以期将细菌改造成更特异、更智能、更高效的抗肿瘤"武器"（图 1-1）。

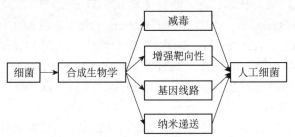

图 1-1　利用合成生物学技术改造细菌进行肿瘤治疗

细菌过强的毒性是细菌肿瘤治疗的主要瓶颈。由于难以找到安全无毒且具有治疗癌症功能的理想细菌，合成生物学技术为制造这类细菌提供了一种有效手段。成熟的遗传操作技术，使大肠杆菌和鼠伤寒沙门氏菌成为细菌肿瘤治疗的常用菌。利用各种基因工程手段进行基因敲除，会减少菌株毒力和内毒素含量。例如，敲除鼠伤寒沙门氏菌 *msbB*、*purI* 和 *xyl* 基因，获得了减毒株 VNP20009。I 期临床试验显示其安全性大幅度提高[20]。

通常，细菌的减毒改造与靶向性是相辅相成的。构建营养缺陷型菌株使其仅能在肿瘤组织中利用肿瘤环境中的营养成分，而在正常组织中不能生长，是增强细菌对肿瘤细胞靶向性的常用手段。黄建东团队将鼠伤寒沙门氏菌 SL7207 中 *asd* 基因的天然启动子置换成厌氧启动子 P_{petT}，改造出 YB1 菌株，提高了菌株的靶向性[21]。

在改造细菌中引入各种基因线路表达小分子、毒素、免疫调节剂、促药物转换酶、小干扰

RNA 和纳米抗体，成为肿瘤治疗的一种新方式[19,22]。虽然使用基因线路的疗法大都处于临床前研发阶段，但也有多个工程化细菌已批准进行 I 期或 II 期临床试验[23,24]，表 1-1 为美国临床试验网站上的一些进行细菌治疗临床试验的代表性案例。例如，表达白介素-2（IL-2）的鼠伤寒沙门氏菌进入了治疗转移性胰腺癌的 II 期临床试验（NCT04589234）；表达胞嘧啶脱氨酶的长双歧杆菌（*Bifidobacterium longum*）进入了治疗晚期/转移性实体瘤 I / II 期临床试验（NCT01562626）；合成干扰素基因刺激蛋白（STING）激动剂的大肠杆菌 Nissle 进入了治疗转移性实体瘤/淋巴瘤的 I 期临床试验（NCT04167137）。

表 1-1　进入临床试验的工程细菌*

细菌	临床阶段	临床试验号	疾病
鼠伤寒沙门氏菌 VNP2009	I 期	NCT00004988	癌症
鼠伤寒沙门氏菌 VNP2009	I 期	NCT00006254	晚期实体瘤
鼠伤寒沙门氏菌 VNP2009	I 期	NCT00004216	先前治疗无效的晚期或转移性实体瘤
表达 IL-2 的鼠伤寒沙门氏菌	I 期	NCT01099631	癌症
表达 IL-2 的鼠伤寒沙门氏菌	II 期	NCT04589234	转移性胰腺癌
表达胞嘧啶脱氨酶的长双歧杆菌	I / II 期	NCT01562626	晚期/转移性实体瘤
合成干扰素基因刺激蛋白（STING）激动剂的大肠杆菌 Nissle	I 期	NCT04167137	转移性实体瘤/淋巴瘤
表达甲硫氨酸酶的鼠伤寒沙门氏菌 SGN1	I 期	NCT05038150	晚期实体瘤
表达甲硫氨酸酶的鼠伤寒沙门氏菌 SGN1	I 期	NCT05103345	晚期实体瘤（瘤内注射）

*摘自美国临床试验网站（https://clinicaltrials.gov/）

越来越多的证据表明细菌能定殖于肿瘤微环境，合成生物学工具正被用来工程化细菌作为肿瘤特异性传递系统，将合成基因线路递送到特定靶位。除了容易进行遗传改造，细菌的另一有利特性是胞内和细胞表面容易被功能化修饰，带来多重协同癌症治疗作用。纳米材料可以通过封装或附着等多种方式，帮助基因线路跨越多重生理屏障有效到达靶位置。细菌表面的功能化纳米修饰可以改善细菌的靶向性并增强其生物相容性，同时减轻了细菌的免疫原性和毒性，从而降低免疫系统的清除率。纳米元件和工程化细菌的定向精准组装，可构建结构和功能可控的"工程化细菌-纳米"杂合系统，发挥双重疗效[25]。

2. 细胞治疗

合成基因线路除了通过细菌递送到特定靶位实现疾病治疗，还可以导入到哺乳动物细胞进行人工定制细胞，实现疾病的诊疗[26]。近年来，一些安全的小分子化合物调控的基因线路陆续开发出来，创制人工哺乳动物细胞并将其应用于疾病的治疗。叶海峰团队构建了一个绿茶调控的基因线路以表达胰岛素或胰高血糖素样肽-I，用于糖尿病的治疗[27]。

嵌合抗原受体 T 细胞疗法（CAR-T 细胞疗法）是一种非常有前景的、能够精准、快速、高效，且有可能治愈癌症的新型肿瘤免疫治疗方法。CAR-T 细胞疗法在血液癌症治疗方面取得了令人瞩目的成绩，许多产品完成了临床试验，已成功上市。合成生物学增加了 CAR-T 细胞疗法的可控性和有效性。一些逻辑门嵌合抗原受体（CAR）已开发成功，其可使 CAR-T 细胞变得聪明以实现智能血液癌症治疗[26,28]。最新成果证明合成生物学将使利用 CAR-T 细胞疗法实现实体瘤治疗成为可能[29,30]。

3. 病毒治疗

病毒是最简单的、必须在活细胞宿主内寄生并以复制方式增殖的非细胞型生物。它只含一种核酸（DNA 或 RNA），由一个核酸长链和蛋白质外壳构成。合成生物学为研究病毒及开发诊疗策略提供了新的思路和手段。

减毒灭活疫苗是指病原体经处理后毒性减弱但仍保留其免疫原性的一类疫苗。随着合成生物学的发展，一些合成减毒病毒工程技术被成功研发出来，其推动了减毒活疫苗的发展。2016 年，北京大学周德敏团队利用琥珀密码子（终止密码子）可以识别非天然氨基酸的原理，通过将病毒复制基因的某个或部分编码密码子突变成琥珀密码子（终止密码子），使其在感染人体细胞后，不能进行完整的蛋白质翻译，从而获得了活病毒疫苗[31]。进一步突变 3 个以上三联密码子，使病毒由预防性疫苗变为治疗病毒感染的药物，而且其药效随着三联密码子数目的增加而增强。中国科学院武汉病毒研究所王汉中团队研发出另一种合成减毒病毒的工程技术，又称为密码对去优化技术。在不改变氨基酸种类及尽可能不影响 RNA 空间结构的情况下，提高病毒基因组中罕见的密码对所占的比例，从而降低病毒的复制翻译效率，使病毒致病性减弱[32]。利用该技术将寨卡病毒（ZIKV）基因组的密码子对去优化，合成出弱毒性活病毒疫苗。用其单次免疫后就可以刺激小鼠产生高滴度中和抗体，诱导产生清除性的免疫，获得完全的攻毒保护，并且可以阻止 ZIKV 通过母体垂直传播给子代。由于基因组中含有 2568 个同义突变，回复突变的风险极低。

噬菌体是专一感染细菌、古菌和藻类等微生物的病毒，是地球上多样性最高和最丰富的生物体，是合成生物学研究中重要的模式生物。随着超级耐药菌威胁的日益严重，亟须新的预防与治疗细菌感染的策略和手段，噬菌体治疗是一种有发展前景的方式。2014 年，噬菌体疗法被美国国家过敏与传染病研究所列为应对抗生素抗性的重要武器之一。近年来，国内也报道了多个成功治疗案例。复旦大学附属公共卫生临床中心与中国科学院深圳先进技术研究院马迎飞合作，成功治愈了一例泌尿系统感染超级细菌克雷伯菌的患者[33]。利用合成生物学技术，对噬菌体进行遗传改造，甚至合成新的噬菌体，必将推动噬菌体治疗的发展[33]。Venter 团队合成的第一个人工生命体就是噬菌体。他们利用合成的核酸进行基因组组装，成功组装了 φX174 噬菌体[34]。

溶瘤病毒是指能通过不同调控机制在肿瘤细胞内复制进而裂解肿瘤细胞，但不影响正常细胞生长的一类病毒。其在裂解肿瘤细胞的过程中会释放肿瘤特异性抗原，进而激活机体特异性免疫反应。因此，溶瘤病毒可以通过裂解和免疫作用两种方式杀伤肿瘤细胞。另外，还可以在肿瘤微环境中表达外源效应基因，从而增强机体对肿瘤的免疫杀伤作用。利用合成生物学技术，可以对溶瘤病毒进行精准、严谨的改造，增强肿瘤病毒的免疫杀伤力，开发出更加安全、特效的溶瘤病毒类抗肿瘤药物。目前已有多种溶瘤病毒抗肿瘤药物进行了临床试验[35]。2019 年，清华大学谢震团队构建了模块化的合成基因线路，调控溶瘤腺病毒在肿瘤细胞中选择性复制，从而特异性杀伤肿瘤细胞，刺激抗肿瘤免疫[36]。他们研发的基于合成基因线路的溶瘤病毒产品 SynOV1.1 于 2020 年 11 月获得美国食品药品监督管理局（FDA）临床试验许可。

4. 干细胞治疗

干细胞治疗是将体外健康的干细胞或干细胞外泌体移植到患者体内从而发挥作用。干细胞疗法在各种病症中显示出极高的疗效，是一种非常安全、有效的治疗方法。应用合成生物学技术工程化干细胞以表达抗肿瘤蛋白，将增强干细胞的抗肿瘤活性。工程化人骨髓源间充质干细胞表达肿瘤坏死因子 β（IFN-β），明显提高了抗颅内胶质瘤活性[37]。

四、合成生物学技术在农业中的应用：农业合成生物学

合成生物学技术将为世界性农业生产难题提供革命性解决方案，有望突破传统农业瓶颈和资源的刚性约束，将开创光合作用、生物固氮、微生物制剂和未来食品等的新纪元。合成生物学在农业方面的应用按照作用对象可以分为对作物本身的改造（如作物驯化和育种，光合作用和固氮）和利用微生物辅助作物提高产量（如生物肥料、生物农药、土壤改造）[38]。

作物育种包括三个过程：读取（read）、理解（interpret）及书写（write）。植物基因组书写技术包括基因组编辑和基因组设计。而合成生物学正是书写植物基因组的关键技术之一。在基因编辑方面，中国科学院遗传与发育生物学研究所的李家洋教授构建了异源四倍体野生稻的快速从头驯化策略，最终产生了高质量的基因组组装，可以显著提高粮食产量，以及作物对环境变化的适应性，为作物育种开辟了新的方向[39]。中国农业科学院深圳农业基因组研究所的黄三文教授及其合作者利用基因组设计方法培育杂交马铃薯，开发出了含有有益等位基因的近交系，以及最终活力 F_1 杂交种[40]。

农业产量主要受限于光捕获效率、生物量积累效率（光合作用效率）和收获指数等。目前植物的光捕获效率已接近最大理论值，且大幅度提高收获指数已无可能；但是光合作用效率，也即植物将光能转化为生物量的效率仅达到理论值的 20%左右，还有很大的提升空间。合成生物学为提高植物光合作用效率提供了无限的可能。光合作用合成生物学的研究主要在于利用合成生物学技术提高光合固碳效率，如提高 Rubisco 活性、引入碳浓缩机制和减少碳损耗，以及提高光能利用效率等方面[41]。CBB 循环与农作物产量密切相关，但 Rubisco 的固碳效率极低，是光合作用的关键限速酶，因此大量研究者想通过改造 Rubisco 的活性以提高固碳效率。例如，Prins 等比较了小麦族 25 种基因型的 Rubisco 后，发现将普通小麦野生近缘种的Rubisco 替代进农用小麦后，可以将碳吸收率提高 20%[42]。但是，无论如何提高 Rubisco 的活性，作物整体固碳效率也仍然受到天然途径本身的限制，因此，有必要设计固碳效率更高的新途径。2016 年，Tobias Erb 团队在 *Science* 上报道了第一个人工固碳合成途径：巴豆酰辅酶 A（CoA）/乙基丙二酰辅酶 A/羟基丁酰辅酶 A（CETCH）循环[43]。随后他们使用微流体将CETCH 循环封装在细胞大小的液滴中，以模拟叶绿体创建人工光合作用系统[44]。这种"合成叶绿体"将有可能超越自然光合作用。

改造生物固氮途径，提高作物对氮源的利用率，是合成生物学在农业中应用的重要领域。例如，将细菌的固氮基因簇 *nif* 引入到植物中，或者改造植物中本来的固氮基因，或者将豆科植物的固氮基因簇引入到非豆科植物中[38]。

与改造作物本身的固氮能力相比，合成根际微生物组可以更加有效地提高作物对氮、磷等化肥的利用率。合成生物学的发展使得农业微生物固氮由单一微生物转向微生物组，从而大大提高了植物的固氮效率。根瘤菌可以定植于植物根部，但不能将固定的氮运输到植物中。美国 Pivot Bio 公司和北京绿氮生物科技有限公司利用合成生物学技术将固氮酶基因转入到根瘤菌中，使其固定于植物根部进行固氮。有研究人员通过引入重构的植酸酶基因到根际细菌中，使植酸成为磷酸盐来源，从而降低磷肥的用量。

生物农药的合成生物学制造是合成生物学在农业中应用的一个非常重要的领域。利用合成生物学技术，可以将农药活性成分的合成途径引入到微生物中，利用微生物发酵技术进行绿色生物制造。合成生物学的发展提高了许多农用抗生素（如阿维菌素、多杀霉素和井冈霉素等）的技术水平，增强了产品的竞争力。另外，一些生防制剂也打通了合成生物学制造路

线。例如，驱虫剂（+）-诺卡酮已成功在解脂耶氏酵母中实现了异源生物合成[45]。草铵膦是重要的除草剂。但是目前市售的草铵膦是L-草铵膦有效体和D-草铵膦无效体的消旋混合物，意味着全球每年有大量D-草铵膦浪费和污染。华东理工大学魏东芝团队研发了多酶级联生物催化技术，国际上首次通过生物催化技术，实现将草铵膦外消旋体近100%效率转化为有活性的精草铵膦（L-草铵膦），创建了国际首条年产5000t L-草铵膦生产线。多个植物源生物农药的合成生物学制造路线已打通，实现了微生物异源合成，如蔬菜作物驱虫剂苦皮藤素、植物激素菜油甾醇等[5]。在大肠杆菌中表达酿酒酵母的氨基转移酶基因*ARO8*、脱羧酶基因*KDC*和内源乙醛脱氢酶基因*aldH*，实现了常用植物生长激素吲哚-3-乙酸（IAA）的大肠杆菌从头合成[46]。

中国农业科学院林敏和姚斌指出，开发新一代生物农药、饲料用抗生素替代品、重组酶制剂和蛋白质、新型基因工程疫苗等重大产品，是我国农业合成生物学的重点发展领域[47]。

第三节　合成生物学的发展历程

合成生物学发展至今，大致经历了4个阶段（图1-2）。第一阶段，创建时期（2000～2003年）：产生了许多具备领域特征的研究手段和理论，特别是基因线路工程的建立及其在代谢工程中的成功运用。第二阶段，扩张和发展期（2004～2007年）：这一阶段的特征是领域有扩大趋势，但工程技术进步比较缓慢。第三阶段，快速创新和应用转化期（2008～2013年）：这一阶段涌现出的新技术和工程手段使合成生物学研究与应用领域大为拓展，特别是人工合成基因组的能力提升到了接近Mb（染色体长度）的水平，而基因组编辑技术出现前所未有的突破。第四阶段，全面蓬勃发展阶段（2014年至今）：合成生物学在动植物和微生物各个物种，工、农、医各个行业得到了应用，取得了令人瞩目的成果。

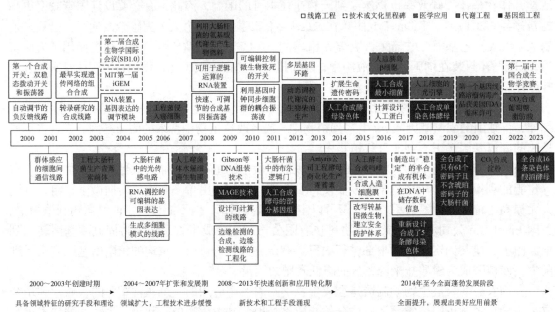

图 1-2　合成生物学发展历程

iGEM. 国际遗传工程机器大赛；MAGE. 多重自动化基因组工程

1. 什么是合成生物学?

2. 合成生物学的主要内容包括哪些? 其核心的特征是什么?

3. 请简述合成生物学在医学中的主要应用。

4. 请列举几个合成生物学的里程碑技术或事件,从而阐明为什么说合成生物学是能改变世界的前沿颠覆性学科。

参 | 考 | 文 | 献

［1］ Gardner TS, Cantor CR, Collins JJ. Construction of a genetic toggle switch in *Escherichia coli*. Nature, 2000, 403 (6767): 339-342

［2］ Elowitz MB, Leibler S. A synthetic oscillatory network of transcriptional regulators. Nature, 2000, 403: 335-338

［3］ Gibson DG, Glass JI, Lartigue C, et al. Creation of a bacterial cell controlled by a chemically synthesized genome. Science, 2010, 329 (5987): 52-56

［4］ 赵国屏. 合成生物学: 开启生命科学"汇聚"研究新时代. 中国科学院院刊, 2018, 33: 1135-1149

［5］ 张先恩. 中国合成生物学发展回顾与展望. 中国科学: 生命科学, 2019, 49: 1543-1572

［6］ 赵国屏. 合成生物学: 从"造物致用"到产业转化. 生物工程学报, 2022, 38: 4001-4011

［7］ Pelletier JF, Sun LJ, Wise KS, et al. Genetic requirements for cell division in a genomically minimal cell. Cell, 2021, 184 (9): 2430-2440

［8］ Ro DK, Paradise EM, Ouellet M, et al. Production of the antimalarial drug precursor artemisinic acid in engineered yeast. Nature, 2006, 440 (7086): 940-943

［9］ Paddon CJ, Westfall PJ, Pitera DJ, et al. High-level semi-synthetic production of the potent antimalarial artemisinin. Nature, 2013, 496 (7446): 528-532

［10］ Ajikumar PK, Xiao WH, Tyo KEJ, et al. Isoprenoid pathway optimization for taxol precursor overproduction in *Escherichia coli*. Science, 2010, 330 (6000): 70-74

［11］ 欧阳平凯. 我国工业生物技术发展回顾及展望. 生物工程学报, 2022, 38: 3391-4000

［12］ Zhu XN, Tan ZG, Xu HT, et al. Metabolic evolution of two reducing equivalent-conserving pathways for high-yield succinate production in *Escherichia coli*. Metab Eng, 2014, 24: 87-96

［13］ 李金根, 刘倩, 刘德飞, 等. 秸秆真菌降解转化与可再生化工. 生物工程学报, 2022, 38: 4283-4310

［14］ Cai T, Sun HB, Qiao J, et al. Cell-free chemoenzymatic starch synthesis from carbon dioxide. Science, 2021, 373 (6562): 1523-1527

［15］ Zheng TT, Zhang ML, Wu LH, et al. Upcycling CO_2 into energy-rich long-chain compounds via electrochemical and metabolic engineering. Nat Catal, 2022, 5 (5): 388-396

［16］ Gleizer S, Ben-Nissan R, Bar-On YM, et al. Conversion of *Escherichia coli* to generate all biomass carbon from CO_2. Cell, 2019, 179 (6): 1255-1263

［17］ Gassler T, Sauer M, Gasser B, et al. The industrial yeast *Pichia pastoris* is converted from a heterotroph into an autotroph capable of growth on CO_2. Nat Biotechnol, 2020, 38 (2): 210-216

［18］ Alexandroff AB, Jackson AM, O'Donnell MA, et al. BCG immunotherapy of bladder cancer: 20 years on.

Lancet，1999，353（9165）：1689-1694

［19］董宇轩，曾正阳，夏霖，等. 肿瘤细菌疗法迎来合成生物学时代. 生命科学，2019，31：332-342

［20］Cunningham C，Nemunaitis J. A phase I trial of genetically modified *Salmonella typhimurium* expressing cytosine deaminase（TAPET-CD，VNP20029）administered by intratumoral injection in combination with 5-fluorocytosine for patients with advanced or metastatic cancer. Hum Gene Ther，2001，12（12）：1594-1596

［21］Yu B，Yang M，Shi L，et al. Explicit hypoxia targeting with tumor suppression by creating an "obligate" anaerobic *Salmonella typhimurium* strain. Sci Rep-Uk，2012，2：436

［22］Gurbatri CR，Arpaia N，Danino T. Engineering bacteria as interactive cancer therapies. Science，2022，378（6622）：858-863

［23］McNerney MP，Doiron KE，Ng TL，et al. Theranostic cells：emerging clinical applications of synthetic biology. Nat Rev Genet，2021，22（11）：730-746

［24］Wei XY，Du M，Chen ZY，et al. Recent advances in bacteria-based cancer treatment. Cancers，2022，14（19）：4945

［25］Liang SY，Wang C，Shao YC，et al. Recent advances in bacteria-mediated cancer therapy. Front Bioeng Biotech，2022，10：1026248

［26］管宁子，尹剑丽，王义丹，等. 合成生物学在慢病防治领域的应用与展望. 生命科学，2021，12：1520-1531

［27］Yin JL，Yang LF，Mou LS，et al. A green tea-triggered genetic control system for treating diabetes in mice and monkeys. Sci Transl Med，2019，11（515）：eaav8826

［28］Mirkhani N，Gwisai T，Schuerle S. Engineering cell-based systems for smart cancer therapy. Adv Intell Syst-Ger，2022，4（1）：2100134

［29］Li HS，Israni DV，Gagnon KA，et al. Multidimensional control of therapeutic human cell function with synthetic gene circuits. Science，2022，378（6625）：1231-1234

［30］Allen GM，Frankel NW，Reddy NR，et al. Synthetic cytokine circuits that drive T cells into immune-excluded tumors. Science，2022，378（6625）：eaba1624

［31］Si LL，Xu H，Zhou XY，et al. Generation of influenza A viruses as live but replication-incompetent virus vaccines. Science，2016，354（6316）：1170-1173

［32］Li PH，Ke XL，Wang T，et al. Zika virus attenuation by codon pair deoptimization induces sterilizing immunity in mouse models. J Virol，2018，92（17）：e00701-e00718

［33］袁盛建，马迎飞. 噬菌体合成生物学研究进展和应用. 合成生物学，2020，1：635-655

［34］Smith HO，Hutchison CA，Pfannkoch C，et al. Generating a synthetic genome by whole genome assembly：phi X174 bacteriophage from synthetic oligonucleotides. P Natl Acad Sci USA，2003，100（26）：15440-15445

［35］黄慧雅，陆荫英，谢震. 溶瘤病毒在肿瘤治疗中的研究进展. 传染病信息，2019，32：30-36

［36］Huang HY，Liu YQ，Liao WX，et al. Oncolytic adenovirus programmed by synthetic gene circuit for cancer immunotherapy. Nat Commun，2019，10：4801

［37］Nakamizo A，Marini F，Amano T，et al. Human bone marrow-derived mesenchymal stem cells in the treatment of gliomas. Cancer Res，2005，65（8）：3307-3318

［38］Wang LT，Zang X，Zhou JH. Synthetic biology：A powerful booster for future agriculture. Advanced Agrochem，2022，1：7-11

［39］Yu H，Lin T，Meng XB，et al. A route to *de novo* domestication of wild allotetraploid rice. Cell，2021，184

（5）：1156-1170

［40］Zhang CZ，Yang ZM，Tang D，et al. Genome design of hybrid potato. Cell，2021，184（15）：3873-3883

［41］吴杰，赵乔. 合成生物学在现代农业中的应用与前景. 植物生理学报，2020，56：2308-2316

［42］Prins A，Orr DJ，Andralojc PJ，et al. Rubisco catalytic properties of wild and domesticated relatives provide scope for improving wheat photosynthesis. J Exp Bot，2016，67（6）：1827-1838

［43］Schwander T，von Borzyskowski LS，Burgener S，et al. A synthetic pathway for the fixation of carbon dioxide *in vitro*. Science，2016，354（6314）：900-904

［44］Miller TE，Beneyton T，Schwander T，et al. Light-powered CO（2）fixation in a chloroplast mimic with natural and synthetic parts. Science，2020，368（6491）：649-654

［45］Guo XY，Sun J，Li DS，et al. Heterologous biosynthesis of（＋）-nootkatone in unconventional yeast *Yarrowia lipolytica*. Biochem Eng J，2018，137：125-131

［46］Guo DY，Kong SJ，Chu X，et al. *De novo* biosynthesis of indole-3-acetic acid in engineered *Escherichia coli*. J Agr Food Chem，2019，67（29）：8186-8190

［47］林敏，姚斌. 加强合成生物技术创新，引领现代农业跨越发展. 生物技术进展，2022，12（3）：321-324

第二章
元件、装置和途径的合成

第一节 概 论

合成生物学的工程学内涵就是，在人工设计的指导下，采用"自下而上"的正向工程学的策略，对生物元件进行标准化，建立通用型模块或装置，在简约的"细胞"或"系统"底盘细胞上，通过学习、抽象和设计，构建人工生物系统，即沿着元件到模块或装置，再到生物系统的路线，创建人工生命体。

一、概念

生物元件（biological part）是指具有特定功能的核酸或氨基酸序列，是遗传系统中最简单、最基本的生物积块。它是在合成生物学中用来组装生物系统和分子机器的遗传元件，能够通过标准化组装方法与其他元件组装成具有复杂功能的模块。按功能可将生物元件分为启动子、核糖体结合序列（RBS）、蛋白质编码基因、终止子、报告基因、操纵子、引物组件、标签组件、蛋白质发生组件、转换器等。

生物元件按一定的逻辑拓扑结构构建稍微复杂的生物装置（biodevice）。生物装置包含了一系列转录、翻译、蛋白质磷酸化、变构调节、配体/受体结合、酶反应等生化反应。不同的生物装置具有各自的优势和限制。尽管生化反应的多样性使得生物装置的设计存在一定的困难，但是生物装置是构建具有丰富功能的复杂系统的基础。利用 iGEM Registry 提供的标准化系统量化方法，可以将生物装置进行标准化抽提，分成转换器（接收到信号时停止下游基因的转录）、信号转导装置、蛋白质生成装置、逻辑门各种基因线路、生物传感器等。

生物装置按串联、反馈或者前馈等形式连接组成更加复杂的级联线路或者调控网络，即所谓的生物系统。自然生物系统中调控级联线路是非常普遍的，如转录调控网络、蛋白质信号通路和代谢网络等。

二、元件的组装技术

常规的基因操作包含烦琐的酶切、连接、转化、筛选等过程。为了从这些烦琐的操作中解脱出来，更加灵活、高效、方便地应用生物元件，合成生物学家创造性地提出了生物积块（BioBrick）的概念，并构建了相应的 DNA 元件库——iGEM Registry。

经过标准化处理、具有标准的酶切位点的生物模块，都可以称为生物积块。生物积块不仅包括基因模块，还包括亚细胞模块、生物合成的基因网络、代谢途径和信号转导通路、转运机制等。像建筑行业和信息技术（IT）行业的零件一样，生物积块可大可小，生物积块通常是具有一定功能的 DNA 片段，如生物元件；稍大些的可以是几个生物元件组成的基因调控线路，如生物装置；更大的是由基因调控线路组成的级联线路、调控网络，甚至是生物系统。

生物积块的一大特点是标准化，核心元件具有普适性和通用性。iGEM Registry 中生物积块的标准化主要体现在：除了本身的功能序列，它们都具有相同的前缀和后缀。图 2-1 为 iGEM Registry 生物积块的物理结构示意图。每一个生物积块前缀包括 *Eco*R I 和 *Xba* I 两个酶切位点，后缀包括 *Spe* I 和 *Pst* I 两个酶切位点，元件插入在 *Xba* I 和 *Spe* I 两个同尾酶之间。

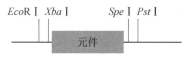

图 2-1　iGEM Registry 生物积块的物理结构示意图

为了将各个生物积块组装成复杂的装置，合成生物学家开发了多种组装技术，概括起来包括以下三大类（图 2-2）：一是酶切连接组装技术；二是同源重组组装技术；三是桥连寡核苷酸组装技术。下面将详细介绍各种组装技术。

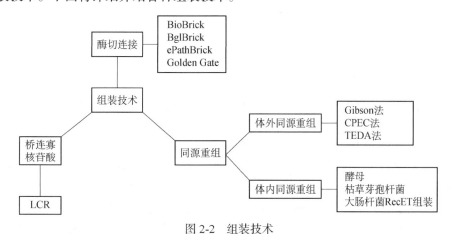

图 2-2　组装技术

CPEC. 环形聚合酶延伸克隆；LCR. 连接酶循环反应；TEDA. T5 核酸外切酶 DNA 组装

（一）酶切连接组装技术

1. BioBrick 标准组装技术

iGEM Registry 中生物积块的元件都具有相同的前缀和后缀，前缀包括 *Eco*R I 和 *Xba* I 两个酶切位点，后缀包括 *Spe* I 和 *Pst* I 两个酶切位点，元件经过点突变以确保其编码序列中不含有这 4 个酶切位点，然后插入在 *Xba* I 和 *Spe* I 两个同尾酶之间。整个生物积块被克隆在

iGEM 组委会提供的质粒载体上。

　　不同元件可按图 2-3 所示流程进行组装。用 *Eco*R Ⅰ 和 *Spe* Ⅰ 酶切元件 A 积块质粒，凝胶回收元件 A 积块，然后连接到元件 B 积块质粒的 *Eco*R Ⅰ 和 *Xba* Ⅰ 之间，即可得到含有元件 A 和 B 的生物积块。按同样的方法可将更多的元件组装在一起。

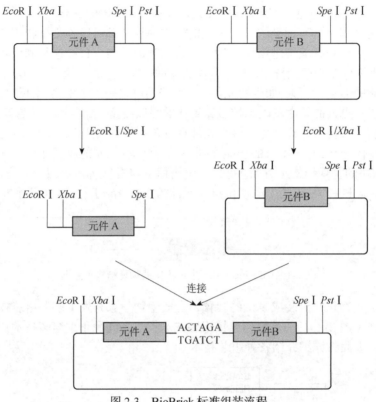

图 2-3　BioBrick 标准组装流程

2. BglBrick 组装技术

　　BioBrick 标准组装技术将产生 ACTAGA 连接疤。但是 ACT 是大肠杆菌中精氨酸的稀有密码子，而且 *Xba* Ⅰ 容易被 *dam* 甲基化。为了克服 BioBrick 标准组装技术的这些缺陷，Anderson 等研发了一种 BglBrick 组装技术[1]。该技术是根据 *Bgl* Ⅱ 与 *Bam*H Ⅰ 同尾酶而设计的。前缀包括 *Eco*R Ⅰ 和 *Bgl* Ⅱ 两个酶切位点，后缀包括 *Bam*H Ⅰ 和 *Xho* Ⅰ 两个酶切位点，经去除酶切位点标准化的元件插入在 *Bgl* Ⅱ 和 *Bam*H Ⅰ 两个同尾酶之间。它的优点主要有：①生成 GGATCT 连接疤，编码甘氨酸-丝氨酸，可用于大肠杆菌、酵母和人类等多种宿主中蛋白质的融合表达；②切割效率高；③不受 *dam* 或 *dcm* 甲基化的影响。BglBrick 组装流程见图 2-4。

3. ePathBrick 组装技术

　　美国伦斯勒理工学院 Koffas 团队研发了一种可用于途径组装的 ePathBrick 技术[2]。它的主要特征是含有 *Avr* Ⅱ 、*Xba* Ⅰ 、*Spe* Ⅰ 和 *Nhe* Ⅰ 同尾酶。利用 ePathBrick 组装技术，分别可以得到操纵子（图 2-5A，所有基因在同一个启动子和终止子控制下一起转录调控）、假操纵子（图 2-5B，每个基因在各自独立的启动子控制下进行转录，但共用同一个终止子完成转录终止）、单顺反子（图 2-5C，每个基因都由单独的启动子和终止子控制）等不同结构，从而进行途径的模块优化。他们应用 ePathBrick 组装技术比较了对香豆酸合成柚皮素途径的组装结构，发现 3 个基因按假操纵子结构组装在一起时大肠杆菌合成柚皮素的产量最高，而表达操纵子结构的途径时柚皮素的产量最低。

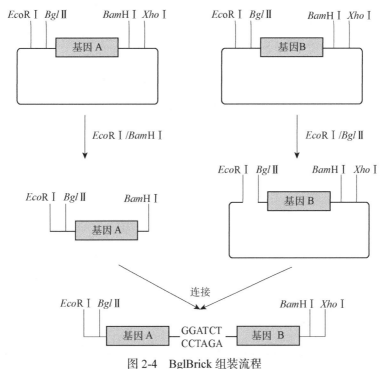

图 2-4　BglBrick 组装流程

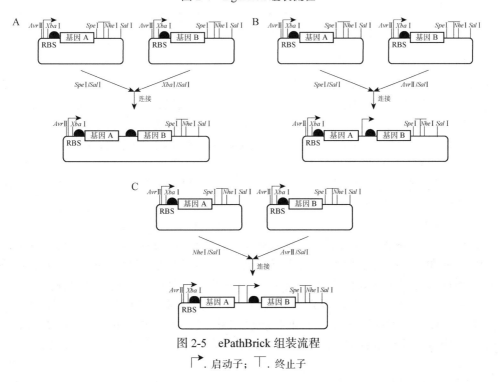

图 2-5　ePathBrick 组装流程

┌▔. 启动子；┬. 终止子

上述 BioBrick、BglBrick 和 ePathBrick 组装技术都需要事先将元件进行点突变去酶切位点的标准化处理，从而限制了其适用性。为此，我们构建了 pZ 系列载体，它们含有 *Bgl*Ⅱ/*Bam*HⅠ、*Avr*Ⅱ/*Xba*Ⅰ/*Spe*Ⅰ/*Nhe*Ⅰ 两套同尾酶[3]。这样可以简化点突变去酶切位点标准化处理的操作。当元件内没有 *Eco*RⅠ、*Bgl*Ⅱ、*Bam*HⅠ 和 *Sal*Ⅰ 酶切位点时，采用 BglBrick 组装技术构建单顺反子结构的途径；当元件内没有 *Eco*RⅠ、*Avr*Ⅱ、*Xba*Ⅰ 和 *Sal*Ⅰ 酶切位点时，采用 ePathBrick 组装技术构建单顺反子结构的途径（图 2-6）。

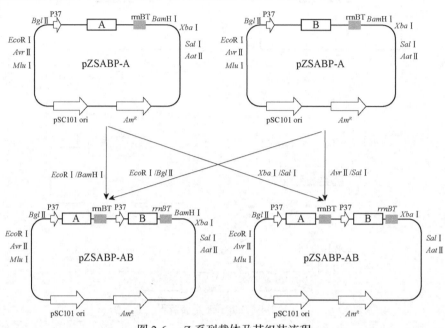

图 2-6　pZ 系列载体及其组装流程

rrnBT. 终止子；pSC101 ori. 复制子；*Am*[R]. 氨苄青霉素抗性基因

4. Golden Gate 组装技术

前面几种 Brick 组装技术利用的是Ⅱ型内切酶。除了这种常见的Ⅱ型内切酶，还有一种Ⅱ S 型内切酶。它的切割位点在内切酶的识别序列之外，其特点：一是酶切后一个片段仍保留完整的识别序列，而另一个片段则失去了识别序列；二是酶切位点与识别位点的距离是酶依赖的，一旦酶与其识别位点结合，将剪切适当距离的任意 DNA 序列。该酶切机制的结果是特定的Ⅱ S 型内切酶剪切的两个不同 DNA 片段所形成的突出末端不配对——除非两个片段是经过特意设计的。常用的有 *Bsa*Ⅰ（GGTCTC 1/5[①]）、*Bsm*BⅠ（CGTCTC 1/5）和 *Bbs*I（GAAGAC 2/6）。它们都将产生 4 碱基黏性末端，也称为悬挂序列。

根据Ⅱ S 型内切酶的上述特点，Engler 等研发了一种称为 Golden Gate 的组装技术[4]。具体流程见图 2-7。首先通过 PCR 扩增片段及载体，使其 5′端和 3′端加上 *Bsa*Ⅰ 或其他Ⅱ S 型内切酶识别序列和酶切序列；然后用 *Bsa*Ⅰ 或相应Ⅱ S 型内切酶酶切片段和载体，再连接进行组装。Golden Gate 组装的主要优点是：①酶切和连接可同时在同一个反应管中进行，不需要进行凝胶纯化及分步的酶切、连接反应，大大缩短了实验时间；②不会引入多余序列，可实现无缝克隆；③使用正确的互补末端可同时组装多个片段，利用 New England Biolabs（NEB）公司的在线免费工具 Golden Gate Assembly 可以完成 52 个片段的组装，效率达到 50%。

①　Ⅱ S 型内切酶的切割位点

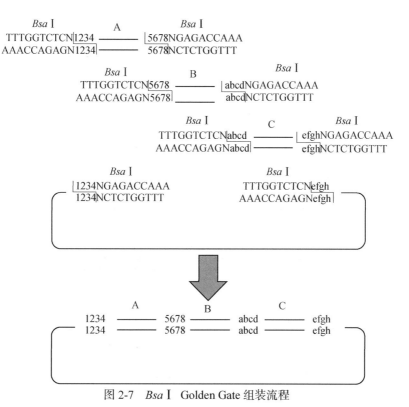

图 2-7 *Bsa* I Golden Gate 组装流程

①PCR 扩增插入片段和载体，使其两端加上 *Bsa* I 识别序列和酶切序列；②*Bsa* I 酶切、连接进行组装

常用的 *Bsa* I、*Bsm*B I 和 *Bbs* I 将产生 4 碱基黏性末端，共有 256 种碱基排列方式，其中回文序列有 16 种。为了防止黏性末端自连而降低克隆效率，设计时应选用其他 240 种非回文序列。Golden Gate 组装的关键是黏性末端的设计。黏性末端的设计原则是既要考虑克隆的效率，也要考虑相邻片段黏性末端必须互补，前一片段的 3′端黏性末端要与后一片段的 5′端黏性末端互补。可利用 NEB 公司的在线免费工具 Golden Gate Assembly 进行设计（https://goldengate.neb.com）[5]。

（二）同源重组组装技术

1. 体外同源重组组装技术

（1）Gibson 法　2009 年，Gibson 及其同事提出了一种等温、单反应组装技术，称为 Gibson 组装技术[6]。Gibson 组装技术既能轻易组装多个线性片段，也可以将一个目的片段插入到载体中完成基本克隆。

Gibson 组装技术的基本原理是，首先在 T5 核酸外切酶作用下，切割具有同源臂的 DNA 双链的 5′端，形成 5′端切口；其后在 50℃条件下退火、重叠区结合；接着在 Phusion 高保真 DNA 聚合酶作用下进行 3′端延伸；最后在 *Taq* 酶作用下连接补平。详见图 2-8。

Gibson 组装步骤如下：①设计引物，使相邻片段带上同源臂，同源臂的长度为 15～25bp、解链温度 $T_m \geqslant 48℃$。NEB 公司和 Snapgene 公司都有引物设计工具，可帮助设计含同源区域的引物。②PCR 扩增片段。③连接反应：将 PCR 扩增片段、线性化载体和 Gibson 组装反应液混合，50℃孵育 1h 后，将连接产物转化到感受态细胞中。

Gibson 组装的优点在于：①可一步连接多达 6 个片段；②无痕连接，可利用较长的重复区以确保连接顺序。

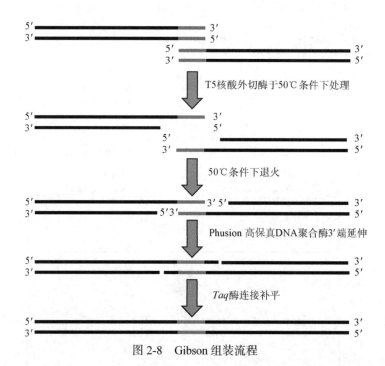

图 2-8　Gibson 组装流程

（2）环形聚合酶延伸克隆（CPEC）法　　2009 年，杜克大学的 Quan 和 Tian 报道了一种 CPEC 组装方法，该法利用一种聚合酶将多片段组装和克隆到任何载体上[7,8]。它是利用聚合酶延伸机制连接重叠 DNA 片段，以生成环形质粒。它首先热变性使双链 DNA 变成单链，接着退火、重叠区结合在一起；然后利用聚合酶进行多个循环的延伸生成环形质粒，将产物转化到感受态细胞中。详见图 2-9。

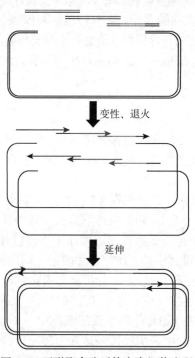

图 2-9　环形聚合酶延伸克隆组装流程

CPEC 法的关键是重叠区同源臂的设计，要求所有重叠区 T_m 值相似且尽可能高，其值为 60～70℃；每个重叠区 T_m 值的差值为±（2～3℃）；重叠区的长度一般为 15～35bp。

（3）T5 核酸外切酶 DNA 组装（TEDA）法　　Gibson 法需要利用 T5 核酸外切酶、Phusion DNA 聚合酶和 DNA 连接酶。山东大学谷立川和荀鲁盈团队对 Gibson 法的各种组分测试优化后，建立了仅利用含 T5 核酸外切酶和 PEG8000 的简单缓冲液体系的简单易行的低成本 DNA 组装方法，称为 TEDA 法[9]。该方法只需要利用 T5 核酸外切酶。TEDA 法的具体步骤包括：首先是 T5 核酸外切酶处理具有短同源臂（15～20bp）的 DNA 片段，产生 5'切口；然后是退火、黏性同源片段相互结合，形成含有切口的环形质粒；最后将含有切口的环形质粒转化到感受态大肠杆菌中，在体内补平切口以产生克隆（图 2-10）。

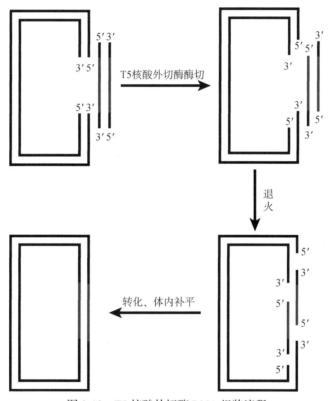

图 2-10　T5 核酸外切酶 DNA 组装流程

TEDA 法组装的反应条件如下：4mL 5×TEDA 反应液与 16mL DNA 溶液混合，于 30℃条件下反应 40min，置于冰浴中终止反应，随后取 5mL TEDA 反应液转化到感受态大肠杆菌中。每毫升 5×TEDA 反应液包括 0.5mol/L Tris-HCl（pH7.5）缓冲液、50mmol/L MgCl₂、50mmol/L 二硫苏糖醇（DTT）、0.25g PEG8000 和 1mL 10U/mL T5 核酸外切酶。DNA 溶液包括线性化载体和插入片段；两者的物质的量之比为 1：（1～4）。线性化载体质量为 100～200ng。

TEDA 法比 Gibson 法具有更高的效率和更便宜的优点。商业化的 Gibson 单次组装成本为 80 元/反应，自己购买原料配的 Gibson 体系成本也要高于 20 元/反应，而 TEDA 成本则仅需 0.03 元/反应。

2. 体内同源重组组装技术

酵母具有很强的同源重组效率。赵惠民团队开发出了一种称为"DNA 组装器"的方法。

该法利用酿酒酵母的体内同源重组机制，一步快速构建大型生化途径[10]。DNA 组装器的设计原则如下：第一个元件的 5′端与酵母载体重叠，其 3′端与第二个元件的 5′端重叠，相邻元件互相重叠，最后一个元件的 3′端与酵母载体重叠。这样设计 PCR 扩增得到的所有元件与线性化酵母载体一起电转化到酿酒酵母中，挑选克隆，如图 2-11 所示。重叠区的长度一般为 50bp，但当组装元件数大于 5 个时，可适当增加重叠区的长度。DNA 组装器除了可用来构建载体，也可以直接将元件组装整合到酵母染色体上。他们应用该技术成功组装了含 3 个基因约 9kb 的 D-木糖利用途径，5 个基因约 11kb 的玉米黄素合成途径，以及 8 个基因约 19kb 的同时含有 D-木糖利用和玉米黄素合成的途径。

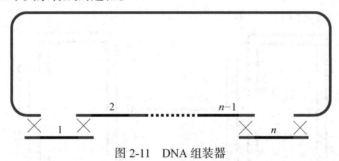

图 2-11　DNA 组装器

大肠杆菌 Rac 前噬菌体 *recE*、*recT* 基因编码的重组酶能高效介导线状 DNA 间发生同源重组，因此被用于在大肠杆菌细胞内进行 DNA 组装[11,12]。RecE 蛋白具有 5′→3′核酸外切酶活性，能够消化线性双链 DNA 片段形成 3′突出末端；RecT 蛋白具有单链 DNA 退火功能，能够结合到经由 RecE 蛋白消化形成的 3′突出末端单链 DNA 上，不仅能保护单链 DNA 以免被核酸酶降解，而且能促进同源 DNA 之间的退火。最后在细菌细胞内 DNA 修复系统的作用下修补 DNA 缺口形成重组 DNA 分子（图 2-12）。RecET 体内组装技术只需要 40bp 的同源臂便可

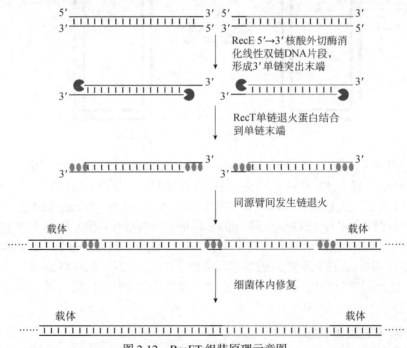

图 2-12　RecET 组装原理示意图

实现 5 个 DNA 片段的一步高效组装[13,14]。RecET 体内组装技术还可用于从基因组中直接克隆 50kb 以内的 DNA 大片段到表达载体上，而不需要烦琐的 DNA 文库构建和筛选[11,12]。

在 RecET 组装技术基础上发展的 ExoCET 组装技术[15]通过联合体内和体外同源重组使得 DNA 组装效率大大提高。ExoCET 组装技术首先是在体外利用核酸外切酶消化待组装的 DNA 片段，使其同源臂暴露出单链末端，然后通过退火使相邻片段相连，从而增加其在转化时进入一个细胞的概率；将核酸外切酶处理产物转化到表达 recE、recT 基因的大肠杆菌细胞后，RecET 蛋白介导的同源重组将剩余未发生组装的片段进一步组装。ExoCET 组装技术不仅能组装至少 13 个高 GC 含量（65%）DNA 片段[16]，而且能组装至少 11 个低 GC 含量（<31%）DNA 片段。ExoCET 组装技术通过联合体内和体外同源重组也能提高直接克隆效率，可从基因组上直接抓取超过 100kb 的 DNA 大片段[15]。

枯草芽孢杆菌的同源重组也已成功用于 DNA 组装，并取得了很多的发展[17]。

（三）桥连寡核苷酸

Gibson 法和 CPEC 法都是需要事先通过 PCR 扩增带同源臂的片段。为此，de Kok 等报道了一种一步、无缝 DNA 组装技术，称为连接酶循环反应（ligase cycling reaction，LCR）法[18]。LCR 组装使用与相邻 DNA 片段末端互补的单链桥连寡核苷酸，在热稳定连接酶的作用下连接 DNA 片段，然后经过多个变性—退火—延伸循环进行 DNA 组装（图 2-13）。具体步骤如下：①对组装双链 DNA 进行 5′磷酸化。②设计合成桥连寡核苷酸，要求桥连寡核苷酸的 T_m 为 70℃。③组装：将 3nmol/L DNA 片段和 30nmol/L 桥连寡核苷酸加入到 LCR 反应液中，反应液包含 0.3U/mL 连接酶、0.5mmol/L NAD$^+$、8%（V/V）二甲基亚砜（DMSO）和 0.45mol/L 甜菜碱。在下述程序进行 PCR：94℃处理 2min 后，进行 94℃ 2s、55℃ 30s 和 66℃ 60s 的变性—退火—延伸（50 个循环）。

上述 3 种组装方法都是基于 PCR 扩增的方法，Gilbson 法和 CPEC 法通常用于组装 4 个以下片段，当组装 4 个以上片段时采用 LCR 法具有更高的效率和正确率。

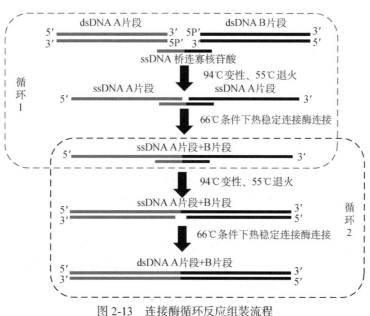

图 2-13　连接酶循环反应组装流程

第二节 元件库与元件的合成

一、元件库

生物元件是合成生物学的基石。生物元件种类匮乏，大部分生物元件表征描述不准确，以及人工生物系统中元件与元件间、元件与人工生物系统间的适配性不高，是合成生物学发展首先需要扫清的障碍。如何获得功能表征明确的最适生物元件来构建人工生命系统，是合成生物学的核心科学问题之一。通过收集、整理和保藏各类生物元件的实物及定性与定量功能表征信息构建生物元件库，可以实现元件信息和实物的充分共享，从而大幅度提高合成生物学工程化的效率。

国内外学者和相关机构建立了多个元件库，通过 OpenMTA（Open Material Transfer Agreement）协议实现了元件实物的免费共享，通过合成生物学开放语言（SBOL）实现了多个元件库间的数据交换。表 2-1 为常见的生物元件库。

表 2-1 常见的生物元件库

名称	特性	元件数量	共享性	国家	网址
标准生物元件登记库	既包括启动子、转录单元、质粒骨架、接合转移元件、转座子、蛋白质编码区等 DNA 序列，也包括核糖体结合位点、终止子及一些蛋白质结构域	超过 20 000 个	通过申请 iGEM 实验室而获得元件实物	美国	https://parts.igem.org/Main_Page
生物积块基金会	基因元件	2 315	通过签署 OpenMTA 协议获得元件实物	美国	https://biobricks.org
美国能源部联合生物能源研究所 ICE 平台	包括 ACS Registry、JBEI Registry、JGI Registry、Synberc Registry、MIT Synthetic Biology 和 Agile BioFoundry Registry 等，除了元件，也收集微生物菌株、质粒、拟南芥种子和蛋白质等其他生物元件	5 145	注册、分享	美国	https://public-registry.jbei.org
合成生物学元件与数据库	催化元件、微生物菌株	366 041	公共	中国	https://www.biosino.org/rdbsb/
糖基转移酶数据库	糖基转移酶元件	5 201 789	公共	中国	https://www.biosino.org/gtdb/
天津大学 SynbioML	催化元件和模块、底盘菌株（酿酒酵母、大肠杆菌、枯草芽孢杆菌、解脂耶氏酵母和蓝藻等）	6 000 个催化元件和模块、400 多个底盘细胞	公共	中国	http://www.synbioml.org

美国麻省理工学院在 2003 年创建了国际遗传工程机器大赛（iGEM），建立了供参赛者进行作品提交的"标准生物元件登记库"（https://parts.igem.org/Main_Page），这是合成生物学领域最为著名的元件库。目前标准生物元件登记库收集了超过 20 000 种生物元件（https://parts.igem.org/Collections），其包含有功能表征信息的元件 15 000 个左右，包括启动子、核糖体结合位点、蛋白质编码区、终止子、质粒骨架、转录单元、接合转移元件、转座子、运动或趋化相关

元件等 DNA 序列。iGEM 不仅要求 iGEM 参赛者和 iGEM 加盟实验室提交的所有生物元件数据和元数据进行共享，全球的学术研究机构也可以通过申请加入 iGEM 实验室而获得标准生物元件登记库的元件实物（https://parts.igem.org/Labs_Program）。

美国能源部联合生物能源研究所建立的 ICE（Inventory of Composable Elements）平台是一个开放源码的生物元件信息管理平台。用户注册后，平台将分发生物元件，并提供序列注释、操作和分析的图形应用程序。该平台库包括 ACS Registry、JBEI Registry、JGI Registry、Synberc Registry、MIT Synthetic Biology 和 Agile BioFoundry Registry 等，除了元件，也收集微生物菌株、质粒、拟南芥种子和蛋白质等其他生物元件。

中国科学院合成生物学重点实验室联合中国科学院计算生物学重点实验室生物医学大数据中心、中国科学院微生物研究所和中国科学院天津工业生物技术研究所，共同建设了国内第一个合成生物学元件库——合成生物学元件与数据库（Registry and Database of Bioparts for Synthetic Biology，以下简称"元件库"），包括相应的数据库和实物库。他们根据催化元件的特点制定了《催化元件数据标准》，并根据这一标准从国际上主流的序列功能数据库［MetaCyc、Brenda、KEGG（Kyoto Encyclopedia of Genes and Genomes）、UniProt 和 Rhea］中筛选获得了 36 万多个催化元件，其中有 7 万多个元件得到了实验表征。所有元件信息均在元件库网站（https://www.biosino.org/rdbsb/）公开共享，并可以进行与元件信息的查询，以便用于途径合成的设计。目前，元件库的催化元件数量已经远远超过标准生物元件登记库等国外元件库，即使与传统的酶学数据库 Brenda 相比，元件库催化元件数量也要比 Brenda 数据库中酶的数量多 1 倍。元件库还收集了 1 万多个实物元件及 5000 个底盘细胞的实物资源。实物元件和底盘细胞参照 Addgene 的模式。元件提供者、元件接受者和元件库签订三方参与的材料转移协议（MTA），元件接受者向元件库缴纳一定费用用于元件存储和分发。

糖基化修饰能增加天然产物的溶解性和稳定性，甚至增加天然产物的生物活性或降低不良反应，在一定程度上可改善天然产物的成药性。因此，糖基转移酶受到了广泛关注。糖基转移酶是催化单糖基团从糖基供体向受体底物转移并形成糖苷键的一类酶。合成生物学元件与数据库构建了糖基转移酶数据库（Glycosyltransferases Database，GTDB；https://www.biosino.org/gtdb/），作为其子库。通过 CAZy、NCBI Protein、NCBI Nucleotide、NCBI Gene、NCBI PubMed、NCBI Taxonomy、RCSB PDB（RCSB Protein Data Bank）、UniProt、Metacyc、KEGG 等 10 个数据库的数据整合及 eggNOGmapper 序列注释获得了 520 179 种糖基转移酶和 394 种酶学反应。

天津大学同样建立了 SynbioML 数据库，存储了近 6000 个催化元件和模块及 400 多个底盘细胞数据和实物，并提供共享服务。

二、元件的合成

（一）启动子

启动子是指位于结构基因 5′端上游，可被 RNA 聚合酶（RNA polymerase，RNAP）特异性识别和结合的一段特殊 DNA 序列，能招募转录机制，导致下游 DNA 序列的转录。图 2-14 为原核生物启动子核心序列结构。绝大部分启动子都存在两段共同序列，即位于−10 区的 TATA 框和−35 区的 TTGACA 框。研究表明，−10 区的 TATA 框和−35 区的 TTGACA 框是 RNA 聚合酶与启动子的结合位点，能与 σ 因子相互识别而具有很高的亲和力。

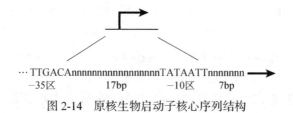

图 2-14 原核生物启动子核心序列结构

在真核生物基因组中，大部分启动子的共同序列为位于转录起点上游−30～−25bp 处的 TATAAA，也称为 TATA 框；位于−70～−78bp 处的 CCAAT，与原核生物中−35 区序列相对应，称为 CAAT 框(CAAT box);−110～−80bp 处的 GCCACACCC 或 GGGCGGG，称为 GC 框(GC box)。一般将 TATA 框上游的保守序列称为上游启动子元件或上游激活序列。

TATA 框的主要作用是使转录精确地起始，而上游启动子元件（CAAT 框和 GC 框）的主要作用则是控制转录起始的频率，其中，CAAT 框对转录起始频率的影响最大。

启动子可以被人为分为 3 段：核心启动子（core promoter）、近端启动子（proximal promoter）和末端启动子（distal promoter）。核心启动子包含 RNA 酶结合位点、TATA 框和转录起始位点（TSS）。近端启动子大概包含 TSS 前 250bp 片段，包括主要的调节元件（regulatory element），一般是转录因子结合部位。末端启动子也包含转录因子的结合位点，但主要包括调节元件。

不同启动子序列具有不同的强度。启动子除了启动转录序列，往往还包含调控启动子强度的操作子序列，如转录因子结合位点，以吸引或阻碍 RNAP 与启动子的结合，从而构成诱导型启动子。这类启动子的强度，除了与启动子转录序列有关，还与转录因子结合位点序列及诱导剂浓度有关。根据调控方式的不同，启动子可以分为 4 种：一是组成型启动子，它是不受任何转录因子调节的一类启动子。它的活性由 RNAP 或特定 σ 因子所决定。二是正调控启动子，它的活性随着转录因子（称为激活因子）水平的增加而增强。三是负调控启动子，它的活性随着转录因子（称为阻遏物）水平的增加而降低。四是多调节启动子，它的活性受到多种转录因子（激活剂或抑制剂）水平的影响，可以是激活也可以是抑制。后面三种同属诱导型启动子，诱导剂与转录因子形成复合物，从而影响转录因子与启动子中转录因子结合位点的结合，对启动子进行调控。iGEM 的标准生物元件登记库(https://parts.igem.org/Promoters)上登记有各种启动子的相关信息，目前包括了 316 个大肠杆菌启动子和 32 个酵母启动子。

不同的转录因子具有特定的转录因子结合位点，从而构建不同的启动子，需要特定的诱导剂。表 2-2 为常见的诱导型启动子。转录因子结合位点既可以在−35 区的上游，也可以在−35 区和−10 区之间，甚至在−10 区下游。一个启动子可以有一个转录因子的结合位点，也可以在同一转录因子有多个结合位点，甚至是多个转录因子的结合位点。

表 2-2　常见的诱导型启动子

启动子	转录因子	诱导剂	序列
P_{tac}	LacI	IPTG	GAGCTGTTGACAATTAATCATCGGCTCGTATAATGTGTGGAATTGTGAGCGG ATAACAATT
P_{trc}	LacI	IPTG	TTGACAATTAATCATCCGGCTCGTATAATGTGTGGAATTGTGAGCGGATAAC AATTTCA
P_{lacO-1}	LacI	IPTG	AATTGTGAGCGGATAACAATTGACATTGTGAGCGGATAACAA GATACTGAGCACATCAGCAGGACGCACTGACC
P_{lacUV5}	LacI	IPTG	ATCGTTTAGGCACCCCAGGCTTTACACTTTATGCTTCCGGCTCGTATAATGTG TGGAATTGTGAGCGGATAACAA TTTCA
P_{tet}	TetR	脱水四环素	TGTTGACACTCTATCGTTGATAGAGTTATTTTACCACTCCCTATCAGTGATAG AGAAAA
P_{BAD}	AraC	阿拉伯糖	ACTTTTCATACTCCCGCCATTCAGAG AAGAAACCAATTGTCCATAT TGCATCAGA CATTGCCGTCACTGCGTCTTTTACTGGCTCT TCTCGCTAACCAAACCGGTAACCCC GCTTATTAAAAGCAT TCTGTAACAAAGCGGGACCAAAGC CATGACAAAAACGCG TAA CAAAAGTGTCT ATAATCA CGGCAGAAAAGTCCACATTGAT TATTTGCACGG CGTCACACTT TGCTATGCC　ATAGCATTTTTAT CCATAAGATTAGCGGATTCTACCT GACGCTTTTTATCGCAACTCTCTACTGTTTCTCCATA
P_{T7}	T7 RNAP/LacI	IPTG	TAATACGACTCACTATAGG GGAATTGTGAGCGGATAACAA TTTCA
P_L/P_R	CI857t$_s$	温度	ACGTTAAATC TATCACCGCA AGGGATAAAT ATCTAACACC GTGCGTGTTG ACTATTTTAC CTCTGGCGGT GATAATGGTT GCATGTACTA AGGAGGTTGT ATACGCGT

注：IPTG. 异丙基硫代-β-D-半乳糖苷

组成型启动子因不需要诱导剂而受到关注，其中著名的有 Anderson 启动子。表 2-3 为常见的组成型启动子。J23100 序列 Anderson 启动子是野生型启动子 J23119 的突变体，其中 J23100 为强启动子，J23110 为中等强度启动子，J23114 为弱启动子。

表 2-3　常见的组成型启动子

启动子	序列
J23119	TTGACAGCTAGCTCAGTCCTAGGTATAATGCTAGC
J23100	TTGACGGCTAGCTCAGTCCTAGGTACAGTGCTAGC
J23101	TTTACAGCTAGCTCAGTCCTAGGTATTATGCTAGC
J23102	TTGACAGCTAGCTCAGTCCTAGGTACTGTGCTAGC
J23103	CTGATAGCTAGCTCAGTCCTAGGGATTATGCTAGC
J23104	TTGACAGCTAGCTCAGTCCTAGGTATTGTGCTAGC
J23105	TTTACGGCTAGCTCAGTCCTAGGTACTATGCTAGC
J23106	TTTACGGCTAGCTCAGTCCTAGGTATAGTGCTAGC
J23107	TTTACGGCTAGCTCAGCCCTAGGTATTATGCTAGC
J23108	CTGACAGCTAGCTCAGTCCTAGGTATAATGCTAGC
J23109	TTTACAGCTAGCTCAGTCCTAGGGACTGTGCTAGC
J23110	TTTACGGCTAGCTCAGTCCTAGGTACAATGCTAGC
J23111	TTGACGGCTAGCTCAGTCCTAGGTATAGTGCTAGC
J23112	CTGATAGCTAGCTCAGTCCTAGGGATTATGCTAGC
J23113	CTGATGGCTAGCTCAGTCCTAGGGATTATGCTAGC
J23114	TTTATGGCTAGCTCAGTCCTAGGTACAATGCTAGC
J23115	TTTATAGCTAGCTCAGCCCTTGGTACAATGCTAGC
J23116	TTGACAGCTAGCTCAGTCCTAGGGACTATGCTAGC
P8	CTTTGTCGGAAAACATTCTTACATTTTCAGCCAATATGATATAATTCGCGGGTTA

启动子	序列
P37	CTTACATGAAAAAGGTTCTTGACATTTTAAATCCATGTGGTATATGTCATTTTT
P191	TTGACACGAACTATGAGCCTTGATATAATTCTGACTCCCCAT ACATATGGCAGATCT
P21285	GAACTATCGCCTTGAAACATTCTCTGACCCCATTGAACATCTTGTCCGGCCCACTTATAATGCTAT AACT ACATATGGCAGATCT
M1-93	TTATCTCTGGCGGTGTTGACAAGAGATAACAACGTTGATATAATTGAGCCCGTATTGTTAGCATG TACGTTTAAACCAGGAGAACCCAA（含启动子和 UTR）
M1-37	TTATCTCTGGCGGTGTTGACAAGAGATAACAACGTTGATATAATTGAGCCACTGGCTCGTAATTT ATTGTTTAAACCAGGAAACAGCT（含启动子和 UTR）
M1-46	TTATCTCTGGCGGTGTTGACAAGAGATAACAACGTTGATATAATTGAGCTCTCGCCCCACCAAT TCGGTTTAAACCAGGAAACAGCT（含启动子和 UTR）
P$_{bs}$	GGCGCGCCCC TCCTTGACAC TGAATTTAGC ATGTGATATA ATTAACTTAA TATTCTACCC AAG CTTATAA AAGAGCACTG TTGGGCGTGA GTGGAGGCGC CGGAAAAAAG CATCGAAAAA A
PL1118	TTGACAATTAATCATCCGGCTCTTATAATGTGTGGAATTGCGAGCGGTTAACAATTTCACACAGG AAACAGACC（含启动子和 UTR）

注：UTR. 非翻译区

许多学者一直在挖掘启动子资源，甚至致力于现有启动子的改造。比利时根特大学 de Mey 等根据大肠杆菌启动子的序列特征，构建了 57bp 的启动子文库，最强启动子活性是 P$_{lac}$ 天然启动子的 27.5 倍，最弱启动子的活性是 P$_{lac}$ 天然启动子活性的 1/7[19]。江南大学康振团队根据大肠杆菌 σ[70]、σ[38]、σ[32] 和 σ[24] 因子的–30 区、–10 区的保守序列，进行 2 个 σ 因子、3 个 σ 因子和 4 个 σ 因子的–30 区、–10 区保守序列组合，创建了一些在稳定期、低温、低酸和高渗透压环境中有很强活性的启动子，其中 191 和 21285 启动子在稳定期、–20℃、pH4.5 和 0.5mol/L NaCl 条件下，比 T7 启动子具有更高的活性[20]。中国科学院天津工业生物技术研究所张学礼团队通过构建文库依次对大肠杆菌内源 LacZ 的启动子、mRNA 稳定区和核糖体结合位点（RBS）序列进行改造，构建了具有不同强度的调控模块，其中活性最强的 M1-93 模块的活性是 LacZ 启动子的 8.6 倍、T7 启动子的 1.7 倍；M1-37 模块的活性是 LacZ 启动子的 2.5 倍；M1-46 模块的活性是 LacZ 启动子的 1.7 倍[21,22]。山东大学祁庆生团队经研究发现，tac 启动子核心序列的串联能够增强启动子的活性，在 5 个启动子之内，串联启动子簇的活性与其串联重复的数量成正比[23]。一般情况下，启动子在不同物种中是不相容的，在不同宿主中就必须选用特定的启动子和质粒来进行基因簇的表达。这样导致构建过程很烦琐。为了解决这个问题，康振团队根据大肠杆菌、枯草芽孢杆菌和酿酒酵母组成型启动子核心区序列的特点，创建了 P$_{bs}$ 广谱强启动子，在大肠杆菌中，P$_{bs}$ 启动子的活性大于强 P$_{J23119}$；在枯草芽孢杆菌中，P$_{bs}$ 启动子的活性是强 P$_{cdd}$ 的 70%左右；在酿酒酵母中，P$_{bs}$ 启动子的活性低于强启动子 P$_{GPD}$[24]。江南大学邓禹团队通过 83 轮的突变—构建—筛选—表征，构建并表征了 P$_{trc}$ 的突变文库，获得了由 3665 个不同突变体组成的启动子文库，最强启动子的强度大约是 P$_{trc}$ 的 69 倍、1mmol/L IPTG 诱导时 P$_{T7}$ 启动子的 1.52 倍；启动子库中最强启动子的强度是最弱启动子强度的 454 倍左右[25]。

（二）终止子

终止子是给予 RNA 聚合酶转录终止信号的 DNA 序列，在 RNA 水平上通过转录出来的终止子序列形成茎-环结构而起作用。在原核生物中，终止子通常分成两大类：一类是不依赖蛋白质辅助因子（又称为 ρ 因子）就能实现终止作用的终止子；另一类是依赖蛋白质辅助因子才能实现终止作用的终止子（图 2-15）。两类终止子有共同的序列特征。在转录终止点前有一段回文序列。回文序列的两个重复部分（每个长 7～20bp）由几个不重复的 bp 节段隔开。回文序列的对称轴一般距转录终止点 16～24bp。回文序列能够形成发夹结构（茎环结构）。两类终止子的不同点是：不依赖 ρ 因子的终止子的回文序列中富含 GC 碱基对，在回文序列的下游方向又常有 6～8 个 AT 碱基对（在模板链上为 A，在 mRNA 上为 U）；而依赖 ρ 因子终止子中回文序列的 GC 碱基对含量较少。在回文序列下游方向的序列没有固定特征，其 AT 碱基对含量比前一种终止子低。

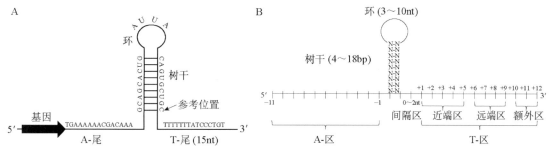

图 2-15　终止子结构示意图

A. 不依赖蛋白质辅助因子的终止子；B. 依赖蛋白质辅助因子的终止子

　　iGEM 的标准生物元件登记库登记有大肠杆菌、酵母及其他真核生物常见的终止子。登记的所有大肠杆菌终止子都是不依赖 ρ 因子的终止子，这是由于依赖 ρ 因子的终止子没有特定序列。不同终止子的作用也有强弱之分，有的终止子几乎能完全停止转录；有的则只是部分终止转录，一部分 RNA 聚合酶能越过这类终止子序列继续沿 DNA 移动并转录。MIT 的 Voigt 团队表征了 582 个大肠杆菌的终止子，包括 227 个大肠杆菌天然终止子、90 个大肠杆菌反向终止子及 265 个合成终止子[26]。表 2-4 为终止子活性比常用 rrnBT1 终止子高的一些终止子。

表 2-4　代表性终止子（摘录自 Chen et al., 2013）

名称	转录单元	序列	平均荧光强度
天然终止子			
ECK120029600	spy	TTCAGCCAAAAAACTTAAGACCGCCGGTCTTGTCCACTACCTTGCAGTAATGCGGTGGACAGGATCGGCGGTTTTCTTTTCTCTTCTCAA	378.38
ECK120033737	thrLABC	GGAAACACAGAAAAAGCCCGCACCTGACAGTGCGGGCTTTTTTTTCGACCAAAGG	312.50
pheA-1	pheA	GACGAACAATAAGGCCTCCCAAATCGGGGGGCCTTTTTTATTGATAACAAAA	243.53
ECK120034435	secG-leuU	CTCGGTACCAAATTCCAGAAAAGAGACGCTGAAAAGCGTCTTTTTTCGTTTTGGTCC	239.91
ECK120033736	hisLGDCBHAFI	AACGCATGAGAAAGCCCCCGGAAGATCACCTTCCGGGGGCTTTTTTATTGCGC	164.60
ECK120010818	garPLRK-rnpB	GTCAGTTTCACCTGTTTTACGTAAAAACCCGCTTCGGCGGGTTTTTACTTTTGG	148.26
ECK125109870	metZWV	CCAATTATTGAACACCCTAACGGGTGTTTTTTTGTTTCTGGTCTCCC	128.86
ECK120015440	lpd，pdhR-aceEF-lpd	TCCGGCAATTAAAAAAGCGGCTAACCACGCCGCTTTTTTTACGTCTGCA	119.21

续表

名称	转录单元	序列	平均荧光强度
天然终止子			
BBa_B0062-R	rrnC	CAGATAAAAAAAATCCTTAGCTTTCGCTAAGGATGATTTCT	110.63
ECK120010799	csrC	GTTATGAGTCAGGAAAAAAGGCGACAGAGTAATCTGTCGCCTTTTTTCTTTGCTTGCTTT	101.05
ECK120010876	creABCD，creD	TAAGGTTGAAAAATAAAAACGGCGCTAAAAAGCGCCGTTTTTTTTGACGGTGGTA	97.42
ECK120015170	rplM-rpsI	ACAATTTTCGAAAAAACCCGCTTCGGCGGGTTTTTTTATAGCTAAAA	85.78
ECK120010869	rplJL-rpoBC，rplKAJL-rpoBC，rpoBC	TAACGTAAAAACCCGCTTCGGCGGGTTTTTTTATG	83.75
BBa_B0010	rrnBT1	CCAGGCATCAAATAAAACGAAAGGCTCAGTCGAAAGACTGGGCCTTTCGTTTTATCTGTTGTTTGTCGGTGAACGCTCTC	83.57
合成终止子			
L3S2P21		CTCGGTACCAAATTCCAGAAAAGAGGCCTCCCGAAAGGGGGGCCTTTTTTCGTTTTGGTCC	382.13
L3S2P56		CTCGGTACCAAATTTTCGAAAAAAGACGCTGAAAAGCGTCTTTTTTCGTTTTGGTCC	353.54
L3S2P51		CTCGGTACCAAAAAAAAAAAAAAAAAGACGCTGAAAAGCGTCTTTTTTCGTTTTGGTCC	309.52
L3S1P56		TTTTCGAAAAAAGGCCTCCCAAATCGGGGGGCCTTTTTTATTGATAACAAAA	306.00
L3S3P41		AAAAAAAAAAAAACACCCTAACGGGTGTTTTTTTTTTTTTTGGTCTCCC	281.90
L3S3P51		AAAAAAAAAAAAACACCCTAACGGGTGTTTTTTTTGTTTCTGGTCTCCC	281.41
L3S1P52		TCTAACTAAAAAGGCCTCCCAAATCGGGGGGCCTTTTTTATTGATAACAAAA	278.54
L3S2P41		CTCGGTACCAAAAAAAAAAAAAAAAAAAGACGCTGAAAAGCGTCTTTTTTTTTTTTGGTCC	275.93
L3S2P22		CTCGGTACCAAATTCCAGAAAAGAGGCCGCGAAAGCGGCCTTTTTTCGTTTTGGTCC	270.95
L3S2P11		CTCGGTACCAAATTCCAGAAAAGAGACGCTTTCGAGCGTCTTTTTTCGTTTTGGTCC	261.55
L3S2P55		CTCGGTACCAAAGACGAACAATAAGACGCTGAAAAGCGTCTTTTTTCGTTTTGGTCC	255.66
L3S3P21		CCAATTATTGAAGGCCTCCCTAACGGGGGGCCTTTTTTTTGTTTCTGGTCTCCC	246.59
L3S3P56		TTTTCGAAAAAACACCCTAACGGGTGTTTTTTTTGTTTCTGGTCTCCC	244.85
L3S2P52		CTCGGTACCAAATCTAACTAAAAAGACGCTGAAAAGCGTCTTTTTTCGTTTTGGTCC	244.79
L3S1P51		AAAAAAAAAAAAAGGCCTCCCAAATCGGGGGGCCTTTTTTATTGATAACAAAA	236.72
L3S2P13		CTCGGTACCAAATTCCAGAAAAGAGACGCTTAACAGCGTCTTTTTTCGTTTTGGTCC	236.26
L3S3P22		CCAATTATTGAAGGCCGCTAACGCGGCCTTTTTTTTGTTTCTGGTCTCCC	231.63
L3S1P53		CCAATTATTGAAGGCCTCCCAAATCGGGGGGCCTTTTTTATTGATAACAAAA	226.50
L3S3P00		CCAATTATTGAAGGGGAGCGGGAAACCGCTCCCCTTTTTTTGTTTCTGGTCTCCC	221.55
L3S2P53		CTCGGTACCAAACCAATTATTGAAGACGCTGAAAAGCGTCTTTTTTCGTTTTGGTCC	217.85

续表

名称	转录单元	序列	平均荧光强度
合成终止子			
L3S2P15		CTCGGTACCAAATTCCAGAAAAGAGACGCTTTTAGAGCGTCTTTTTTCGTTTTGGTCC	216.60
L3S2P31		CTCGGTACCAAATTCCAGAAAAGAGACGCTGAAAAGCGTCTTTTTTTTTTTGGTCC	187.40
L3S1P13		GACGAACAATAAGGCCTCCCTAACGGGGGGCCTTTTTTATTGATAACAAAA	177.94
L3S3P11		CCAATTATTGAACACCCTTCGGGGTGTTTTTTTGTTTCTGGTCTCCC	172.60
L3S3P23		CCAATTATTGAAGACGCTTAACAGCGTCTTTTTTTGTTTCTGGTCTCCC	168.18
L3S1P12		GACGAACAATAAGGCCTCCCGAAAGGGGGGCCTTTTTTATTGATAACAAAA	166.50
L3S3P52		TCTAACTAAAAACACCCTAACGGGTGTTTTTTTGTTTCTGGTCTCCC	163.63
L3S3P12		CCAATTATTGAACACCCGAAAGGGTGTTTTTTTGTTTCTGGTCTCCC	157.53
L3S1P41		AAAAAAAAAAAAGGCCTCCCAAATCGGGGGGCCTTTTTTTTTTTTAACAAAA	157.52
L3S2P24		CTCGGTACCAAATTCCAGAAAAGACACCCGAAAGGGTGTTTTTTCGTTTTGGTCC	151.16
L3S2P14		CTCGGTACCAAATTCCAGAAAAGAGACGCTAAATCAGCGTCTTTTTTCGTTTTGGTCC	148.74
L3S1P54		TTCCAGAAAAGAGGCCTCCCAAATCGGGGGGCCTTTTTTATTGATAACAAAA	146.08
L3S1P22		GACGAACAATAAGGCCGCAAATCGCGGCCTTTTTTATTGATAACAAAA	128.06
L3S2P00		CTCGGTACCAAATTCCAGAAAAGAGGGGAGCGGGAAACCGCTCCCCTTTTTCGTTTTGGTCC	127.47
L3S1P47		TTTTCGAAAAAGGCCTCCCAAATCGGGGGGCCTTTTTTTATAGCAACAAAA	123.43
L3S3P45		TTCCAGAAAAGACACCCTAACGGGTGTTTTTTCGTTTTGGTCTCCC	118.12
L3S2P44		CTCGGTACCAAACCAATTATTGAAGACGCTGAAAAGCGTCTTTTTTTGTTTCGGTCC	116.03
L3S3P54		TTCCAGAAAAGACACCCTAACGGGTGTTTTTTTGTTTCTGGTCTCCC	114.07
L3S3P31		CCAATTATTGAACACCCTAACGGGTGTTTTTTTTTTTTTGGTCTCCC	113.76
L3S1P11		GACGAACAATAAGGCCTCCCTTCGGGGGGGCCTTTTTTATTGATAACAAAA	107.67
L3S3P43		TCTAACTAAAAACACCCTAACGGGTGTTTTTTCTTTTCTGGTCTCCC	104.31
L3S3P42		GAAAAATAAAAACACCCTAACGGGTGTTTTTATTTTTCTGGTCTCCC	95.50
L3S2P42		CTCGGTACCAAAGAAAAATAAAAAGACGCTGAAAAGCGTCTTTTTATTTTTCGGTCC	95.20
L3S3P14		CCAATTATTGAACACCCAAATCGGGTGTTTTTTTGTTTCTGGTCTCCC	93.18
L3S2P43		CTCGGTACCAAATCTAACTAAAAAGACGCTGAAAAGCGTCTTTTTTCTTTTCGGTCC	92.44
L3S3P35		CCAATTATTGAACACCCTAACGGGTGTTTTTTCGTTTTGGTCTCCC	87.72
L3S1P00		GACGAACAATAAGGGGAGCGGGAAACCGCTCCCCTTTTTTATTGATAACAAAA	86.92
L3S3P47		TTTTCGAAAAAACACCCTAACGGGTGTTTTTTTATAGCTGGTCTCCC	85.36

（三）核糖体结合位点

核糖体结合位点（RBS）是核糖体结合并开始翻译的一段 RNA 序列，是指 mRNA 的起始密码子 AUG 上游的一段富含嘌呤的非翻译区，包含 SD 序列（Shine-Dalgarno sequence）。SD

序列长度一般为 5 个核苷酸，与核糖体 16S rRNA 的 3′端互补配对，促使核糖体结合到 mRNA 上，有利于翻译的起始。

RBS 的结合强度取决于 SD 序列的结构及其与起始密码子 AUG 之间的距离。SD 序列与 AUG 之间相距一般以 4～10 个核苷酸为佳，9 个核苷酸最佳。真核生物不需要 SD 序列，需要 5′端帽子。5′端帽子后面的一段核酸序列，称为科扎克序列（Kozak sequence），通常是 GCCACCAUGG，它可以与翻译起始因子结合而介导含有 5′端帽子结构的 mRNA 翻译起始，对应于原核生物的 SD 序列。其在翻译的起始中有重要作用。真核生物引物设计时通常需在 AUG 前加上 GCCACC。iGEM 的标准生物元件登记库中登记有原核的 RBS 和酵母的 Kozak 序列。

2009 年，Salis 等开发了一种合成 RBS 的预测方法，从而提出了一个 RBS 计算器在线工具[27]。随后他们又相继开发出了第二版的 RBS 计算器和 RBS 文库计算器等在线工具[28]。

基因的转录效率除了与 RBS 及其下游序列有关，还与其上游序列有关，也即与 5′-UTR 序列有关。韩国 Seo 等研发出了一套 UTR 设计器、UTR 文库设计器在线工具，可用于设计 UTR 序列或者优化 UTR 序列[29]。

（四）接头

融合蛋白是指通过 DNA 重组技术得到的两个基因重组后的表达产物。构建融合蛋白的原则是将第一个蛋白质基因的终止密码子删除，再接上带有终止密码子的第二个蛋白质基因，即可实现两个基因的融合表达。接头（linker）是重组融合蛋白的一个重要元件，为一个短肽序列。接头在构建稳定、具有生物活性的融合蛋白中发挥着重要的作用。

接头通常分为 3 种，分别为柔性（flexible）、刚性（rigid）和可剪切（cleavable）接头，如表 2-5 所示。当连接的结构域需要一定程度的移动或相互作用时，通常会使用柔性接头。它们通常由小的非极性（如 Gly）或极性（如 Ser 或 Thr）氨基酸组成。这些氨基酸的小尺寸提供了灵活性，并允许连接功能域的移动。加入 Ser 或 Thr 可通过与水分子形成氢键来保持接头在水溶液中的稳定性，从而减少接头与蛋白质分子之间的不利相互作用。此外，虽然柔性接头没有刚性结构，但它们可以使接头不同功能域之间保持一定距离。柔性接头的长度可以调整，以便进行适当的折叠或使融合蛋白具有最佳的生物活性。常用的柔性接头有：$(GSG)_n$、$(GGGGS)_n$、$G_{6/8}$、KESGSVSSEQLAQFRSLD、EGKSSGSGSESKST 和 GSAGSAAGSGEF 等。

表 2-5 接头

主要功能	接头形式	接头序列
提高稳定性/折叠	柔性	$(GGGGS)_3$
	柔性	G_8
	柔性	G_6
	刚性	$(EAAAK)_n$ $(n=1\sim3)$
提高表达水平	刚性	$A(EAAAK)_4ALEA(EAAAK)_4A$
提高生物活性	柔性	$(GGGGS)_3$
	柔性	GGGGS
	柔性	$(GGGGS)_n$ $(n=1, 2, 4)$

续表

主要功能	接头形式	接头序列
提高生物活性	刚性	PAPA
	刚性	AEAAAKEAAAKA
	刚性	A（EAAAK）₄ALEA（EAAAK）₄A
	刚性	（Ala-Pro）$_n$（10～34 个氨基酸）
	可剪切	二硫键
靶向	可剪切	VSQTSKLTR↓AETVFPDV
	可剪切	PLG↓LWA
	可剪切	RVL↓AEA；EDVVCC↓SMSY；GGIEGR↓GS
	可剪切	TRHRQPR↓GWE；AGNRVRR↓SVG；RRRRRRR↓R↓R
	可剪切	GFLG↓
改变药代动力学	刚性	A（EAAAK）₄ALEA（EAAAK）₄A
	可剪切	二硫键

注："↓"表示蛋白酶敏感裂解位点

　　虽然柔性接头具有被动连接功能域和允许一定程度移动的优点，但这些接头缺乏刚性，使用柔性接头会导致表达率低下或失去生物活性。柔性接头效果不佳的原因是蛋白质结构域的分离效率不高，或者没有充分减少它们之间的相互干扰。在这种情况下，刚性接头被成功地应用于保持结构域之间的固定距离，并保持它们的独立功能。总之，刚性接头通过采用 α 螺旋结构或含有多个 Pro 残基而表现出相对坚硬的结构。在许多情况下，它们比柔性接头能更有效地分离功能域。接头的长度可以很容易地通过改变拷贝数来调整，以达到功能域之间的最佳距离。因此，当结构域的空间分离对保持融合蛋白的稳定性或生物活性至关重要时，就会选择刚性接头。常用的刚性接头有：（EAAAK）$_n$、A（EAAAK）$_n$A（n=2～5）和（XP）$_n$（X 可为任意氨基酸，尤其是 Ala、Lys 或 Glu）等。

　　虽然前述柔性和刚性接头在蛋白融合领域取得了很多应用，但也有一些潜在的缺点，包括功能域之间的立体阻碍、生物活性降低，以及由于功能域之间的干扰而改变蛋白质分子的生物分布和代谢。在这种情况下，人们引入了可剪切接头，以在体内释放游离的功能域。这类接头可减少立体阻碍，提高生物活性，或在接头裂解后实现重组融合蛋白单个结构域的独立作用/代谢。可剪切接头包括二硫键接头（含两个 Cys 形成分子内二硫键）和蛋白酶敏感接头（含有特定蛋白酶敏感剪切序列）。

第三节　生物传感器的合成

　　生物传感器是用于检测特定化合物浓度的一类生物装置，而体内生物传感器就是能对生物系统体内的目标代谢产物进行连续、实时监测的装置。它分为基于蛋白质的体内生物传感器和基于核酸的体内生物传感器两大类。

一、基于蛋白质的体内生物传感器

（一）基于转录因子的生物传感器

　　转录因子（TF）通过干扰 RNA 聚合酶与 DNA 的结合来控制基因的转录与翻译。在自然界中，TF 已进化为通过响应特定代谢物进行基因的表达调控，从而用于构建体内生物传感器。这些生物传感器具有高灵敏度和高动态范围的特点。TF 生物传感器由两大模块组成：一是感应模块，用于反映代谢物与 TF 的相互作用；二是调控模块，用于控制目标基因的表达。TF 生物传感器主要有图 2-16 所示的两种结构。当效应物与 TF 结合后，抑制 TF 的构象发生改变，使其脱离启动子，从而启动下游基因的表达（图 2-16A）。当效应物与 TF 结合后，使其结合到启动子的键合位点，从而抑制下游基因的表达（图 2-16B）。一些研究表明，一些真核生物的 TF 同样可以用于原核生物。

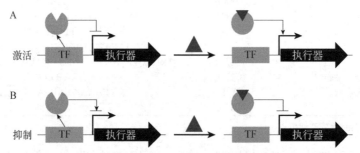

图 2-16　基于转录因子的生物传感器

　　TF 生物传感器的性能通常取决于其特异性、响应阈值（θ）、敏感性、检测范围、动态范围、响应时间等，如图 2-17 所示。传感器的特异性是指它与目标代谢物结合时的输出信号强弱的差异。高特异性可减少假阳性的机会，以确保生物传感器的输出是对目标代谢物浓度的准确反映。响应阈值（θ）为扣减本地输出信号后，达到最大输出信号 50% 时的代谢物浓度。它反映了传感器对代谢物的响应特性。敏感性是指在阈值时，剂量与响应曲线的斜率。敏感性反映了生物传感器在其检测到的代谢物浓度发生变化时输出信号的变化量。更高的灵敏度可以提供与代谢物浓度的细微变化有关的更详细的信息。检测范围是指生物传感器能够响应的代谢物浓度的上限和下限之间的范围。如果代谢物浓度超过其上下限，则生物传感器无法用来检测代谢物。动态范围是指生物传感器的输出水平与最低的未诱导时的水平相比的比值。较大的动态范围能提供更多关于被测量的代谢物的动态特性信息，以避免信号饱和。响应时间考虑的是生物传感器诱导后输出信号达到最大值一半时的速度。更快的响应时间对于靶向有毒化合物特别重要。

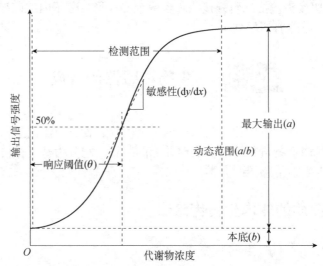

图 2-17　生物传感器剂量与响应曲线及其参数

目前已挖掘出许多 TF 及其相应的启动子对以构建基于 TF 的生物传感器。表 2-6 为代表性的 TF 生物传感器。例如，TyrR、CcdR、TnaC、Lrp 和 NCgl0581 等转录因子已分别用于构建酪氨酸[30]、半胱氨酸[31]、色氨酸[32]、缬氨酸[33]和丝氨酸[34]生物传感器。大肠杆菌氧化还原敏感的 SoxR 转录因子用于构建大肠杆菌 NADPH 传感器[35],而酿酒酵母 NADPH 传感器采用的是内源的氧化还原敏感的 Yap1p[36]。

表 2-6 基于转录因子的生物传感器

靶标	转录因子及其启动子对	宿主	文献
动态调控			
氨	GlnR	大肠杆菌（*Escherichia coli*），恶臭假单胞菌（*Pseudomonas putida*），集胞藻（*Synechocystis* sp.）	ACS Synth Biol 6（2017）1807-1815
细胞密度	LuxR	*E. coli*	Metab Eng 29（2015）135-141 Metab Eng 30（2015）7-15
细胞密度	EsaRI70 V	*E. coli*	Nat Biotechnol 35（2017）273-279
胆碱	BetI	*E. coli*	ACS Synth Biol 5（2016）1201-1210
脂肪酸	FadR	*E. coli*	Nat Biotechnol 30（2012）354-359
脂肪酸	FadR	酿酒酵母（*Saccharomyces cerevisiae*）	Eng Life Sci 13（2013）456-463
丙酰辅酶 A	FapR	*E. coli*	ACS Synth Biol 4（2015）132-140 ACS Chem Biol 9（2014）451-458 PNAS 111（2014）11299-11304
丙酰辅酶 A	FapR	*S. cerevisiae*	ACS Synth Biol 5（2016）224 ACS Synth Biol 4（2015）1308-1315
对香豆酸辅酶 A	来自沼泽红假单胞菌（*Rhodopseudomonas palustris*）的 CouR/$P_{ccw12}BS2_{2, RpCouR}$	*S. cerevisiae*	ACS Synth Biol 11（2022）3228-3238
苯丙氨酸	TyrR	*E. coli*	ACS Synth Biol 6（2017）837-848
酪氨酸	TyrR	*E. coli*	Nat Commun 4（2013）2595
木糖	XylR	*S. cerevisiae*	Mol Biotechnol 59（2017）24-33 Biotechnol J 10（2015）315-322 Biotechnol Bioeng 113（2016）206-215
提高产量			
1-丁醇	BmoR	*E. coli*	ACS Synth Biol 2（2013）47-58
L-半胱氨酸	来自菠萝泛菌（*Pantoea ananatis*）的 CcdR/P_{ccdA}	*E. coli*	Metabolic Engineering 73（2022）144-157
cis,cis-黏糠酸或柚皮素	LysR	*S. cerevisiae*	Nat Chem Biol 12（2016）951-958
地高辛/黄体酮	DIG_0	*S. cerevisiae*，K562 细胞，拟南芥（*Arabidopsis thaliana*）	eLife 4（2015）e10606
四氢嘧啶	AraC 突变体	*E. coli*	Metab Eng 30（2015）149-155
甲羟戊酸	AraC 突变体	扭脱甲基杆菌（*Methylobacterium extorquens*）	Metab Eng 39（2017）159-168
柚皮素	TtgR	*E. coli*	PNAS 111（2014）17803-17808 Nucleic Acids Res 43（2015）7648-7660
肉桂酸取代物	FerC	*E. coli*	Chem Commun 52（2016）11402-11405
色氨酸	TnaC	*E. coli*	ACS Synth. Biol. 6（2017）2326-2338 Metab Eng 33（2015）41-51
缬氨酸	Lrp	谷氨酸棒杆菌（*Corynebacterium glutamicum*）	Metab Eng 32（2015）184-194 PLoS One 9（2014）e85731

续表

靶标	转录因子及其启动子对	宿主	文献
酶的分子改造			
3,4-二羟基苯甲酸	PcaU	E. coli	J Am Chem Soc 135（2013）10099-10103
精氨酸	LysG	C. glutamicum	ACS Synth Biol 3（2014）21
NADPH	SoxR	E. coli	ACS Synth Biol 3（2014）41
苯酚	DmpR	E. coli	ACS Synth Biol 3（2013）163-171
S-腺苷甲硫氨酸	MetJ	S. cerevisiae	ACS Synth Biol 2（2013）425-430
三乙酸内酯	AraC 突变体	E. coli	Mol Biotechnol 59（2017）24-33
体内检测			
3,4-二羟基苯甲酸酯	PobR	E. coli	Proteins Struct Funct Bioinf 83（2015）1327-1340
3-羟基丙酸	LysR	脱氮副球菌（P. denitrificans）	Biotechnol Biofuels 8（2015）169
3-羟基丙酸	C4-LysR	E. coli	Metab Eng 47（2018）113-120
4-羟基苯乙酸	HucR$^{W20C/L44F/D73T/R80A}$	E. coli	Metab Eng 70（2022）1-11
丙烯酸酯	AcuR	E. coli	Nucleic Acids Res 43（2015）7648-7660
烷烃	AlkR	E. coli	Sci Rep 5（2015）10907
砷	ArsR	E. coli	ACS Synth Biol 5（2016）36-45
纤维二糖	CebR	链霉菌属（Streptomyces）	J Biotechnol 239（2016）39-46
可卡因	BenR	E. coli	ACS Synth Biol 5（2016）1076-1085
铜	MarR	E. coli	Nat Chem Biol 10（2014）21-28
红霉素	MphR	E. coli	Nucleic Acids Res 43（2015）7648-7660
甲醛	FrmR/P$_{frm}$	E. coli	Biotechnol. Bioeng. 115（2018）206-215
岩藻糖	LacI	E. coli	Nat Meth 13（2016）177-183
龙胆二糖	LacI	E. coli	Nat Meth 13（2016）177-183
葡糖酸	CdaR	E. coli	Nucleic Acids Res 43（2015）7648-7660
马尿酸	BenR	E. coli	ACS Synth Biol 5（2016）1076-1085
铁	Fur	E. coli	Nat Commun 5（2014）4910
铁-硫	IscR	E. coli	Mol Microbiol 87（2013）478-492
异丁醇	BmoR/P$_{bmo}$	E. coli	Microb Cell Fact 18（2019）30
异戊二烯	TbuT/P$_{tbuA1}$	E. coli	ACS Synth Biol 7（2018）2379-2390
衣康酸	ItcR/P$_{ccl}$	E. coli	ACS Synth Biol 7（2018）1436-1446
内酰胺	ChnR	E. coli	ACS Synth Biol 6（2017）439-445
乳酸	LldR	E. coli	Biotechnol Bioeng 114（2017）1290-1300
乳糖醇	LacI	E. coli	Nat Meth 13（2016）177-183
L-丝氨酸	NCgl0581/P$_{NCgl0580}$	C. glutamicum	Appl Microbiol Biotechnol 102（2018）5939-5951
大环内酯类	MphR	E. coli	ACS Synth Biol 7（12018）227-239
麦芽糖	麦芽糖结合蛋白	E. coli	ACS Synth Biol 6（2016）311-325
NADPH	Yap1p	S. cerevisiae	ACS Synth Biol 5（2016）546-1556
硝酸甘油	NarL	E. coli	ACS Synth Biol 5（2016）1076-1085
氧	FNR 蛋白	Synechocystis sp.	Biotechnol Bioeng 113（2016）433-442
对硫磷	DmpR	E. coli	ACS Synth Biol 5（2016）1076-1085

续表

靶标	转录因子及其启动子对	宿主	文献
水杨酸	SalR/P$_{salA}$	*E. coli*	Mol Genet Genomics 293（2018）1181-1190
莠草酸	HucR$^{W20C/L44F/D73T/R80A}$	*E. coli*	Biosens Bioelectron 98（2017）457-465
三氯蔗糖	LacI	*E. coli*	Nat Meth 13（2016）177-183
香草醛	QacR	*E. coli*	ACS Synth Biol 5（2016）287-295
锌	ZntR	*E. coli*	Metab Eng 31（2015）171-180

转录因子的数量远低于感兴趣代谢物的数量，从而限制了转录因子生物传感器的应用。因此，扩大 TF 可检测化合物的范围是一项挑战性工作。蛋白质工程是一个常用的策略，以改变 TF 的专一性、识别新的化合物，从而构建新的生物传感器。基于结构预测、代谢物搜索和计算机辅助设计的蛋白质工程策略已被成功用来改变 TF 的专一性，以构建新的生物传感器[37]。将已知代谢物结合蛋白与特定功能结合域进行融合以创建人工 TF，从而构建新的生物传感器。该策略已被成功用于构建 S-腺苷甲硫氨酸生物传感器[38]。随机和饱和诱变是改变 TF 专一性的另一种策略。唐双焱团队对 AraC、HucR 分别进行饱和诱变，构建了三乙酸酯[39]、四氢嘧啶[40]和莠草酸[41]传感器。

在一个实验条件下表现良好的生物传感器，当实验条件变化时，其性能可能会大大变差。通常降低检测下限（本底）和提高敏感性，将降低动态范围；而提高动态范围，又将升高检测下限（本底）和降低敏感性。为了改善 TF 生物传感器的性能，研究者提出了多种方法，概括起来有以下三种[42]。

一是 TF 工程。TF 是 TF 生物传感器的核心传感元件。TF 的表达水平、对配体的结合亲和力和对靶 DNA 的结合亲和力，会严重影响生物传感器的性能。在构建 TF 生物传感器中，TF 的表达是首先需要关注的问题。IF 表达水平过低，不足以改变报告基因的表达，导致敏感性低和动态范围小。相反，TF 表达水平过高，会永久性开启报告基因（当 TF 是激活时）或关闭报告基因（当 TF 是抑制时）。IF 的表达水平随着传感器菌株中操纵子基因的拷贝数而变化。通过串行基因线路增加 IF 拷贝数或者并行基因线路增加报告基因拷贝数（图 2-18），可将传感器的敏感性分别提高 9 倍和 16 倍，信号输出强度分别提高 2.22 倍和 3.65 倍；同时也降低了传感器的检测下限（本底）和提高了其检测范围[43]。此外，TF 对配体和操纵子基因的结合亲和力同样会严重影响传感器的性能。两者将影响检测下限（本底）、阈值和动态范围。通过突变 TF 的配体结合位点或突变操纵子基因序列以改变其对配体或操纵子的结合亲和力，可有效地改变传感器的动态范围。此外，对 TF 进行突变已被成功用于改变传感器的特异性。

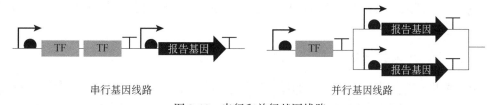

串行基因线路　　　　　　　　　　　　　　　　并行基因线路

图 2-18　串行和并行基因线路

二是启动子工程。TF 响应型启动子可以控制生物传感器的输出速率，从而通过启动子工程来调控生物传感器的性能。启动子工程可以很好地调控传感器的敏感性、检测范围、动态范围或信号输出强度。TF 响应型启动子通常含一个或两个操纵子结合位点，以结合配体。改变操纵子结合位点的数量或位置，会影响信号输出强度和动态范围。引入额外抑制因子操纵子位点序列通常能降低本底表达，从而提高动态检测范围。此外，对启动子的核心区（−35 区、

−10 区及其间隔序列）和下游序列进行突变可用来调整信号输出。

三是 RBS 工程。启动子工程能对生物传感器性能进行翻译控制。与启动子区域的−35 区和−10 区一样，RBS 是每个遗传装置的核心元件，可用于调节 TF 或报告基因的翻译起始速率，从而优化生物传感器的性能。RBS 工程已被成功用于提高传感器的动态范围，降低传感器的本底，提高其敏感性。

此外，生长环境将影响细胞生长速率，从而影响生物传感器的性能。例如，当细胞从控制良好的实验室环境切换到工业相关条件时，由于细胞生长速率的变化，传感器的动态范围和信号水平可能会发生剧烈变化。有研究表明，脱水四环素和 IPTG 诱导的生物传感器 TetR/P_{tet} 和 LacI/P_{lacUV5} 的动态范围随着生长速率的增加而增加，而脂肪酸传感器 FadR/P_{AR} 的动态范围随着生长速率的增加而减少。

（二）酶联生物传感器

酶联生物传感器是一类利用酶联反应的生物传感器，即应用酶催化将代谢物转变为可检测的生色或荧光物质。表 2-7 为酶联生物传感器的代表性例子。多巴（DOPA）二加氧酶能催化 L-DOPA 生成黄色荧光色素倍他黄素，据此构建了 L-DOPA 传感器[44]。利用Ⅲ型聚酮合酶 RppA（1,3,6,8-四氢萘合酶）能催化丙酰 CoA 生成红色的淡黄霉素的性质，构建了丙酰辅酶 A 传感器，应用该传感器提高了大肠杆菌合成以丙酰辅酶 A 为前体的化合物的产量[45]。

表 2-7　酶联生物传感器

靶标	酶	宿主	文献
乳酸	乳酸氧化酶	大肠杆菌（E. coli）	Nat Biotechnol 32（2014）473-478
琥珀酸	富马酸还原酶和过氧化物酶	E. coli	J Appl Microbiol 114（2013）1696-1701
木糖	吡喃糖氧化酶	酿酒酵母（S. cerevisiae）	Nat Biotechnol 32（2014）473-478
辅酶 A	α-酮戊二酸脱氢酶	S. cerevisiae	Biotechnol J 11（2016）700-707
L-DOPA	DOPA 二加氧酶	S. cerevisiae	Nat Chem Biol 11（2015）465-471
丙酰辅酶 A	灰质链霉菌 1,3,6,8-四氢萘合酶	E. coli	PNAS 115（2018）9835-9844
3-羟基丙酸	截短丙酰辅酶 A 合成酶和丙酰辅酶 A 水解酶	E. coli	PNAS 113（2016）2389-2393

酶联反应与 TF 传感器结合同样可用于检测代谢物，构建生物传感器。在截短丙酰辅酶 A 合成酶 Pcs$^{\Delta3}$ 和丙酰辅酶 A 水解酶的作用下，3-羟基丙酸将转化成丙烯酸，而丙烯酸可利用基于丙烯酸转录调控因子 AcuR 的生物传感器进行检测，从而构建了能高效检测体内 3-羟基丙酸的生物传感器[46]。

（三）基于荧光共振能量转移的生物传感器

基于荧光共振能量转移（FRET）的遗传编码生物传感器可用于检测体内代谢物。FRET 生物传感器通常由代谢物结合蛋白（BMP）及其两侧的供体和受体荧光蛋白组成（图 2-19）。当 BMP 与代谢物结合后，其构象发生改变，使供体荧光蛋白与受体荧光蛋白的距离缩短，导致供体的发射光激发受体发射荧光。青色荧光蛋白和黄色荧光蛋白通常用作供体和受体荧光蛋白。与 TF 生物传感器相比，FRET 生物传感器具有更快响应信号的特点，因此常用于体内实时检测。但由于 FRET 生物传感器具有相对较低的绝对信号，因而无法用于筛选[37]。FRET 生物传感器仅仅能够检测目标代谢物的浓度，而不能控制下游基因的表达，限制了其在代谢工程中的应用。

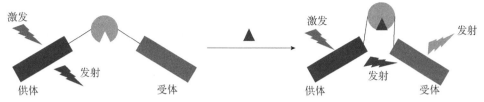

图 2-19 基于 FRET 的遗传编码生物传感器

表 2-8 为 FRET 生物传感器的代表性例子。FRET 生物传感器已被成功用于检测乳酸、赖氨酸、亮氨酸、丙酮酸、6-磷酸海藻糖、氨和氧化还原等[37]。

表 2-8 基于 FRET 的生物传感器

靶标	代谢物结合蛋白（BMP）	宿主	文献
乳酸	LldR	星形胶质细胞（astrocyte），HEK 细胞，T98G 神经胶质瘤细胞（glioma cells）	PLoS One 8（2013）e57712
6-磷酸海藻糖	TreR	大肠杆菌（E. coli），酿酒酵母（S. cerevisiae）	Anal Biochem 474（2015）1-7
丙酮酸	PdhR	HEK293 细胞	PLoS One 9（2014）e85780
甲硫氨酸	MetN	E. coli，S. cerevisiae	Biosens Bioelectron 59（2014）358-364
亮氨酸	Livk	E. coli，S. cerevisiae	Biosens Bioelectron 50（2013）72-77
亮氨酸	亮氨酸结合周质蛋白	E. coli	Org Biomol Chem 15（2017）8827
赖氨酸	赖氨酸结合周质蛋白	E. coli，S. cerevisiae	J Nanobiotechnol 14（2016）49
赖氨酸	LAO-BP	C. glutamicum	Sensors 16（2016）1604
氨	AmTrac，MepTrac	S. cerevisiae	eLife 2（2013）e00800
氧化还原	Yap1	S. cerevisiae	FEBS Lett 587（2013）793-798

二、基于核酸的体内生物传感器

与基于蛋白质的体内生物传感器相比，基于核酸的体内生物传感器具有更短的响应时间和代谢负担小的优点。基于核酸的体内生物传感器包括基于 DNA 和 RNA 的生物传感器两大类。

（一）基于 DNA 的生物传感器

DNA 可用来检测体内物质。在自然界中，细胞被进化成使用响应型启动子以感知压力或代谢物。与其他传感器一样，基于 DNA 的生物传感器包括传感元件（即响应代谢物启动子）和报告基因。表 2-9 是一些基于 DNA 的生物传感器的代表性例子。

表 2-9 基于 DNA 的生物传感器

靶标	启动子	宿主	文献
细胞密度	P_{FUS1P}	酿酒酵母（S. cerevisiae）	Metab Eng 29（2015）124-134
法尼基焦磷酸	P_{gadE}，P_{rstA}	大肠杆菌（E. coli）	Nat Biotechnol 13（2013）1039-1046
麦角甾醇	P_{ERG1}，P_{ERG2}，P_{ERG3}，P_{ERG11}	S. cerevisiae	Microb Cell Fact 14（2015）38
葡萄糖	P_{HXT1}	S. cerevisiae	Metab Eng 28（2015）8-18
pH	P_{gas}	黑曲霉（A. niger）	Appl Environ Microbiol 83（2017）e03216-e03222
蔗糖	P_{SUC2}	S. cerevisiae	Microb Cell Fact 14（2015）43
赖氨酸	pA 启动子	E. coli	Nucleic Acids Res 44（2016）e139
低 pH	P_{YGP1}	S. cerevisiae	Nucleic Acids Res 44（2016）e136

续表

靶标	启动子	宿主	文献
苏氨酸	$P_{cysJ}P_{cysH}$	*E. coli*	Microb Cell Fact 14（2015）121
苯丙氨酸	P_{mtr}	*E. coli*	Appl Microbiol Biotechnol 100（2016）6739-6753
铜	P_{cusC}，P_{pcoE}	*E. coli*	Trans Biomed Circuits Syst 10（2016）593-601
1-丁醇	$P_{YDL167C-T3}$ 或 $P_{YIL104C-T4}$	*S. cerevisiae*	Bioresour Technol 245（2017）1343-1351
镉	CdMT 启动子	嗜热四膜虫（*Tetrahymena thermophila*）	Biometals 27（2014）195
1,4-丁二醇	P_{yhjX}	*E. coli*	Chem Eng Sci 103（2013）68-73

挖掘响应代谢物的启动子是构建基于 DNA 的生物传感器的关键。比较组学是挖掘响应代谢物启动子常用的策略。孙际宾团队研究了培养在不同浓度苏氨酸中的大肠杆菌 MG1655 的比较蛋白质组学，发现培养在高浓度苏氨酸中的大肠杆菌的 L-半胱氨酸合成途径基因 *cysD*、*cysN*、*cysJ*、*cysI*、*cysH* 等的表达水平明显上调，从而挖掘出苏氨酸启动子 P_{cysJ}，并应用该启动子选育出高产苏氨酸的工程化大肠杆菌[47]。对积累和不积累中间代谢产物法尼基焦磷酸（FPP）的大肠杆菌进行比较转录组学分析，发现 P_{gadE} 启动子的活性随着 FPP 浓度的增大而减弱，P_{rstA} 启动子的活性随着 FPP 浓度的增大而增强[48]。

（二）基于 RNA 的生物传感器

RNA 核糖开关（riboswitch）是指 mRNA 一些非翻译区的序列，它将折叠成一定构象。它可以选择性地与特定代谢物结合并改变自身结构，从而调控基因的表达。RNA 核糖开关主要由两部分组成，分别是感受外界配体的适配体域（aptamer domain，AD）和调控基因表达的结构域，也称为表达平台（expression platform，EP）。当配体与适配体域特异性结合后，引起适配体域构象的变化，从而影响到表达平台构象的变化，进而调控基因的表达（图 2-20）。RNA 核糖开关已被成功用于构建一些目标分子的生物传感器，表 2-10 为 RNA 核糖开关传感器的代表性例子，如赖氨酸、茶碱、柚皮素、多巴胺、黄素单核苷酸、*N*-乙酰神经氨酸、氨基葡萄糖-6-磷酸盐、硫胺素-5′-焦磷酸盐和 *S*-腺苷-L-高半胱氨酸（SAM）核糖开关[37]。

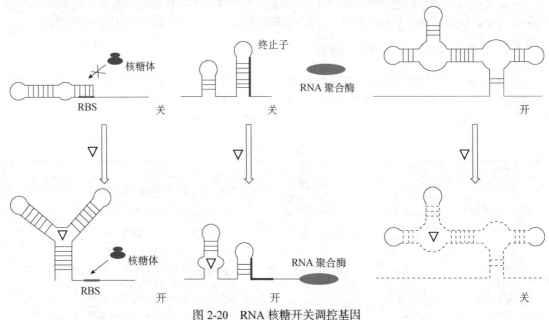

图 2-20 RNA 核糖开关调控基因

表 2-10 RNA 核糖开关生物传感器

靶标	核糖开关	宿主	文献
赖氨酸	赖氨酸核糖开关	谷氨酸棒杆菌 (*Corynebacterium glutamicum*)	ACS Synth Biol 4（2015）729-734
赖氨酸	赖氨酸核糖开关	*C. glutamicum*	ACS Synth Biol 4（2015）1335-1340
赖氨酸	赖氨酸核糖开关	大肠杆菌（*E. coli*）	Nat Commun 4（2013）1413
赖氨酸	赖氨酸核糖开关	*E. coli*	Appl Microbiol Biotechnol 99（2015）8527-8536
柚皮素	柚皮素核糖开关	*E. coli*	Biotechnol Bioeng 114（2017）2235-2244
柚皮素	柚皮素核糖开关	*E. coli*	ACS Synth. Biol. 6（2017）2077-2085
茶碱	茶碱核糖开关	*E. coli*	PLoS One 10（2015）e0118322
茶碱	茶碱核糖开关	细长聚球藻 (*Synechococcus elongatus*) PCC 7942	Appl Environ Microbiol 80（2014）6704-6713
茶碱	茶碱核糖开关	集胞藻属 *Synechocystis* sp. PCC 6803	J Gen Appl Microbiol 62（2016）154-159
茶碱	茶碱核糖开关	*E. coli*	Nucleic Acids Res 41（2013）2541-2551
茶碱	茶碱核糖开关	*E. coli*	Nucleic Acids Res 44（2016）1-13
四甲基罗萨明	四甲基罗萨明核糖开关	*E. coli*	Nucleic Acids Res 44（2016）1-13
氟化物	氟化物核糖开关	*E. coli*	Nucleic Acids Res 44（2016）1-13
多巴胺	多巴胺核糖开关	*E. coli*	Nucleic Acids Res 44（2016）1-13
甲状腺素	甲状腺素核糖开关	*E. coli*	Nucleic Acids Res 44（2016）1-13
2,4-二硝基甲苯	2,4-二硝基甲苯核糖开关	*E. coli*	Nucleic Acids Res 44（2016）1-13
二价镍/钴	镍/钴核糖开关	闪烁梭菌（*Clostridium scindens*）	Mol Cell 57（2015）1088-1098
双酚 A	双酚 A 核糖开关	*E. coli*	FASEB J 30（2016）3
N-乙酰神经氨酸	*N*-乙酰神经氨酸核糖开关	*E. coli*	Metab Eng 43（2017）21-28
黄素单核苷酸	黄素单核苷酸核糖开关	枯草芽孢杆菌（*B. subtilis*）	Nat Chem 7（2015）673
氨基葡萄糖-6-磷酸盐	氨基葡萄糖-6-磷酸盐核糖开关	酿酒酵母（*S. cerevisiae*）	Metab Eng 28（2015）143-150
钴	钴核糖开关	*E. coli*	Food Chem 175（2015）523-528
硫胺素-5′-焦磷酸盐	硫胺素-5′-焦磷酸盐糖开关	*E. coli*	PNAS 112（2015）E2756-E2765
S-腺苷-L-高半胱氨酸（SAM）	*S*-腺苷-L-高半胱氨酸（SAM）核糖开关	*E. coli*	J Am Chem Soc 138（2016）7040-704
新霉素	合成新霉素适配体	*S. cerevisiae*	ACS Synth Biol 4（2015）516-525
环二鸟苷酸、环磷腺苷/环磷鸟苷	GEMM-I 核糖开关		J Am Chem Soc 135（2013）4906 Nucleic Acids Res 44（2016）e139
环磷腺苷/环磷鸟苷	GEMM-II 核糖开关		Cell Chem Biol 23（2016）1539-1549

适配体（aptamer）是核糖开关装置的关键元件。靶向感兴趣小分子的代谢物结合的 RNA 适配体可从天然代谢物调控系统中挖掘。代谢物结合的 RNA 适配体也可以通过筛选合成的适配体库来获得。目前可用于构建生物传感器的 RNA 适配体数量是有限的。目前一些团队开发了一些计算工具用于核糖开关的理性设计。Salis 及其同事开发了一种统计热力学模型来预测翻译调节核糖开关的序列-结构-功能关系[49]，利用该模型，使用 6 种不同的 RNA 适配体对 62 种合成核糖开关进行了自动计算设计，以感知不同的化合物（如茶碱、四甲基罗萨明、氟化物、多巴胺、甲状腺素和 2,4-二硝基甲苯），并激活基因表达达 383 倍。

三、体内生物传感器的应用

体内生物传感器已被成功用于菌株改良与选育、关键酶的定向进化、途径的动态调控和目标化合物的检测等方面。下面介绍一些代表性例子。

（一）菌株改良与选育

人工调控是合成人工生命体的两大科学问题之一。为了提高底盘细胞与合成装置间的适配性，以便让合成装置的生物学功能充分地发挥出来，学者研发了许多基因组工程技术，如常压室温等离子体（ARTP）诱变、实验室适应性进化、基因组改组（genome shuffling）、多重自动化基因组工程（MAGE）、可追踪的多重重组（TRMR）、酵母寡核苷酸介导的基因组工程、可遗传重组及 RNAi 辅助的基因组进化等。利用这些方法创造遗传多样性文库后，如何从文库中筛选获得表型优越的人工生命体就成了关键。生物传感器为其提供了一种非常有效的手段。刘建忠团队提出了一种传感器介导的基因组工程技术，用其成功选育出高产莽草酸[50]和对羟基苯乙酸[51]的人工大肠杆菌。应用莽草酸生物传感器，依次对 ARTP 诱变、基因组改组和基于易错的全基因组改组（ep-WGS）的文库进行筛选，获得了莽草酸产量提高了 1.74 倍的大肠杆菌[50]。应用对羟基苯乙酸生物传感器，依次对 ARTP 诱变和 2 轮基因组改组的文库进行筛选，获得了对羟基苯乙酸产量提高了 1.2 倍的大肠杆菌[51]。

（二）关键酶的定向进化

酶在异源宿主中的催化活性往往低于其在天然宿主中的活性，需要通过定向进化手段来提高其催化性能。此时，生物传感器便能从定向进化文库中高通量地筛选出正突变体。唐双焱团队应用莽草酸传感器对通过易错 PCR 构建的 $AroG^{L175D}$ 随机突变文库进行筛选，获得了对 D-赤藓糖-4-磷酸（E4P）有更高催化效率的突变体 $AroG^{L175D/K237R}$，使莽草酸产量提高了 2.6 倍[41]。刘建忠团队利用白藜芦醇传感器分别对通过易错 PCR 构建的芪合成酶（STS）和白藜芦醇甲基转移酶（ROMT）随机文库进行筛选，获得了催化性能大幅度提高的突变酶，使大肠杆菌合成紫檀芪的产量得到大幅度提高[52]。

（三）途径的动态调控

随着合成生物学与代谢工程的发展，通过外源途径的引入创建了人工微生物，合成出许多人类需要的化学品。通常这些外源途径的控制都是依赖于诱导型或组成型启动子的静态调控，无法对生长和环境变化做出反应。同时，宿主对这些异源途径没有精确的调控机制，导致异源途径将产生对细胞有毒的中间产物。而对途径进行动态调控，使其适应生长和环境的变化，这样就可以防止有毒代谢物的积累。一个动态调控系统包括一个传感元件，它可以检测感兴趣的代谢物或生理状态；一个调节元件，它将传感信号转换为转录信号，调控外源途径的表达。生物传感器便能实现此功能，构建相应的调控基因线路。

焦磷酸异戊烯（IPP）和法尼基焦磷酸（FPP）是萜类化合物的合成前体，它们的积累对大肠杆菌有毒性。为了解决这个问题，Keasling 团队应用受 FPP 抑制的启动子 P_{gadE} 调控甲羟戊酸途径合成 FPP、受 FPP 激活的启动子 P_{rstA} 调控阿莫烯合成酶以消耗 FPP 合成阿莫烯，使大肠杆菌合成阿莫烯的产量提高了 1 倍[48]。刘建忠团队应用受 FPP 抑制的启动子 P_{gadE} 调控甲羟戊酸途径合成 FPP，使大肠杆菌合成玉米黄素的产量提高了 1 倍[53]。

第四节　途径的合成与优化

一、途径的合成

代谢工程的发展使生物合成化学品取得了重大进展。目前通过 DNA 重组技术合理设计细胞代谢途径并对其进行遗传修饰，进而利用微生物生产化学品、燃料等。基因组学的发展，使越来越多的生物合成途径被解析出来。近年来合成生物学的兴起加速了代谢工程的发展，相对于传统代谢工程而言，合成代谢途径强调"非天然生物系统"和"自然界不存在的功能"。合成生物学家合成了许多合成途径，并将其引入到微生物细胞中，创建人工微生物以合成微生物原来不能合成的产物。合成代谢途径是以"标准化、模块化"的基因、酶或代谢途径为元件，设计乃至从头构建新的代谢装置，生产所需要的化学品。因此，合成途径就是一种代谢装置。

在设计和构建合成代谢途径时，必须综合考虑如下几个方面：①起始原料是什么及其成本与可用性；②通过哪个代谢途径及哪些基因编码的酶来生产所需产品；③适宜的微生物宿主是什么；④合成代谢途径与宿主之间的适配性及合成代谢途径的调控；⑤如何最大限度地提高合成代谢途径的产量和生产能力。

实际上，这几个因素是相互关联的。如果基因不能表达，也就不可能有酶催化功能了；对某个宿主无毒的产物或代谢中间物可能对其他宿主具有毒性；不同宿主的遗传背景不同；不同宿主的培养条件及生产过程也是不同的，如生长速率、终产物与副产物的分离纯化手段等。

合成代谢途径最简单易行的方法是将来自不同生物体的基因整合在一起，以设计和构建代谢途径。图 2-21 是构建合成途径的一般过程。应用生物信息学技术从有关数据库和文献预测与挖掘相应酶，重组酶并进行体外表征，获得催化整个途径的每个酶；然后通过一定的组装技术组装成合成途径；最后引入宿主细胞中，与宿主细胞中内源途径一起，构成从头合成途径，实现化学品的生物合成。

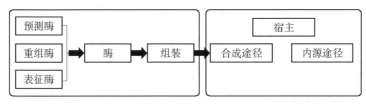

图 2-21　构建合成途径的一般过程

合成代谢途径的设计主要包括图 2-22 所示的三种形式，一是改造宿主菌现有的代谢途径来高效合成产物，这属于代谢工程领域，往往通过基因的强化表达和基因敲除等代谢工程手段来实现；二是合成宿主菌天然不存在的异源途径并引入宿主，利用宿主的中间代谢产物合成新的化合物；三是从头设计合成途径合成新的化合物。后面两种策略能合成宿主原来不能合成的化合物。

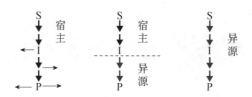

工程化现有途径　现有途径的组合　从头合成途径

图 2-22　合成代谢途径的策略

S 为底物，I 为中间代谢产物，P 为产物

目前代谢途径的设计主要有两种方法：一种是基于知识的人工途径设计。这种方法高度依赖人类的智慧和研究者的丰富经验，目前已出现几个成功的例子。例如，为了避免从糖酵解途径合成乙酰辅酶 A 过程中碳的损失，Bogorad 等提出了一条非氧化糖酵解途径以便在没有碳损失条件下以糖为原料合成乙酰辅酶 A[54]。Chatzivasileiou 等提出了一条用异戊醇合成焦磷酸异戊烯的途径[55]。

尽管基于知识的人工途径设计已经取得了巨大的成功，但这种方法可能存在着两个潜在的缺陷。首先，研究人员本身必须拥有广泛的知识，对生化反应机制有深刻的理解，同时在发现或设计催化酶和代谢途径方面有丰富的经验。其次，尽管有效，但人工设计不能保证产生所有的可能性和候选路径，因此不能筛选出最有前途的路径。在某些情况下，由于存在许多非自然反应，人工设计的途径效果并不好，也不容易可行。因此，一些学者又提出了另一种基于人工智能的计算机途径设计，并在合理性和全面性方面显示出独特的优势。除了提供新的途径，这些预测工具还可以根据一组物理化学特性，如热力学可行性、动力学功效、资源消耗、毒性和中间产物的疏水性，来比较不同的候选途径，从而筛选出最有效的途径。所有这些工具都是利用生化反应数据库和相关的酶来产生潜在的候选途径，从而将输入化合物和输出产品联系起来。表 2-11 为目前主要的途径设计计算工具。

表 2-11　途径设计计算工具

名称	数据库	途径排序规则	网站
BNICE	KEGG，ATLAS	热力学、途径长度等	http://lcsb-databases.epfl.ch/pathways/atlas/
PathPred	KEGG	化合物相似性和途径打分	https://www.genome.jp/tools-bin/pathpred/pathpred.cgi
ReactionMiner	KEGG	排序功能方程	https://github.com/RamanLab/ReactionMiner
BioSynther		定制的生物合成潜力探索器	http://www.rxnfinder.org/biosynther/
RetroPath 2.0	MetaCyc，BioCyc	酶的混杂性	https://www.myexperiment.org/workflows/4987.html
XTMS	MetaCyc，BioCyc，KEGG，BioModels	基因得分、毒性、产率和吉布斯能量相应项的加权总和	http://xtms.issb.genopole.fr
FMM		重建从不同物种的一个代谢物到另一个代谢物的代谢途径	http://fmm.mbc.nctu.edu.tw
NovoPathFinder	Rhea，BiGG，KEGG，ChEBI	热力学、酶混杂性、化合物、途径长度、转化率和产率	http://design.rxnfinder.org/novopathfinder/

通常途径设计计算工具依据是否与宿主有关可分为两大类。

第一类是与宿主无关的，从许多现有反应中提取反应规则，从而设计代谢途径。这种方法可以设计出生物体内不存在的新反应，可以将这些新反应整合到目标化合物的合成途径中，如依赖生化反应规则的 BNICE（Biochemical Network Integrated Computational Explorer）、PathPred、ReactionMiner 和 RetroPath 2.0 等。BNICE 是一个计算框架，可以从给定的酶反应规则中分析每个可能的生化反应，并将这些反应组成新的合成代谢途径。不过，BNICE 并非在线工具，它包括 250 种通用酶反应和 4300 多种特定酶功能。它要求必须定义前体化合物和既定规则，终止条件对应于步长的上限或目标产物的合成。PathPred 使用 RDM（反应中心及其不同区域和匹配区域）模式和 KEGG 的化学结构数据来设计更合理的代谢途径，包括 853 个异源生物降解途径和 1126 个次级生物合成途径；此外，预测的反应质量并不保守。RetroPath 2.0 是一种自动开源工作流程，可通过高效且良好控制的协议进行逆合成。

第二类是在特定宿主内设计特定合成途径，如 XTMS、FMM 和 NovoPathFinder 等。XTMS 是一个基于网络的途径分析平台，通过应用扩展代谢空间模型框架构建合成途径。XTMS 可根据产率或毒性等信息对目标化合物的合成途径进行排序，使研究人员能够探索和选择最合适的途径。其局限性在于，XTMS 的反应数据库是有限的，由于它基于 6078 个反应，并利用反应规则进行扩展，最终产生 27 743 个反应，因此可合成的化合物数量是受限的。当使用 XTMS 时，用户输入查询化合物，然后使用 RetroPath 2.0 搜索途径；选择所需直径后，对途径和构建体进行排名，并提供有关反应和代谢物的信息。XTMS 可以提供有关途径排名、总分、基因评分、步骤、剂量、毒性、产量、吉布斯，以及与吉布斯、无吉布斯反应列表和酶相关的吉布斯-无能反应列表和酶的 EC 编号的信息。FMM 可以重建从一种代谢物到另一种代谢物的代谢途径。此外，通过 FMM 的比较分析，还可以比较多个物种的代谢途径。使用 FMM，用户需要使用 KEGG 化合物编号（ID）来输入起始化合物和目标化合物。随后，FMM 会呈现出一系列途径和每个途径的大小，并且它提供了 KEGG 途径图或 Vertial 图以可视化每个途径。NovoPathFinder 是一种用户友好的 web 版预测新途径工具。该工具不仅能根据输入设计新的输出通路，还能在不提供输入的情况下，为大肠杆菌或酵母底盘细胞提供异源新通路。

二、途径的优化

在建立了人工途径后，下一步就是挖掘合适的酶来进行产物的合成。目前 UniProtKB、BRENDA 酶库和 GenBank 等数据库中存储有大量蛋白质、酶基因的信息。发现新酶最常用的方法之一是基于主序列的 BLAST（Basic Local Alignment Search Tool）技术。另外，多数酶对异源宿主的非天然底物的催化活性往往很低，必须进行改造才能满足合成途径的需要。有时甚至无法找到合适的天然酶来完成理论上可行的反应，同样需要对酶进行改造，甚至半理性或理性设计。这些合成生物学中酶元件相关内容将在第三章中详细介绍。

一旦途径酶确定后，途径酶的表达就成了首先需要解决的问题，但是途径酶的过度表达又会给宿主细胞带来极大的代谢负担，对细胞的生长和产物的合成都是不利的。另外，基因间表达不协调，将引起代谢途径中的中间产物积累，对宿主细胞产生毒性，甚至损害途径的效率。为了协调基因间的表达，将可调基因间隔区序列（TIGR）文库插入到两个基因间，从而协调上下游基因的表达，可调基因间隔区序列文库为在两个 mRNA 发夹结构间插入一个 RNase 位点[56]。应用 TIGR 对甲羟戊酸上游途径进行协调表达，使甲羟戊酸产量提高了 7 倍。

将 4 个寡核苷酸库组装成 TIGR 文库，每个寡核苷酸包括含两个 15nt 的同源序列。用含酶切位点的末端特异性引物进行 PCR 扩增全长 TIGR，并将其插入到两个基因之间构建 TIGR 文库。4 个寡核苷酸库按如下原则进行设计，1 和 2 形成 5′发夹；2 和 3 形成 RNase E 位点的单链；3 和 4 形成 3′发夹。将 TIGR 序列设计成在两个发夹二级结构中包含 RNase E 切割位点。这样，转录时 TIGR 形成的各种发夹结构，经 RNase E 切割，使上游基因 3′端带上发夹结构，下游基因 5′端带上发夹结构，从而调控上下游基因的表达。因为 TIGR 是一个文库，需要有高通量的筛选技术筛选合适的 TIGR 序列。

生物体内天然途径酶往往高度有序地聚集在一起形成多酶复合体，产生底物通道（substrate channeling）效应，减少反应中间产物的扩散，提高催化效率。基于接头构建融合酶是一种最常见的人工多酶复合体。Guo 等在拟南芥对香基辅酶 A 连接酶（4CL）与虎杖白藜芦醇合成酶（STS）的融合酶对白藜芦醇合成影响的研究中发现，融合酶的活性随着接头 GSG 或 GGGGS 数量的增加而降低，最佳的接头是 GSG 或 GGGGS[57]。

在实践中，将合成途径的酶空间组织成多蛋白复合体和全合成途径的区室化是实现底物通道的两种常用方法。目前，空间组织可以使用 Spy 系统将不同的酶形成复合体。牛津大学 Howarth 团队经研究发现酿脓链球菌（*Streptcoccus pyogenes*）纤连蛋白 FbaB 中的 CnaB2 结构域中 SpyTag、SpyCatcher 两个短肽，在体内及体外都可以自发地生成稳定的异肽共价键[58]。SpyTag 中的 Asp 与 SpyCatcher 上的 Lys 自发生成异生肽键。由于 SpyTag、SpyCatcher 分别是只有 16 个和 116 个氨基酸的短肽，容易与外源蛋白进行融合表达。这样便可利用 SpyTag/SpyCatcher 通过异生肽键将不同酶自组装成多酶复合体，从而提高催化效率。也可以将酶通过 SpyTag/SpyCatcher 固定在能自组装的纳米蛋白质支架上。美国明尼苏达大学 Schmidt-Dannert 团队利用 SpyTag/SpyCatcher 将乙醇脱氢酶和氨脱氢酶共固定在乙醇胺利用微室蛋白 EutM 形成的纤丝状纳米支架上，大幅度提高了催化（S）-2-己醇合成（R）-2-氨基己烷的效率[59]。SnoopTag/SnoopCatcher 是与 SpyTag/SpyCatcher 正交的 Spy 系统的另一个成员。这样利用两套异生肽键的正交性，可将更多的酶组装成多酶复合体。

利用域-域或适配体-适配体的相互作用，同样可以形成多酶复合体，如 RIAD-RIDD、聚酮酶对接域等。RIAD-RIDD 是一个像插销一样的系统。RIDD 是一个来源于 cAMP 依赖的蛋白激酶 A 的含 44 个氨基酸的多肽，RIAD 则是一个来源于激酶 A 锚定蛋白的仅有 18 个氨基酸的两亲性多肽。RIDD 会自发形成生理条件下稳定的二聚体，RIAD 则会进一步与 RIDD 二聚体结合，形成稳定的 1∶2 的三聚结构。通过在目的蛋白上分别融合表达这一对多肽卯榫，就能实现两个酶体外和体内的组装，而且通过调节 RIAD 和（或）RIDD 的数量，可以形成不同比例的多酶复合体。

区室化可以通过将途径酶共同定位到亚细胞器或将其封装在蛋白壳内来实现。病毒样颗粒（virus-like particle，VLP）蛋白和液-液相分离聚集体是典型的区室化手段。病毒衣壳蛋白具有自组装性能，能自组装成纳米级的囊泡，称为病毒样颗粒囊泡。VLP 囊泡是没有病毒基因组的病毒空心蛋白颗粒，具有天然病毒的相似或相同的三维结构，却没有感染性、不能复制。其因固有的结构完美、稳定性、均一性、自组装性、低毒性等特点而被应用于多种场合，P9、P22 和 MS2 噬菌体 VLP 囊泡已成功用于包覆生物合成途径，促进了产物的合成。最近研究表明，酶还可富集在相分离凝聚体（phase-separated condensate）中。相分离凝聚体也称为无膜细胞器，是一种利用液-液相分离（liquid-liquid phase separation，LLPS）机制形成的聚集体。相分离导致相分离聚集体中蛋白质浓度比未相分离聚集体的高数百倍。

多个基因通常组装在一起构成途径模块。模块之间的不适配同样会积累有毒中间产物，是不可取的。Ajikumar 等在优化紫杉醇前体紫杉二烯合成途径时，提出了模块工程策略以优化异源途径与天然途径间的适配性，使大肠杆菌合成紫杉二烯产量提高了 15 000 倍，达到克水平[60]。随后许多学者提出了多种模块工程的策略。Xu 等将大肠杆菌合成脂肪酸途径分成乙酰辅酶 A 合成的糖酵解、乙酰辅酶 A 激活和脂肪酸合成三个模块，利用不同拷贝数的质粒对这三个模块的适配性进行了系统优化，大幅度提高了脂肪酸的合成[61]。张学礼团队系统研究了启动子库、mRNA 稳定区库和 RBS 文库对大肠杆菌基因表达的影响，构建了不同强度的调控模块，其表达水平是 LacZ 天然启动子的 0.1～8.6 倍，随后他们应用这些调控模块分别对大肠杆菌合成 β-胡萝卜素途径的 2-C-甲基-D-赤藓糖醇-4-磷酸酯（MEP）、β-胡萝卜素合成和 TCA 循环模块进行了优化调控，大幅度提高了大肠杆菌合成 β-胡萝卜素的产量[62]。刘建忠团队利用不同强度的 tac 串联启动子对甲羟戊酸上下游途径进行了优化，使大肠杆菌合成番茄红素的产量得到了明显的提高[63]。从本章第三节的内容中同样可以看到，生物传感器可用于调控不同模块的途径[48,53]。Zhang 等创建了基于转录因子 FadR 和 LacI 的脂肪酸/酰基辅酶 A 生物传感器，并应用该传感器对生物柴油合成途径中的乙醇合成途径和油脂合成途径进行动态调控，使工程化大肠杆菌合成生物柴油的产量提高了 3 倍，达到理论值的 28%[64]。

第五节 模块共培养

一、概述

虽然学者报道了许多模块调控的策略以优化途径之间的适配性，但受限于有限的调控工具，无法对众多的途径同时进行调控。而且，这些微生物合成都是以单菌培养为主。单菌培养时，引入复杂的外源途径将造成沉重的代谢负担和代谢压力，可能会打破宿主原有的物质能量平衡，出现途径间的相互干扰等问题。实际上，自然界中 99% 以上的微生物无法通过传统的技术进行分离培养；天然微生物菌群通过在不同细胞间进行劳动分工，完成复杂工作而生存。受此自然界中共生现象的启发，研究者开发了模块共培养技术。与传统混合培养不同，它将一条完整的复杂途径划分为独立的序列模块，并选用相应的宿主来适应各个模块，从而实现整条途径的生物合成。

与单菌培养相比，模块共培养具有如下优点。

1）减轻对宿主细胞的代谢负担。一个长而复杂的代谢途径通常涉及大量的基因，这些基因的过度表达必将消耗细胞资源并导致代谢负担。模块共培养采用多个菌株来分担整个代谢途径的代谢负担。这样每个菌株的代谢负担减轻，细胞的适应性相应提高，从而有利于生物合成。

2）针对代谢途径的特性可以选择最佳的宿主菌来表达。合成途径往往包含不同的酶，而且这些酶可能来自不同生物，其生物化学性质和对有效表达的要求可能有很大程度的不同。一个单一菌株只能提供一种细胞环境，并不适合所有途径基因的表达。相比之下，多种菌株则提供了所需的多种细胞环境，以满足不同途径酶的需要。例如，当生物合成途径由原核酶和真核酶组成时，细菌和酵母作为宿主的组合将比单独使用任一宿主进行生物合成更有利。

3）减小不同途径模块的相互干扰。事实上，一个途径模块的某些产物可能影响其他途径模块的活性。如果将这些途径模块置于不同菌株进行空间隔离，便可大大减少甚至消除它们之间的不利影响。

4）能方便地通过调节菌株与菌株之间的接种比例来调控途径模块的适配性。单菌培养通常通过改变基因拷贝数、启动子强度、生物传感器等来调控不同途径模块的适配性。但往往受限于调控工具的数量，难以对众多途径进行协调。而模块共培养提供了另一种直接的手段，通过改变接种比例来调控它们之间的适配性。例如，可以通过增加上游或下游菌株的相对数量，以分别解决一个途径中间物的供应不足或过度积累的问题。

5）能高效利用各种复杂材料底物。模块共培养能够智能分配适当的底物来支持不同的生物合成途径模块。例如，一个共培养菌株通过糖酵解途径从葡萄糖合成中间产物，另一个共培养菌株通过磷酸戊糖途径将木糖转化为其他需要的中间产物。这样便可依据目标合成途径的需要，适当地利用不同底物。此外，模块共培养还可在不同组合下灵活地利用各种底物。

6）具有即插即用的特性。可根据合成目标产物的需要，组合不同的途径模块，构建完整的合成途径。通过简单地更换下游模块，可以从同一上游模块生产出不同产品。这种即插即用的内在优势很好地体现了合成生物学模块化的概念。

二、模块共培养的设计及其应用

模块共培养设计的关键是选择连接不同途径模块的合适的中间代谢产物。这个连接分子必须能高效地从上游菌通过发酵培养液进入下游菌中，在细胞间高效地传递。例如，初级代谢产物一般可以高效地在细胞间传递，可作为连接分子。而辅酶 A 和磷酸化化合物穿越细胞膜的能力比较弱，不适合作为连接分子。异戊二烯类化合物也能穿越细胞膜，可作为连接分子。Zhou 等以异戊二烯类化合物为连接分子，构建了大肠杆菌-酿酒酵母的共培养体系，以大肠杆菌合成异戊烯类化合物，然后用酿酒酵母对其进行加氧，成功合成了异戊二烯氧化物[65]。

目前模块共培养一般有如图 2-23 所示的三种模式。第一种是线形的，将线形长途径分割成上下游途径，引入到不同宿主菌中进行表达，从而构成模块共培养系统。第二种是 Y 形的，将两个不同途径汇聚成一个共同途径以合成目标产物。例如，为了利用木质纤维素，Zhao 等建立了一个以葡萄糖为原料的丁醇产生菌与以木糖为原料的丁醇产生菌组成的 Y 形共培养系统，丁醇产量达到 21g/L，产率为 0.35g/g[66]。第三种是菱形的，Sinumvayo 等创建了一个菱形共培养系统———一锅法合成丁酸丁酯[67]。将产丁酸工程化大肠杆菌与产丁醇工程化大肠杆菌共培养合成丁酸、丁醇，同时在脂肪酶的催化下原位酯化合成丁酸丁酯，产量达到 7.2g/L，产率为 0.12g/g。

依据所使用物种来分，模块共培养有同物种之间和不同物种之间的共培养。依据所使用物种数量又可分为两个物种和三个或三个以上多物种的共培养。以咖啡酸为连接分子，将迷迭香酸合成途径划分成上下游两部分，上游途径合成咖啡酸，下游途径合成丹参素并与咖啡酸缩合合成迷迭香酸（图 2-24A）；构建的双菌共培养系统使迷迭香酸产量由单菌的 4.5mg/L 增加到 60mg/L[68]。随后，他们又以咖啡酸和丹参素为连接分子创建了三菌共培养系统———咖啡酸合成菌-丹参素合成菌-迷迭香酸合成菌（图 2-24B），三菌共培养进一步将迷迭香酸的产量提高到 98mg/L。

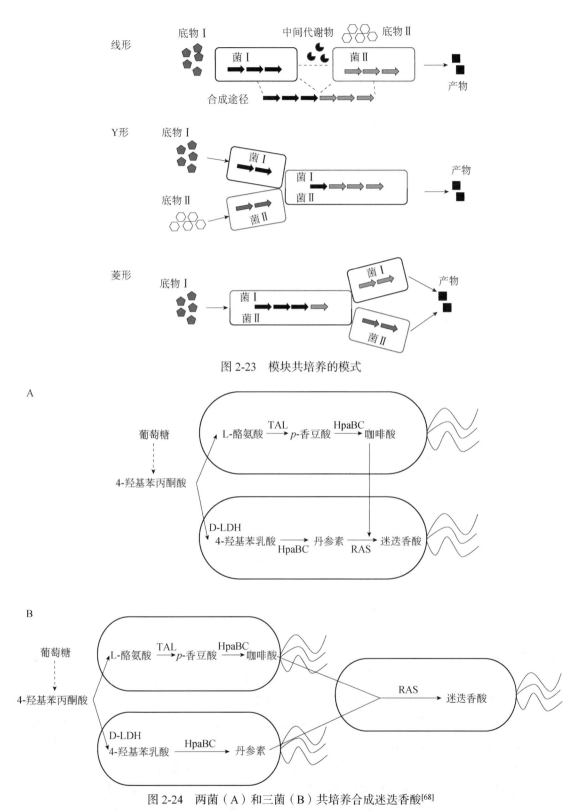

图 2-23 模块共培养的模式

图 2-24 两菌（A）和三菌（B）共培养合成迷迭香酸[68]

HpaBC. 4-羟基苯乙酸-3-羟化酶；D-LDH. D-乳酸脱氢酶；RAS. 迷迭香酸合成酶；TAL. 酪氨酸氨裂解酶

理论上，多物种共存时，不同物种可以利用每个物种的优势，有利于共培养。但是，它们的缺点是，因为不同物种的生长速率不同，整个发酵过程中种群比例难以保持一致。因此，建立稳定的共培养系统，保证整个培养过程种群比例一致是模块共培养的另一个关键问题。目前已有人通过控制接种比、控制碳源比例、建立互生/共生系统和群体感应系统及利用共生/互利共生等方式来控制种群比例，如图2-25所示。

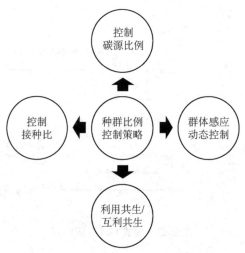

图2-25　模块共培养中种群比例控制策略

接种比是控制共培养系统的种群比例中最常见的一种策略，但是由于不同模块菌的遗传背景不一样，其生长速率也不一样，无法保证整个培养过程中种群比例保持不变。生长快的模块菌往往会成为优势菌，但这样并不一定是对产物合成有利的。为此，一旦建立了模块共培养体系，保持种群合适比例便成了共培养的关键。研究者在其所构建的咖啡酸合成菌-丹参素合成菌-迷迭香酸合成菌三菌共培养系统中，发现丹参素合成菌在培养过程中生长处于弱势[68]。为了减少模块菌对碳源的相互竞争，他们将模块菌设计为在不同碳源上生长：咖啡酸合成菌和迷迭香酸合成菌设计为利用木糖为唯一碳源的菌株，丹参素合成菌为利用葡萄糖的菌株；通过调节木糖与葡萄糖的比例，使新的三菌共培养系统的迷迭香酸产量进一步提高到165mg/L，是以葡萄糖为唯一碳源的三菌共培养体系的1.7倍。利用不同碳源进行共培养避免了菌株之间的底物竞争，但是需要考察模块菌利用不同碳源的生长速率、合成能力等。

虽然通过控制接种和碳源比例可以在一定程度上保持合适的相对种群密度，但因其缺乏灵活性，难以进行更为精细的调节。通过群体感应系统可以动态地调控共培养系统的种群比例。Dinh等开发了一个基于群体感应系统的生长调节线路，用来调控共培养系统中种群的比例[69]。通过LuxR/P$_{lux}$群体感应激活系统控制降解标签 *sspB* 的表达，使带有降解标签的磷酸果糖激酶PfkA发生降解，而PfkA是糖酵解途径的关键酶，它的降解导致糖酵解通量降低，菌体生长受到抑制。他们应用这种群体感应的生长调节线路，构建了柚皮素共培养体系：上游香豆酸合成菌在群体感应的生长调节线路大肠杆菌中表达酪氨酸裂解酶（TAL），催化酪氨酸生成对香豆酸，下游柚皮素合成菌表达香豆酰辅酶A连接酶（4CL）、查耳酮合酶（CHS）和查耳酮异构酶（CHI），催化对香豆酸生成柚皮素。在这种共培养系统中，上游菌在共培养前期大量存在，为柚皮素合成提供大量的中间体对香豆酸。在生长调节线路的作用下，随着上游菌的细胞密度不断增加，其生长逐渐受到抑制；而下游菌的比例逐渐增加，则可以利用上游菌合成的对香豆酸生产柚皮素。

构建共生或互利共生人工生态系统可以有效地实现种群密度的自我调节。首先构建的是单代谢物交叉喂养共生系统。赵广荣团队构建了一个交叉喂养苯丙氨酸和酪氨酸的大肠杆菌-大肠杆菌共培养体系，以合成红景天苷[70]。苯丙氨酸缺陷型大肠杆菌以木糖为原料合成酪醇，酪氨酸缺陷型大肠杆菌以葡萄糖为原料合成鸟苷二磷酸葡萄糖和红景天苷。共培养系统中种群比例随着碳源的消耗和生长期而变化。在发酵前期，共生菌几乎以相同速率消耗木糖和葡萄糖，两个菌的比例保持最初的接种比不变；当木糖消耗完毕，只有葡萄糖供生长之用时，导致指数期以葡萄糖为碳源的下游菌的比例增加；到稳定期两个菌的比例恒定。但是，单一代谢物系统在培养条件变化时难以保持系统的稳定性。为此，袁其朋团队又构建了多代谢物的交叉喂养互利共生系统：缺失 TCA 循环的甘油利用菌和谷氨酸缺陷型葡萄糖利用菌[71]。如图 2-26A 所示，两株菌相互提供氨基酸和 TCA 循环。在这个互利共生系统中，菌群比例及细胞密度将逐渐趋于稳定，且与起始接种比无关。以酪氨酸为连接分子，他们应用该互利共生系统合成红景天苷，使其产量比中性和普通共生系统分别提高了 127% 和 22%。他们又将互利共生系统结合咖啡酸生物传感器（图 2-26B），应用于合成松柏醇。缺失 TCA 循环的甘油利用菌表达咖啡酸合成途径以合成咖啡酸，咖啡酸生物传感器控制的谷氨酸缺陷型葡萄糖利用菌表达松柏醇合成途径以合成松柏醇。联合应用咖啡酸生物传感器的互利共生系统使发酵后期下游菌的比例由没有传感器的互利共生系统的 16.5% 提高到 52%，导致松柏醇产量从 95mg/L 提高到 258mg/L。

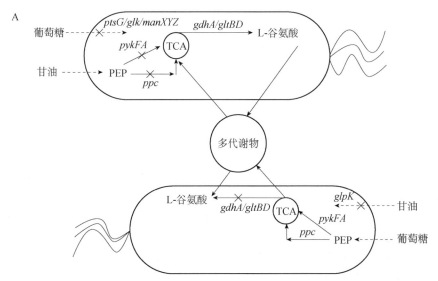

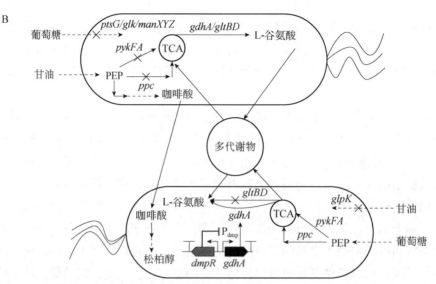

图 2-26 多代谢物交叉喂养的互利共生系统（A）及其应用（B）

PEP. 磷酸烯醇式丙酮酸

1. 什么是生物元件、装置和生物系统？

2. 元件为何要进行标准化组装？主要的组装技术有哪些？

3. 请简述各种常见组装技术的原理及其核心。

4. 请列举常见的生物元件及其主要特性，如启动子、终止子、RBS。

5. 何谓生物传感器？常见的生物传感器包括哪些？在细胞工厂创建领域，生物传感器的主要用途有哪些？

6. 简述构建合成途径的原则及其方法。

7. 简述常见的合成途径的优化方法及其核心技术。

8. 何谓模块共培养？其优点有哪些？

9. 如何设计模块共培养？其关键核心是什么？

参 | 考 | 文 | 献

[1] Anderson JC, Dueber JE, Leguia M, et al. BglBricks: A flexible standard for biological part assembly. J Biol Eng, 2010, 4（1）: 1

[2] Xu P, Vansiri A, Bhan N, et al. ePathBrick: A synthetic biology platform for engineering metabolic pathways in *E. coli*. ACS Synth Biol, 2012, 1（7）: 256-266

[3] Li XR, Tian GQ, Shen HJ, et al. Metabolic engineering of *Escherichia coli* to produce zeaxanthin. J Ind Microbiol Biot, 2015, 42（4）: 627-636

[4] Engler C, Kandzia R, Marillonnet S. A one pot, one step, precision cloning method with high throughput capability. PLoS ONE, 2008, 3（11）: e3647

[5] NEBridge™ Golden Gate Assembly Tool. https://goldengate.neb.com

［6］Gibson DG，Young L，Chuang RY，et al. Enzymatic assembly of DNA molecules up to several hundred kilobases. Nat Methods，2009，6（5）：343-345

［7］Quan JY，Tian JD. Circular polymerase extension cloning of complex gene libraries and pathways. PLoS ONE，2009，4（7）：e6441

［8］Quan J，Tian J. Circular polymerase extension cloning for high-throughput cloning of complex and combinatorial DNA libraries. Nat Protoc，2011，6（2）：242-251

［9］Xia YZ，Li K，Li JJ，et al. T5 exonuclease-dependent assembly offers a low-cost method for efficient cloning and site-directed mutagenesis. Nucleic Acids Res，2019，47（3）：e15

［10］Shao ZY，Zhao H，Zhao HM. DNA assembler，an *in vivo* genetic method for rapid construction of biochemical pathways. Nucleic Acids Res，2009，37（2）：e16

［11］Fu J，Bian XY，Hu SB，et al. Full-length RecE enhances linear-linear homologous recombination and facilitates direct cloning for bioprospecting. Nat Biotechnol，2012，30（5）：440-446

［12］Wang HL，Li Z，Jia RN，et al. RecET direct cloning and Red alpha beta recombineering of biosynthetic gene clusters，large operons or single genes for heterologous expression. Nat Protoc，2016，11（7）：1175-1190

［13］Baker O，Gupta A，Obst M，et al. RAC-tagging：Recombineering and Cas9-assisted targeting for protein tagging and conditional analyses. Sci Rep-Uk，2016，6：25529

［14］Zhang WL，Fu J，Liu J，et al. An engineered virus library as a resource for the spectrum-wide exploration of virus and vector diversity. Cell Rep，2017，19（8）：1698-1709

［15］Wang HL，Li Z，Jia RN，et al. ExoCET：exonuclease *in vitro* assembly combined with RecET recombination for highly efficient direct DNA cloning from complex genomes. Nucleic Acids Res，2018，46（5）：e28

［16］Song CY，Luan J，Cui QW，et al. Enhanced heterologous spinosad production from a 79-kb synthetic multioperon assembly. ACS Synth Biol，2019，8（1）：137-147

［17］Itaya M，Fujita K，Kuroki A，et al. Bottom-up genome assembly using the genome vector. Nat Methods，2008，5（1）：41-43

［18］de Kok S，Stanton LH，Slaby T，et al. Rapid and reliable DNA assembly via ligase cycling reaction. Acs Synth Biol，2014，3（2）：97-106

［19］de Mey M，Maertens J，Lequeux GJ，et al. Construction and model-based analysis of a promoter library for *E. coli*：an indispensable tool for metabolic engineering. BMC Biotechnol，2007，7：34

［20］Wang Y，Liu QT，Weng HJ，et al. Construction of synthetic promoters by assembling the sigma factor binding −35 and −10 boxes. Biotechnol J，2019，14（1）：1800298

［21］Lu J，Tang JL，Liu Y，et al. Combinatorial modulation of *galP* and *glk* gene expression for improved alternative glucose utilization. Appl Microbiol Biot，2012，93（6）：2455-2462

［22］Chen J，Zhu XN，Tan ZG，et al. Activating C-4-dicarboxylate transporters DcuB and DcuC for improving succinate production. Appl Microbiol Biot，2014，98（5）：2197-2205

［23］Li MJ，Wang JS，Geng YP，et al. A strategy of gene overexpression based on tandem repetitive promoters in *Escherichia coli*. Microb Cell Fact，2012，11：19

［24］Yang S，Liu QT，Zhang YF，et al. Construction and characterization of broad-spectrum promoters for synthetic biology. ACS Synth Biol，2018，7（1）：287-291

［25］Zhao M，Yuan ZQ，Wu LT，et al. Precise prediction of promoter strength based on a *de novo* synthetic promoter library coupled with machine learning. ACS Synth Biol，2022，11（1）：92-102

［26］Chen YJ, Liu P, Nielsen AAK, et al. Characterization of 582 natural and synthetic terminators and quantification of their design constraints. Nat Methods, 2013, 10（7）: 659-664

［27］Salis HM, Mirsky EA, Voigt CA. Automated design of synthetic ribosome binding sites to control protein expression. Nat Biotechnol, 2009, 27（10）: 946-950

［28］RBS calculator and RBS library calculator. https://salislab.net/software/predict_rbs_calculator

［29］Seo SW, Yang JS, Kim I, et al. Predictive design of mRNA translation initiation region to control prokaryotic translation efficiency. Metab Eng, 2013, 15: 67-74

［30］Chou HH, Keasling JD. Programming adaptive control to evolve increased metabolite production. Nat Commun, 2013, 4: 2595

［31］Gao JS, Du MH, Zhao JH, et al. Design of a genetically encoded biosensor to establish a high-throughput screening platform for L-cysteine overproduction. Metab Eng, 2022, 73: 144-157

［32］Liu SD, Wu YN, Wang TM, et al. Maltose utilization as a novel selection strategy for continuous evolution of microbes with enhanced metabolite production. ACS Synth Biol, 2017, 6（12）: 2326-2338

［33］Mahr R, Gatgens C, Gatgens J, et al. Biosensor-driven adaptive laboratory evolution of L-valine production in *Corynebacterium glutamicum*. Metab Eng, 2015, 32: 184-194

［34］Zhang X, Zhang XM, Xu GQ, et al. Integration of ARTP mutagenesis with biosensor-mediated high-throughput screening to improve L-serine yield in *Corynebacterium glutamicum*. Appl Microbiol Biot, 2018, 102（14）: 5939-5951

［35］Siedler S, Schendzielorz G, Binder S, et al. SoxR as a single-cell biosensor for NADPH-consuming enzymes in *Escherichia coli*. ACS Synth Biol, 2014, 3（1）: 41-47

［36］Zhang J, Sonnenschein N, Pihl TPB, et al. Engineering an NADPH/NADP（+）redox biosensor in yeast. ACS Synth Biol, 2016, 5（12）: 1546-1556

［37］Shi SB, Ang EL, Zhao HM. *In vivo* biosensors: mechanisms, development, and applications. J Ind Microbiol Biot, 2018, 45（7）: 491-516

［38］Umeyama T, Okada S, Ito T. Synthetic gene circuit-mediated monitoring of endogenous metabolites: identification of Gal11 as a novel multicopy enhancer of *S*-adenosylmethionine level in yeast. ACS Synth Biol, 2013, 2（8）: 425-430

［39］Tang SY, Qian S, Akinterinwa O, et al. Screening for enhanced triacetic acid lactone production by recombinant *Escherichia coli* expressing a designed triacetic acid lactone reporter. J Am Chem Soc, 2013, 135（27）: 10099-10103

［40］Chen W, Zhang S, Jiang PX, et al. Design of an ectoine-responsive AraC mutant and its application in metabolic engineering of ectoine biosynthesis. Metab Eng, 2015, 30: 149-155

［41］Li H, Liang CN, Chen W, et al. Monitoring *in vivo* metabolic flux with a designed whole-cell metabolite biosensor of shikimic acid. Biosens Bioelectron, 2017, 98: 457-465

［42］Zhou GJ, Zhang FZ. Applications and tuning strategies for transcription factor-based metabolite biosensors. Biosensors-Basel, 2023, 13（4）: 428

［43］Sun SW, Peng KL, Sun S, et al. Engineering modular and highly sensitive cell-based biosensors for aromatic contaminant monitoring and high-throughput enzyme screening. ACS Synth Biol, 2023, 12（3）: 877-891

［44］DeLoache WC, Russ ZN, Narcross L, et al. An enzyme-coupled biosensor enables（S）-reticuline production in yeast from glucose. Nat Chem Biol, 2015, 11（7）: 465-471

［45］Yan D，Kim WJ，Yoo SM，et al. Repurposing type Ⅲ polyketide synthase as a malonyl-CoA biosensor for metabolic engineering in bacteria. P Natl Acad Sci USA，2018，115（40）：9835-9844

［46］Rogers JK，Church GM. Genetically encoded sensors enable real-time observation of metabolite production. P Natl Acad Sci USA，2016，113（9）：2388-2393

［47］Liu YN，Li QG，Zheng P，et al. Developing a high-throughput screening method for threonine overproduction based on an artificial promoter. Microb Cell Fact，2015，14：121

［48］Dahl RH，Zhang F，Alonso-Gutierrez J，et al. Engineering dynamic pathway regulation using stress-response promoters. Nat Biotechnol，2013，31（11）：1039-1046

［49］Borujeni AE，Mishler DM，Wang JZ，et al. Automated physics-based design of synthetic riboswitches from diverse RNA aptamers. Nucleic Acids Res，2016，44（1）：1-13

［50］Niu FX，He X，Huang YB，et al. Biosensor-guided atmospheric and room-temperature plasma mutagenesis and shuffling for high-level production of shikimic acid from sucrose in *Escherichia coli*. J Agr Food Chem，2020，68（42）：11765-11773

［51］Shen YP，Pan Y，Niu FX，et al. Biosensor-assisted evolution for high-level production of 4-hydroxyphenylacetic acid in *Escherichia coli*. Metab Eng，2022，70：1-11

［52］Yan ZB，Liang JL，Niu FX，et al. Enhanced production of pterostilbene in *Escherichia coli* through directed evolution and host strain engineering. Front Microbiol，2021，12：710405

［53］Shen HJ，Cheng BY，Zhang YM，et al. Dynamic control of the mevalonate pathway expression for improved zeaxanthin production in *Escherichia coli* and comparative proteome analysis. Metab Eng，2016，38：180-190

［54］Bogorad IW，Lin TS，Liao JC. Synthetic non-oxidative glycolysis enables complete carbon conservation. Nature，2013，502（7473）：693-697

［55］Chatzivasileiou AO，Ward V，Edgar SM，et al. Two-step pathway for isoprenoid synthesis. P Natl Acad Sci USA，2019，116（2）：506-511

［56］Pfleger BF，Pitera DJ，Smolke CD，et al. Combinatorial engineering of intergenic regions in operons tunes expression of multiple genes. Nat Biotechnol，2006，24（8）：1027-1032

［57］Guo H，Yang Y，Xue F，et al. Effect of flexible linker length on the activity of fusion protein 4-coumaroyl-CoA ligase::stilbene synthase. Mol Biosyst，2017，13（3）：598-606

［58］Zakeri B，Fierer JO，Celik E，et al. Peptide tag forming a rapid covalent bond to a protein，through engineering a bacterial adhesin. P Natl Acad Sci USA，2012，109（12）：E690-E697

［59］Zhang GQ，Quin MB，Schmidt-Dannert C. Self-assembling protein scaffold system for easy *in vitro* coimmobilization of biocatalytic cascade enzymes. ACS Catal，2018，8（6）：5611-5620

［60］Ajikumar PK，Xiao WH，Tyo KEJ，et al. Isoprenoid pathway optimization for taxol precursor overproduction in *Escherichia coli*. Science，2010，330（6000）：70-74

［61］Xu P，Gu Q，Wang WY，et al. Modular optimization of multi-gene pathways for fatty acids production in *E. coli*. Nat Commun，2013，4：1409

［62］Zhao J，Li QY，Sun T，et al. Engineering central metabolic modules of *Escherichia coli* for improving beta-carotene production. Metab Eng，2013，17：42-50

［63］Shen HJ，Hu JJ，Li XR，et al. Engineering of *Escherichia coli* for lycopene production through promoter engineering. Curr Pharm Biotechno，2015，16（12）：1094-1103

［64］Zhang FZ，Carothers JM，Keasling JD. Design of a dynamic sensor-regulator system for production of chemicals and fuels derived from fatty acids. Nat Biotechnol，2012，30（4）：354-359

［65］Zhou K，Qiao KJ，Edgar S，et al. Distributing a metabolic pathway among a microbial consortium enhances production of natural products. Nat Biotechnol，2015，33（4）：377-383

［66］Zhao CH，Sinumvayo JP，Zhang YP，et al. Design and development of a "Y-shaped" microbial consortium capable of simultaneously utilizing biomass sugars for efficient production of butanol. Metab Eng，2019，55：111-119

［67］Sinumvayo JP，Zhao CH，Liu GX，et al. One-pot production of butyl butyrate from glucose using a cognate "diamond-shaped" *E. coli* consortium. Bioresour Bioprocess，2021，8（1）：18

［68］Li ZH，Wang XN，Zhang HR. Balancing the non-linear rosmarinic acid biosynthetic pathway by modular co-culture engineering. Metab Eng，2019，54：1-11

［69］Dinh CV，Chen XY，Prather KLJ. Development of a quorum-sensing based circuit for control o coculture population composition in a naringenin production system. ACS Synth Biol，2020，9（3）：590-597

［70］Liu X，Li XB，Jiang JL，et al. Convergent engineering of syntrophic *Escherichia coli* coculture for efficient production of glycosides. Metab Eng，2018，47：243-253

［71］Li XL，Zhou Z，Li WN，et al. Design of stable and self-regulated microbial consortia for chemical synthesis. Nat Commun，2022，13（1）：1554

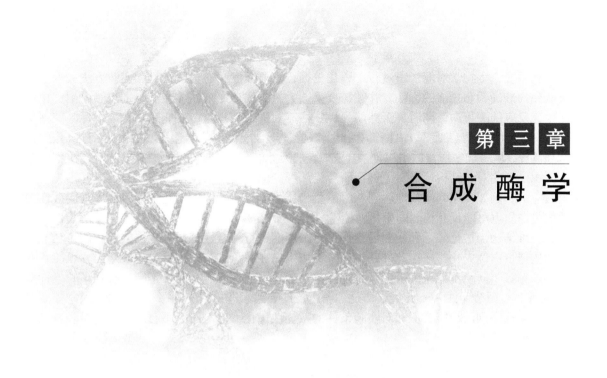

第三章

合 成 酶 学

第一节　酶 的 选 择

　　酶是合成生物学最通用的元件，途径酶或酶系统构成生物体的合成代谢网络。合成生物学的各种元件有助于合成途径的形成，各种途径可以看成是由酶催化反应的元件组成的代谢装置。设计合成途径首先需要选择各种酶元件，获取合成途径所需的各种酶及其催化的反应等信息，然后由酶元件组装代谢途径。大自然为人们提供了成千上万种酶，但由于缺乏准确预测序列-功能关系的方法，需要利用合成生物学工程化的思想和手段从自然界中大规模挖掘新的酶元件。因此，合成生物学与分子酶学工程的交叉整合催生了合成酶学这一新的研究领域[1]。

　　传统酶资源筛选一般采用菌种选育和功能宏基因组等技术。酶资源的菌种选育往往以催化活性为导向，首先对天然微生物进行培养与筛选，进而克隆与鉴定相关基因，或者对微生物蛋白质组进行提取、分离与组学分析，鉴定活性酶蛋白。功能宏基因组方法基于酶活性或基因序列同源性，对表达宏基因组的 DNA 片段进行克隆筛选，常常用于挖掘未培养微生物的基因资源。这两类方法都依赖实体样品，研发周期长，成本高，且有不确定性[2]。

　　合成生物学的快速发展为酶蛋白的规模化研究提供了新的思路。基于工程学理念，合成生物学通过有目标的"设计-构建-测试-学习"，获得具有特定功能的人工生命系统。就酶催化系统而言，合成生物学采用"自下而上"的组装策略，首先针对目标生化反应，从数据库中获取酶蛋白的氨基酸序列；接着根据底盘细胞适配原则，设计并合成酶元件、调节元件的 DNA 序列，利用标准化 DNA 组装方法构建蛋白质表达模块或合成代谢通路；最后在底盘细胞中进行转化、表达与功能表征。基于合成生物学进行酶蛋白挖掘具有诸多优点，如：不受生物实体的限制，即可以利用生物信息学方法针对性确定研究对象，提高新型元件的开发效率；可以对 DNA 序列进行工程化改造，从密码子偏好、亚细胞定位等方面提高酶元件与底盘的适配性；基于标准化底盘、流程和实验条件开展研究，有利于积累优质元件与数据，为基于人工智能的酶元件挖掘等研究奠定基础[2]。

利用合成生物学对酶蛋白进行工程化挖掘，需要开发高通量的计算和实验方法。由于缺乏从序列准确预测功能的方法，往往需要筛选大量的候选序列，才能够识别自然界中催化目标生化反应的酶蛋白；同时，天然酶元件往往需要进行工程改造才能达到特定指标，如催化效率、专一性、底盘细胞适配性等。因此，需要基于合成生物学理念开发工程化、标准化的技术和流程，从海量序列数据中识别、合成、表征天然酶元件。针对酶元件的识别，传统方法基于同源序列比对、结构域比对等进行酶功能注释。但是，序列相似性与功能之间并不总是完全对应的。例如，序列同源性达到98%的蛋白质可能具有不同的生化功能，而序列同源性很低的蛋白质也可能具有相同的生化功能[3]。因此，需要开发新的生物信息方法，对酶蛋白从序列、三维结构、进化关系和蛋白质互作等多个层面进行综合性分析，根据实验目的将功能验证的候选蛋白优先化排序。此外，不同来源酶蛋白在底盘细胞中进行异源表达时，可能存在密码子偏好不同、不能正确折叠、稳定性差、辅酶因子等问题，需要进行工程化实验设计对DNA序列、调节元件、DNA组装方法、表达条件等因素进行系统性探索和优化。通常需要对上百个候选序列的功能表征和对实验条件的系统性优化，这对研究平台的操作通量和自动化水平提出了新的需求。

一、计算机辅助设计用于高通量酶元件选择

高通量筛选酶元件的一般流程如图3-1所示[4]。随着测序技术的飞速发展，人们得到了大量的（宏）基因组和转录组数据，通过解析这些数据可以获取大量酶蛋白序列。将其与蛋白质结构域数据库进行同源比对，可以实现酶功能的初步注释[5]。同时，代谢多样性提供了丰富的生物催化剂资源，对各类初级和次生代谢产物合成途径的预测与分析也会为酶元件的挖掘提供帮助。但是，目前还很难从酶蛋白序列出发准确预测其催化活性、底物选择性、可溶性表达等重要性质，因此需要开发新的算法对候选蛋白进行优先化排序，从而提高功能筛选的成功率，利用最少的实验资源探索相似酶蛋白的功能多样性。下面从酶的聚类分析（clustering）和实验验证的优先化排序两个方面进行介绍。

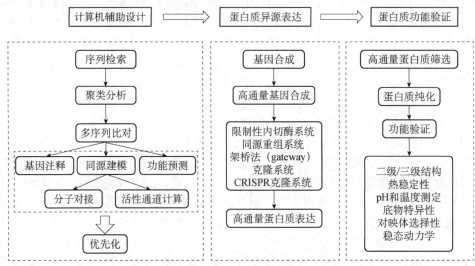

图 3-1　酶蛋白资源高通量筛选流程图[4]

CRISPR. 成簇的规律间隔短回文重复序列

二、酶蛋白聚类分析

各种类型的蛋白质资源数据库为酶元件的高通量筛选提供了宝贵的材料，如表 3-1 所示。蛋白质资源数据库 UniProt 储存了大量的蛋白质序列，其中大部分功能注释是通过与 CDD（Conserved Domain Database）、Pfam、CATH（Class，Architecture，Topology，Homologous Superfamily）和 FIGfams 等数据库中蛋白质的结构域序列进行同源性比对获得的；此外，估计至少 50% 的注释不够精确或甚至是错误的[6]。因此，需要整合不同层次的功能注释工具和实验数据，帮助科研人员从序列、结构、进化和蛋白质互作等多个层面对候选酶元件进行综合分析。酶蛋白聚类分析可以最大限度地利用文献报道的实验数据对未知蛋白质进行多个维度的功能注释[7]。下面将重点介绍用于酶蛋白聚类分析的两个方法：序列相似性网络（sequence similarity network，SSN）分析工具[8]，以及侧重蛋白质结构比对的 CATH 分析工具[9]。

表 3-1 酶元件资源数据库及其基本信息[2]

数据库名称	基本信息
UniProt	信息最丰富、资源最广的蛋白质数据库，由 Swiss-Prot、TrEMBL 和 PIR-PSD 三大数据库组合而成
CDD	蛋白质保守结构域数据库，是关于蛋白质功能单元注释的资源
Protein	包含 GenBank、RefSeq、TPA、Swiss-Prot、PIR、PDB 等数据库中的序列
Protein Clusters	包含完整的原核生物基因组和叶绿体基因组编码的 RefSeq 蛋白质序列
Structure	数据来源于 PDB 的蛋白质结构数据库，并将结构数据链接到书目信息、序列数据和 NCBI 的 Taxonomy 中，运用 3D 结构浏览器和 Cn3D，可以从 Entrez 获得分子间相互作用的图像
PDB	生物大分子（如蛋白质和核酸）数据库，包括由全世界生物学家和生物化学家上传的蛋白质或核酸的 X 射线晶体衍射或者核磁共振（NMR）结构数据
InterPro	整合了 CATH、CDD、PRINTS、Pfam 等多个数据库，并去掉冗余数据，对蛋白质家族预测、结构域和结合位点预测进行注释
Brenda	包括酶促反应、特异性、动力学参数、结构和稳定性等蛋白质功能数据及基因组序列信息
BKMS-react	包含酶促反应、动力学参数、实验条件和代谢途径等信息
EzCatDb	包括酶促反应、辅因子、中间代谢产物、催化活性结构域和结构等信息
M-CSA	对催化残基、辅因子和反应机制的注释
FireProt	包括序列突变后导致的热稳定性变化数据
ProTherm	包括序列突变后导致的热稳定性变化数据
eSOL	基于蛋白质翻译和离心条件推测蛋白质溶解度
SoluProMut	包括序列突变后导致的溶解性变化数据
TargetTrack	蛋白质溶解性数据库
ProtaBank	包括各种突变后的蛋白质序列信息
hPDB	可动态展示生物大分子立体结构
KEGG	整合基因组、化学和系统功能信息的数据库。把从已经完成测序的基因组中得到的基因目录与更高级别的细胞、物种和生态系统水平的系统功能关联起来
PMD	蛋白质突变数据库
Pfam	蛋白质家族数据库，蛋白质家族以多序列比对和隐马尔可夫模型的形式表示
FIGFAMs	基于人工注释的来源于不同细菌、古细菌等生物的蛋白质序列，同功能蛋白质组合为相应的集合
PRINTS	蛋白质模体指纹数据库

续表

数据库名称	基本信息
CATH	以蛋白质结构域层次组织的包含类型（C）、架构（A）、拓扑学（T）和同源超家族（H）的数据库
SCOP	蛋白质结构分类数据库
CCDC	剑桥晶体中心数据库
Swiss-3DImage	提供蛋白质及其他生物分子的三维图像
BioMagResBank	蛋白质、氨基酸和核苷酸的核磁共振数据库
Swiss-MODEL Repository	自动产生蛋白质模型的数据库
PROTOMAP	Swiss-Prot 蛋白质自动分类系统
iProClass	蛋白质分类数据库
TIGRFAM	蛋白质家族数据库
OWL	非冗余蛋白质序列数据库，由 Swiss-Prot、PIR、GenBank（由其编码序列翻译而成的氨基酸序列）和 NRL-3D 一级序列数据库集合而成
3DID	包括 3D 结构已知的蛋白质的互作信息
DOMINE	蛋白质结构域互作数据库
PiSite	以 PDB 为基础，可在蛋白质序列中搜寻互作位点
Binding MOAD	提供蛋白质-配体晶体结构数据信息
Phospho.ELM	蛋白质磷酸化位点数据库
STITCH	蛋白质-化合物作用网数据库
Reactome	人体生命活动路径和过程数据库，提供生化过程网络图，并对参与其中的蛋白质分子有详细注解，与其他数据库如 UniPort、KEGG、OMIM 等建立了广泛的交叉应用
CAZy	碳水化合物活性酶数据库，包括能够合成或者分解复杂碳水化合物的酶类
LED	脂肪酶工程数据库，整合了脂肪酶的结构域序列信息
PROSPER	基于序列预测 24 个不同蛋白酶家族的催化底物和切割位点
SABIO-RK	包括生化反应动力学参数的数据库

注：TrEMBL. Translated European Molecular Biology Laboratory；PIR-PSD. Protein Information Resource-International Protein Sequence Database；TPA. Third Party Annotation；PDB. Protein Data Bank；NCBI. National Center for Biotechnology Information；OMIM. Online Mendelian Inheritance in Man

　　SSN 是一种可显示两两同源蛋白质之间序列相似性的多维网络[10]。网络中每个节点（node）表示一个蛋白质；如果两个蛋白质间的序列相似性（BLAST E-value）超过特定阈值，则代表这两个蛋白质的节点通过一条边（edge）连接；每个簇（cluster）中的节点至少有一条边与簇中的其他节点相连。选择合适的阈值是成功构建 SSN 的关键。SSN 中的"节点属性"包含每个节点的各种信息，比如系统分类，TrEMBL/Swiss-Prot、PDB 和 GO（Gene Ontology）等数据库信息的链接。这些信息有助于用户对 SSN 进行分析，通过设定合适的阈值将不同节点聚类。与多序列比对和系统进化树（phylogenetic tree）方法相比，SSN 能够快速地分析更大的蛋白质序列集，并能同时评估正交信息。例如，有助于对酶家族中有显著序列相似性的子群如何关联进行推测。SSN 分析也可揭示序列相似性较低但具有相似结构或功能的远同源蛋白质之间的关系，从而指导研究者优先探索序列空间内的未知区域。最初，Barber 和 Babbitt 利用 Python 语言编写了用于生成 SSN 的工具 Pythoscape[11]。但其需要基于服务器集群在 Unix 环境中执行命令行脚本，因此未被广泛应用。后来，为了推广 SSN 的应用，研究者开发了用户友好的 EFI-EST（Enzyme Function Initiative Tools-Enzyme Similarity Tool）网络工具，可以通过浏览器访问（https://efi.igb.illinois.edu/efi-est/），用户不需要编程即可生成 SSN，其结果可以在开源的 Cytoscape 软件中进行可视化分析。

CATH 工具可以揭示蛋白质结构域间的进化关系。基于空间结构的相似性，CATH 识别 wwPDB 数据库（Worldwide Protein Data Bank）中的蛋白质结构域，并将其聚类形成结构域超家族（domain superfamily）。到目前为止，仅有 10 万余种蛋白质具有经实验测定的三维空间结构信息。CATH-Gene3D 工具将具有代表性的结构域转换成隐马尔可夫模型，形成基于一级序列的"指纹图谱"库；利用这一方法，共预测得到 43 万个蛋白质结构域，构成 6000 余个结构域超家族。CATH 进一步按照 class（二级结构的组成）、architecture（二级结构形成的形状）和 topology（二级结构连接的顺序）三个层次，分析结构域超家族间的进化关系[12]。另外，FunTree 数据库进一步将酶蛋白的功能信息，如生化反应物的结构、酶催化动力学数据等，与 CATH 结构域超家族分类进行整合，从而综合分析序列、结构、功能和进化的关系。该数据库目前已包含 2340 个结构域超家族、7 万个结构域和 40 万个蛋白质序列[13]。

三、优先化实验验证

聚类分析对海量蛋白质数据库进行初步筛选之后，仍存在大量候选序列，远远超出实验可验证的能力。因此，需要探索优先化标准与算法对候选酶进行排序，以提高功能验证实验的效率[14]。

酶蛋白的可溶性表达和底物杂泛性是优先化排序的重要标准。可溶性表达是对酶进行功能表征的前提，目前已有一些基于能量计算、机器学习和进化分析的算法对这一性质进行预测[15]。例如，Wilkinson-Harrison 溶解度模型可以预测蛋白质序列在大肠杆菌中可溶性表达的概率[16]。Vanacek 等对脱卤酶家族进行生物信息学分析及优先化选择之后，筛选得到 20 个候选蛋白质序列进行表达，最终有 12 个蛋白质在大肠杆菌中实现了可溶性表达，与模型的预测理论值一致[4]。另外，需要根据实验目的，选择具有不同底物杂泛性的酶。体外生物催化体系通常使用单一底物，使用具有高底物杂泛性的酶不影响反应专一性，并且有利于将同一种酶应用于不同反应体系，可缩短研发周期和成本。与此相反，高底物杂泛性的酶可能会在复杂的体内环境中产生副反应，从而消耗能量、辅酶、关键前体等细胞资源，或者导致毒性代谢物的积累，因此构建细胞合成代谢途径需要优先选择专一性好的酶[17]。目前，研究者已开发了一系列算法用来预测酶的底物杂泛性，如基于酶学分类对新型化学结构和反应预测的 BNICE（biochemical network integrated computational explorer）[18]，基于理化性、分子量、等电点、氨基酸序列信息的 SVM（support vector machine）[19]，基于分子电性参数、立体参数、疏水参数、取代基等参数的 QSAR（quantitative structure activity relationships）[20]和基于蛋白质三维结构信息的 BioGPS（global positioning system in biological space）[21]等算法。目前还没有比较各类预测算法的效率、准确度等性能的系统性研究，预计未来酶蛋白的规模化挖掘实验可以为算法评估提供数据支持。

构建生物合成途径时还应考虑其他因素。例如，大部分算法都倾向于选择具最少反应步骤的代谢途径，以减少参与酶的数量；通过预测每一步催化反应的吉布斯自由能变 ΔG 来评估整个合成途径的热力学可行性；避免毒性中间代谢物的产生及维持代谢流的平衡等。目前，研究者已经开发出多种算法用于构建合成途径中酶的优先化选择。例如，GEM-Path 可以预测在不同溶氧和生长条件下目的产物的产量；RetroPath 则是将合成途径中每一步催化反应所需候选酶的数量和酶的底物杂泛性等因素作为计算参数，从而指导每一步催化反应所需酶的挖掘；Lin 等使用 SimPheny Biopathway Predictor 预测得到了 10 000 个不同的、包含 4～6 个基因的 1,4-丁二醇合成途径，并结合酶催化反应步骤数、热力学可行性和产量等标准进行优先化排序，以缩减实验量，最终得到了具有工业化价值的菌株[22]。

第二节 酶的定向进化

一、酶定向进化的概念

进化论是达尔文于 1859 年在《物种起源》中提出的一个重要概念。在此之前，人类利用自然进化的力量，通过选择性育种和驯化，创造出具有所需特征的目标生物，但对潜在的进化原理和过程一无所知。在 20 世纪 60 年代末和 70 年代初，Kacian 和同事在不同的选择压力下进行了一系列体外 RNA 复制实验，以探索基本的进化原理[23]。1985 年，Smith 开发了噬菌体展示方法，以丰富具有结合特性的多肽。目前，该方法已在抗体工程中得到了大量应用[24]。在同一时期，Eigen 和 Gardiner 正式提出了通过诱变和筛选来进化蛋白质的"进化机器"的概念[25]。Liao 等进行快速形成耐热性酶突变体的实验为酶定向进化奠定了基础[26]。尽管定向进化这个概念被用于描述适应性进化实验已经几十年了，但直到 1993 年，Arnold 和她的同事才正式提出定向进化的概念并用于实践，这标志着定向进化领域的开端。

定向进化在试管中模仿了达尔文自然进化，包括产生遗传多样性的迭代循环，然后是筛选和选择。与以生存和繁殖为目标的自然进化不同，定向进化以更高的突变和重组率发生，进行更高效的筛选。

二、酶的定向进化策略及方法

定向进化的一般过程包括两个主要步骤：①通过随机突变和（或）基因重组实现基因多样化，以产生多样性的突变文库；②筛选和选择具有改良表型的突变体（图 3-2）。除了酶，定向进化还扩展到了改造结合蛋白和核酸，并扩展到进化遗传回路、生化途径，甚至整个基因组，被广泛应用于生物技术的开发和生物医学研究中。

基因可以通过完全随机或针对性的方式实现其多样化。考虑到每个氨基酸可以被其他 19 种天然氨基酸替代，因此构建一个综合文库来覆盖一个蛋白质的全部突变是不切实际的。随机突变可以对序列进行最佳稀疏采样[27]，以识别与所需蛋白质特性在很大程度上相关的"热点"，而不需要详细的结构或功能信息。聚焦突变对决定蛋白质功能的位置进行最大化采样，只有在序列和功能相关性明确的情况下，才能从更小的重点突变文库中识别出性能提升的突变体。体外突变是可控且有效的基因多样化的最常见策略。然而，由于基因编辑工具的快速发展，体内突变变得越来越流行，并且具有在不需要人工干预的情况下连续进行编辑的巨大潜力。可采样序列的大小直接决定了定向进化实验的成功率。为了最小化采样的序列空间并加快进化过程，可使用计算建模和机器学习来预测有益突变，以帮助研究人员创建更小、更高效的突变文库。

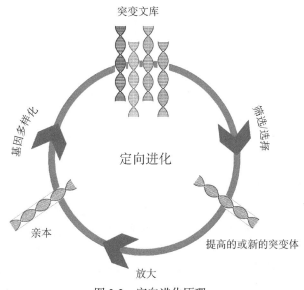

图 3-2　定向进化原理

基于聚合酶链反应（PCR）的技术如易错 PCR（error-prone PCR，epPCR）、位点饱和诱变（SSM）和基于重组的 DNA 改组等技术，是使用最广泛的亲本基因突变工具。epPCR 最早是由 Goeddel 和他的同事在 1989 年开发出来的，目前仍然是最常用的体外随机突变方法[28]。epPCR 通过在复制目标基因时引入具有更高突变率（10^{-4}/bp）的随机突变来模拟自然发生的 DNA 复制过程（10^{-10}/bp）。它可以在不了解蛋白质结构与功能关系的情况下快速改造目的蛋白。当目的蛋白的结构信息可以获得时，可以对选定的残基进行聚焦突变，这有助于强化酶的稳定性、活性和选择性，从而创建一个更小但更高效的文库，以方便选择和增加获得改进变异的可能性。

体外突变也是实现基因多样化的强大手段之一，但基因多样性、转染、筛选和分离的迭代循环会耗费大量的人力和时间。因此，体外突变通常被用于探索单个基因的部分序列空间。在完整的活细胞中进行突变可以避免重复的克隆和转化/转染步骤，并可以同时突变多个目标氨基酸残基。如果所需的表型可以与细胞生长关联起来或以高通量的方式进行筛选，那么体内突变理论上可以在实验室中恢复和加速自然进化。

三、突变文库的构建

1. 易错 PCR

易错 PCR 是最常用的创建随机突变文库的方法，它模仿自然进化来强化酶的功能。易错 PCR 的基本原理是在非标准条件下，利用低保真 DNA 聚合酶进行 PCR 扩增。提高 DNA 错配的方法，包括在有 $MnCl_2$ 的情况下增大镁离子浓度、浓度不等的 4 种 dNTP 或延长聚合酶链反应周期等，都会降低碱基配对的保真度，也可以使用突变核苷酸类似物进一步提高突变率。该技术的主要优点是操作简单，理论上目的蛋白的所有氨基酸位点都有同样被替换为其他 19

种氨基酸的可能性，但实际上，由于遗传密码的简并性、中性突变及相邻碱基同时发生突变的概率较低，因此易错 PCR 很难做到理想化的随机突变，而且对于产生的大量突变体，筛选工作十分费时费力[29]。

2. 位点饱和诱变

位点饱和诱变（site-saturation mutagenesis）是通过对目的蛋白的编码基因进行改造，在短时间内获取靶位点氨基酸分别被其他 19 种天然氨基酸所替代的突变体。它不是定点突变技术的简单延伸，而是蛋白质设计理念的全面升华，被广泛地应用于蛋白质改造及结构-功能关系研究中，并取得了一系列令人瞩目的成绩。例如，利用位点饱和诱变技术鉴定蛋白质功能位点，提高酶活力，改善酶热稳定性、底物选择性及立体选择性等多方面性质。此技术不仅是蛋白质定向改造的强有力工具，而且是蛋白质结构-功能关系研究的重要手段[30]。

3. DNA 改组

DNA 改组是体外进化靶基因的重组方法，利用脱氧核糖核酸酶 I（deoxyribonuclease I，DNase I）将双链 DNA 切断，这些片段在无引物的 PCR 过程中随机重组成全长基因，导致模板切换和重组，用标准聚合酶链反应扩增嵌合基因文库，并克隆到载体上进行进一步分析[31]。根据序列特点，可以将其分为同源依赖型和非同源依赖型。同源依赖型是将具有同源区片段的多个亲本基因用 DNase I 消化成许多短小片段，再通过无引物 PCR 将片段延伸成完整的基因长度，该方法利用同源区片段在退火过程中的互补配对结合。由于主要的交叉发生在序列同源性较高的区域，这种同源依赖型 DNA 改组存在严重的亲本基因重组倾向、嵌合库多样性低等局限性。然而许多具有相似三维结构的蛋白质可能表现出较低的序列相似性，DNA 改组也不总是带来蛋白质功能的改善。为了进一步扩大 DNA 改组技术在蛋白质工程中的应用，研究人员开发了一套非同源依赖的 DNA 重组方法，通过增加基因截断文库和连接两个序列相似性较低的基因创建融合库，允许多样性的功能融合，包括在非同源位置具有融合点的嵌合体。

4. 体外随机重组

体外随机重组（random-priming in vitro recombination，RPR）是利用随机引物对基因的不同位置进行扩增得到 DNA 短片段，进而互为引物进行聚合酶链反应延伸得到基因全长的体外突变重组方法。体外随机重组包括以下步骤：①ssDNA 短片段合成，将六碱基的随机引物退火到模板上，用大肠杆菌 DNA 聚合酶 I 扩增、补平片段，得到不同大小的随机扩展产物；②模板去除，用 Microcon-100 超滤管离心去除寡核苷酸和模板；③无引物 PCR 组装，同源片段以一个类似 PCR 的过程重新组装成全长嵌合基因；④有引物 PCR 扩增，全长基因将通过标准的 PCR 扩增并亚克隆到合适的载体上[32]（图 3-3）。

5. 交错延伸法

交错延伸法（staggered extension process，StEP）是在一个 PCR 体系中，以两个以上相关的 DNA 片段为模板进行 PCR 反应。它实际上是两次 PCR 过程，第一次 PCR 中只有变性、快速退火—延伸两个阶段，而且快速退火—延伸时间非常短，只有 5~15s，以获得短片段；第二次 PCR 中设置标准 PCR 程序以扩增全长基因。为简便起见，图 3-4 只展示了两个基因中的一条引物和单链。在扩增过程中，寡核苷酸引物在退火温度下与变性后的模板结合，经过短暂的延伸得到短片段。重复上述过程，片段切换模板并进一步扩展，最终产生全长嵌合基因。最后，该全长重组产物可在标准 PCR 中扩增[33]。

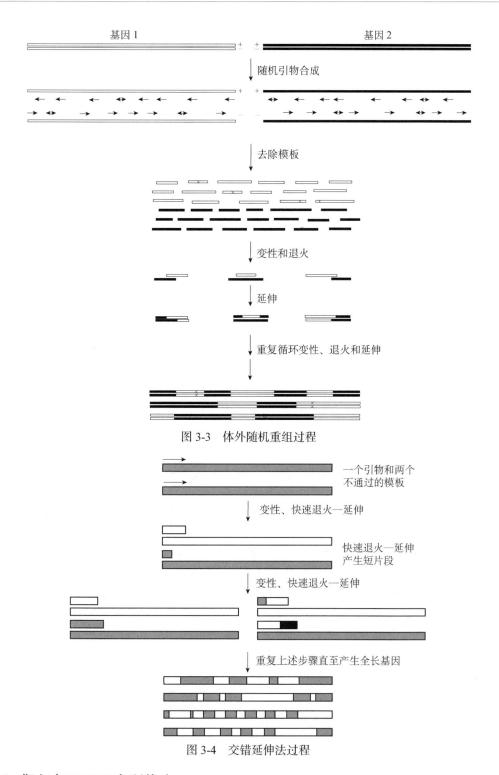

图 3-3 体外随机重组过程

图 3-4 交错延伸法过程

6. 靶向人工 DNA 复制体法

靶向人工 DNA 复制体法（targeted artificial DNA replisome，TADR）是一种体内进化技术，避免了前面介绍的体外进化连接和转化无法保证得到 100% 突变文库的问题[34]。其主要步骤为：①pTADR-Target-X 的构建，用 PCR 扩增目标基因并采用 Gibson 法连接到 pTADR-Target 上，使其 N 端、C 端分别连有 30bp 的起始序列（IS）和终止序列（TS）；②宿主菌，将 pTADR-helper 和传感器质粒（有必要的话）共转化到 TADR 宿主菌 E. coli TADR 中，并将其涂布于含氨苄青霉素（50ng/mL）和传感器质粒抗性的 LB 培养基上，于 30℃培养过夜；③共转化与进化，将 pTADR-Target-X 电击转化到上一步得到的含 pTADR-helper 和传感器质粒的 TADR 宿主菌 E. coli TADR 中，并接种到含氨苄青霉素（50ng/mL）、氯霉素（15ng/mL）和传感器质粒抗性（有必要的话）的培养基中，于 30℃培养 24h 进行进化；④制备单克隆，移取少量菌液接种至添加葡萄糖的 LB 固体培养基上，划线培养（37℃）得到单菌落（注意，从这步开始所有培养基需添加葡萄糖以停止进化）；⑤筛选，挑选单克隆于含培养基（以葡萄糖为碳源）的深孔板中培养、筛选，培养结束时吸取少量菌制备甘油管来保存菌种。

四、文库筛选与高通量定向筛选技术

随着生物技术的快速发展，酶越来越多地被应用于食品、化工、环境、能源等各个行业，推动了工业与能源的可持续发展。一般天然酶和细胞的催化性能难以满足工业化应用需求，需要通过定向改造对其催化性能进行改进，如提高酶的活性、立体选择性、稳定性、底物特异性等。

定向改造是在实验室里模拟自然进化过程[35]。其关键步骤包括：①突变文库的构建，通过不同方法人为地引入大量突变，构建目的酶基因或全细胞基因组突变文库；②突变文库的筛选，通过合适的筛选方法快速地从突变文库中筛选出符合要求的突变体；③突变体性能表征与分析，回收和鉴定突变体，并选择优势突变体作为下一轮进化的起点，如此循环迭代，以快速提高酶的性能。在定向改造过程中，突变文库的多样性和可靠的高通量筛选方法是决定其成败的两个关键因素。目前，已经开发了许多突变文库构建方法，如易错 PCR、基因重组、CASTing、序列饱和诱变（sequence saturation mutagenesis, SeSaM）、基因编辑、常压室温等离子体诱变等，能够在较短的时间内构建容量>10^7 的突变文库。然而，灵敏、可靠的高通量筛选方法（>10^6）仍然是一个瓶颈，制约着酶的高效进化[36]。

图 3-5 比较了不同的筛选方法。传统筛选方法，如琼脂平板筛选法和微孔板筛选法，是目前应用最广泛的两种筛选技术。琼脂平板筛选法操作简单，但难以准确定量，基于透明圈、颜色圈的琼脂平板活性筛选，或者基于营养缺陷型或抗性的琼脂平板生长选择可作为简单易行的初筛方法，用于排除大量无活性和极低活性的突变体。由于难以准确定量，并不是所有的改造目标都能建立琼脂平板筛选法，该方法主要用于突变文库的初筛。微孔板筛选法能够精准定量，可以准确评价突变体的性能，但通量较低。自动化液体处理设备的应用使得微孔板筛选法的通量有所提升，但仍无法满足快速定向改造中筛选的需求。随着仪器设备的改进和生物技术的快速发展，基于流式细胞仪的荧光激活细胞分选（fluorescence-activated cell sorting, FACS）与基于微流控芯片和分选设备的液滴微流控细胞分选（droplet entrapping microfluidic cell sorting, DMFS）技术大幅度提高了筛选通量[37,38]。FACS 是一种发展较成熟的技术，比较适合用于细胞内或细胞膜上目标产物的筛选，而液滴微流控细胞分选方法则可弥补 FACS 的不足，可用于胞外酶和代谢产物的筛选[39]。高通量筛选获得的突变体一般需要通过高效液相色谱、气相色谱等进行产物的进一步验证。

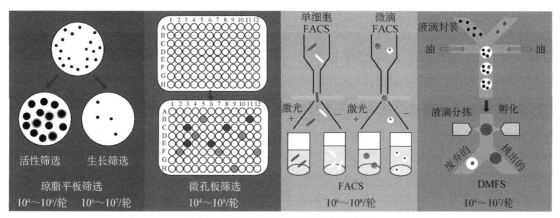

图 3-5　不同高通量筛选方法的比较

合适的信号检测策略是筛选方法建立的核心，目前突变文库筛选中常用的检测主要基于荧光信号。近年来吸光度和拉曼光谱等开始被应用于液滴微流控细胞分选体系中。通过荧光检测目标产物可以比较灵敏、可靠地进行定量分析[40]，由于其超敏性、高速响应能力及拥有较成熟的检测器，荧光成为高通量筛选方法中最常用的检测信号[41]。近年来发展的基于吸光光度值、拉曼光谱和质谱的检测方法开始被应用于高通量筛选中，但这些技术仍不成熟，需要进一步地发展，以提高其灵敏度、操作性能、筛选通量等。

目前，FACS 和 DMFS 等高通量筛选方法的研究和应用已取得巨大进展，已在定向进化实验中发挥了不可替代的作用。与传统筛选方法相比，FACS 和 DMFS 技术不仅可以对大容量样本进行高通量的分析和筛选，而且能够对样品的多项指标同时进行定量分析，因此具有显著的优势。FACS 较高的仪器成本和难以对胞外产物进行筛选等缺点制约了其应用范围。DMFS 虽在筛选通量上比 FACS 低一个数量级，但由于其可以保持胞外分泌产物与基因型的一致性，成为研究胞外分泌产物及其工程菌株实验室改造的强有力的高通量筛选平台。然而，目前微流控与液滴分选设备刚进入商业化阶段，随着微流控芯片及分选设备的广泛商业化及更灵活的检测系统的开发，相信其将进一步推动酶快速开发[42]。

此外，FACS 和 DMFS 主要依赖荧光信号进行检测，虽然基于吸光度和拉曼光谱的 DMFS 已有报道，但技术不成熟，灵敏度和通量均较低，仍需要进一步地优化与设计以提高其灵敏度和筛选通量。随着技术的不断发展，基于其他高精度的检测方法，如荧光共振能量转移、荧光偏振、红外光谱或质谱的高通量技术会不断涌现并日趋成熟，将进一步推动合成酶学的快速发展。

1. 氧化还原酶的高通量检测方法

氧化还原酶的高通量筛选方法已被开发，其中大多数需要辅因子 NAD(P)$^+$ 和 NAD(P)H。然而，由于来自细胞裂解物的背景信号，340nm 处 NAD(P)H 的吸光度通常不能可靠地用于监测其形成或随时间消耗的情况。因此，氧化还原反应需要与显色反应结合，已经开发了各种类型的显色反应。例如，在 P450 催化的线性烷烃末端氧化羟基化的情况下，与对硝基苯醚反应产生黄色对硝基苯酯的替代底物，以便平板阅读器直接监测。一种新报道的基于比色法检测 H_2O_2 消耗的高通量筛选方法可以监测 P450 脂肪酸脱羧酶类的活性。其他例子包括用于分析环化反应中萜烯合成酶活性的高通量彩色筛选系统，以及用于实时筛选醛缩酶的微孔板检测方法。

此外，羰基的高通量筛选的新趋势最近已被报道。酮或醛中的羰基基团可与特定的分子探针形成显色产物。利用这一优势，开发了以氨基苯甲脒肟（ABAO）为探针测定羧酸还原酶活性的高通量显色筛选系统，以及利用2,4-二硝基苯肼（DNPH）或对甲氧基-2-氨基苯甲脒肟（PMA）测定酮还原酶活性的高通量筛选系统[43]。

2. 对映选择性酶转化高通量筛选系统

通常采用气相色谱法（GC）或基于手性柱或核磁共振谱的高效液相色谱法（HPLC）对非对映体衍生物进行分析，但这些传统的分析手段每天只能处理几十个样品，因此需要开发高通量的测定对映体过剩值（ee值）的方法[44]。

（1）基于紫外/可见光谱（UV/Vis）的分析　　第一个用于酶的对映选择性定向进化的高通量方法是基于UV/Vis的[45]，但是这仅局限于脂肪酶或酯酶催化手性对硝基酚酯的水解动力学拆分。

为了评价来自铜绿假单胞菌的数千种脂肪酶变体作为手性酯水解动力学拆分的潜在生物催化剂，以（S）-（R）-对硝基苯酚酯为模型底物，其在缓冲介质中水解生成的对硝基酚酯，在405nm处有强烈的UV/Vis吸收。因此，该反应可以在微量滴定板上进行，以测量吸收值随时间的变化函数（通常在反应前8min内）。然而，由于外消旋体只提供有关综合反应速率的信息，因此分别制备了（S）-底物和（R）-底物并在96孔微量滴定板上进行研究。选择吸收-时间曲线的斜率差异很大的对映选择性脂肪酶突变体，然后使用传统的手性气相色谱研究实验室规模的反应。利用epPCR、饱和诱变和DNA改组，在模型反应中产生并筛选了40 000个脂肪酶突变体。最终获得了数个对映选择性脂肪酶突变体，其中最佳突变体的对映选择率E值>51[46]，而野生型脂肪酶的E值仅为1.1。这种检测方法的缺点在于需要固定的发色团（对硝基苯酚）。此外，由于（S）-底物和（R）-底物是分开成对测试的，酶不会竞争这两种底物，使得测定相对烦琐。

另一种基于UV/Vis筛选对映选择性水解酶的比色法是基于酯水解会导致酸度的变化，如脂肪酶水解或酯酶催化的动力学分解，因此可以通过使用适当的pH指示来量化[47]。如果缓冲液[如N,N-双（2-羟乙基）-2-（氨基乙基磺酸）]和pH指示剂（如对硝基苯酚）具有相同的pK_a值，酸的产生量与指示剂的质子化程度之间存在线性关系。该体系的优势在于不需要使用对硝基苯酚酯，即可以使用甲酯等"普通"底物。在这个方法中，也需要在微量滴定板上分别使用（S）-底物和（R）-底物，然后使用酶标仪甚至肉眼观察，因此每天可以处理数十个（或更多）微量滴定板（96孔或384孔）。但是因为（S）-底物和（R）-底物是分开测试的，在手性酯的动力学拆分中没有提供真实的ee值。相对初始速率提供了对映选择性的估计值，后续可以使用标准分析工具（如手性GC或HPLC）进行进一步研究。然而，有时会出现严重的差异，因此一些相关的比色法使用了更敏感的指示剂（溴百里酚蓝）[48]。最后要说明的是，这种方法的精度仅为±（10%～20%），适合在定向进化的早期使用。

（2）基于荧光的分析　　荧光法具有灵敏度高的优点。然而，在酶催化的对映选择性转化中，如果荧光活性探针附着在底物上，定向进化的过程将导致产生针对这种（复杂的）底物的特异性酶，不太可能在工业上应用。另外一种方法是使用一种分子传感器，它在形成某种产物时发出荧光，如在酰基化反应中。该技术有可能被应用于脂肪酶催化的手性醇的动力学拆分中。还有一种可能有用的基于荧光的ee测定方法是利用DNA微阵列，这种类型的技术以前被用于通过测量荧光报告的比例来确定在全基因组基础上的相对基因表达水平。应用在 ee 测定中时，手性氨基酸被用作模型化合物。第一步是对外消旋氨基酸的混合物的氨基官能团进行酰基化，形成受 N-叔丁氧羰基（N-Boc）保护的衍生物，然后以空间排列的方式将样品共价连接到氨基功能化玻片上。第二步是将未耦合的表面功能化氨基完全酰基化。第三步是彻底地去保护，以提供氨基酸的游离氨基酸功能。第四步是将两个伪对映体荧光探针连接到阵列表面的自由氨基上。在酰胺耦合过程中具有相当程度的动力学分辨率是成功测定 ee 值的必要条件（Horeau 原理）[49]。在本例中，可通过测量相关荧光强度的比值来获得 ee 值。每天可测定约 8000 个样品，精度达实际值的±10%。虽然没有明确证明这种测定 ee 值的方法可以用于评价酶（如蛋白酶），但实际上这应该是可能的。

（3）质谱（mass spectrometry，MS）分析　　由于对映异构体具有相同的质谱，给定样本中（R）-构型和（S）-构型的相对含量（即 ee 值）不能用传统的质谱技术测量。然而，如果混合物中加入了质量标记的手性衍生化剂且在衍生化过程中发生了显著程度的动力学分解，那么就会造成分子量的差异（Horeau 原理）。质量标记的非对映体的相对数量可以用质谱的峰积分来测量，ee 值的测量误差为±10%。但是此方法尚未在高通量筛选中应用。

另一种不需要任何衍生化反应的 MS 方法已被成功应用于对映选择性酶的定向进化中。它通常使用氘、^{13}C 或 ^{15}N 同位素标记伪对映异构体或伪介观化合物，可用于外消旋体的动力学拆分或含活性对映体基团的前手性化合物的去对称性研究。这一概念应用于对映选择性脂肪酶和环氧化物水解酶的定向进化，在优化的系统中，每天可进行多达 10^4 个 ee 的测定[50]。

（4）基于核磁共振（NMR）波谱的分析　　虽然 NMR 通常被认为是一个缓慢的过程，但最近在流动单元设计方面的进展已经允许该方法应用于组合化学中[51]。此后，这些技术被应用于开发两种不同的基于 NMR 的高通量 ee 分析方法，其中一种使用手性试剂或 NMR 位移剂的经典衍生化，每天大约可以进行 1400 次 ee 值测量，精度为±5%。另一种方法的原理与 MS 的原理相似，即标记手性或介观底物，以产生伪对映异构体或伪介观化合物，然后用于实际的筛选。因此，应用仅限于外消旋体的动力学拆分和前手性化合物的活性对映体基团的去对称性。

这种测定方法最实用的形式是利用 ^{1}H NMR 波谱，^{13}C-标签被用来区分所研究的手性化合物的（R）-形式和（S）-形式。实际上，任何感兴趣的化合物中的碳原子都可以被标记，但甲基的 ^{1}H 信号不会被 ^{1}H 分裂，^{1}H 耦合是首选的，因为相关的被整合峰是一个对映体的 CH_3-基团产生的单峰和另一个对映体的 $^{13}CH_3$-基团产生的双峰。

（5）基于毛细管阵列的分析电泳或气相色谱　　使用手性固定相的传统色谱法每天只能处理几十次 ee 测定。然而，在人类基因组计划中使用的毛细管阵列电泳（CAE）可适应每天高达 2×10^4 次 ee 的测定，如手性胺或手性醇的测定[52]。在产生此类产物的酶促反应之后，必须使用荧光活性试剂进行衍生化。然而对于成千上万的样本，这需要机器人来完成。由于荧光检测灵敏度高，误差在±3%，因此这是一种很好的 ee 分析方法。在某些情况下，GC 每天可以进行大约 700 次 ee 值和 E 值的精确测定。这种中等通量在某些应用中可能足够了。

（6）基于圆二色（CD）的检测方法　　手性 GC 或 HPLC 的另一种替代方法是使用常规色谱柱简单地从对映体产物中分离起始物质，然后用 CD 光谱法测定对映体混合物中的 ee 值。近年来，该方法可用于组合制备的对映选择性过渡金属催化剂的筛选[53]。该方法使用高效液相色谱灵敏检测器，以平行方式测定样品在流动系统中固定波长的圆二色谱（$\Delta\varepsilon$）和 UV 吸收（ε）。CD 信号只取决于手性产物的对映体组成，而吸收则与它们的浓度有关。因此，只需要较短的 HPLC 色谱柱。将 CD 值与吸收进行归一化，得到各向异性因子 g。

$$g=\frac{\Delta\varepsilon}{\varepsilon}$$

因此，不需要复杂的校准就可以确定混合物的 *ee* 值。事实上，只有当 *g* 因子与浓度无关，且与 *ee* 值成线性时，该方法才在理论上有效。然而，需要指出的是，如果手性化合物形成二聚体或聚集体，这些条件可能不成立，因为这些对映体或非对映体物种会产生它们自己特定的 CD 效应。

（7）基于红外热像仪的分析　　光电红外相机配备焦平面阵列探测器提供了一个二维热图像作为图像中所有物体的温度和发射率分布的空间地图。通常用不同的颜色表示探测到的红外辐射的不同光子强度，即红色区域表示"热点"，蓝色区域表示"冷点"。

最近开发出了含大量多相催化剂库的发射率校正红外热成像技术，该技术只需要非常少量的催化剂（<200μg）[54]。该研究的主要目的是可视化仅由催化剂催化活性引起的温差，这是通过对探测器响应应用线性校正并在反应开始前减去库的红外图像来实现的，即在催化实验期间在图像中作为背景（偏移）。这意味着局部发射率差异不再可见，然后可以可靠地检测微量滴定板上催化反应的热演化。

五、酶的定向进化在合成生物学中的应用

在本小节中，我们将重点关注定向进化在合成生物学中的应用。定向进化已被广泛用于工程酶，以提高其催化活性，并微调其化学、立体和对映体选择性。通过使用定向进化，许多酶已经被设计用于生产生物燃料、生物材料、精细化学品和医药中间体。定向进化的早期应用集中在提高酶对有机溶剂的耐受性方面，这对于提高底物溶解度以用于大规模制造是必要的。除了提高酶的稳定性、选择性和催化活性，定向进化还被广泛用于利用酶的混杂性来设计具有新反应性的酶。酶催化的反应数量远低于化学催化剂催化的反应数量，这限制了酶在化学工业中的广泛应用。酶混杂性是指酶除了催化初级反应，还具有催化与不同底物或通过不同机制的副反应的能力。与主要活性相比，混杂的催化活性通常较慢，但它们对于在自然或人工选择下进化新的酶至关重要。2007 年，Fox 等对农杆菌中放射杆菌的卤醇脱卤酶（HHDH）进行了定向进化，用于大规模合成乙基（*R*）-4-氰基-3-羟基丁酸，这是阿托伐他汀的手性合成子，在底物投料量 130g/L 时，产物 *ee* 值大于 99.9%，生产效率提高了 4000 倍[55]。

整个代谢途径的定向进化比单个蛋白质或核酸的定向进化面临更大的挑战，因为需要在一个途径中进化多种酶，如果进行同时进化，这无疑增加了文库创建和文库分析的复杂性。此外，与通路相关的调控因子和遗传元件可能需要优化，这进一步扩大了有待探索的潜在序列空间。因此，定制的方法通常被用于整个代谢途径的定向进化。遗传多样化和代谢途径筛选/选择的最佳方法与环境有关，可能因其作为同化或生物合成途径使用的目标和可用的筛选/选择方法的不同而有所不同。同化途径特别适合于定向进化，因为细胞生长和途径效率是密切相关的。与同化途径的定向进化相比，如果这些途径的功能通常可以直接与目标生物体的生长或与生长相关的产品的生产联系起来，那么由于需要对目标产品进行筛选，生物合成途径的定向进化可能会面临很大的困难。预先编程的反应和复杂的行为可以在工程化生物中使用遗传电路实现，但微调电路功能可能是由于广泛的因素，连接输入信号和期望的电路响应，微调电路功能可能是一项巨大的任务。虽然设计和实现一个新的遗传电路是一个固有的

理性过程，但定向进化是优化电路功能的宝贵工具。遗传电路的设计和进化可能会受到组成部件的多样性、质量和正交性的限制。为了追求大量的可编程和正交电路，Ellefson 和他的同事使用区室化合作复制（compartmentalized partnered replication，CPR）来产生色氨酸阻遏物的合成系统[56]。TrpR 突变体除了改变配体结合位点，还具有对新的操作序列的活性，使 L-色氨酸或几种类似物能够对多种序列选项进行调控。此外，将这些合成阻遏物联系起来，通过将不同的功能连接到一个蛋白质中，可以产生分子内蛋白质逻辑。定向进化是优化遗传电路的重要工具。然而，目前受到选择/筛选能力的严重限制，主要集中于相对简单的电路。由于选择的巨大复杂性，需要开发新的工具和技术，用于输出具有空间和时间变化的电路的定向进化。在细胞联盟中实现这些电路进一步增加了复杂性，因为进化的细胞−细胞通信网络和种群级的行为将需要产生大量的文库和精确选择技术[57]。最有可能的是，最富有成效的努力将把理性设计与定向进化相结合起来，基于逻辑门，通过定向进化优化的逻辑门和组件蛋白的复杂电路网络进行合理设计。

第三节　酶的半理性设计与理性设计

一、酶的半理性设计

近年来，随着结构生物学、计算生物学及人工智能技术的迅猛发展，计算机辅助蛋白质设计（computer-assisted protein design，CPD）策略为蛋白质工程领域注入了新的学术思想和技术手段，出现了基于结构模拟与能量计算来进行蛋白质设计的新方法，以及使用人工智能（artificial intelligence，AI）技术指导蛋白质改造的新思路。总体来看，蛋白质工程经历了从初级理性设计、定向进化、半理性设计，再到计算设计的发展历程[58]。

酶的定向进化，旨在试管中模拟自然进化过程，通过提高基因突变率和设计特殊的筛选、选择方法，快速获得拥有特定性能的酶。因此，定向进化又被称为"代替自然选择的上帝之手"，为试管中的达尔文主义[59]。酶的定向进化通常包括三个步骤：通过对蛋白质编码序列进行随机突变、定点突变或重组构建基因突变文库；定向筛选、选择以获得具有改进表型的突变体；以该突变体作为下一轮基因多样化的起点，进行定向进化的迭代，直到获得性能最优的突变体。定向进化通常产生十分巨大的突变文库，导致筛选压力大，往往需要依赖高通量筛选方法。

半理性设计则有效改善了定向进化筛选压力大的困境，全随机突变策略是以随机的方式引入突变，它的瓶颈在于突变文库的规模非常大，不利于筛选。借助蛋白质保守位点及晶体结构分析，通过非随机的方式选取若干个氨基酸位点作为改造靶点，并结合有效密码子的理性选用，构建"小而精"的突变文库是克服这一瓶颈的有效方式，这种方式被称为半理性设计。20 世纪 90 年代，Reetz 教授在酶的不对称催化改造工作中发现影响手性选择的氨基酸位点主要集中在底物结合口袋区域，在此基础上开发了组合活性中心饱和诱变（combinatorial active-site saturation test，CAST）及迭代饱和诱变（iterative saturation mutagenesis，ISM）技术，被广泛应用于酶的立体/区域选择性、催化活力、热稳定性等酶学性能指标的改造[60,61]。基于序列和（或）结构信息，借助计算机模拟在酶催化活性中心周围选取与底物有直接相互作用的氨基酸残基，通过理性分组进行单轮或多轮迭代饱和诱变。一般情况下单轮诱变难以达到预期目标，需要进行多轮叠加诱变。4个位点饱和诱变需要筛选64个文库。先对其中一个位点进行饱和诱变并进行筛选，然后选择性能较好的突变体作为模板进行下一轮的饱和诱变，从而进行多轮叠加。选择最后的突变体作模板进行下一轮诱变可能会进入死胡同，即无法再获得正突变体。

例如，通过CAST/ISM策略对P450-BM3单加氧酶进行改造，并与醇脱氢酶或过氧化物酶偶联，使其成功应用于高附加值手性二醇及衍生物的不对称催化合成中[62]。Reetz教授与吴起教授团队合作，在有效密码子的选取方面作了改进，提出聚焦理性迭代位点特异性诱变（focused rational iterative site-specific mutagenesis，FRISM）策略，并将其应用于南极假丝酵母脂肪酶B（CALB）的改造，成功获得了双手性中心底物所对应的全部4种异构体，且选择性均在90%以上[63]。

在CAST基础上，孙周通等通过理性选择3种氨基酸密码子作为饱和诱变的构建单元，开发了三密码子饱和诱变（triple code saturation mutagenesis，TCSM）技术，进一步降低了筛选工作量[64]。单密码子饱和诱变（SCSM）是指仅使用单密码子对酶催化口袋进行扫描的一种饱和诱变技术。基于酶催化口袋的理化性质（如亲疏水性）及已有信息，理性选取某一特定的氨基酸密码子作为建构单元，重塑酶催化口袋，达到提高或反转立体选择性的目的[65]。

为进一步降低筛选工作量，基于蛋白质序列（多重序列同源比对确定保守位点）及结构（晶体结构或同源建模）的相关信息，结合酶的催化性质及已知实验数据支持，理性选择3种氨基酸密码子作为饱和诱变的建构单元，然后将拟突变的多个位点进行理性分组（3~4个氨基酸残基分为一组），该策略称为三密码子饱和诱变。

除此之外，Huisman团队基于统计学方法开发的ProSAR（protein sequence activity relationship）[55]及Alcalde团队基于序列同源性开发的MORPHING（mutagenic organized recombination process by homologous in vivo grouping）工具也被广泛应用于蛋白酶的设计改造中[66]。如表3-2所示，目前已有大量半理性设计的方法，半理性设计是建立在已有知识（如保守序列、晶体结构、催化机制、通量筛选方法、前期实验数据等）的基础上，对目的蛋白进行再设计。因此，前期基础的丰富程度会直接影响到半理性设计的成功与否。

表3-2　半理性设计方法[65]

要求	应用
外显子改组	增强大鼠DNA聚合酶β(Pol β)和非洲猪瘟病毒DNA聚合酶X活性
结构模型和分子动力学模拟	提高环氧柠檬烯水解酶的热稳定性
遗传进化分析	工程化聚合酶接受dNTP-ONH₂
多序列比对	提高酯的对映选择性和活性
序列活性位点数据集	提高卤代醇脱卤酶的产率
结构模型	提高多功能过氧化物酶的稳定性
结构模型	减少对氧的依赖，增加葡萄糖的比活性
结构模型	β-内酰胺酶TEM-1和PSE-4的重组
X射线数据库	提高脂肪酶的热稳定性
结构模型	扩大脂肪酶的底物谱

二、酶的理性设计

理性设计（rational design）是基于一定的已知信息针对某种特性设计构建突变体蛋白的方法。这种设计策略的实施需要蛋白质的序列和结构信息及待改造性质的作用机制等作为依据。此外，理性设计通常利用计算机辅助，对酶催化反应的过程或某一状态进行分子模拟，从分子水平考察预测蛋白质催化作用的效果。

根据理性设计的依据不同，把理性设计分为以下 5 类。

1. 基于序列比对的理性设计

通常来说，具有高度序列和结构相似性的酶具有类似的功能，因此，根据这一现象，多重序列比对（MSA）被广泛用于酶工程中来提高酶的催化性质。最直接的方式就是将目标酶的一个或几个氨基酸位点突变为同源酶的保守氨基酸，以此来获得与同源酶相同的催化性质；此外，基于同源序列库中某一特定位点出现频率最高的氨基酸对蛋白质功能贡献更大的假设，应用"回归共识突变"将酶活性中心附近的氨基酸突变为该位点出现频率最高的氨基酸将有助于酶选择性或活性的提高。例如，Yao 等在改造酰胺酶的氨基甲酸乙酯降解活性时，通过序列比对 3 条可得并具有相同降解性质的尿烷酶确认了它们具有相同的催化三联体（Lys^{98}-Ser^{173}-Ser^{197}），同时发现目标酶与同源酶在催化三联体附近有 6 个氨基酸是不同的（图 3-6），据此构建了 6 个突变体，最终发现突变体 G195A 的活性相比野生型提高了 4.9 倍[67]。

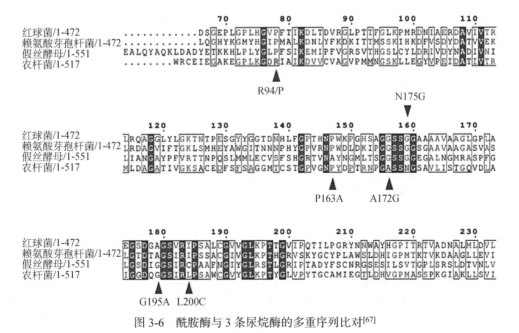

图 3-6　酰胺酶与 3 条尿烷酶的多重序列比对[67]

2. 基于底物结合口袋的理性设计

当酶催化非天然底物时，底物的大小和形状可能与底物进入通道或酶的结合口袋不匹配，从而影响底物和酶之间的相互作用，导致酶活性或对映选择性降低。因此，通过改造酶-底物结合口袋及进出通道能有效增强底物与酶的结合及释放，提高酶的催化性能。Wang 等在研究谷氨酸脱氢酶（GluDH）还原胺化生成非天然氨基酸时发现，GluDH 对天然底物 α-酮戊二酸以外的底物 2-羰基-4-[（羟基）-（甲基）亚膦基]-丁酸（PPO）表现出低活性，为了扩展 GluDH 底物谱使其对非天然底物也具有催化活性，通过使用分子对接，发现 PPO 结构较谷氨酸多 1 个甲基，阻碍其进入酶的活性中心。因此，作者将活性中心附近的大基团氨基酸突变成了丙氨酸及更小的甘氨酸，最终两个突变体 A167G 与 V378A 的活性分别增加了 123 倍与 116 倍[68]。

3. 基于作用力网络的理性设计

酶催化底物生成产物的循环过程包括底物与酶活性中心的结合、中间态的生成及产物释放，在这个过程中，酶通过氢键、疏水作用力、盐桥、π-π 堆积将底物锚定在酶活性中心，使其形成有利于反应进行的构象，促进反应的发生。因此，根据底物结构，通过理性设计重塑酶活性中心与底物相互作用，从而影响酶活性或者选择性。Calvó-Tusell 等在改造 P411 酶促进内酯-卡宾 N-H 键插入反应生成手性胺的过程中发现，活性口袋附近的 Ser^{264} 与底物形成氢键作用力，使其生成光学纯（S）-构型的产物。作者将丝氨酸突变为非极性的丙氨酸的同时，在与丝氨酸相反位置（V328）引入一个新的氢键供体残基来锚定底物，此时产物发生了构型翻转，突变体 V328Q 和 V328N 催化生成（R）-选择性产物，选择性分别为 82% 和 85%[69]。

4. 基于动力学修饰的理性设计

在酶的整个催化过程中不仅包括了底物结合、复合物形成及产物释放，还涉及酶构象的动态变化。酶的动态运动伴随整个催化过程，人们越来越意识到酶动力学调节在催化循环中的关键作用。例如，对活性位点的构象动力学进行理性设计来影响酶的选择性。Qu 等对醇脱氢酶 TbSADH 选择性改造时，应用了脯氨酸介导的环工程策略，以触发活性位点环的动力学波动，从而提高 TbSADH 的立体选择性。分子动力学（molecular dynamics，MD）模拟结果显示，与野生型酶相比，突变体 P84G、P84S、P84V、P84Y 和 ΔP84（P84 敲除）的均方根波动（root mean square fluctuation，RMSF）值明显增加，预示着这些突变体具有更好的柔性，随后对该位点的饱和诱变显示 P84S 和 P84Y 对底物表现出（S）-选择性，而 ΔP84 则获得了选择性翻转的（R）-构型产物[70]。

5. 计算机辅助蛋白质设计

计算机辅助蛋白质设计是基于蛋白质分子总是处于最低能量的构象状态下的假设，依靠精确的能量函数和合理的构象采样方法来完成蛋白质设计。一般来说，底物和酶分子之间的结合能越低，底物与酶活性位点的相互作用就越好。因此，可以通过设计突变来提高酶的反应性能，并降低底物与活性位点的结合能。这一过程需要各种计算工具和方法的帮助，如同源建模、分子对接、MD 模拟、量子力学模拟和蒙特卡罗模拟退火。计算机辅助蛋白质设计作为一种新兴起的理性设计方法，越来越受到研究者重视。以 Rosetta 软件辅助蛋白质设计为例，其主要设计过程包括酶模型的计算，将反应过渡态插入蛋白质支架，优化酶序列的 Rosetta 设计，用于虚拟筛选和实验评估的 MD 模拟。利用上述方法，Heinisch 等重新设计了一种人工金属酶，其与辅酶的亲和力及催化活性分别提高了 46 倍和 4 倍[71]；Wijma 等利用 Rosetta 设计柠檬烯环氧化物酶（LEH）的催化口袋，成功得到了（R,R）-产物和（S,S）-产物[72]。

三、酶的（半）理性设计在合成生物学上的应用

最近生物技术的两个领域——分子酶学工程和合成生物学正在迅速发展。然而由于侧重点不同，目前这两个领域朝着不同的方向发展，将它们有机的结合势在必行[1]。第一，分子酶学工程可以揭示工程酶和天然酶的结构与功能，催化反应机制、调节机制和相互作用的动态网络，将酶系统和代谢途径的合理设计变成现实；第二，合成生物学正在开发原理和工具，设计和精确组装可控单元和模块，以重新编程细胞代谢及其控制线路。利用合成生物学设计和构建的自然界存在或不存在的生物成分和系统，可供各种工程应用，通过分子酶学工程和合成生物学的方法与工具的互补和整合，出现了一个学科交叉的新领域——合成酶学（synthetic enzymology）。合成酶学可以看作合成生物的一个研究领域，合成酶学的发展将是一个长期的激励过程，其最终目标是从工程酶到工程酶系统再到工程生命。生物科学技术的进步促进了合成酶学的发展，其主要研究内容和范围包括以下几个方面。

（1）由酶元件设计和构建代谢途径　　程序化的代谢途径是受各种酶限制的，因此需要超出天然酶和代谢途径的范围。分子酶学工程为设计和构建强化非天然反应的各种酶提供工具与方法。这方面成功的例子是酶分子从头设计。其中一个例子是应用两种不同的强化基序计算设计自然界不存在的8种酶，它们催化Kemp消除，这是由碳进行质子转移的一种典型反应。另一个例子是逆醛缩酶的设计，其是应用4种不同的催化基序，依赖散列技术的算法构建活性部位，所设计的醛缩酶以多步反应催化非天然底物[4-羟基-4-（6-甲氧基-2-萘基）-2-丁酮]的C-C键断裂。虽然所设计的酶需要定向进化使其性能最佳，但是该工作证实了计算设计催化任何化学反应的酶是可行的。通过开发新的酶促反应，重新编程代谢途径产生专一的目标化合物——与有机化学中逆合成方法相似。

（2）整合不同来源的酶合成系统　　研究人员用不同来源的、已知的13种酶组成一个新的非天然催化系统，催化淀粉和水产生氢，通过燃料电池产生电能，这可能成为驱动汽车的绿色能源。

（3）模块酶是天然合成酶学的代表　　聚酮合酶和非核糖体肽合酶代表了模块酶领域。大多数酶具有模块属性，根据这种性质，人们可以设计和构建各种模块酶，它们可能成为合成生物学的元件、装置和系统的文库。

（4）合成酶学途径的构建　　工程底物专一性是重新编程合成酶学最重要的内容之一。为此目的，混杂性酶可以被用于设计和组装新的合成酶学途径，这种途径往往通过考察涉及底物结合口袋的大小、亲水性和静电相互作用的效应来修饰结合底物的大小。例如，脱氢酶、单加氧酶、乙酰转移酶和蛋白质水解酶的底物专一性改变只需突变各自底物结合口袋中1～3个氨基酸残基。

合成酶学途径已涉及长链醇生产的重新编程。其是将乳酸链球菌的2-酮异戊酸脱羧酶（KIVD）和酿酒酵母（Saccharomyces cerevisiae）的乙醇脱氢酶整合到E.coli构建的，使氨基酸生物合成的中间体转移到C4、C5醇中。KIVD基于结构的进一步合理设计已使其结合口袋加大，提高了它对2-酮-4-甲基己酸和2-异丙基苹果酸合酶（LeuA）的专一性，人们利用该合理设计步骤首次合成C6-C8醇，在目前的阶段，基于结构的酶分子设计同定向进化结合可有效地解决合成酶学途径所要求的酶功能。

与基因水平的控制相比，酶的变构调节是控制合成酶学途径的一种更快的方式，天然变构的酶工程往往是最佳化控制设计的一个重要步骤。例如，变构网络重构，或经由产物合成

途径中变构酶抑制作用的清除，或把变构抑制作用整合到副产物合成途径的各种酶中，这样可以提供另一种动态控制策略。可以预见，蛋白质统计偶联分析（SCA）设计组合将加速非天然变构酶的合成。合成酶学途径的另一个例子是合成支架蛋白，该方法是用一种完全表征的蛋白质-蛋白质相互作用结构域的蛋白质骨架，物理共定位合成途径的各种酶，其有相应的肽配基的标签。酶复合物的成分通过改变相互作用结构域的数量进行调整，如重构有丝分裂原活化蛋白激酶信号途径等。该方法的挑战是如何把设计原理延伸至有效的多功能酶的合成中。

第四节 计 算 设 计

一、从头设计

蛋白质从头设计（*de novo* design）最早出现在 20 世纪 80 年代左右，人们利用它试图探索巨大的序列空间和结构空间，设计具有全新结构与功能的蛋白质，也称为"反向蛋白质折叠问题"[73]。随着 CASP14 中 AlphaFold2 的横空出世，蛋白质折叠的问题可以说已经基本解决，深度学习已经彻底地改变了蛋白质结构预测领域。虽然目前它对蛋白质设计领域的影响还较小，但与结构预测互补的蛋白质设计问题也必将释放潜力迎来巨大发展。

最小化蛋白质设计（minimal protein design）使用简单的化学原理，如极性脯氨酸（P）或疏水组氨酸（H）的序列设计，来指导简单二级结构的组装。例如，HPPHPPP 和 HPHPHP 序列可形成两亲性的 α-螺旋与 β-折叠。使用该设计方法，可以少量合成多肽进行细致的生物物理研究，也可以结合大量蛋白质序列文库，选择具有所需生物物理特性的突变体。这种设计方法的优势在于它们可以通过不断测试来确认简单的生物物理概念与原则，并且可以自下而上地构建复杂性，并且正是这种方法催生了正负蛋白质设计概念的出现。

理性蛋白质设计（rational protein design）以最小化的设计方法为基础，使用从生化、生物信息学或者过往研究中获得的更具体的序列-结构关系来修饰简单的疏水-极性蛋白质折叠（HP）模型，将其他生化与进化信息引入到序列中，提高了设计的鲁棒性。最早的例子包括 L. Regan 和 W. DeGrado 设计的单链四螺旋束，L. Regan 和 N. Clarke 对其进行调整引入了锌结合位点。理性蛋白质设计方法对于多螺旋（coiled-coi）等目标尤其有效。同时，共识蛋白质设计（consensus protein design）也属于理性蛋白质设计的范围。但该方法与理性设计的区别主要在于使用了多重序列比对来识别目标折叠的关键残基与残基间距，利用该信息指导蛋白质序列的设计工作，给蛋白质设计赋予了扩展全新结构的能力。

蛋白质计算设计（computational protein design）会使用计算机工具给出完整的目标设计蛋白质原子模型。通过用户直接输入，基于片段或参数的方法生成模型。然后使用不同的 Rotamer 探索和优化侧链。使用相对简化的立场或关于序列、结构和内部能量的启发式方法对得到的全原子模型进行评分。这种方法需要骨架良好的起始模型，快速可靠的侧链添加方法，以及基于力场等快速评估蛋白质稳定性与功能的能力。

随着进入 21 世纪以来计算设计的不断发展，能量函数、主链设计、侧链优化的算法都得到了不同程度的发展。如能量函数中，早期的 Amber 与 CHARMM 到典型的 REF2015 再到最近针对膜蛋白的 Franklin2019，能量函数的发展可使计算设计更精准地评估结构。同时，主链设计方法主要发展为蓝图构建、拓扑构建与结构扩展等方法，能够创建理想的蛋白质支架。另外，在侧链优化中，也衍生了 FastRelax、HBNet 等方法。众多蛋白质设计方法的爆炸性增长极大地增加了可以通过计算解决的挑战的广度[74]。

二、酶催化性能设计

计算机辅助蛋白质设计是基于一种假设，即在自然界观察到的氨基酸序列空间中，蛋白质分子的构象总是处于能量最低的构象状态。计算机依靠准确的能量函数和合理的构象采样方法来完成蛋白质设计。底物与酶分子之间的结合能越低，说明底物与酶活性位点的相互作用越强。因此，可以通过设计突变来维持底物在活性位点的正确构型，并降低底物与活性位点的结合能。这个过程需要同源建模、分子对接、MD 模拟、量子力学模拟等多种计算工具和方法。计算机辅助蛋白质设计的一个优点在于能够在计算机上进行模拟诱变，因此可以减少实验工作量，且有助于理解结构和机制之间的关系。此外，通过经验价键（empirical valence bond，EVB）计算反应活化能，可用于预测特定突变对酶功能的影响。

底物选择性和热稳定性是酶最重要的性能。一般无机催化剂对底物没有严格的选择性，如 HCl 可催化糖、脂肪、蛋白质等多种物质水解，而酶通常只能催化一种化学反应或一类相似的反应，不同的酶具有不同程度的选择性。例如，蔗糖酶（sucrase）只能催化蔗糖水解，蛋白酶（proteinase）只能催化蛋白质水解，它们对其他物质则不具有催化作用。底物选择性是酶的一个重要性质，因此对酶的选择性的改造具有很重要的生物学意义[75]。

Rosetta 软件可以在活性位点周围的关键区域引入几何约束，并通过分析动态构象来预测突变结果，进而改变酶的特异性和底物耐受性[76]。例如，来自芽孢杆菌 YM55-1 的天冬氨酸酶 AspB 可以催化天冬氨酸的可逆脱氨作用，使用 Rosetta 对其进行工程化设计，用疏水性残基取代野生型酶的天冬氨酸、α-羧酸结合位点的 4 个残基（Thr^{187}、Met^{321}、Lys^{324} 和 Asn^{326}），促进了与 α,β-不饱和羰基亲电子试剂的结合[77]。此外，对 AspB 的胺结合口袋也使用相同的策略，最终得到了高区域选择性和对映选择性且有工业生产 β-氨基酸能力的酶[78]。

活性位点周围的柔性环在酶功能中起着重要作用，使用分子动力学（MD）模拟可以识别影响底物特异性的关键残基。例如，在乙醇脱氢酶 TbSADH 中，通过 RMSF 值分析确定了位于结合口袋附近的环上的两个刚性氨基酸残基[79]。对这些残基进行饱和诱变以增加环的柔性，产生了一种诱变体，使其可以催化还原一系列野生型酶无法催化的大体积酮。通常脯氨酸残基可以提供结构刚性，因此通常在控制蛋白质结构动力学方面发挥重要作用。突变位于活性位点附近环区的脯氨酸及其侧翼残基可以增加柔性，从而间接调整底物结合口袋的大小。例如，TbSADH 突变体 P84S 的底物结合口袋可以容纳非天然大体积二芳基酮，突变体 P84S/I86A 以近乎完美的转化率和立体选择性进行反应[70]。在苯丙酮单加氧酶（PAMO）中，活性位点附近两个保守脯氨酸残基的取代增加了该酶对一系列 2-环己酮的活性，而野生型 PAMO 并不能作用于这些环己酮底物[80]。

在对于热稳定性的预测方面，目前最常见的两种方法是 B 因子分析（B-factor analysis）和 MD 模拟。B 因子又称"温度因子"，用于描述由热运动引起的 X 射线或中子散射的衰减程度，主要反映蛋白质的静态柔性。该值由 B-Fitter 软件计算，通过提取酶晶体结构中所有原子的 B 因子数据，从而获得每个氨基酸残基或某些特殊结构的 B 因子值[81]。MD 模拟是对不同状态下的分子体系进行模拟，以预测蛋白质最早的解折叠区域，其可以反映蛋白质的动态柔性。该方法可用于计算某一温度下蛋白质的均方根的方差（root mean square fluctuation，RMSD）、氨基酸残基运动轨迹的 RMSF 值，以判断某时刻分子体系的稳定性及每个原子在运动轨迹中的变化幅度。在野生型酶中，RMSF 值较高的氨基酸残基柔性较高，可作为突变热点。同时，其与突变酶 RMSD 值大小的比较可作为判断热稳定性的依据，目前在一些酶如木聚糖酶、β-甘露聚糖酶及海藻酸裂解酶中均有报道。另外，在不同温度下的 MD 模拟对柔性区域的定位效果更好。例如，通过将转酮醇酶（EC 2.2.1.1）在不同温度（300K、340K、370K）下模拟，发现 loop6、loop8、loop15、loop17 和 loop33 区域的 RMSF 值随温度的增加而增加，且高于结构中其他位置，最终筛选出的突变体 A282P/H192P 的半衰期（$t_{1/2}$）提高了 3 倍[82]。除此之外，MD 模拟还提供了酶的运动轨迹信息，可进一步验证突变体的改造效果。支链淀粉酶（EC 3.2.1.41）突变体 G692M 的轨迹数据采用主成分分析（principal component analysis，PCA）、残基运动相关性（dynamic cross-correlation map，DCCM）及自由能形貌图（free energy landscape，FEL）分析，发现突变体 G692M 比野生型酶构象变化更小、能量更稳定；通过构建该突变体，发现在 70℃时其 $t_{1/2}$ 提高了 2.1 倍，T_m 增加了 3.8℃[83]，验证了先前的结论，充分体现了 MD 模拟在酶热稳定性改造方面的优势。

除 MD 模拟外，利用自由能预测程序也可对潜在突变体的热稳定性进行预测，该程序将结构数据转化为能量参数，分别计算体系突变前后的自由能（ΔG，kcal/mol），最终以自由能的相对变化（ΔG）判断氨基酸突变对酶热稳定性的影响[84]。此类程序在酶晶体结构的基础上，大规模筛查单点（多点）突变。在实际运用时可针对上述柔性区域的氨基酸，然而各程序采用的能量函数不同。比如，PoPMusic 在线工具以突变残基的溶剂可及性作为权重系数，而Fold X 以氨基酸残基的极性、疏水性、范德瓦耳斯力及静电相互作用等作为系数，导致预测结果不完全相同。据研究，I-Mutant 3.0 预测精度最高达到 0.86，Rosetta 和 Fold X 预测精度其次，均为 0.61[85]。因此，采用多种方法相互验证，能够有效保证预测结果的准确性[86]。

三、机器学习指导的设计

定向进化和理性设计是蛋白质工程中为获取优异突变体的有效策略，在学术界和工业界都有大量的应用。传统的酶工程与定向进化方法大多是实验驱动的，虽然已经展示了许多酶的成功改造案例，但它们都有巨大的瓶颈，理性设计方法通常需要构建一个新的模型，这可能需要几个月的密集计算和处理，而定向进化方法很可能需要几个月的密集实验。因此，它们最大的困难与挑战是仅仅通过目前的实验技术和计算技术无法对巨大的蛋白质序列空间进行探索。随着高通量测序技术的发展、蛋白质数据库的建立，以及各种蛋白质数据的不断丰富，由数据驱动的机器学习正成为一种有前途的解决方案[87]。

机器学习作为人工智能的一种形式，由算法和统计模型组成，用于提高计算机在不同任务中的性能。机器学习的主要目标是通过对输入值（编码后的蛋白质序列）与输出值（蛋白质适应度，如活性、选择性、热稳定性测量数据）构建函数关系模型，由算法自动捕捉序列中与输出属性对应的特征信息，在评估得到准确率较高的模型之后就可以预测未知突变体序列所对应的适应度值，其本质是在可用数据中发现模式。这种方法一方面考虑了所有的突变组合，另一方面也降低了筛选工作量。

机器学习根据学习数据有无标签分为两种主要类型：无监督学习和监督学习[88]。在无监督学习中，数据是没有对应标签的，目标要么是将高维数据压缩到较低数量的维度中，要么是找到数据簇。在监督学习中，一个或几个目标属性，如酶的活性或稳定性被指定为标签，目标是使用标记的训练数据集，设计一个预测器，该预测器将基于它们的分子描述符返回未知数据点的标签。将两种学习方式结合起来就是半监督学习，在酶工程领域，人们主要关注监督学习，因为研究人员的目标通常是改善各种酶的性质。

机器学习的一般步骤包括数据处理、模型训练、模型评估[89]。步骤 1：数据一般转换为表格格式，随机拆分为训练部分和测试部分。数据质量会极大地影响最终的训练结果，任何误差、偏差都会转化为预测模型的表现，因此必须谨慎处理。步骤 2：在训练数据集上训练预测器，要避免数据欠拟合和过拟合。步骤 3：基于测试数据集评估预测器的性能，如计算真/假阳性和阴性，以及相关的测量或计算连续标签的相关系数（R^2）或 RMSE 等。

尽管机器学习是一个比较新颖的研究领域，但它在酶工程领域已经取得了一系列的成果，近年来被大量应用于蛋白质结构预测、功能预测、溶解度预测、指导蛋白质热稳定性、对映体选择性及指导设计智能组合文库等方面，体现了这一新兴方法在蛋白质工程中的巨大潜力。

在结构预测方面，在 2018 年第 13 届国际蛋白质结构预测竞赛（CASP）上，AlphaFold 横空出世，在预测 43 种蛋白质的任务中，有 25 种取得了最高分，实现了蛋白质结构的精准预测；2019 年，D. Baker 团队发表了 trRosetta 方案，该方案在具有良好预测精确度的同时，可以在本地电脑上完成计算；2020 年，在 CASP14 中，AlphaFold2 再次取得冠军，其预测的蛋白质结构达到了常规蛋白质晶体结构的实验精度，通过人工智能算法提供了利用实验方法难以获得的蛋白质结构[90]。

Tidor 团队使用 LASSO（least absolute shrinkage and selection operator）算法通过预测化学特征间接识别定位了与酮醇酸还原异构酶（ketol-acid reductoisomerase，KARI）活性相关的氨基酸位点[91]；Umetsu 团队以 155 个突变体的序列-功能数据作为初始数据集，使用高斯过程回归算法构建预测模型。使用预测模型评估了 4 个位点共 16 万个突变体，在预测文库中对预测值排名靠前的 78 个突变体进行实验验证，最终得到了 12 个优异突变体，它们表达的蛋白质超过了文献报道的较好的荧光蛋白[92]。

自适应取代基重排算法（adaptive substituent reordering algorithm，ASRA）策略不同于传统的定量结构-活性关系（QSAR）方法，其运算不依赖于三维结构信息，而由蛋白质性质的基本呈现规律决定。Rabitz 与 Reetz 教授合作，将 ASRA 与 CAST/ISM 方法结合使用，加速了环氧化物水解酶 AnEH 的对映体选择性进化[93]。

Offmann 和 Reetz 合作，使用 innov'SAR 策略对 38 个突变体的序列-功能数据进行数值编码并结合傅里叶变换，采用偏最小二乘回归模型建模，寻找黑曲霉（$Aspergillus\ niger$）来源的环氧化物水解酶 AnEH 高对映体选择性突变体，基于 9 个单点突变的组合，预测了 512 个突变体的对映选择性，通过湿实验验证获得了多个对映选择性较高的突变体，远远超过前期实验筛选的最优突变体[94]。

Arnold 团队从 ee 值为 76% 的一氧化氮双加氧酶出发，通过 K 最近邻、线性模型、决策树、随机森林等多个算法对 455 个突变体数据构建预测模型。对 7 个位点的组合序列空间约 168 000 个突变体的性能进行预测，两轮筛选后共验证了 360 个突变体后，就获得了对（S）对映体有 93% ee 和反转的对（R）对映体有 79% ee 的两种正突变体[95]。

迄今为止，许多数据库收集整理了蛋白质优良数据，数据库中包含有数百万个蛋白质序列、数十万个蛋白质结构、数千个生物物理值及数百个带注释的催化机制，为训练机器学习模型提供了可靠的数据材料。常见的数据库有 UniProtKB、蛋白质结构数据库（Protein Data Bank，PDB）、ProThermDB、FireProtDB、SoluProtMut DB、ProtaBank 等。机器学习在生物催化剂设计中的潜力尚未被充分发掘，仍然面临诸多挑战。

1. 简述酶的挖掘方法。
2. 常用的酶蛋白数据库有哪些？分别有什么功能？
3. 简述酶定向进化的概念、策略及方法。
4. PCR 的原理是什么？
5. 什么是易错 PCR？提高错配的方法有哪些？优缺点是什么？
6. 什么是 DNA 改组？它的方法和原理是什么？
7. 列举构建基因文库的方法并简述其原理和特点。
8. 基因文库的高通量筛选方法有哪些？
9. 列举酶的定向进化在合成生物学中的应用。
10. 蛋白质工程有哪些策略？
11. 酶定向进化、半理性设计和理性设计的区别是什么？它们分别有哪些方法？
12. 列举酶的（半）理性设计在合成生物学中的应用。
13. 简述蛋白质从头设计的原理和方法。
14. 计算机辅助酶催化性能设计有哪些计算工具和方法？
15. 什么是机器学习？机器学习指导酶设计有哪些步骤？

参 | 考 | 文 | 献

[1] 张今，施维，李桂英，等. 合成生物学与合成酶学. 北京：科学出版社，2012
[2] 张建志，付立豪，唐婷，等. 基于合成生物学策略的酶蛋白元件规模化挖掘. 合成生物学，2020，1（3）：319-336
[3] Seffernick JL，de Souza ML，Sadowsky MJ，et al. Melamine deaminase and atrazine chlorohydrolase：98 percent identical but functionally different. Journal of Bacteriology，2001，183（8）：2405-2410
[4] Vanacek P，Sebestova E，Babkova P，et al. Exploration of enzyme diversity by integrating bioinformatics with expression analysis and biochemical characterization. Acs Catalysis，2018，8（3）：2402-2412
[5] Bairoch A，Apweiler R. The SWISS-PROT protein sequence data bank and its supplement TrEMBL in 1999. Nucleic Acids Research，1999，27（1）：49-54
[6] Schnoes AM，Brown SD，Dodevski I，et al. Annotation error in public databases：misannotation of molecular function in enzyme superfamilies. PLoS Computational Biology，2009，5（12）：e1000605
[7] Copp JN，Anderson DW，Akiva E，et al. Exploring the sequence，function，and evolutionary space of protein superfamilies using sequence similarity networks and phylogenetic reconstructions. Methods in Enzymology，2019，620：315-347
[8] Rodríguez Benítez A，Narayan ARH. Frontiers in biocatalysis：Profiling function across sequence space. ACS Central Science，2019，5（11）：1747-1749

［9］Sillitoe I, Lewis TE, Cuff A, et al. CATH: comprehensive structural and functional annotations for genome sequences. Nucleic Acids Research, 2015, 43（D1）: D376-D381

［10］Atkinson HJ, Morris JH, Ferrin TE, et al. Using sequence similarity networks for visualization of relationships across diverse protein superfamilies. PLoS ONE, 2009, 4（2）: e4345

［11］Barber AE, Babbitt PC. Pythoscape: a framework for generation of large protein similarity networks. Bioinformatics, 2012, 28（21）: 2845-2846

［12］Getz G, Starovolsky A, Domany E. F2CS: FSSP to CATH and SCOP prediction server. Bioinformatics, 2004, 20（13）: 2150-2152

［13］Sillitoe I, Furnham N. FunTree: advances in a resource for exploring and contextualising protein function evolution. Nucleic Acids Research, 2016, 44（D1）: D317-D323

［14］Kumar A, Wang L, Ng CY, et al. Pathway design using *de novo* steps through uncharted biochemical spaces. Nature Communications, 2018, 9（1）: 184-201

［15］Musil M, Konegger H, Hon J, et al. Computational design of stable and soluble biocatalysts. Acs Catalysis, 2018, 9（2）: 1033-1054

［16］Wilkinson DL, Harrison RG. Predicting the solubility of recombinant proteins in *Escherichia coli*. Nature Biotechnology, 1991, 9（5）: 443-448

［17］Kim J, Kershner JP, Novikov Y, et al. Three serendipitous pathways in *E. coli* can bypass a block in pyridoxal-5′-phosphate synthesis. Molecular Systems Biology, 2010, 6（1）: 436

［18］Jeffryes JG, Colastani RL, Elbadawi-Sidhu M, et al. MINEs: open access databases of computationally predicted enzyme promiscuity products for untargeted metabolomics. Journal of Cheminformatics, 2015, 7: 1-8

［19］Pertusi DA, Moura ME, Jeffryes JG, et al. Predicting novel substrates for enzymes with minimal experimental effort with active learning. Metabolic Engineering, 2017, 44: 171-181

［20］Ekins S. Predicting undesirable drug interactions with promiscuous proteins in silico. Drug Discovery Today, 2004, 9（6）: 276-285

［21］Ferrario V, Siragusa L, Ebert C, et al. BioGPS descriptors for rational engineering of enzyme promiscuity and structure based bioinformatic analysis. PLoS ONE, 2014, 9（10）: e109354

［22］Lin GM, Warden-Rothman R, Voigt CA. Retrosynthetic design of metabolic pathways to chemicals not found in nature. Current Opinion in Systems Biology, 2019, 14: 82-107

［23］Kacian DL, Mills DR, Kramer FR, et al. A replicating RNA molecule suitable for a detailed analysis of extracellular evolution and replication. Proceedings of the National Academy of Sciences, 1972, 69（10）: 3038-3042

［24］Smith GP. Filamentous fusion phage: novel expression vectors that display cloned antigens on the virion surface. Science, 1985, 228（4705）: 1315-1317

［25］Eigen M, Gardiner W. Evolutionary molecular engineering based on RNA replication. Pure and Applied Chemistry, 1984, 56（8）: 967-978

［26］Liao H, McKenzie T, Hageman R. Isolation of a thermostable enzyme variant by cloning and selection in a thermophile. Proceedings of the National Academy of Sciences, 1986, 83（3）: 576-580

［27］Wang Y, Xue P, Cao M, et al. Directed evolution: methodologies and applications. Chemical Reviews, 2021, 121（20）: 12384-12444

［28］Packer M, Liu D. Methods for the directed evolution of proteins. Nature Reviews Genetics, 2015, 16: 379-

394

[29] Fujii R, Kitaoka M, Hayashi K. Error-prone rolling circle amplification: the simplest random mutagenesis protocol. Nature Protocols, 2006, 1 (5): 2493-2497

[30] Püllmann P, Ulpinnis C, Marillonnet S, et al. Golden mutagenesis: An efficient multi-site-saturation mutagenesis approach by golden gate cloning with automated primer design. Scientific Reports, 2019, 9 (1): 10932

[31] Stemmer WP. DNA shuffling by random fragmentation and reassembly: in vitro recombination for molecular evolution. Proceedings of the National Academy of Sciences, 1994, 91 (22): 10747-10751

[32] Shao Z, Zhao H, Giver L, et al. Random-priming in vitro recombination: an effective tool for directed evolution. Nucleic Acids Research, 1998, 26 (2): 681-683

[33] Zhao H, Giver L, Shao Z, et al. Molecular evolution by staggered extension process (StEP) in vitro recombination. Nature Biotechnology, 1998, 16 (3): 258-261

[34] Yi X, Khey J, Kazlauskas RJ, et al. Plasmid hypermutation using a targeted artificial DNA replisome. Science Advances, 2021, 7 (29): eabg8712

[35] Arnold FH. The nature of chemical innovation: new enzymes by evolution. Quarterly Reviews of Biophysics, 2015, 48 (4): 404-410

[36] Ye L, Yang C, Yu H. From molecular engineering to process engineering: development of high-throughput screening methods in enzyme directed evolution. Applied Microbiology and Biotechnology, 2018, 102: 559-567

[37] Weng L, Spoonamore JE. Droplet microfluidics-enabled high-throughput screening for protein engineering. Micromachines, 2019, 10 (11): 734

[38] Becker S, Schmoldt HU, Adams TM, et al. Ultra-high-throughput screening based on cell-surface display and fluorescence-activated cell sorting for the identification of novel biocatalysts. Current Opinion in Biotechnology, 2004, 15 (4): 323-329

[39] 吕彤, 涂然, 袁会领, 等. 毕赤酵母液滴微流控高通量筛选方法的建立与应用. 生物工程学报, 2019, 35 (7): 1317-1325

[40] Gielen F, Hours R, Emond S, et al. Ultrahigh-throughput-directed enzyme evolution by absorbance-activated droplet sorting (AADS). Proceedings of the National Academy of Sciences, 2016, 113 (47): E7383-E7389

[41] Baret JC, Miller OJ, Taly V, et al. Fluorescence-activated droplet sorting (FADS): efficient microfluidic cell sorting based on enzymatic activity. Lab on a Chip, 2009, 9 (13): 1850-1858

[42] Shi J, Tian F, Lyu J, et al. Nanoparticle based fluorescence resonance energy transfer (FRET) for biosensing applications. Journal of Materials Chemistry B, 2015, 3 (35): 6989-7005

[43] Horvat M, Larch TS, Rudroff F, et al. Amino benzamidoxime (ABAO) -based assay to identify efficient aldehyde-producing Pichia pastoris clones [J]. Advanced Synthesis & Catalysis, 2020, 362 (21): 4673-4679

[44] Qu G, Li A, Acevedo-Rocha CG, et al. The crucial role of methodology development in directed evolution of selective enzymes. Angewandte Chemie International Edition, 2020, 59 (32): 13204-13231

[45] Reetz MT, Zonta A, Schimossek K, et al. Creation of enantioselective biocatalysts for organic chemistry by in vitro evolution. Angewandte Chemie International Edition in English, 1997, 36 (24): 2830-2832

[46] Reetz MT, Wilensek S, Zha D, et al. Directed evolution of an enantioselective enzyme through combinatorial multiple-cassette mutagenesis. Angewandte Chemie International Edition, 2001, 40 (19): 3589-3591

[47] Janes LE, Löwendahl AC, Kazlauskas RJ. Quantitative screening of hydrolase libraries using pH indicators:

identifying active and enantioselective hydrolases. Chemistry-A European Journal，1998，4（11）：2324-2331

［48］Abato P，Seto CT. EMDee：an enzymatic method for determining enantiomeric excess. Journal of the American Chemical Society，2001，123（37）：9206-9207

［49］Horeau A，Nouaille A. Micromethod for determining configuration of secondary alcohols by kinetic reduction-use of mass-spectrography. Tetrahedron Letters，1990，31（19）：2707-2710

［50］Reetz MT，Becker MH，Klein HW，et al. A method for high-throughput screening of enantioselective catalysts. Angewandte Chemie International Edition，1999，38（12）：1758-1761

［51］MacNamara E，Hou T，Fisher G，et al. Multiplex sample NMR：an approach to high-throughput NMR using a parallel coil probe. Analytica Chimica Acta，1999，397（1-3）：9-16

［52］Reetz MT，Kühling KM，Deege A，et al. Super-high-throughput screening of enantioselective catalysts by using capillary array electrophoresis. Angewandte Chemie International Edition，2000，39（21）：3891-3893

［53］Ding K，Ishii A，Mikami K. Super high throughput screening（SHTS）of chiral ligands and activators：Asymmetric activation of chiral diol-zinc catalysts by chiral nitrogen activators for the enantioselective addition of diethylzinc to aldehydes. Angewandte Chemie International Edition，1999，38（4）：497-501

［54］Holzwarth A，Schmidt HW，Maier WF. Detection of catalytic activity in combinatorial libraries of heterogeneous catalysts by IR thermography. Angewandte Chemie International Edition，1998，37（19）：2644-2647

［55］Fox RJ，Davis SC，Mundorff EC，et al. Improving catalytic function by ProSAR-driven enzyme evolution. Nature Biotechnology，2007，25（3）：338-344

［56］Ellefson JW，Ledbetter MP，Ellington AD. Directed evolution of a synthetic phylogeny of programmable Trp repressors. Nature Chemical Biology，2018，14（4）：361-367

［57］Chuang JS. Engineering multicellular traits in synthetic microbial populations. Current Opinion in Chemical Biology，2012，16（3-4）：370-378

［58］曲戈，朱彤，蒋迎迎，等. 蛋白质工程：从定向进化到计算设计. 生物工程学报，2019，35（10）：1843-1856

［59］Kuchner O，Arnold FH. Directed evolution of enzyme catalysts. Trends in Biotechnology，1997，15（12）：523-530

［60］Reetz MT，Bocola M，Carballeira JD，et al. Expanding the range of substrate acceptance of enzymes：combinatorial active-site saturation test. Angewandte Chemie International Edition，2005，44（27）：4192-4196

［61］Reetz MT，Carballeira JD. Iterative saturation mutagenesis（ISM）for rapid directed evolution of functional enzymes. Nature Protocols，2007，2（4）：891-903

［62］Yu D，Wang J，Reetz MT. Exploiting designed oxidase-peroxygenase mutual benefit system for asymmetric cascade reactions. Journal of the American Chemical Society，2019，141（14）：5655-5658

［63］Xu J，Cen Y，Singh W，et al. Stereodivergent protein engineering of a lipase to access all possible stereoisomers of chiral esters with two stereocenters. Journal of the American Chemical Society，2019，141（19）：7934-7945.

［64］Sun ZT，Lonsdale R，Ilie A，et al. Catalytic asymmetric reduction of difficult-to-reduce ketones：triple-code saturation mutagenesis of an alcohol dehydrogenase. ACS Catalysis，2016，6（3）：1598-1605

［65］曲戈，赵晶，郑平，等. 定向进化技术的最新进展. 生物工程学报，2018，34（1）：1-11

［66］Gonzalez-Perez D，Molina-Espeja P，Garcia-Ruiz E，et al. Mutagenic organized recombination process by homologous *in vivo* grouping（MORPHING）for directed enzyme evolution. PLoS ONE，2014，9（3）: e90919

［67］Yao X，Kang T，Pu Z，et al. Sequence and structure-guided engineering of urethanase from *Agrobacterium tumefaciens* d3 for improved catalytic activity. Journal of Agricultural and Food Chemistry，2022，70（23）: 7267-7278

［68］Wang Z，Zhou H，Yu H，et al. Computational redesign of the substrate binding pocket of glutamate dehydrogenase for efficient synthesis of noncanonical L-amino acids. ACS Catalysis，2022，12（21）: 13619-13629

［69］Calvó-Tusell C，Liu Z，Chen K，et al. Reversing the enantioselectivity of enzymatic carbene N-H insertion through mechanism-guided protein engineering. Angewandte Chemie International Edition，2022: DOI: 10.1002/anie.202303879

［70］Qu G，Bi Y，Liu B，et al. Unlocking the stereoselectivity and substrate acceptance of enzymes: Proline-induced loop engineering test. Angewandte Chemie International Edition，2022，61（1）: e202110793

［71］Heinisch T，Pellizzoni M，Dürrenberger M，et al. Improving the catalytic performance of an artificial metalloenzyme by computational design. Journal of the American Chemical Society，2015，137（32）: 10414-10419

［72］Wijma HJ，Floor RJ，Bjelic S，et al. Enantioselective enzymes by computational design and in silico screening. Angewandte Chemie International Edition，2015，54（12）: 3726-3730

［73］Huang PS，Boyken SE，Baker D. The coming of age of de novo protein design. Nature，2016，537（7620）: 320-327

［74］Woolfson DN. A brief history of *de novo* protein design: minimal，rational，and computational. Journal of Molecular Biology，2021，433（20）: 167160

［75］Ding Y，Perez-Ortiz G，Peate J，et al. Redesigning enzymes for biocatalysis: Exploiting structural understanding for improved selectivity. Frontiers in Molecular Biosciences，2022，9: 908285

［76］Wijma HJ，Floor RJ，Bjelic S，et al. Enantioselective enzymes by computational design and in silico screening. Angewandte Chemie International Edition，2015，54（12）: 3726-3730

［77］Li R，Wijma HJ，Song L，et al. Computational redesign of enzymes for regio-and enantioselective hydroamination. Nature Chemical Biology，2018，14（7）: 664-670

［78］Cui Y，Wang Y，Tian W，et al. Development of a versatile and efficient C-N lyase platform for asymmetric hydroamination via computational enzyme redesign. Nature Catalysis，2021，4（5）: 364-373

［79］Liu B，Qu G，Li JK，et al. Conformational dynamics-guided loop engineering of an alcohol dehydrogenase: capture，turnover and enantioselective transformation of difficult-to-reduce ketones. Advanced Synthesis & Catalysis，2019，361（13）: 3182-3190

［80］Reetz MT，Wu S. Laboratory evolution of robust and enantioselective Baeyer-Villiger monooxygenases for asymmetric catalysis. Journal of the American Chemical Society，2009，131（42）: 15424-15432

［81］Sun Z，Liu Q，Qu G，et al. Utility of B-factors in protein science: interpreting rigidity，flexibility，and internal motion and engineering thermostability. Chemical Reviews，2019，119（3）: 1626-1665

［82］Yu H，Yan Y，Zhang C，et al. Two strategies to engineer flexible loops for improved enzyme thermostability. Scientific Reports，2017，7（1）: 41212

［83］Bi J，Chen S，Zhao X，et al. Computation-aided engineering of starch-debranching pullulanase from *Bacillus thermoleovorans* for enhanced thermostability. Applied Microbiology and Biotechnology，2020，104: 7551-7562

[84] Wang R，Wang S，Xu Y，et al. Enhancing the thermostability of *Rhizopus chinensis* lipase by rational design and MD simulations. International Journal of Biological Macromolecules，2020，160：1189-1200

[85] 李冠霖. 脂肪酶/酯酶的理性设计和改造研究. 武汉：华中科技大学博士学位论文，2018

[86] 明玥，赵自通，王鸿磊，等. 基于序列和结构分析的酶热稳定性改造策略. 中国生物工程杂志，2021，41（10）：100-108

[87] 蒋迎迎，曲戈，孙周通. 机器学习助力酶定向进化. 生物学杂志，2020，37（4）：1-11

[88] Burns E. What is machine learning and how does it work? In-depth guide. Techtarget March，2021：https://search enterpriseai.techtarget.com/definition/machine-learning-ML

[89] Mazurenko S，Prokop Z，Damborsky J. Machine learning in enzyme engineering. ACS Catalysis，2019，10（2）：1210-1223

[90] Jumper J，Evans R，Pritzel A，et al. Highly accurate protein structure prediction with AlphaFold. Nature，2021，596（7873）：583-589

[91] Bonk BM，Weis JW，Tidor B. Machine learning identifies chemical characteristics that promote enzyme catalysis. Journal of the American Chemical Society，2019，141（9）：4108-4118

[92] Saito Y，Oikawa M，Nakazawa H，et al. Machine-learning-guided mutagenesis for directed evolution of fluorescent proteins. ACS Synthetic Biology，2018，7（9）：2014-2022

[93] Feng X，Sanchis J，Reetz MT，et al. Enhancing the efficiency of directed evolution in focused enzyme libraries by the adaptive substituent reordering algorithm. Chemistry-A European Journal，2012，18（18）：5646-5654

[94] Cadet F，Fontaine N，Li G，et al. A machine learning approach for reliable prediction of amino acid interactions and its application in the directed evolution of enantioselective enzymes. Scientific Reports，2018，8（1）：16757

[95] Wu Z，Kan SBJ，Lewis RD，et al. Machine learning-assisted directed protein evolution with combinatorial libraries. Proceedings of the National Academy of Sciences，2019，116（18）：8852-8858

第四章 合成生物系统

第一节 底盘细胞的选择和合成生物系统的构建

一、底盘细胞的选择

设计和创建一个合成生物系统以利用简单碳源合成特定化学品、药用小分子及各类生物燃料分子等是一个复杂的系统工程，涉及特定代谢产物合成途径的设计和合成、宿主（底盘细胞）的选择与改造、代谢途径的优化与改造、人工调控等许多方面。由于生物系统的复杂性，目前还无法对合成生物系统进行全面精确的设计和改造，需要通过"设计-构建-测试-学习"（DBTL）循环对已合成生物系统进行优化和改造。

在设计人工生物系统的最初，需要根据目标产物的特性结合合成途径酶的特征，选择一个性状优良的底盘细胞。底盘细胞选择的优劣将直接影响合成生物系统设计的成败。

一个好的底盘细胞首先需要具有良好的遗传操作性和稳定性。底盘细胞往往需要进行很多的遗传改造才能成为高效的细胞工厂，因此需要有成熟的遗传改造工具、技术，以及合成生物学的各种元件和代谢工程模块。

为了减少生产成本，一个好的底盘细胞还需尽可能具备如下特征：①能够在含有廉价碳源的基础培养基中生长，比如可同时利用六碳糖和五碳糖，这样就可以利用木质纤维生物质中的所有糖类成分；②生长周期短，能够在短时间内实现生物体的快速增殖和目标产物的生产；③代谢率高，快速、高效的代谢是高生产速率和高转化率的关键；④发酵过程简单，以降低操作成本；⑤具有强大的环境适应性，如今可能耐受高温和低 pH 等不利条件和生物质预处理中的抑制剂；⑥耐受高浓度底物和产物。

常用的底盘细胞有细菌和真菌，如表 4-1 所示。

表 4-1　常用的底盘细胞

名称	特征
细菌	
大肠杆菌 *Escherichia coli*	革兰氏阴性菌，具有遗传可操作性、有利的生长条件、良好的生物化学和生理学特征，以及通用的遗传操作工具的可用性
谷氨酸棒杆菌 *Corynebacterium glutamicum*	革兰氏阳性菌，GRAS，具有低致病性、高抗逆性，生长快速，无孢子产生，具有良好的基因编辑技术、合成生物学元件和代谢工程调控工具
枯草芽孢杆菌 *Bacillus subtilis*	革兰氏阳性菌的模式菌株，具有高安全性（GRAS），生理生化特征清晰，遗传操作简单，分泌表达能力强
链霉菌 *Streptomyces* spp.	革兰氏阳性好氧细菌。具有较为复杂的生活史，形成基质菌丝体、气生菌丝和孢子，线性基因组较大，G+C 含量高，代谢多样性，是微生物药物和工业酶的重要来源
恶臭假单胞菌 *Pseudomonas putida*	革兰氏阴性菌，基因组信息完备，遗传操作手段及工具丰富，营养需求简单，繁殖速度快，内源代谢多样且能合成多种次生代谢产物，能耐受恶劣的环境条件和物理化学的压力，可高效降解多种芳香化合物和生物修复能力，无致病性，为环境底盘微生物
蓝细菌 cyanobacteria	革兰氏阴性光合细菌，在生物固碳、氧气进化和生物固氮方面具有重要作用，具有卓越的光合作用和生物质生产能力。*Synechocystis* sp. PCC 6803、*Synechococcus elongatus* PCC 7492 和 *Synechococcus* sp. PCC 7002 是其中主要的蓝细菌，并用作生物燃料的底盘细胞
盐单胞菌 *Halomonas* spp.	革兰氏阴性菌，能在嗜盐环境中生长，可在广泛温度范围（最高可在 50℃）和 pH 高于 10 的碱性条件下生存，可作为下一代工业生物技术的底盘细胞
真菌	
酿酒酵母 *Saccharomyces cerevisiae*	具有培养条件简单、生长繁殖快、GRAS、遗传操作工具多样及遗传背景清晰等优势，是第一个基因组被完全测序的真核生物及广泛使用的真核模式生物之一
毕赤酵母 *Pichia pastoris*	GRAS，具有非常强的转录调控系统，且在遗传操作、翻译后修饰、分泌表达、高密度培养及产物纯化回收等方面均展现了诸多优势，适合用于大规模的工业化生产。而且毕赤酵母可利用廉价甲醇
解脂耶氏酵母 *Yarrowia lipolytica*	非常规的油脂酵母，GRAS，具有独特的乙酰辅酶 A/丙二酰辅酶 A 的供应模式及多功能的碳利用途径，是高价值次生代谢产物尤其是脂肪酸衍生物生物制造的优良宿主
马克斯克鲁维酵母 *Kluyveromyces marxianus*	是食品安全级酵母，为生长最快的真核生物，其比生长速率是酿酒酵母的 2.16 倍、毕赤酵母的 4.44 倍；生长温度高，可在 37～52℃条件下生长，比酿酒酵母高 10～20℃；能利用六碳糖和五碳糖；具有高蛋白质分泌能力
工业丝状真菌	黑曲霉和米曲霉等丝状真菌是多细胞真核微生物，代谢具有多样性，蛋白质分泌效率高，翻译后修饰能力强等

注：GRAS. generally recognized as safe，一般认为是安全的

　　大肠杆菌菌株易于培养，倍增时间短，可在多种生长条件下茁壮成长。最重要的是，大肠杆菌可以很容易地进行遗传操作，增强了人们研究其生理学和设计新表型的能力。人们使用大肠杆菌开发了大量的分子克隆技术和遗传工具。这些导致大肠杆菌已成为代谢工程和合成生物学的最佳底盘细胞之一。常用的大肠杆菌菌株一般被认为是无害的。如 K-12，因缺乏 O 型抗原、毒力因素、定植因素及与成年人的疾病有关而被归类为风险组 1。K-12 菌是应用最多的代谢工程菌株，已被广泛用于药品、食品、化学品和燃料的生产。

　　谷氨酸棒杆菌由于具有生物安全（被美国 FDA 认定为 GRAS）、生长速度快、营养需求低、底物谱广等优势，被认为是生物制造的理想微生物底盘，尤其是在氨基酸工业中。新型的基因组编辑、基因表达调控、适应性进化、生物传感器等代谢工程和合成生物学使能技术的快速发展，显著加快了谷氨酸棒杆菌细胞工厂的构建和优化。谷氨酸棒杆菌缺失碳分解代谢抑制调控系统，因此能同时利用多种碳源，而且对芳香化合物具有更高的耐受性。基于此，谷氨酸棒杆菌已被改造用于氨基酸、有机酸、醇类、植物天然产物、蛋白质等 70 余种产品的生物制造，产值超过千亿元。

　　枯草芽孢杆菌是革兰氏阳性菌，通常认为是安全的（GRAS），具有强大的蛋白质表达系

统，生理生化特征清晰，遗传操作技术成熟，具备良好的基因编辑技术和工具。

酿酒酵母具有培养条件简单、生长繁殖快、通常认为是安全的（GRAS）、遗传操作工具多样及遗传背景清晰等优势。

毕赤酵母具有非常强的转录调控系统，且在遗传操作、翻译后修饰、分泌表达、高密度培养及产物纯化回收等方面均展现了诸多优势，适合用于大规模的工业化生产。而且毕赤酵母可利用廉价甲醇，使其有望成为一碳化合物生物转化的优势底盘细胞。

解脂耶氏酵母是一种非常规油脂酵母，具有高 TCA 循环和乙酰辅酶 A 通量，以及高水平游离脂肪酸和三酰基甘油。它可以利用各种疏水性和亲水性碳源生长，如糖、木质纤维素、脂肪酸、脂肪、粗甘油和乙酸盐等，其中一些是价格低廉和可再生的。解脂耶氏酵母能够在低 pH 和广泛的盐度条件下生长良好。解脂耶氏酵母的系统生物学、代谢工程和合成生物学的发展，使其成为高价值次生代谢产物尤其是脂肪酸衍生物生物制造的优良宿主。

马克斯克鲁维酵母是食品安全级酵母，已被美国 FDA 和欧盟认定、被我国列为新食品原料和可食用微生物；是生长最快的真核生物，其比生长速率是酿酒酵母的 2.16 倍、毕赤酵母的 4.44 倍；生长温度高，可在 37～52℃条件下生长，比酿酒酵母高 10～20℃；能利用六碳糖和五碳糖；具有高蛋白质分泌能力。

粗糙脉孢菌（*Neurospora crassa*）和构巢曲霉（*Aspergillus nidulans*）等模式真菌主要用于研究遗传、发育和细胞生物学基础问题。里氏木霉（*Trichoderma reesei*）、黑曲霉（*Aspergillus niger*）、土曲霉（*Aspergillus terreus*）、米曲霉（*Aspergillus oryzae*）、青霉属（*Penicillium*）和嗜热毁丝霉（*Myceliophthora thermophila*）等工业丝状真菌因其代谢多样性、蛋白质分泌效率高、翻译后修饰能力强等特点，被广泛用作生产有机酸、工业酶制剂、抗生素等大宗发酵产品的细胞工厂，尤其是近年来丝状真菌合成生物学技术、工具和基因编辑技术有较快的发展。

除上述之外，一些重要的非模式微生物也已成功作为底盘细胞用于合成化学品，如需钠弧菌（*Vibrio natriegens*）、运动发酵单胞菌（*Zymomonas mobilis*）、乳酸菌、盐单胞菌（*Halomonas* spp.）、一碳利用非模式菌株杨氏梭菌（*Clostridium ljungdahlii*）和产乙醇梭菌（*Clostridium autoethanogenum*）等。

随着遗传操作技术的发展，植物如烟草、拟南芥及单细胞微藻也开始逐渐作为底盘细胞用于特定产物的生产。

二、合成生物系统的构建

一旦途径合成成功后，就需要将其引入到底盘细胞中构建合成生物系统，以验证其生物合成效率，并通过 DBTL 循环逐步优化，从而构建高效细胞工厂。

合成途径通常通过表达质粒、基因整合或基因置换和转座技术被引入到底盘细胞中，从而构建合成生物系统。

质粒表达系统是一种最简单的表达外源途径的手段，但质粒的不稳定性导致质粒易丢失，从而降低生产性能，而且质粒上的抗性基因的存在导致培养过程需要使用抗生素，引起抗生素环境污染问题，因此在工业生产中质粒表达系统是不允许使用的。

随着成簇的规律间隔短回文重复序列（clustered regularly interspaced short palindromic repeats，CRISPR）基因编辑技术的发展，通过同源重组技术很容易将外源途径整合到染色体的特定位点上，从而避免质粒表达的上述缺陷。大肠杆菌的 IS7、IS10、SS9、IS8 和 IS6 通常可作为途径的整合位点[1]。但需要注意整合基因的表达水平与染色体整合位置有关。

但这些特定位点整合往往只能得到一个拷贝，导致基因的拷贝数无法像质粒表达系统一样，从而引起基因表达水平因拷贝数不足而无法满足生产需求。为此，杨晟团队发展了基于CRISPR 转座酶（CAST）的多拷贝染色体整合（MUCICAT）技术，可将外源基因一次性整合在多个位点，从而增加其拷贝数[2]。大肠杆菌 K-12 衍生菌 MG1655 基因组中有 8 个拷贝的IS1、5 个拷贝的 IS3 和 3 个拷贝的 IS186，可作为整合位点。其后他们又发展了多拷贝正交MUCICAT 技术，可以将不同基因多拷贝地整合到不同位点上[3]。

第二节 高效细胞工厂的创制

在合成途径设计合成、定向进化及途径优化后，引入合适的底盘细胞，还需对其进行人工调控使合成途径的生物学功能充分发挥出来，经过 DBTL 循环逐步优化，创建高效的人工细胞工厂。本节将介绍从基因组层面调控适配机制的主要策略。

一、外源途径与宿主间的适配

（一）表型的反馈调控进化

Chou 和 Keasling 研发了一种根据代谢物浓度反馈控制基因组突变速率的方法，以提高外源途径与基因组的适配性，该方法称为表型的反馈调控进化（feedback regulated evolution of phenotype，FREP）[4]。FREP 通过代谢物生物传感器控制突变子 *mutD5* 和报告基因的表达。当菌株内代谢物浓度低时，驱动突变子 *mutD5* 的表达，使基因组进行突变；而当菌株的代谢物浓度高时，基因组突变减速，同时报告基因表达水平也降低，这样便可挑选报告基因表达水平低的菌株作为正突变菌株。他们将突变质粒分别转化到产生酪氨酸（图 4-1A）和番茄红素（图 4-1B）的大肠杆菌中进行传代进化，快速地选育出酪氨酸和番茄红素产量分别提高了5 倍和 3 倍的突变菌。

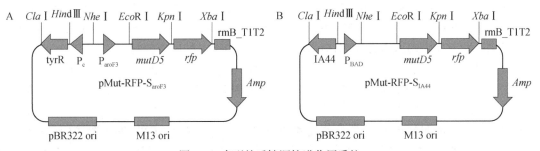

图 4-1 表型的反馈调控进化用质粒

（二）辅因子工程

辅因子参与了细胞中大多数酶促反应，各类辅因子的平衡有助于维持细胞的正常代谢，并且会影响代谢网络和物质运输。同时，辅因子具有调节能量代谢、细胞内氧化还原状态，控制碳通量，改善线粒体功能和活性，调节细胞生命周期和微生物胞内毒性等一系列生理功能。

辅因子是维持细胞氧化还原平衡并驱动细胞进行合成和分解反应的关键化学物质。它们几乎参与了活细胞中发生的所有酶的活动。辅因子是酶履行其催化功能所必需的,它们与原酶结合生成整个酶,然后履行酶的正常生理职责。当这些辅因子被细胞代谢产生和消耗时,它们的氧化还原状态被破坏,导致细胞生长迟缓和生物合成减少等。在代谢产物的生物合成中,辅因子的供应量通常决定了产物的合成效率。调节辅因子的浓度和形式可以改变物质代谢通量的分布,将代谢推向最大目标产物,加速糖酵解,并保存复杂的细胞内结构。修改内源性或外源性辅因子代谢途径、辅因子之间的转换、转录因子的微调等策略可以有效地维持细胞内的氧化还原平衡,辅因子工程已经成为提高生产能力的有力工具。细胞内氧化还原状态与辅因子密切相关,通过辅因子的再生影响细胞代谢、信号转导和物质运输,从而影响细胞的生理功能。辅因子也是生物氧化还原反应的载体和能量传递的重要因素。根据化学结构和在酶催化反应中的作用,辅因子可分为三大类:①催化型辅因子,它存在于酶的活性中心,共同催化反应;②载体辅因子,经常被用作电子和原子的载体;③底物辅因子,作为合成某些特定生物小分子化合物的原料,随着反应的进行而减少。

常见的辅因子包括乙酰辅酶 A、氧化还原辅因子对 [NAD(P)H/NAD(P)] 和 ATP 等。乙酰辅酶 A 合成途径连接着细胞质、细胞核和线粒体中发生的各种代谢反应。它也是合成异戊二烯、脂肪酸及其衍生物、萜类化合物、黄酮类化合物及聚酮类化合物等的前体。目前乙酰辅酶 A 最常见的调控策略是对乙酸途径的调控。在大肠杆菌中过量表达乙酰辅酶 A 合成酶(ACS)不仅能降低乙酸的积累,还能提高乙酰辅酶 A 到目标代谢产物的代谢通量。过量表达 ACS 以提高乙酰辅酶 A 的可用性,导致 α-酮戊二酸产量提高到 28.54g/L[5]。IclR 可抑制乙醛酸循环的表达。敲除 iclR 基因激活了乙醛酸循环,增强了乙酰辅酶 A 合成代谢通量,导致以乙酸辅酶 A 为前体的 3-羟基丙酸的产率提高了 1.9 倍[6]。

氧化还原辅因子对 [NAD(P)H/NAD(P)] 是重要的氧化还原偶联物,可促进许多生物合成和分解反应的电子转移。在 KEGG 数据库中,大约 25% 的代谢反应是氧化还原反应,需要氧化还原辅因子参与。一般来说,NAD^+/NADH 辅因子对参与分解代谢和合成代谢中的氧化反应,而 $NADP^+$/NADPH 则需要用于合成代谢中的还原反应。细胞内 $[NAD^+]$/[NADH] 和 $[NADP^+]$/[NADPH] 值反映了它们各自的作用,因为 $[NAD^+]$/[NADH] 值通常很高,而 $[NADP^+]$/[NADPH] 值很低,尽管这些比率可以根据生长状态、环境压力和营养物质的可用性而变化很大,但总的来说,细胞内 $[NAD^+]$/[NADH] 氧化还原辅因子对的浓度和比例高在热力学上有利于底物的氧化。相反,$[NADP^+]$/[NADPH] 的比例反映了它在为细胞生长和维持所需的合成代谢反应提供还原力方面的作用。细胞内 NADH 主要来自糖酵解(EMP)途径(3-磷酸甘油醛脱氢酶)、三羧酸循环(α-酮戊二酸脱氢酶、苹果酸脱氢酶)及丙酮酸脱羧反应(丙酮酸脱氢酶复合物)。NADPH 主要来自磷酸戊糖(HMP)途径(6-磷酸葡萄糖脱氢酶、6-磷酸葡糖酸脱氢酶)、TCA 循环(异柠檬酸脱氢酶)和转氢反应(PntAB),如方程(4-1)所示。其中糖酵解是合成 NADH 的主要代谢途径,HMP 途径是合成 NADPH 的主要途径。在大肠杆菌中,35%~45% 的 NADPH 来自转氢酶 PntAB 催化的转氢反应,35%~45% 的 NADPH 来自 HMP 途径,20%~25% 的 NADPH 来自 TCA 循环。由于生物合成途径往往涉及多个氧化还原反应,需要消耗 NADPH,因此提高 NADPH 供给已成为一个重要的代谢工程手段,目前主要的策略包括以下 7 种。

1)敲除或抑制竞争性途径。合成 S-腺苷甲硫氨酸需要消耗 NADPH。利用合成可溶性核糖核酸(sRNA)抑制脱氢莽草酸还原酶、N-乙酰-g-谷氨酰磷酸酯还原酶、g-谷氨酰磷酸酯还原酶、酮酸还原异构酶和吡咯啉-5-甲酸酯还原酶等 NADPH 竞争性酶使 S-腺苷甲硫氨酸产量提高了 70%[7]。

2）引入辅因子再生系统。图 4-2 总结了一些常用的辅因子再生系统。甲酸脱氢酶、磷酸盐脱氢酶、NAD 氧化酶、木糖醇脱氢酶、乳酸脱氢酶、乙醛脱氢酶和乙醇脱氢酶等已被成功用于 NADH 的再生与平衡中[8]。

3）NAD 与 NADP 间的转换。许多代谢产物的生物合成都有 NADPH 依赖型脱氢酶参与，需要消耗 NADPH。因此，提高 NADPH 的供给是一种常见的代谢工程策略。应用最广的提高 NADPH 供给的策略是通过强化表达 6-磷酸葡萄糖脱氢酶（G6PD）或 6-磷酸葡糖酸脱氢酶（6PGD）来提高 HMP 途径的碳通量。有些学者也聚焦于 Entner-Doudoroff（ED）途径和 TCA 循环的苹果酸酶（ME）和异柠檬酸脱氢酶（IDH）[8]。此外，还有一些学者聚焦于 NAD 和 NADP 间的直接转化以实现氧化还原工程。大肠杆菌含有两种转氢酶：膜结合转氢酶 PntAB 和可溶性转氢酶 UdhA。PntAB 催化从 NADH 到 NADP$^+$的还原力的能量依赖性转移，而 UdhA 催化反向的、与能量无关的反应，反应方程如下：

$$NADH + NADP^+ \longrightarrow NADPH + NAD^+ \tag{4-1}$$

NAD 激酶催化 NAD 的磷酸化生成 NADP。它同样成为 NADPH 再生的一个改造靶基因。在谷氨酸棒杆菌中，合成 1mol L-鸟氨酸需要 2mol NADPH。刘建忠团队在产鸟氨酸的谷氨酸棒杆菌中强化表达内源 NAD 激酶基因（ppnK）、大肠杆菌转氢酶基因（pntAB），使鸟氨酸产量分别提高了 8.5% 和 23.9%[9]。在大肠杆菌中引入酿酒酵母 NAD 激酶（Pos5p）和内源 NAD 激酶（YfjB）同样是一个有效的 NADPH 再生系统，提高了工程菌的合成效率[8]。

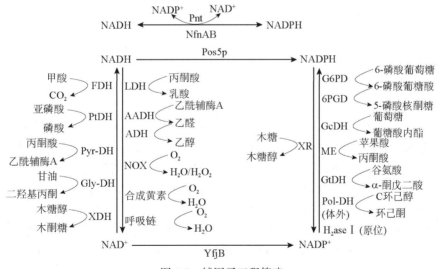

图 4-2 辅因子工程策略

Pnt. 能量依赖型或质子转移型脱氢酶；NfnAB. NADH 依赖型还原性铁氧还原蛋白-NADP$^+$氧化还原酶；FDH. 甲酸脱氢酶；PtDH. 施氏假单胞菌亚磷酸脱氢酶；Pyr-DH. 丙酮酸脱氢酶；Gly-DH. 甘油脱氢酶；XDH. 木糖醇脱氢酶；LDH. 乳酸脱氢酶；AADH. 乙醛脱氢酶；ADH. 乙醇脱氢酶；NOX. NAD 氧化酶；XR. 木糖还原酶；G6PD. 6-磷酸葡萄糖脱氢酶；6PGD. 6-磷酸葡萄糖酸脱氢酶；GcDH. 葡萄糖脱氢酶；ME. 苹果酸酶；GtDH. 谷氨酸脱氢酶；Pos5p. 酿酒酵母 NAD 激酶；YfjB. 大肠杆菌 NAD 激酶；Pol-DH. 多元醇脱氢酶；H₂ase Ⅰ. 氢化酶 Ⅰ

4）改变酶的辅因子依赖性。前述几个策略需要改变中心代谢，这些遗传改造可能导致意外的细胞生长缺陷。氧化还原平衡同样可以通过改变辅酶的辅因子依赖性来实现。例如，利用 NADP$^+$ 依赖性酶置换 NAD$^+$ 依赖性酶。刘建忠团队在产鸟氨酸的谷氨酸棒杆菌的染色体中表达 NADP$^+$ 依赖型的丙酮丁醇梭菌 3-磷酸甘油醛脱氢酶 gapC 基因、NAD$^+$ 依赖型枯草芽孢杆菌谷氨酸脱氢酶 rocG 基因，从而提供更多的 NADPH 供鸟氨酸的合成，使鸟氨酸产量分别提高了 9.2%和 22.4%[10]。表 4-2 为辅因子依赖性改变的代表性酶。

表 4-2　酶的辅因子偏好性修饰[8]

酶	登录号	突变	功能
乙醇脱氢酶	Ca_ADHAGY74782.1	Y218A/G198D/S199V/P201E	由 NADPH 依赖性转变为 NADH 依赖性
乙醇脱氢酶	Ec_YjgB/AdhZ3: NP_418690.4	S199N, S200N, N201D	由 NADPH 依赖性转变为 NADH 依赖性
酮酸还原异构酶（KARI）	Ec_IlvC: NP_418222	A71S, R76D, S78D, Q110V	由 NADPH 依赖性转变为 NADH 依赖性
	Se_KARI: D0WGK0	S61D, S63D, I95V	由 NADPH 依赖性转变为 NADH 依赖性
	Sh_KARI: A0KS29	R76D, S78D	由 NADPH 依赖性转变为 NADH 依赖性
	Ma_KARI: A6UW80	G50D, S52D	由 NADPH 依赖性转变为 NADH 依赖性
	Li_KARI: Q02138	V48L, R49P, K52L, S53D, E59K, T182S, E320K	由 NADPH 依赖性转变为 NADH 依赖性
	Aa_KARI: C8WR67	R48P, S51L, S52D, R84A	由 NADPH 依赖性转变为 NADH 依赖性
木糖还原酶	Ps_XR	K270R, K270M	由 NADPH 依赖性转变为 NADH 依赖性
木糖还原酶	Ct_XR	K274R, N276D	由 NADPH 依赖性转变为 NADH 依赖性
乙醛脱氢酶	Bc_ALDH	E194S, E194T	由 NADH 依赖性转变为 NADPH 依赖性
NADH 氧化酶	Sm_NOX2	D192A, V193R, V194H, A199R	由 NADH 依赖性转变为 NADPH 依赖性
甲酸脱氢酶	Mv_FDH	C145S, A198G, D221Q, C225V	由 NAD$^+$ 依赖性转变为 NADP$^+$ 依赖性
甲酸脱氢酶	Cm_FDH	D195S	由 NAD$^+$ 依赖性转变为 NADP$^+$ 依赖性
D-乳酸脱氢酶	Ld_D-LDH	D176S, I177R, F178T	由 NADH 依赖性转变为 NADPH 依赖性
3-磷酸甘油醛脱氢酶	Cg_GAPDH	D35G, L36T, T37K	由 NAD$^+$ 依赖性转变为 NADP$^+$ 依赖性

5）提高 NAD$^+$ 的合成。改善 NAD$^+$ 的合成为调控 NADH/NAD$^+$ 的稳定性提供了一种有效的策略。NAD$^+$ 通过以下两条路线合成（图 4-3）：一是烟酸在烟酸磷酸核苷转移酶（PncB）作用下生成烟酸单核苷酸（NaMN），然后在 NaMN 酰基转移酶（NadD）作用下进行腺苷化生成 NaAD，最后经 NAD$^+$ 合成酶的酰胺化生成 NAD$^+$。另一个路径是在 NadD 作用下，烟酰胺单核苷酸直接酰胺化生成 NAD$^+$。为了降低 NADH/NAD$^+$ 值，在琥珀酸产生菌大肠杆菌 NZN111 中过量表达 PncB 以促进 NAD$^+$ 的合成，使琥珀酸产量、时空产率和产率分别增加了 57.8%、58.4%和 58.7%[11]。

6）调控氧化还原相关转录因子。活性氧（ROS）往往会使胞内 NADPH 耗尽，导致 DNA 损伤并抑制微生物的生长。NADPH 和 NADH 对大肠杆菌 ROS 的耐受性具有重要作用。经研究发现了一些与辅因子有关的转录因子，能调控胞内氧化还原平衡。Reynolds 等提出了通过增强大肠杆菌对 ROS 耐受性以提高 NADPH 供给的策略[12]。他们利用基于 CRISPR 的可追踪基因组工程（CREATE）技术对大肠杆菌基因组进行改造，选育对 ROS 的耐受菌，提高了 NADPH 的供给，最终使 3-羟基丙酸产量提高了 1 倍。而且他们经重测序发现菌株的 ROS 耐受性提高与转录因子 *hdfR* 的突变（E40K）有关，敲除 *hdfR* 同样可以增加 NADPH 的供给。

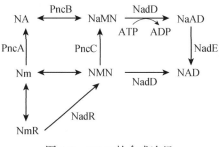

图 4-3　NAD 的合成途径

NA. 烟酸；NaMN. 烟酸单核苷酸；NaAD. 烟酸腺嘌呤二核苷酸；Nm. 烟酰胺；NMN. 烟酰胺单核苷酸；NAD. 烟酰胺腺嘌呤二核苷酸；NmR. 烟酰胺核糖核苷酸；PncA. 烟酰胺酶；PncB. 烟酸磷酸核苷转移酶；PncC. NMN 氨基水解酶；NadD. NaMN 酰基转移酶；NadE. NAD 合成酶；NadR. 烟酰胺核糖激酶

7）CRISPR 干扰（CRISPRi）内源 NADPH 消耗相关基因的表达。大肠杆菌中有 80 个与 NADPH 消耗有关的基因。如果能对这些基因进行干扰表达，便能在不影响中心代谢的前提下，提供更多的 NADPH 供产物合成使用。刘建忠团队提出了一个基于 CRISPRi 筛选的辅因子工程技术，称为 CECRiS[13]。他们应用 CECRiS 技术对大肠杆菌所有 80 个与 NADPH 消耗有关的基因进行 CRISPRi 抑制，发现对 *yahK*、*yqjH*、*queF*、*dusA*、*gdhA* 和 *curA* 进行抑制，可分别使大肠杆菌合成对羟基苯乙酸的产量提高 67.1%、45.6%、11.9%、10.0%、6.8% 和 5.3%。

底物磷酸化是产生 ATP 的一个重要途径，特别是在氧化磷酸化受到限制时。在 3-磷酸甘油酸激酶和丙酮酸激酶催化的糖酵解途径中，每摩尔葡萄糖可产生 2mol ATP。由底物和氧化磷酸化产生的辅因子 ATP/ADP 可以以底物、产物、激活剂和抑制剂等多种形式进入微生物的代谢网络，控制细胞的生理功能，促进细胞骨架系统的形成。ATP 可以为几乎所有的细胞提供动力，必须创造足够的 ATP 以使细胞及其生物合成维持正常。ATP 可以调节细胞代谢的速度。糖酵解的速率由细胞总 ATP 的需求决定，而不是由糖酵解相关酶的表达水平决定。三羧酸循环中必需酶的活性在 ATP 浓度过高时会受到抑制。ATP 主要来自 EMP 途径（2mol ATP）、TCA 循环（琥珀酸 CoA 合成酶）。大肠杆菌含有 400 个与 ATP 消耗有关的基因。如果能对这些基因进行干扰表达，便能在不影响中心代谢的前提下，提供更多的 ATP 供产物合成之用。刘建忠团队应用 CECRiS 技术对大肠杆菌所有 400 个与 ATP 消耗有关的基因进行 CRISPRi 抑制，发现对 *purC*、*araH*、*yeaG*、*sucC*、*dppD*、*artP*、*fecE*、*artM*、*argB*、*mgtA*、*aas*、*sapF*、*nanK*、*phnN*、*pfkA*、*ssuC*、*atpG*、*copA* 和 *hisP* 进行抑制，使大肠杆菌合成对羟基苯乙酸的产量提高了 9%～38%[13]。

（三）氧化应激工程

细胞生命活动过程中会产生大量的 ROS，ROS 与胞内抗氧化间的不平衡将形成氧化压力，引起 DNA 损伤而抑制细胞的生长。为了避免细胞的这种氧化应激损伤，将诱导合成更多的氧化型代谢产物。据此，刘建忠团队提出了一种氧化应激策略来提高氧化型目标产物的合成[14]。他们应用 CRISPRi 技术对大肠杆菌内源的氧化应激蛋白和抗氧化酶基因进行抑制，发

现抑制 *uspE*、*yggE*、*fadH*、*oxyR*、*tpx*、*ychF*、*yqhD*、*btuE*、*gshA*、*gshB*、*sodA*、*katE* 和 *katG* 能明显地增加大肠杆菌合成虾青素的产量。为了避免使用 CRISPRi 的质粒，对氧化应激有关基因进行敲除，虽然能提高虾青素产量，但会抑制细胞生长。为此，他们又利用温敏型质粒，在 *uspE*、*yggE* 基因敲除菌中表达这两个基因；在发酵初期回补表达这两个基因使生长得到了恢复，在后期升温去除质粒，最终使虾青素产量提高了 25.2%。

二、基因组改组

2002 年，美国 Maxgen 公司的 Stemmer 和 del Cardayré 及其同事在 DNA 改组技术的基础上，提出了基因组改组（genome shuffling）技术[15]。它把传统的诱变与细胞融合技术相结合。具体来说，基因组改组首先需要通过诱变育种得到目的性状改变的正突变菌株，以构成所需的基因组文库；随后通过原生质体融合将这些正突变菌株的全基因组进行随机重组，并筛选目的性状得到进一步改进的菌株来进行下一轮基因组改组，这样通过多亲株的递推式融合（recursive fusion）可以快速、高效地选育出表型得到较大改进的杂交菌种。基因组改组的关键：一是创建各种不同正突变的基因组文库，二是高通量筛选。邢新会团队开发了一个常压室温等离子体（ARTP）装备，它是一种快速、有效和环境友好的诱变仪，能够产生突变率和生物多样性高的微生物突变菌株库[16]。利用 ARTP 诱变将快速、高效地创建基因组改组的正突变基因组文库。近年来随着合成生物学的发展，越来越多的代谢产物生物传感器创建成功，这为基因组改组的高通量筛选提供了可能，推动了基因组改组在人工微生物创建中的应用。刘建忠团队提出了 ARTP 诱变与生物传感器介导的基因组工程育种策略[17]。他们首先通过 ARTP 诱变和实验室适应性进化提高大肠杆菌对 4-羟基苯乙酸的耐受性，然后经过两轮的基因组改组，借助 4-羟基苯乙酸传感器的高通量筛选，使细胞生长速率和 4-羟基苯乙酸的产量分别提高了 25% 和 127%。

三、基于易错 PCR 的全基因组改组

为了解决传统基因组改组需要多个亲株用于递推式融合的问题，吴金川团队提出了一种基于易错 PCR 的全基因组改组（ep-whole genome shuffling，epWGS）策略[18]。其具体过程是利用多对随机引物对出发菌基因组进行易错 PCR，然后将各种 epPCR 产物混合，并在重组酶作用下与宿主菌进行同源重组，筛选目的性状得以改进的改组菌。刘建忠团队利用 ARTP 诱变与生物传感器介导的基因组工程育种策略选育了高产莽草酸的大肠杆菌[19]。他们首先利用 ARTP 诱变结合莽草酸生物传感器选育出 8 株正突变菌株进行基因组改组，获得一株正突变改组菌进行易错 PCR 的全基因组改组，最后获得一株进化菌，其生长速率和莽草酸产量分别提高了 2.0 倍和 2.7 倍[19]。

四、多重自动基因组工程

哈佛医学院 Wang 等在 2009 年 8 月的 *Nature* 杂志上发表了多重自动化基因组工程（multiplex automated genome engineering，MAGE）技术[20]。它是基于 λ 噬菌体 Red（λ-Red）

同源重组系统的基因组工程技术，可对细胞染色体上的多个基因或位点进行修饰，方式多样，可以是插入、错配或缺失，产生多种多样的基因突变菌株。完整的 MAGE 循环如图 4-4 所示。首先培养大肠杆菌至对数期中期，升温至 42℃，诱导 λ-Red 重组酶的表达；离心收集菌体制备电击感受态细胞；加入人工合成的单链 DNA（ssDNA）进行电击转化；复苏进入下一轮循环。

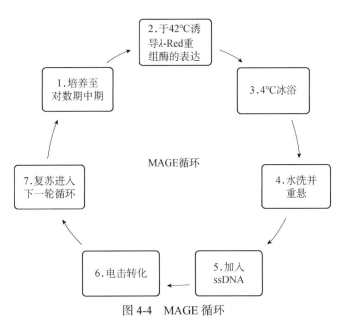

图 4-4　MAGE 循环

随后 Gallagher 等在 *Nature Protocol* 上介绍了 MAGE 的手动执行详细步骤[21]。MAGE 循环涉及 ssDNA 的电穿孔转化，然后是生长，其间噬菌体 λ-Red 同源重组蛋白介导 ssDNA 与其基因组目标的退火；通过反复引入针对多个位点的突变 ssDNA 库，实现细胞染色体上的多个基因或位点修饰。MAGE 利用噬菌体同源重组蛋白对细菌染色体上的多个基因组位点进行定向、快速、无痕的修饰。其核心是 ssDNA 的设计。其被设计成具有 5′ 和 3′ 端同源臂，与基因组中目标序列互补。5′ 和 3′ 端同源臂侧翼对应于指定突变的序列。在该区域中，合成的 ssDNA 可以相对于靶区域跳过碱基、错配或添加碱基，从而分别引起缺失、错配或插入。ssDNA 的设计原则是：①总长 90nt。②具有 5′ 和 3′ 端同源臂，与基因组中目标序列互补。③5′ 端 2 个碱基进行硫代磷酸修饰。④当突变基因在复制弧（replichore）1（＋）链或复制弧 2（－）链时，ssDNA 序列应与靶基因反向互补；当突变基因在复制弧 1（－）链或复制弧 2（＋）链时，ssDNA 序列应与靶基因相同，如图 4-5 所示。⑤可通过突变 RBS 序列调控基因的表达水平，如采用简并 RBS 序列（DDRRRRRDDDD；D＝A，G，T；R＝A，G）。⑥在编码区引入 2 个终止密码子使所编码的酶失活。

魏韬等选择 L-DOPA 合成途径的 23 个靶基因进行了 30 个循环的 MAGE，使 L-DOPA 产量提高了 34%[22]。

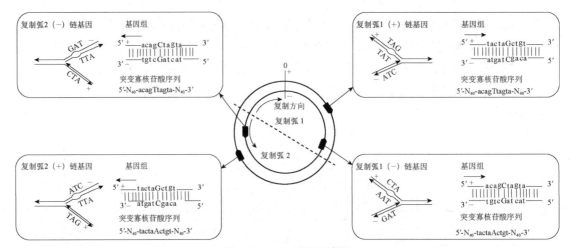

图 4-5 ssDNA 的设计[21]

大写字母表示突变碱基

五、化学诱导染色体进化

质粒表达系统是最常用的引入合成基因线路构建人工生物系统的一种方式。但是质粒表达系统往往存在质粒不稳定、质粒上的抗生素抗性基因引起的需使用抗生素及所引起的抗生素污染问题，因此这种质粒表达系统禁止在工业生产中应用。为了克服质粒表达系统的这种缺陷，往往将人工合成基因线路整合到宿主菌的染色体上。但是这种染色体整合只能得到单拷贝的基因剂量，往往无法满足高效合成的目的。为此，Tyo 等于 2009 年在 *Nature Biotechnology* 上报道了一种化学诱导染色体进化（chemical inducible chromosomal evolution，CIChE）技术[23]。CIChE 是一种用于大肠杆菌的无质粒、高拷贝的表达系统。它使用大肠杆菌的 *recA* 同源重组来进化染色体以获得多拷贝途径，当达到所需途径拷贝数后，敲除 *recA* 基因而稳定拷贝数。所构建的工程菌不需要使用选择性压力（抗生素）、不受质粒不稳定的影响。

CIChE 流程如图 4-6 所示。CIChE 的 DNA 盒包括目标基因（黑色）和选择性标记基因（蓝色）及两侧相同的 1kb 的同源区（红色，非编码的外源片段，而且与大肠杆菌基因组的同源性很低）。CIChE 的 DNA 盒按常规方法整合到大肠杆菌的染色体上。在基因组复制过程中，在 RecA 的作用下，发生同源交叉重组，即一条 DNA 链的前导同源区与另一条 DNA 链的后导同源区进行交叉重组，其结果是一个子细胞含有 2 个拷贝的 DNA 盒。这个过程将重复进行直至 *recA* 敲除。为此，在这个复制过程中，可以通过逐步提高抗生素的选择性压力而增加基因的拷贝数。随着抗生素选择性压力的增加，只有更高拷贝数的细胞才能存活。在染色体进化到所需拷贝数后，敲除 *recA* 基因，阻止 CIChE 的 DNA 盒的继续进化。

Tyo 等起初的 CIChE 采用的选择性标记基因是氯霉素抗性基因。虽然在工程菌发酵培养过程中不需要使用抗生素，但发酵废菌体仍然含有抗生素抗性基因，排放后仍然会引起环境的抗生素污染，增加出现超级细菌的风险。为此，刘建忠团队利用三氯生抗性基因 *fabI* 取代 Tyo 等的 CIChE 的氯霉素选择性标记基因，建立了三氯生诱导染色体进化技术，所构建的工程菌不仅实现了高表达，而且培养过程不需要使用抗生素，菌体细胞也不含抗生素抗性基因，不会引起抗生素的环境污染。他们应用三氯生诱导染色体进化技术构建了无质粒、无抗生素抗性标记遗传稳定的产番茄红素[24]和莽草酸[25]的工程化大肠杆菌。

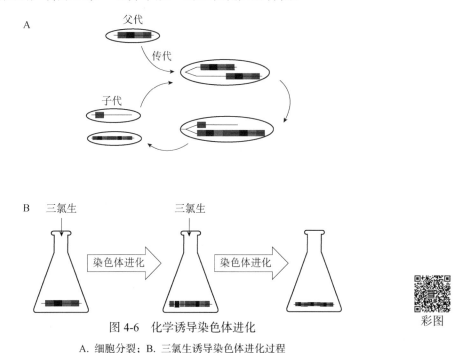

图 4-6　化学诱导染色体进化

A. 细胞分裂；B. 三氯生诱导染色体进化过程

六、基于 CRISPR 的可追踪基因组工程

虽然 MAGE 可以对多个基因组位点进行定向、快速、无痕的修饰，但是其编辑效率低（低于 30%）、无法对广泛目标进行突变，以及难以追踪组合基因型，从而限制了其更广泛的应用。为此，科罗拉大学博尔德分校的 Gill 团队于 2017 年在 *Nature Biotechnology* 上报道了基于 CRISPR 的可追踪基因组工程（CRISPR-enabled trackable genome engineering，CREATE），它是一种结合了 CRISPR 编辑和 DNA 条形码的技术，从而实现对大肠杆菌基因组的大规模多重和可追踪编辑[26]。随后，他们又提出了迭代基于 CRISPR 的可追踪基因组工程（iCREATE），以方便像 MAGE 一样进行多轮的基因组编辑[27]。

CREATE 方法涉及 λ-Red 蛋白的同源重组、化脓性链球菌 Cas9 蛋白和 CREAT 质粒编辑盒。CREATE 的独特之处在于其向导 RNA 和编辑盒中的编辑模板，这导致在基因组的任何位置都能进行有效的编辑，并包含一个可追踪的条形码，这使得在编辑群体中的所有突变体能同时被映射出来。iCREATE 允许以递归的方式使用 CREATE。

CREATE 盒包括一个向导 RNA 和一个同源臂，作为基因组切割位点进行同源重组的模板，在染色体位点引入突变。gRNA 引导 Cas9 在 PAM 位点切割基因组。为了消除 Cas9 对同源臂及同源修复后在编辑位点的切割，需对同源臂的 PAM 序列进行同义突变。具体来说，CREATE 盒包括 18bp 引物序列（P1）、100bp 同源臂、4nt 间隔序列（如 GATC）、35nt 的 J23119 组成型启动子、20nt 靶向互补序列和 24nt 的化脓性链球菌标准 gRNA 的 5'端序列，如图 4-7 所示。他们开发出了一个在线工具用以 CREATE 盒的设计。

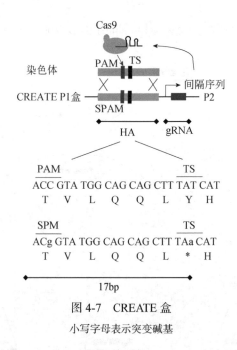

图 4-7　CREATE 盒

小写字母表示突变碱基

他们通过对多个基因靶点的敲除、RBS 工程的表达水平改造和基因组水平的位点饱和诱变等 13 轮 iCREATE 组合改造，使大肠杆菌合成 3-羟基丙酸产量提高了 60 倍[27]。

七、进化工程

将外源途径引入异源宿主后，合成的目标产物往往对异源宿主具有很高的毒性，从而抑制细胞的生长。进化工程一直是模仿自然进化过程，但以更高的速度和效率改善菌株或生物成分（如蛋白质）表型的常用方法。进化工程包括定向进化和适应性实验室进化（ALE）。这两种技术的原理都是从随机产生的突变体中选择具有所需表型或特征的菌株或蛋白质。定向进化主要涉及蛋白质，而 ALE 则适用于细胞。进化工程的关键是大规模的基因多样化，然后对生成的库进行快速筛选。ALE 是进化工程一个强有力的方法（图 4-8）。自动连续培养也可以在较小的多微孔板或试管中进行，实现大规模的平行实验。由于进化工程的成功取决于突变产生的群体异质性，前面介绍的各种基因组工程方法已被应用于增加突变文库的遗传多样性。近年来发展起来的微流控进化是一种全自动的进化系统，省却了人工操作，可以快速、自动化地获得突变文库。进化工程成功的另一个关键是从突变文库中快速筛选获得所需要的表型。因为通过 ALE 获得的耐受菌并不一定是高产菌。随着合成生物学的发展，人们创建了许多代谢产物的生物传感器，应用这些生物传感器便能通过深孔板培养、酶标仪高通量地从突变文库中筛选得到产量提高的进化菌。最近发展起来的基于液滴微流控技术开发成功的液滴微流控细胞分选（droplet entrapping microfluidic cell sorting）和单细胞拉曼分选技术，结合生物传感器将有力推动进化工程的发展。

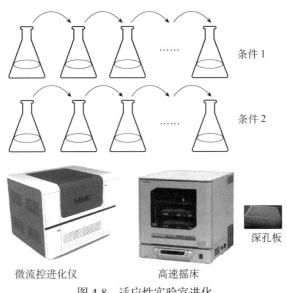

图 4-8 适应性实验室进化

刘建忠团队在生物传感器介导的基因组工程育种过程中，通过 ARTP 诱变和实验室适应性进化提高了大肠杆菌对 4-羟基苯乙酸的耐受性，借助 4-羟基苯乙酸传感器的高通量筛选，获得了 8 株耐受 35g/L 4-羟基苯乙酸且产量得以提高的正突变菌株，作为基因组改组的亲本[17]；最后经过两轮的基因组改组，使细胞生长速率和 4-羟基苯乙酸的产量分别提高了 25% 和 127%。

八、动态调控

将外源途径引入异源宿主后，与宿主生长竞争各种代谢资源，产生代谢负担和毒性产物，这些都将抑制细胞的生长，限制产物的合成。工程代谢途径通常采用组成型或诱导型启动子控制。外源途径对宿主细胞的这些影响往往是静止、恒定的。如果能根据细胞生长状态对代谢途径进行动态调控，便可根据细胞新陈代谢状态控制代谢途径的表达，从而最大限度地减轻代谢途径对异源宿主的影响，促进目标产物的合成。

图 4-9 为目前主要的动态调控策略。主要包括[28]：①代谢波动开关，在生长初期碳代谢流向生长途径支持细胞的生长；生长到一定时间后，添加诱导剂驱使代谢流转向产物合成途径，合成产物（图 4-9A）。②温度控制，在 30℃培养时，CI857$_{ts}$ 蛋白与 P_R/P_L 启动子结合，阻遏下游合成途径的表达；在获得足够生物量后，将培养温度升高至 42℃，此时 CI857$_{ts}$ 蛋白与 P_R/P_L 解离，驱使下游合成途径的表达，合成目标产物（图 4-9B）。③光控制（图 4-9C）。④酸碱控制，在培养初期，控制 pH 大于 5.0，使 P_{gas} 启动子失活，阻遏下游合成途径的表达；在获得足够生物量后，将 pH 控制在低于 5.0，此时驱使下游合成途径的表达，合成目标产物（图 4-9D）。⑤群体感应，随着细胞生长，esaI 合成的群体信号分子 AHL 逐渐增多，当其达到阈值时，AHL 与 esaR 结合，使其从 P_{esaS} 解离，驱动下游基因的表达（图 4-9E）。⑥代谢物生物传感器控制（图 4-9F）。⑦CRISPRi 控制系统，在诱导剂诱导后，sgRNA-A1 NT 表达，与 dCas9 结合，抑制 P_{A1} 启动子使 sgRNA-A2 NT 不表达，导致合成途径表达、合成产物，同时表达 sgRNA-A3 NT，抑制竞争途径。图 4-9A～D 为两阶段动态调控，将细胞生长与产物合成分成

两个阶段进行动态调控；图 4-9E～G 为连续动态调控，根据细胞生长自动进行动态调控。

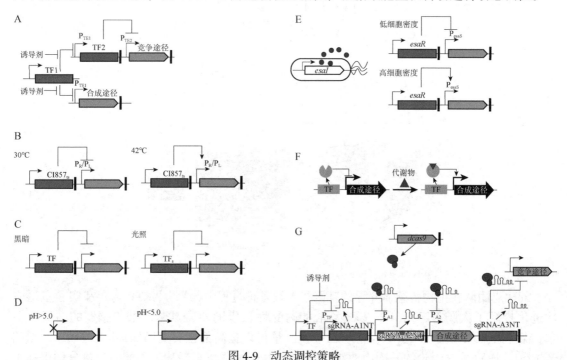

图 4-9　动态调控策略

A～D. 两阶段动态调控；E～G. 连续动态调控

刘建忠团队构建了同时具有激活和抑制功能的群体感应系统，利用群体感应激活系统调控 4-羟基苯乙酸合成功能途径以减轻 4-羟基苯乙酸对大肠杆菌的毒性，用群体感应抑制系统调控生长必需基因的表达以避免基因敲除引起的营养缺陷，从而构建了具有双重功能的群体感应系统，使工程菌对 4-羟基苯乙酸的产量达到了 28.57g/L[13,17]。

第三节　无细胞生物合成系统

一、概论

随着代谢工程和合成生物学的发展，微生物作为细胞工厂已能合成许多天然产物，有些实现了规模化生产。但是一些天然产物及代谢中间产物对微生物细胞的高毒性、传质限制、生长与产物合成竞争生物资源，这些都将是导致产率低、无法实现工业化规模生产的原因。为了解决这些细胞体内的问题，最近发展的无细胞生物合成系统，正在成为下一代生物制造强大的系统。

无细胞生物合成系统是不需要活细胞的合成生物学手段，通过体外实现并控制基因转录和蛋白质翻译，从而人工设计出新的具有生物学功能的产品或体系。简单来说，就是在体外实现生物学中心法则，利用转录和翻译所需的成分，添加外源 DNA 模板，在体外进行转录、翻译，从而合成蛋白质或小分子物质。

它的基本操作流程是：先获取细胞中转录和翻译所需要的基本组分，然后在体外添加DNA模板以维持基因转录、蛋白质翻译或代谢过程运转，从而合成目标产品（蛋白质、小分子物质等），如图4-10所示。无细胞合成系统是没有细胞膜的开放体系，没有复杂的激活作用，也无须保持DNA遗传的能力。该系统的特点是可以将目的基因在体外快速转录、翻译为目的蛋白，并且只专注于目标代谢网络，清除物理障碍（允许简单的基质添加、产物移除和快速取样）。它的这种简单性、开放性和易放大性的特性，减少了生产生物制品过程中对细胞的依赖，拥有了更大的自由度，可与其他学科和技术手段任意融合。

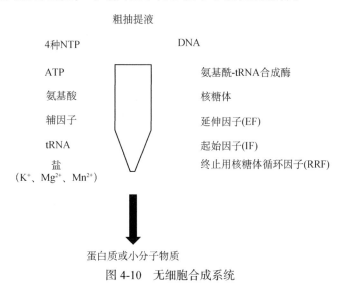

图 4-10 无细胞合成系统

无细胞合成系统的典型特点如下。

1）除去细胞膜，可以直接调控细胞内部的生物活动。

2）除去天然基因组DNA，消除了不需要的基因调控，也消除了细胞生长的相关需求，避免了细胞生长和细胞产物之间的竞争，使合成效率和效益最大化。

3）具有开放的操作系统，易于添加底物、去除产品，可快速地对系统进行检测和快速取样分析。

无细胞合成系统包括无细胞蛋白质合成系统和无细胞生物合成系统两大类。

无细胞蛋白质合成系统已成功用于医药蛋白（疫苗、抗体、抗菌肽等）和酶的合成。其中膜蛋白合成是无细胞合成系统的主要应用领域之一。膜蛋白占所有潜在药物靶标的3/4，然而由于其复杂的结构，在细胞内进行过量表达时，会存在构象折叠等问题，容易形成包涵体。在无细胞体系中可直接控制膜蛋白的合成和折叠，通过直接添加分子伴侣、表面活性剂或脂质体，防止膜蛋白多肽的聚集，从而辅助结构折叠且保持完整性；通过直接调节氧化还原环境，以形成正确的二硫键。因而，无细胞合成已成为膜蛋白合成非常有效的技术手段。另外，因为具有不涉及细胞生长和易控制蛋白质构象折叠的优势，无细胞合成系统特别适用于高量表达对细胞有毒性的蛋白质和复合蛋白质的合成。

无细胞蛋白质合成系统目前另一大关注点是非天然氨基酸的嵌入。通过将带有丰富侧链的非天然氨基酸在蛋白质中的嵌入及翻译后修饰，为新型结构和功能蛋白质的应用科学研究拓展给予了新的契机。目前常用的嵌入手段是在细胞体系中，采取全局抑制（global suppression）、正交翻译体系（orthogonal translation system）等策略。而在细胞体系中，很多因素限制了非天然氨基酸的高效嵌入，使得在产业化方面发展不甚理想，主要问题包括：复杂代谢造成低的嵌入效率；大基团非天然氨基酸因为低的细胞膜渗透性，无法进入细胞内部；高浓度非天然翻译元件引起细胞毒性等。而面对这些问题，利用无细胞合成系统的优势，包括无复杂代谢，只专注于目标产品合成；无细胞膜；高细胞毒性忍耐性等，可以更容易克服细胞体系存在的问题。

无细胞生物合成系统用于合成小分子，正在成为下一代生物制造强大的系统。无细胞生物合成系统通常将产物合成与细胞生长（生物催化剂的合成）分割开。与含细胞的生物合成系统相比，具有如下优势：①即插即用，采用混合-配对策略很容易筛选途径酶，对途径进行优化；②因没有细胞膜而不存在传质的限制；③因没有细胞而不存在毒性前体、中间物和产物的毒性约束；④反应条件开放、简单，只需满足产物合成条件即可，不必考虑生长条件，如严格无菌要求；⑤高转化率和产率，由于没有竞争性途径存在，原料只能在途径酶的催化作用下生成单一产物，导致转化率和产率高；⑥没有微生物引起的环境污染问题。

二、无细胞蛋白质合成

无细胞蛋白质合成（cell-free protein synthesis，CFPS）是利用转录和翻译所需要的基本组分、DNA 模板、氨基酸等，在体外进行转录、翻译，合成蛋白质的过程。

无细胞蛋白质合成需要转录和翻译所需要的各种组分、DNA 模板和氨基酸等，包括蛋白质、核糖体和小分子化合物三大类。其中蛋白质主要用于转录、翻译和能源再生，包括延伸因子、起始因子和各种氨基酰-tRNA 合成酶等 36 种蛋白质。小分子化合物包括盐、缓冲液、4 种 NTP、磷酸肌酸和亚叶酸。

根据无细胞系统中蛋白质来源不同，无细胞蛋白质合成分为纯无细胞合成系统和粗抽提液无细胞合成系统。所谓的纯系统（"PURE" system）就是利用各种事先纯化好的蛋白质进行体外蛋白质合成的系统。大肠杆菌纯无细胞系统包括 36 种蛋白质，如 3 个翻译起始因子（IF1、IF2 和 IF3）、3 个翻译延伸因子（EF-G、EF-Tu 和 EFT）、3 个翻译释放因子（RF1、RF2 和 RF3）、终止因子（RRF）、20 个氨基酰-tRNA 合成酶（ARS）、甲硫氨酰 tRNA 转甲酰基酶（MTF）、T7 RNA 聚合酶和核糖体。除此之外，系统还包括 tRNA、NTP、磷酸肌酸、10-甲酰基-5,6,7,8-四氢叶酸二钠盐、20 种氨基酸、肌酸激酶、肌激酶、核苷二磷酸激酶和焦磷酸酶。

（一）纯系统

2001 年，Shimizu 等首先在 *Nature Biotechnology* 上报道了纯系统进行无细胞蛋白质合成，即利用纯化的重组元件构建无细胞蛋白质合成系统[29]。目前纯系统已由 NEB 公司商业化生产。随着对系统的逐步优化，经历了 PUREx-press、TraMOS PURE、PUREfrex kit，到最近的 OnePot PURE，成本也已由起初的 1.36 美元/mL 降到 0.09 美元/mL。

OnePot PURE 具体操作[30,31]：①一锅法表达蛋白质纯化，所有 36 种蛋白质培养表达后，混合、离心收集菌体、细胞破碎、纯化，从而制备纯化蛋白质；整个过程耗时 3 天。②制备核糖体，可分别采用 His-标签纯化和无标签纯化技术；耗时 3 天。③按浓度要求配制能量溶液。④将上述所有组分与模板 DNA 混合在一起，在 37℃条件下反应 20h，进行无细胞蛋白质合成。

(二)基于细胞抽提液无细胞系统

虽然纯系统成本已大幅降低,但酶的纯化及需要添加各种辅因子仍然限制了其应用。为此,美国西北大学的 Jewett 等提出了基于细胞抽提液无细胞系统。基于细胞抽提液无细胞系统具有如下三个优点:一是与纯系统相比,不须纯化,使制备成本较低;二是抽提液存在辅因子再生系统;三是抽提液存在天然的代谢活性。

细胞抽提液无细胞蛋白质合成的基本流程如图 4-11 所示。首先进行细胞的大量培养;然后在低温条件下离心收集菌体;接着进行预处理提高细胞破碎效果;其后将菌体重悬在裂解液中进行细胞破碎,进行后处理去除细胞碎片;最后加入到无细胞蛋白质合成反应液中进行无细胞蛋白质合成。

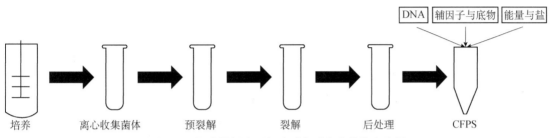

图 4-11 细胞抽提液无细胞蛋白质合成的基本流程

目前已成功开发了许多生物抽提液系统,如大肠杆菌、恶臭假单胞菌、链霉菌、巨大芽孢杆菌、枯草芽孢杆菌、古细菌、酿酒酵母、毕赤酵母、烟草细胞、小麦胚芽、昆虫、中国仓鼠细胞(CHO)、HeLa 细胞和兔网织红细胞等。这些系统存在各自的优缺点,可根据目的蛋白类型选择合适的抽提物。一些非模式细胞的抽提物无细胞系统虽然还没开发或广泛应用,但未来极有可能成为无细胞系统快速创新单位源泉。

大肠杆菌因其生长速度快、易于培养、具有清楚的遗传背景等原因,已成为构筑应用最为广泛的 CFPS 系统。大肠杆菌抽提液无细胞蛋白质合成系统由 33%(V/V)大肠杆菌抽提液和 66%(V/V)含营养物质的反应缓冲液组成。大肠杆菌抽提液无细胞蛋白质合成系统已越来越成熟,该系统菌株培养周期短,裂解液制备简单,能够高通量地表达蛋白质,目前分批培养时蛋白质表达水平已达 4g/L[32]。

美国西北大学 Jewett 团队建立了用于代谢工程的高活性大肠杆菌抽提液的制备方法,详见 *Methods in Enzymology* [33]。简单来说,培养诱导表达目标途径酶、离心收集菌体并用冷 S30 缓冲液 [10mmol/L Tis-乙酸(pH 8.2)、14mmol/L 乙酸镁、60mmol/L 谷氨酸钾、2mmol/L 二硫苏糖醇] 洗涤 2~3 次,按每克湿菌体 1mL S30 缓冲液的比例重悬菌体,超声破碎,于 12 000×g、4℃ 条件下离心去除细胞碎片,按每管 100~200mL 分装于 1.5mL 离心管中,液氮速冻并于−80℃保藏。抽提液可在−80℃保存一年,而且至少可以进行 5 次的反复冻融而不会受损。

随后,Jewett 团队建立了基于大肠杆菌抽提液的 CFPS 系统。该系统利用磷酸烯醇式丙酮酸(PEP)为能源物质,其 CFPS 反应液包括 1.2mmol/L ATP、0.850mmol/L GTP、0.850mmol/L UTP、0.850mmol/L CTP、31.50μg/mL 叶酸、170.60μg/mL tRNA、0.40mmol/L NAD、0.27mmol/L CoA、4.00mmol/L 草酸、1.00mmol/L 丁二胺、1.50mmol/L 亚精胺、57.33mmol/L HEPES 缓冲液、10mmol/L 谷氨酸镁、10mmol/L 谷氨酸氨、130mmol/L 谷氨酸钾、每种天然氨基酸浓度为 2mmol/L 的混合液、0.03mol/L 磷酸烯醇式丙酮酸、33.3%(V/V)大肠杆菌抽提液。详细步骤

参见 Levine 等发表在 *Journal of Visualized Experiments* 上的文献[34]。

美国加州理工大学又提出了基于 3-磷酸甘油醛（3-PGA）的大肠杆菌抽提液的 CFPS 系统，其 CFPS 反应液包括蛋白质浓度为 8.9～9.9mg/mL 的抽提液、4.5～10.5mmol/L 谷氨酸镁、40～160mmol/L 谷氨酸钾、1mmol/L 二硫苏糖醇、1.5mmol/L 天然氨基酸、1.25mmol/L 亮氨酸、50mmol/L HEPES、1.5mmol/L ATP 和 GTP、0.9mmol/L CTP 和 UTP、0.2mg/mL tRNA、0.26mmol/L CoA、0.33mmol/L NAD、0.75mmol/L cAMP、0.068mmol/L 叶酸、1mmol/L 亚精胺、30mmol/L 3-磷酸甘油醛、2% PEG-8000。详细步骤参见 Sun 等发表在 *Journal of Visualized Experiments* 上的文献[35]。随后，他们在反应体系中增加 60mmol/L 麦芽糊精和 30mmol/L D-核糖作为能量物质，建立了 3.0 版本的 CFPS 系统，使分批培养时 CFPS 的蛋白质表达水平达 4g/L[32]。

然而，大肠杆菌抽提液 CFPS 系统缺乏翻译后修饰系统、内源膜结构和有效的分子伴侣，使其合成真核蛋白具有局限性，因此需要开发其他的提取物系统。

酿酒酵母作为重要的模式生物和微生物细胞工厂，已广泛应用于代谢工程和合成生物学研究中。酿酒酵母抽提物因制备简单，能够实现翻译后糖基化修饰和正确折叠，是真核 CFPS 系统的重要底盘细胞。酿酒酵母抽提物制备的基本流程为：将酿酒酵母通过离心使细胞沉淀，用甘露醇缓冲液洗涤培养；之后再用甘露醇缓冲液洗涤 3 次，去除多余的培养基，将细胞沉淀、重悬至裂解液中，然后用玻璃珠搅拌或均质器进行细胞裂解；随后裂解物通过透析或快速蛋白质液相层析（fast protein liquid chromatography，FPLC）进行纯化，在液氮环境中快速冷冻，并置于−80℃条件下保存。酿酒酵母抽提物系统的优点是抽提液的制备和翻译后修饰简单、快速，可以实现如糖基化的翻译后修饰，能合成难以在体外合成的病毒样颗粒和医药蛋白质，但不能实现哺乳动物内复杂的翻译后修饰，且蛋白质产量低。

三、无细胞生物合成

无细胞生物合成（cell-free biosynthesis，CFBS）又称无细胞代谢工程，是将生物合成途径中的各种酶加入到无细胞合成系统中进行生物合成小分子的过程。根据酶的形式可分为纯酶系统和抽提液系统，抽提液系统又包括全部为抽提液的纯抽提液系统和含有部分 CFPS 或纯化酶的抽提液系统（图 4-12）。

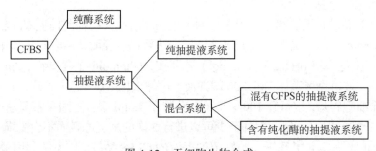

图 4-12　无细胞生物合成

与微生物发酵相比，无细胞生物合成系统具有如下优势。

1）产率高。由于消除了中间产物的副途径竞争和微生物发酵过程中维持细胞存活所需的资源损失，因此可以获得较高的产品产量。

2）反应速率快。由于没有限制传质的细胞膜，而且在无细胞生物合成系统中增加酶载量或底物载量也很容易，因此无细胞生物合成系统的反应速率总是比微生物发酵系统快。

3）可耐受有毒的环境。由于酶通常比微生物更能耐受有毒化合物和产物，许多无细胞生物合成系统可以在微生物无法生存的有毒环境中工作。

4）工程改造灵活。与微生物发酵系统的复杂性相比，无细胞生物合成系统可以很容易地进行改造或工程设计，以提高系统性能。

5）可以实现微生物发酵无法完成的生物转化。

（一）纯酶系统

纯酶系统就是利用纯酶进行无细胞生物合成，也称为体外合成酶生物系统（in vitro synthetic enzymatic biosystem）。

纯酶无细胞生物合成往往被分为两步生物转化：首先通过发酵生产、纯化制备纯酶；然后以一锅法进行体外多酶生物催化合成产物。需重点关注的问题包括原料成本、酶和辅因子成本、产品滴度和生产率等，其中关键因素是酶的生产、纯化、稳定性及辅因子成本。因此，虽然纯酶无细胞生物合成系统具有接近理论产品产量、更快的反应速度、减少有毒化合物的干扰及前所未有的工程化水平等优势，但酶和辅因子的成本限制了其工业化应用。

构建纯酶无细胞生物合成的策略是"路线设计-元件招募-系统测试-系统优化"循环：①根据初始底物和目标产物，设计反应路线，从热力学角度对反应路线进行可行性分析；②寻找合适的酶元件的来源，对酶进行制备和表征；③进行实验验证，检测产物的生成；④系统优化反应条件，研究反应系统的适配问题，以确认反应系统的物质流瓶颈。

合成途径的设计是体外无细胞生物合成的核心。合成途径设计的核心是：①途径设计；②酶的选择；③辅酶的设计与再生。原子经济性是合成途径设计的准则，可以考虑以下几点以满足原子经济性的需要：①选择与产物结构类似的起始原料，以提高原料的利用率；②设计理论转化率高的合成途径，以提高原料的转化率；③选用合适的酶元件，以提高反应的催化效率。经过上亿年的进化，生物体内进化出一系列特异性强、转化率高的代谢合成路线，因此，现有的自然代谢途径是设计体外合成途径线路的首选。在没有现成路线的情况下，设计目标分子的合成途径是一个挑战，此时可借鉴有机化学合成中的逆合成手段，从目标化合物分子开始，推导其前体和中间物。目前已成功开发出一些计算工具，如 RetroPath。由于辅酶昂贵且不稳定，在设计合成途径路线时，最好是设计无辅酶或辅酶平衡的途径路线。

整个生物合成的效率取决于每个酶元件。酶元件既要有高催化活性和更好的稳定性，又需要保持较强的底物特异性以避免交叉反应和副产物的产生，还需要在宿主细胞中高可溶性表达，以降低制备酶的成本。热稳定酶是构建无细胞生物合成系统的又一个关键所在，选择热稳定酶有利于降低无细胞生物合成的生产成本、增加生产效率。一般来说，可以采用三种策略来选择热稳定酶：从（超）嗜热微生物中挖掘和发现酶、蛋白质工程和酶固定化。最好和最简单的是从嗜热微生物中挖掘热稳定酶。当酶学数据库和文献中无法找到热稳定酶时，理性、半理性或定向进化策略可用以增强酶的稳定性。酶的固定化是提高酶稳定性的经典方法，酶固定化不仅可以提高酶的稳定性，还可以促进酶/产物分离和酶的回收再利用。此外，低生产污染和低过敏性也是固定化酶的优势，尤其对多酶系统进行多酶共固定化是一种有发展前景的策略。此时，多酶共固定化的稳定性取决于最不稳定的酶，多酶的比例决定了共固定化多酶系统的效率。由此可看出，微胶囊（microcapsule）是多酶共固定化的最佳选择，可以不用考虑酶的大小、固定化率和固定化多个酶的比例，直接将多酶按比例包覆在胶囊中。仿生矿化微胶囊因生物相容、亲水、机械强度高、制备条件温和，是一种较好的多酶共固定化材料。为了降低生产成本，体外无细胞生物合成系统对酶的纯度要求不高，可以采用纯度相对较低的酶。因此，可采用低成本的酶纯化技术，如硫酸铵沉淀、镍柱亲和纯化或热稳定酶的热沉淀，而不必使用昂贵的色谱分离法。

在设计合成途径路线无法避免辅酶时，因辅酶价格昂贵，就必须利用辅酶再生系统来平衡辅酶。常见的辅酶有 NADH、NADPH、ATP、硫胺素、吡哆醛及其衍生物、泛酸和叶酸等。烟酰胺类辅酶和 ATP 再生系统的应用最为广泛。烟酰胺类辅酶主要包括氧化型辅酶 NAD(P)$^+$ 及还原型辅酶 NAD(P)H 四种。再生系统又分为还原型辅酶再生系统（图 4-13A）和氧化型辅酶再生系统（图 4-13B）。常用的还原型辅酶 NAD(P)H 再生的酶主要有醇脱氢酶（alcohol dehydrogenase，ADH）、葡萄糖脱氢酶（glucose dehydrogenase，GDH）、甲酸脱氢酶（formate dehydrogenase，FDH）、亚磷酸脱氢酶（phosphite dehydrogenase，PDH）和氢酶（hydrogenase）等。常用的氧化型辅酶 NAD(P)$^+$ 再生的酶有乳酸脱氢酶（lactate dehydrogenase，LDH）、NAD(P)H 氧化酶［NAD(P)H oxidase，NOX］、谷氨酸脱氢酶（glutamate dehydrogenase，GluDH）、羰基还原酶（carbonyl reductase）。相对于 NADP，NAD 价格较低且相对稳定。因此，将天然的 NADP 依赖性酶改变成 NAD 依赖性酶，有助于提高纯酶无细胞生物合成系统的稳定性。张以恒团队成功地将极端嗜热的海栖热袍菌（*Thermotoga maritima*）的磷酸戊糖途径的 6-磷酸葡萄糖脱氢酶（glucose 6-phosphate dehydrogenase，G6PDH）和 6-葡糖酸脱氢酶（6-phosphogluconate dehydrogenase，6PGDH）的 NADP$^+$ 依赖性转变为 NAD$^+$ 依赖性，分别得到突变体 mG6PDH（S33E/R65M/T66S）和 m6PGDH（N32E/R33I/T34I）[36,37]。开发价格低廉的人工辅酶并对相应酶进行辅酶偏好性改造是降低纯酶系统成本的另一种策略。目前已报道了多个人工辅酶及其相应的酶元件，如氟代胞嘧啶二核苷酸（nicotinamide flucytosine dinucleotide，NFDC）的苹果酸脱氢酶（malate dehydrogenase）或苹果酸酶（malate enzyme），烟酰胺胞嘧啶二核苷酸（nicotinamide cytosine dinucleotide，NCD）的亚磷酸脱氢酶，烟酰胺单核苷酸（nicotinamide mononucleotide，NMN）的醇脱氢酶等[38]。在构建无细胞合成途径的过程中，有时难以通过简单的途径设计使辅酶消耗与再生实现平衡。为此，Bowie 团队提出了净化阀（purge valve）模块使 NADP$^+$ 与 NADPH 实现平衡（图 4-14）[39]。该模块包含 3 种酶元件，分别为依赖 NADP$^+$ 的突变型丙酮酸脱氢酶 PDH，依赖 NAD$^+$ 的野生型 PDH，以及仅能消耗 NADH 的 NADH 氧化酶（NADH oxidase，NoxE）。当系统中 NADPH/NADP$^+$ 值较低时，控制阀处于关闭状态，利用 NADP$^+$ 依赖型 PDH 生成乙酰辅酶 A，同时产生 NADPH；当系统中 NADPH/NADP$^+$ 值升高时，控制阀被打开，NADPH 依赖型 PDH 的活性受到高浓度 NADPH 的抑制，利用 NADH 依赖型 PDH 合成乙酰辅酶 A，而 NoxE 消耗了所产生的 NADH，既保证了系统中 NAD$^+$ 的再生，又避免了无用的 NADH 的积累。

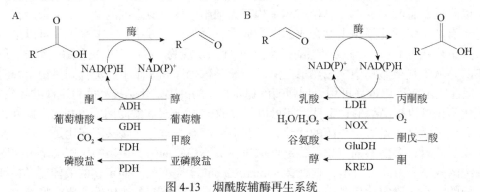

图 4-13　烟酰胺辅酶再生系统

A. 还原型；B. 氧化型；KRED. 羟基还原酶

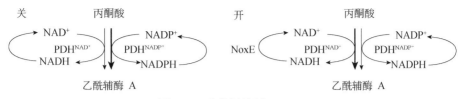

图 4-14 净化阀控制 NADPH

三磷酸腺苷（ATP）是一种高能磷酸化合物，通过与二磷酸腺苷（ADP）的相互转化实现能量的贮存和释放，为生物体提供能量。在设计体外合成途径时，最好被设计成不需要 ATP 或尽可能少使用 ATP。由于 ATP 价格昂贵，在需要 ATP 参与的体外合成系统中，需要构建 ATP 再生系统。目前用于 ATP 再生的激酶主要有多磷酸激酶（polyphosphate kinase，PPK）、乙酸激酶（acetate kinase，AK）、腺苷酸激酶（adenylate kinase，ADK）、3-磷酸甘油酸激酶（3-phosphoglycerate kinase，PGK）、丙酮酸激酶（pyruvate kinase，PK）、肌酸激酶（creatine kinase，CK）和氨基甲酸激酶（carbamate kinase，CBK）等（图 4-15）。其中以 PPK 和 ADP 的再生系统应用最为广泛。PPK 的稳定性好，再生系统所需辅底物多聚磷酸盐成本低、来源广泛。PPK 主要分为 PPK1 和 PPK2 两大类，PPK1 合成 ATP 方向的平衡常数 K_{eq} 低，但其热稳定性好，如大肠杆菌和细长热合胞球菌（Thermosynechococcus elongatus）的 PPK1 已成功用于体外 ATP 再生。PPK2 合成 ATP 方向的平衡常数 K_{eq} 高、催化效率高及分子量小，应用更为广泛。PPK2 又分为三小类[40]：①PPK2-Ⅰ，底物是 ADP，如来源于浑球红假单胞菌（Rhodobacter sphaeroides）的 PPK2-Ⅰ；②PPK2-Ⅱ，底物是 AMP，必须与腺苷酸激酶或其他 PPK 一起工作以实现 ATP 再生，如来自约氏不动杆菌（Acinetobacter johnsonii）的 PPK2-Ⅱ；③PPK2-Ⅲ，底物既可以是 ADP，也可以是 AMP，如来自溶蛋白芽球菌（Deinococcus proteolyticus）的 PPK2-Ⅲ。乙酸激酶由于具有辅底物价格低和稳定性高的优点，也是一种常用的 ATP 再生策略。腺苷酸激酶的辅底物是 ADP，不需要其他辅底物，也常用于 ATP 再生，且常和多磷酸激酶（PPK2-Ⅱ）或多磷酸 AMP 磷酸转移酶（polyphosphate AMP phosphotransferase，PPT）进行级联用于 ADP/AMP 循环。虽然经过精心设计，可以使辅酶的消耗与再生实现化学计量的平衡，但是 ATP 的自发水解，以及难以完全去除的 ATP 水解酶对 ATP 的消耗等，导致 ATP 的实际消耗大于理论值。因此，在体外生物合成系统长时间运转后，往往会出现体系中辅酶浓度逐渐降低的状况，影响了反应效率。针对 ATP 降解问题，Bowie 团队等提出了一个 ATP 变阻器模块（图 4-16）[41]。该模块包括磷酸化的嗜热脂肪地芽孢杆菌（Geobacillus stearothermophilus）的 3-磷酸甘油醛脱氢酶（WP_033015082）突变体 mGapDH$^{D32A/L33R/T34K}$、非磷酸化的变形链球菌（Streptococcus mutans）的 3-磷酸甘油醛脱氢酶（NP_721104）和嗜热脂肪地芽孢杆菌的磷酸甘油激酶（WP_033015089）。体系中磷浓度将决定变阻器模块的运行模式。当磷浓度低时，运行非磷酸化磷酸甘油醛脱氢酶（GapN）支路，3-磷酸甘油醛经非磷酸化脱氢合成 3-磷酸甘油酸和 NADPH，此时无 ATP 合成；当 ATP 经副反应水解导致磷浓度高时，mGapDH$^{D32A/L33R/T34K}$ 发挥作用，3-磷酸甘油醛经磷酸化脱氢生成 1,3-二磷酸甘油酸，然后在磷酸甘油酸激酶的作用下生成 3-磷酸甘油酸和 ATP，产生额外的 ATP 以弥补损耗，从而使体系中 ATP 浓度维持在一个稳定水平。

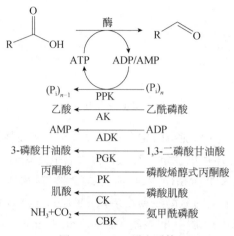

图 4-15　ATP 再生系统

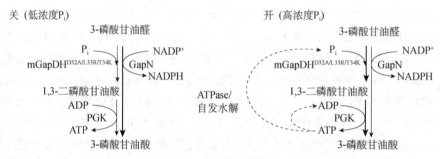

图 4-16　ATP 变阻器

众所周知，生物体内的代谢过程由多酶协同完成，胞内蛋白质浓度高，胞内酶高度有序地聚集在一起形成多酶复合体，其催化反应高度有序，从而提高其催化效率。而体外生物合成系统中，酶浓度低、高度分散。因此，借鉴天然宿主的这种特性，在体外合成系统中，对多酶进行空间组织，构建人工多酶复合体，产生底物通道效应，减少中间产物的扩散，从而提高整体反应效率，避免副反应，消除中间产物的抑制等。目前比较常见的多酶空间组织技术，包括连接肽、蛋白质支架、DNA 支架和相分离区室化等[42]。

张以恒团队创建了一个非天然合成酶途径，成功地将预处理后的生物质酶解后转化为淀粉，该途径包括枯草芽孢杆菌（*Bacillus subtilis*）内切葡聚糖酶（BsCel5A）、木霉（*Trichoderma* spp.）纤维二糖酶（TrCel7A）、嗜热梭菌（*Clostridium thermocellum*）纤维二糖磷酸化酶和马铃薯 α-糖苷磷酸化酶[43]。Bowie 团队构建了含有 26 个酶反应的无细胞系统，可将 92% 的地高辛酸转化成大麻酚酸，大麻酚酸产量达到 1.74g/L[44]。马延和团队采用了类似"搭积木"的方式，从头设计、构建了包括 11 步反应的非天然固碳与淀粉合成途径[45]。具体来说，首先根据碳原子个数将该途径分为 4 个不同的模块（C1、C3、C6 和 C*n* 模块）；随后在计算途径设计软件/网站的指导下，通过选择和组装来自 31 个生物体的 62 种酶来构成 10 个核心酶催化反应；接着对瓶颈酶进行定向进化；最后结合化学催化 CO_2 生成甲醇，使淀粉的最终产率达到 410mg/（L·h），为传统农业生产玉米淀粉的 8.5 倍。他们团队基于碳素缩合、异构、脱磷等酶促反应，建立了化学-酶级联转化二氧化碳合成己糖的人工合成途径，通过酶分子改造技术提升了天然酶活性、底物特异性等催化性能，构建了 C1-C3-C6 三个功能模块，在体外实现了精准控制合成不同结构与功能的己糖[46]。

（二）抽提液系统

为了降低酶制备和纯化的成本，细胞抽提液也已成功用于无细胞生物合成。所有的途径酶都可以利用抽提液从而构建纯抽提液的无细胞生物合成系统，也称为无细胞代谢工程（cell-free metabolic engineering，CFME）。途径酶可以通过构建代谢工程菌在一个宿主菌中表达，制备抽提液；也可单独分开在不同菌中进行表达，分别制备抽提液。Jewett 团队提出了一个每个基因单独表达、制备各自的抽提液，然后混合在一起添加到无细胞合成反应液中，进行无细胞生物合成的方案（图 4-17）。在优化底盘细胞及反应系统后，20h 可合成甲羟戊酸 17.6g/L，时空产率达到 0.88g/（L·h）[47]。这种每个基因单独表达制备抽提液的 CFME，可充分利用无细胞的混合-配对（mix and match）功能，对途径酶原型化、筛选和优化。为此，他们又对该方法进行了总结和修正，成果发表在 *Methods in Enzymology* 上[33]。

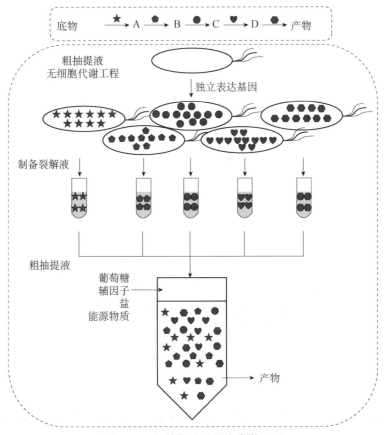

图 4-17 纯抽提液无细胞代谢工程

表达每个基因的重组菌抽提液浓度有限，导致在反应体系中每个基因编码的蛋白质浓度受限，从而影响生物合成效率。为此，Jewett 团队又提出了一个含有部分 CFPS 的混合系统（CFPS-CFME）[48]。该系统利用表达途径中部分基因重组菌的抽提液进行剩余基因的 CFPS，然后添加底物、NAD⁺和CoA，进行CFME，从而实现目标产物的合成。他们经研究发现，在CFPS中目的蛋白浓度将超过100mg/L，从而使以葡萄糖为原料合成1-丁醇的产量由CFME的1.43g/L增加到CFPS-CFME的1.71g/L。

随后，中山大学刘建忠团队为了提高目的蛋白在反应体系中的浓度，利用Spy环化能使酶耐受，从而可以采用热处理纯化的特性，提出了一种基于底盘细胞抽提液与Spy环化纯酶混合液的无细胞合成系统（CFBS-mixture），并将其应用于绿原酸的合成[49]，如图4-18所示。CFBS-mixture由底盘细胞抽提液和Spy环化纯酶组成。前者（底盘细胞抽提液）用于合成前体、辅因子和能量。后者（Spy环化纯酶）将底盘细胞抽提液合成的前体被热处理纯化的Spy环化酶催化转化成产物。应用该系统的绿原酸产量是采用传统粗抽提液系统的22.4倍。优化后，绿原酸产量提高到（711.26±15.63）mg/L。

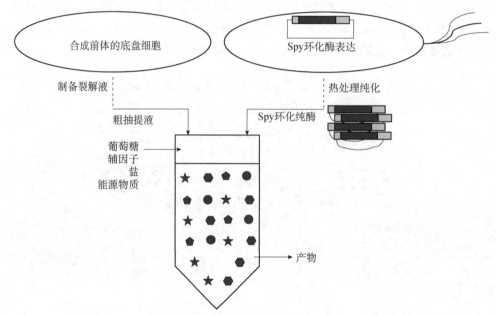

图4-18　基于底盘细胞抽提液与Spy环化纯酶混合液的无细胞合成系统

第四节　基因组缩减

一、概论

基因组缩减是合成生物学中一个具有前景的研究方向，旨在通过精简细胞的基因组，提高细胞的生产效率、可控性和稳定性。了解以下核心概念有助于人们更好地理解基因组缩减的重要性，以及它如何为合成生物学开辟了新的研究和应用前景。

1. 底盘细胞

在合成生物学应用中，底盘细胞被选为工作模型细胞，它们作为基因工程和其他合成生物学技术的目标。这些细胞需能为合成的生物部件提供稳定和可预测的环境，确保这些部件能够有效地运行。例如，大肠杆菌（*Escherichia coli*）由于能快速生长、易于操作和具有丰富的分子生物学工具而成为一个常用的底盘细胞[50]。此外，在需要生产大分子或需要真核细胞生物合成途径的应用中，酿酒酵母（*Saccharomyces cerevisiae*）也是一个常见的选择[51]。

2. 基因冗余性

生物体的基因组通常存在基因冗余性。这指的是基因组中某些基因有多个副本，它们的功能可能是相似或重叠的。这样有助于生物体在面临环境压力时保持稳定。例如，细胞体内存在不同的酶可催化相同的反应，尽管它们在不同环境条件下的效率可能会有所不同[52]。因此即使其中一个酶的基因被敲除，另一个酶仍然能够继续执行其功能，从而确保细胞正常运行。

3. 必需基因与非必需基因

基因可根据其对细胞在特定环境中的生存和繁殖的重要性进行分类，分为必需基因和非必需基因。必需基因对细胞的生存和繁殖至关重要，如在大肠杆菌中存在的 *DnaA* 基因，它在 DNA 复制中起到关键作用，如果被敲除则细胞无法复制其染色体，进而无法繁殖。而非必需基因在某些环境中可能并不是关键的，但在其他环境中可能很重要。比如，某些细菌的非必需基因在营养充足的环境中可有可无，但在营养受限或受到压力时，它们的表达则对生存至关重要。例如，细胞的耐受基因在正常环境中可能不是必需的，但在暴露于抗生素或有毒物质时，它们变得非常关键。敲除非必需基因有利于基因组简化，避免不必要的能量和物质浪费。

4. 最小基因组

最小基因组是指一个细胞在最适宜的生长条件下，维持其生长和繁殖所需的最小基因集合。这个概念对于合成生物学尤其重要，因为它提供了一个目标，指导研究者如何通过去除非必需基因来简化一个生物体的基因组。J. Craig Venter 研究所在 2016 年合成了只含有 473 个基因的支原体（*Mycoplasma mycoides*），称为 JCVI-syn3.0[53]，这是能实现细胞活性的最小基因组。

5. 基因组缩减策略

基因组缩减的目标是系统地减少基因组中的基因数目，同时确保细胞仍能在特定条件下正常生存和发挥功能。通常遵循以下两个主要的策略方向。

自上而下策略：从复杂的生物体开始，逐步敲除非必需基因，直至得到一个最小的、能够维持生命活动的基因集合。这要求对细胞的生理和代谢有深入了解，并需精确的基因敲除技术。

自下而上策略：从零开始，根据对生命必需过程的了解，合成并组装基因，构建一个全新的、简化的生命形式。这种方法更为理论化，需要对生命基本过程有透彻的理解，以及高精确度的基因合成和组装技术（图 4-19）。

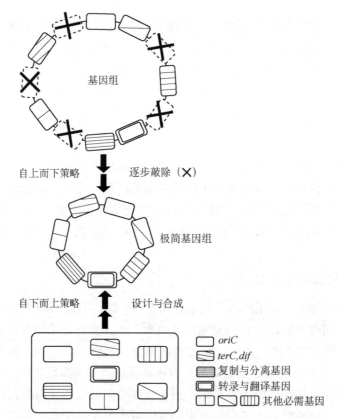

图 4-19　自上而下和自下而上缩减基因组的策略对比（改自 https://2010.igem.org/Team:CBNU-Korea/Project）

二、典型微生物的基因组缩减（精简）

基因组缩减（精简）是合成生物学中的一种策略，旨在通过减少生物体基因组中的非必需基因来简化其遗传信息。这种简化可以使生物体在特定应用中变得更加高效，并有助于更深入地了解生命的基本原理。

为了实现基因组缩减，研究者首先需要确定哪些基因是必需的，哪些是冗余或非必需的。一旦确定，就可以使用多种基因编辑技术，如同源重组技术或 CRISPR-Cas9 技术[54]，以敲除选定的非必需基因。因此，基因组缩减涉及两个核心步骤：基因组的缩减设计和基因的敲除。

基因组的缩减设计是基因组缩减过程中的首要挑战。关键在于确定那些必需基因，这些基因对生物体的生存和繁殖至关重要。为了识别这些基因，研究者可使用多种技术和方法：比较基因组学是通过比较不同生物种类的基因组，确定那些在多个物种中都存在并且在进化过程中高度保守的基因；大规模失活实验是通过系统性地敲除细胞中的每一个基因，观察每次敲除后细胞的生长和繁殖能力，从而确定必需基因；基于代谢网络的预测方法则利用计算机模拟和数据分析，研究细胞代谢过程中各个基因的角色和重要性。

确定了要敲除的基因后，研究者使用多种方法进行基因敲除。同源重组法使用与目标基因序列相似的 DNA 片段，通过 DNA 的自然修复机制替换或删除目标基因。基于位点的特异重组酶法利用特定的重组酶，精确地在基因组的特定位置插入、删除或替换基因。转座子法则使用一个可以在基因组中移动的 DNA 序列——转座子，随机或特异地插入基因，从而破坏其功能。CRISPR 法则利用 CRISPR-Cas9 蛋白和 RNA 分子的组合，精确地定位并切割目标基因，从而将其失活。

以下是基因组缩减的常规工作流程：①对目标微生物的全基因组进行测序，并与已知的相关微生物基因组进行比较。此外，还可通过查阅文献来收集有关目标微生物基因功能的信息。②对天然基因进行分类，通过功能注释和比对，将基因分类为不同的功能类别，如代谢途径、应激反应、细胞周期控制等。③确认非必需基因、未知基因、有害基因。使用基因敲除或敲降实验，以及表型分析，确定哪些基因是非必需的、未知功能的或者可能有害的（如致病基因）。④进行基因簇的敲除。⑤确认非必需基因簇。在敲除了某一基因簇后，需要进行表型分析和生长曲线实验等，以确认这些基因簇的非必需性，并评估其对微生物生长和代谢的影响。⑥基因簇的组合敲除。在确认多个非必需基因簇后，可以尝试进行组合敲除，以实现更大范围的基因组缩减。⑦通过多轮的基因敲除和筛选，获得一个基因组显著缩减的菌株，即基因组缩减菌。随后，对基因组缩减菌进行全面的生物学和生理学特性分析，以确认其潜在的应用价值。这样的工作流程需要多学科的合作，包括基因组学、代谢组学、生物信息学和工程生物学等，以取得最优化的基因组缩减效果。

总体而言，基因组缩减不仅为人们提供了关于生命起源、复杂性和最基本功能的见解，还通过提高生物生产过程的效率，为生物技术和医学应用开辟了新的可能性。

（一）大肠杆菌基因组的缩减

大肠杆菌由于其丰富的遗传信息、清晰的代谢途径和成熟的生物技术工具，成为合成生物学和基因组研究中的理想模型。尽管大肠杆菌的基因组相对较小和简洁，但仍然存在许多非必需基因。对这些基因进行敲除或缩减可以使其成为更加有效的生物生产平台，并有助于揭示其生命活动的基本原理。过去的研究已经对大肠杆菌基因组进行了较为详细的功能注释，鉴定出了大量的必需基因和非必需基因，这为其基因组缩减提供了基础。借助于如同源重组、CRISPR-Cas9 等基因编辑技术，研究者能够针对性地敲除或组合敲除一系列非必需基因，从而实现基因组的缩减。

但是大肠杆菌基因组缩减的过程并不简单。尽管某些非必需基因可以单独敲除而不影响细胞的正常生长，但当多个非必需基因组合敲除时，可能会导致生长速率减慢或代谢紊乱，这突显出基因之间的复杂交互关系和网络效应。因此，进行基因组缩减时必须权衡细胞的功能和其生产能力，再理解基于何种原则对基因进行选择并决定进行敲除。以下是构建一些大肠杆菌的基因组缩减菌时，采用的策略和设计原则。

1）MDS12 与 MDS42：由匈牙利的 Posfai 和美国的 Blattner 团队合作进行的研究[54]。该策略的核心是对于被认为与基本生命过程无关的特定基因区域进行敲除。基因组缩减菌 MDS12 的构建策略涉及敲除 12 个被称为 "K-islands" 的基因区域，而菌株 MDS42 则进一步敲除了插入序列（insertion sequence，IS）。这些插入序列是转座元件，可以在基因组中移动，增加了遗传不稳定性。通过消除这些插入序列，可以增加细胞稳定性并减少基因重复。

2）△16：由日本的 Kato 团队开发构建[55]。他们基于文献中的报道，将大肠杆菌的基因分为三类：必需基因、非必需基因和未知基因。基于基因分类信息，采用无标记染色体缺失突变法，对 75 个长基因片段进行了单独的敲除，并成功地获得了同时敲除了 16 个片段（长 1.38Mb，占基因组的 29.7%）的精简型大肠杆菌。

3）MS56：这项研究主要探讨了大肠杆菌基因组中的插入序列在生产重组蛋白时所带来

的挑战[56]。插入序列会促使基因发生重排，从而导致基因组和重组质粒不稳定，不利于重组蛋白的生产。Kim 及其团队通过敲除插入序列、K-islands，以及与鞭毛、纤毛和脂多糖生产有关的基因，将 23%的基因组去除，得到一株无插入序列的基因组简化大肠杆菌 MS56。在 MS56 菌株中未观察到在野生型 MG1655 中出现插入序列移动破坏重组蛋白编码序列的现象，表明菌株中不含插入序列增强了基因的稳定性，更适于表达生产重组蛋白。

4）MGF-01/DGF-298：2001 年，在日本启动了一个名为"最小基因组细胞工厂"（minimum genome factory，MGF）的项目[57]。研究人员将大肠杆菌与其有共同祖先的昆虫共生菌 *Buchnera* sp. APS 进行比较基因组分析，选定大肠杆菌中独有的基因作为候选基因进行敲除。此外，大肠杆菌在基础培养基中生长所需的必需基因和明显所需基因则被确定为不可或缺的。如果不可或缺基因之间的染色体区域包含超过 10 个基因，该区域被选为删除的候选区域。在最初的最小基因组设计中，选择了总长度为 1.8Mb 的 95 个区域进行删除。可独立地删除的候选区域被组合叠加，最终基因组大小减少了 22%（1.03Mb），并将该菌株命名为 MGF-01[58]。DGF-298 则在 MGF-01 的基础上进一步精简基因组[59]，敲除的基因主要包括功能未知基因、有害基因（如插入序列、前噬菌体和毒素-抗毒素系统），以及与致病性大肠杆菌相比在 W3110 中特有的基因[60]。最终缩减后的基因组大小为 2.98Mb。

以上在构建基因组缩减菌（图 4-20）时采取的策略都突显了一个核心思想，那就是通过比较基因组学、功能性研究和现有的生物学知识，来确定并敲除那些非生存所必需的或对生产过程造成干扰的基因。这不仅有助于提高生产效率，还能更好地理解大肠杆菌中那些真正关键的基因和它们的功能。

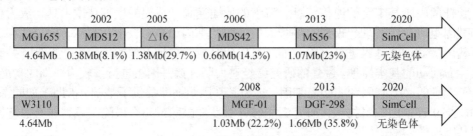

图 4-20　基因组缩减菌的基因组缩减程度

下面以"只干活不增殖"的无染色体大肠杆菌为例进行介绍具体应用。

Fan 等以全新视角探究细胞工程技术，通过移除细胞的染色体，创建了一种全新、高度可编程的无染色体细胞，称为"简单细胞"（simple cell，SimCell）[61]。这些 SimCell（图 4-21）不仅可作为生物合成平台，而且具有广泛的应用潜力。研究团队成功地运用异源的 I-CeuI 内切酶进行双链 DNA 断裂，以及内源核酸酶的降解活性，从大肠杆菌、假单胞菌（*Pseudomonas putida*）和真氧产碱杆菌（*Ralstonia eutropha*）中去除了其原生染色体。实验数据显示，这些无染色体的 SimCell 不仅高度可编程，还能处理定制的基因线路，表达特定目标基因，并且能够合成多种蛋白质和代谢产物。

该研究不仅加深了对自然生命系统的理解，还为合成生物学未来的发展奠定了坚实基础。SimCell 由于无法自我复制（缺少染色体 DNA），降低了与工程微生物相关的生物安全风险，为合成生物学在多个敏感领域（如医疗、生物制造、农业和环境保护等）开拓了新的应用前景[61]。例如，它们可作为安全的微生物治疗剂，有效合成和递送具有针对肺癌、脑癌和软组织癌细胞抑制作用的强效抗癌药物，如酚类（catechol）。经实验发现，SimCell 能够持续表达合成基因线路长达 10 天，这主要得益于糖酵解途径（glycolysis pathway），该途径通过再生 ATP 和 NADH/NADPH 来维持细胞活性。此外，SimCell 还可作为一种优化的生物合成底盘，用于安全地生产和递送产物，避免受到宿主基因组的影响。但需要注意的是，其有限的生命周期可能会影响持续生产或长期应用的效率。

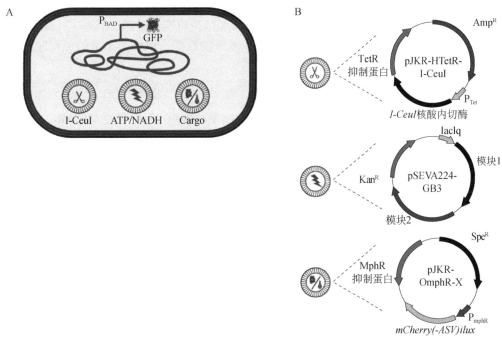

图 4-21 SimCell 的构建特征[61]

GFP. 绿色荧光蛋白；Amp^R. 氨苄青霉素抗性标记；Kan^R. 卡那霉素抗性标记；Spe^R. 壮观霉素抗性标记

（二）其他微生物基因组的缩减

1. 谷氨酸棒杆菌

在一项研究中，Unthan 等采用自上而下策略，以谷氨酸棒杆菌（*Corynebacterium glutamicum*）ATCC 13032 为出发菌，构建一个适用于合成生物学应用的底盘细胞[62]。首先，基于 RNA 和 DNA 的测序数据及参考文献，研究团队详细分析了该菌株基因组内的所有基因。经分析识别出三类核心基因组，分别是物种核心、亚群核心和属核心。基于这些基因组分类，更精确地确定了基因的保守性。在 435 个已经被实验确认为必需或非必需的基因中，近半数（44%）的严格保守基因被鉴定为必需。这些信息为确定哪些基因可能是必需或非必需提供了重要参考，从而有助于精确选择目标基因簇进行删除。

基于这些分析，研究团队找到了 41 个长度在 3.7～49.7kb 的目标基因簇用于删除，其中 36 个基因簇被成功删除。观察到其中 10 株基因组缩减菌（genome-reduced strain，GRS）在生物学适应性评估时表现出明显较慢的生长速率（μ_{max}），尤其是在 CGXII 培养基中。经过进一步的分析发现有 5 株生长较慢的 GRS 的生物量得率（$Y_{X/S}$）也更低，表明至少一个或多个基因在该培养基的菌株生长中发挥了一定的作用。然而，其他 26 株 GRS 的生长速率与野生型基本相同，表明这些基因簇与这些培养基中菌株的生长无关。在讨论底盘细胞与最小细胞的概念时，研究强调了底盘细胞应该保留更多的基因，以维持其在特定条件下（如在已知成分培养基上）的生物适应性（biological fitness）。因此，理论上通过组合删除这 26 个与生物适应性无关的基因簇，有望将 *C. glutamicum* 的基因组大小减少约 22%（722kb），降至 2561kb。

该研究成功地构建了 *C. glutamicum* 的基因组蓝图，并展示了如何通过针对性的基因删除来构建一个底盘细胞，为未来在合成生物学中的应用提供有力的工具和实践路径。但由于研究主要集中在 ATCC 13032 这一菌株上，一些现象和结论可能不适用于其他 *C. glutamicum* 菌株。可进一步探究这一菌株在不同环境和应用场景下的性能，以便为未来的工程应用提供更多的可行方案[62]。

2. 枯草芽孢杆菌

1997 年，枯草芽孢杆菌（*Bacillus subtilis*）的完整基因组 DNA 序列（4.2Mb）完成测序，共鉴定出 4100 个基因[63]。Ara 等研究人员基于枯草芽孢杆菌基因组的信息，对其基因组及生物调控系统进行简化[64]。首先，对枯草芽孢杆菌中大约 3000 个基因（排除了 271 个必需基因）进行了单独敲除，以识别在蛋白质（酶和抗生素等）生产中的非必需基因。在这一系列研究的基础上，研究人员连续删除了 17 个被认为是非必需的基因区域，成功地创建了一个名为 MG1M 的新菌株，其基因组大小减少了大约 1Mb。MG1M 菌株在产酶培养基中的生长速率略有下降，但其形态没有明显变化。更重要的是，MG1M 菌株在纤维素酶和蛋白酶的生产能力上与原始菌株 *B. subtilis* 168 几乎持平。这一结果不仅证明了基因组减小并没有对酶生产能力产生负面影响，反而可能有助于更高效地生产蛋白质。

Stülke 团队及合作者成功创造出基因组更为精简的枯草芽孢杆菌新菌株，名为 PG10 和 PS38 菌株[65]。新菌株的基因组相较于原始菌株减少了约 36%；PG10 仅含 2700 个基因，PS38 仅含 2648 个基因。这两株菌缺少了 8 个主要的分泌型枯草芽孢杆菌蛋白酶基因，这些蛋白酶基因之前被认为是异源蛋白生产的主要瓶颈。该研究还通过强化一个用于提高遗传能力转录因子 ComK 的表达，克服了基因组精简可能导致的遗传能力下降问题。通过删减了多余和非必要的基因，"迷你枯草芽孢杆菌"（mini *Bacillus*）PG10 不仅能更高效地生产蛋白质，还能解决与蛋白质分泌和稳定性有关的瓶颈问题。尤其在生产那些容易受到蛋白酶破坏和难以通过一般的枯草芽孢杆菌菌株分泌出来的"难表达蛋白"方面具有潜在的应用价值[66]。

3. 阿维链霉菌

Komatsu 等选用工业微生物阿维链霉菌（*Streptomyces avermitilis*）作为出发菌株，系统地删除了其基因组中的非必需基因，以期构建一个用于异源表达次级代谢物基因的多功能模式菌株[67]。通过从 9.02Mb 线性染色体上逐步删除超过 1.4Mb 的区域，研究人员成功得到了一系列的突变体（图 4-22）。这些突变体所含基因组为原始基因组的 81.46%～83.20%，并且不生成亲本菌株中的主要内源性次级代谢产物。阿维链霉菌因其在主要代谢途径和生物化学能量供应方面的优化，被认为是异源生产次级代谢物的合适宿主。通过异源表达三个不同来源[灰色链霉菌（*Streptomyces griseus*）、带小棒链霉菌（*S. clavuligerus*）和扁平链霉菌（*S. platensis*）]的外源生物合成基因簇，证明了这些突变体适用于作为外源代谢物高效生产的菌株。其中，异源表达链霉素（streptomycin）和头孢霉素 C（cephamycin C）基因簇的单个转化体合成这两种化合物的能力，均高于相应的原生产菌种。由于大规模的基因组缩减消除了 78% 的潜在转座酶基因，进一步提高了这些突变体的基因稳定性，使其成为合成内源性产物和表达异源途径合成次级代谢产物的理想菌株。该研究突显了工程化精简基因组的阿维链霉菌作为异源表达模式菌株的高效及灵活性。

菌株	基因组大小 (ORF)/bp		
野生型	9 025 608 (7 582)		
SUKA2	7 502 169 (6 375)		83.12%
SUKA3	7 509 588 (6 360)		83.20%
SUKA4	7 440 509 (6 365)		82.44%
SUKA5	7 411 648 (6 348)		82.11%
SUKA6	7 401 199 (6 346)		82.00%
SUKA7	7 372 338 (6 329)		81.68%
SUKA10	7 428 467 (6 353)		82.30%
SUKA11	7 399 606 (6 336)		81.98%
SUKA12	7 389 157 (6 334)		81.87%
SUKA13	7 369 296 (6 317)		81.55%
SUKA15	7 390 332 (6 334)		81.88%
SUKA16	7 361 471 (6 317)		81.56%
SUKA17	7 352 064(6 310)		81.46%

图 4-22　阿维链霉菌野生型及其大片段删除突变体的基因组经限制性内切酶 *Ase* I 处理的物理图谱[67]

4. 裂殖酵母

裂殖酵母（*Schizosaccharomyces pombe*）的基因组在真核生物中属于最小的基因组之一。Sasaki 等采用了一种称为 Latour 系统（latency to universal rescue system）的方法（图 4-23）进一步进行大规模基因删减来识别实验室条件下裂殖酵母生长所需的最小基因集[68]。在经过基因组缩减的裂殖酵母中，共有 4 个删除区域，这些删除区域大小分别为 168.4kb、155.4kb、211.7kb 和 121.6kb，位于染色体 I 和 II 的左臂和右臂，合计删减了 657.3kb[①]和 223 个基因。

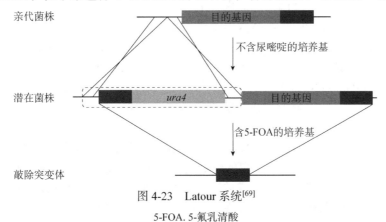

图 4-23　Latour 系统[69]

5-FOA. 5-氟乳清酸

---

① 657.3kb 是引用原文献中的数据；不确定是原文作者的加和有误，还是在进行 4 个数据加和时，使用的是原始数据而非保留小数点后 1 位有效数字的数据，如果是原始数据加和，则结果会偏大，所以本书与原文献数据保持一致

与亲本株相比，该基因组缩减菌的葡萄糖和某些氨基酸的摄取能力有所下降；但胞内的 ATP 浓度增加了 2.7 倍，增加的 ATP 可能有助于氨基酸生物合成反应的激活，但具体机制尚未明确。它在表达异源的增强型绿色荧光蛋白和分泌型人生长激素的水平分别增加了 1.7 倍和 1.8 倍。这表明基因组缩减菌在基因组和基因数量减少的同时，仍能维持生长速率。该研究为进一步研究最小生命体系统及生物制造提供了有用信息。

第五节　基因组合成

一、总概

在基因组合成领域的早期发展阶段，特别是在 20 世纪 70 年代到 80 年代，研究主要集中在单一基因的合成和表达上。1972 年，Har Gobind Khorana 团队的突破性成果——首次合成一个完整的功能性基因，为后续更复杂的基因合成实验铺平了道路[70]。随着技术的发展，科学家开始能够合成更长的 DNA 片段，进一步扩大了基因组合成的可能性。20 世纪 90 年代，聚合酶链反应（polymerase chain reaction，PCR）等技术和工具的广泛应用，尤其是该技术在 1993 年获得诺贝尔化学奖后，使得基因复制和合成变得更加高效和精确。这一时期也标志着研究人员从关注单一基因转向对整体生物系统的理解和改造。随着测序技术的飞速发展，大型基因组测序项目如人类基因组计划为基因组合成提供了丰富的"原材料"和理论参考。因此，20 世纪 70 年代至 90 年代，可被视为基因组合成从基础研究到成熟应用的过渡期，这期间的技术和理念进步为 21 世纪的突破性研究奠定了坚实的基础。

在 21 世纪初，基因组合成领域达成了许多重要的里程碑。Eckard Wimmer 的研究团队在 2002 年成功地合成了脊髓灰质炎病毒的基因组[71]。此项成果不仅揭示了从零开始合成基因组的潜能，也激起了深入的社会与伦理思考，尤其是关于人类具备合成可能带来危险的病毒的能力这一议题。2003 年，J. Craig Venter 团队成功地合成了 ΦX174 噬菌体的基因组[72]，并用其成功感染了细菌，标志着基因组合成进入了一个新的阶段。然而，即使成功合成了噬菌体基因组，合成更大、更复杂的生物体基因组仍面临许多挑战，但这些挑战在科研人员的努力下都已逐一被克服。2008 年，J. Craig Venter 团队通过化学合成、体外重组连接和体内克隆组装的方式，合成了生殖支原体（*Mycoplasma genitalium*）共 582.97kb 的基因组；这个合成基因组被命名为 *M. genitalium* JCVI-1.0，它包含了野生型 *M. genitalium* G37 中除 *MG408* 基因外的所有基因[73]。2010 年，J. Craig Venter 团队成功地创建了第一个完全由人工合成的基因组驱动的生命体——丝状支原体（*Mycoplasma mycoides*）JCVI-syn1.0[74]。这一成就不仅再次吸引了全球的关注，也引发了一系列关于生命本质、伦理和法律问题的讨论。此外，2001～2010 年也见证了合成生物学作为一个独立学科的崛起。这一新兴领域不仅包括基因和基因组的合成，还涉及生物系统设计、模拟和构建。科学家现在不仅可以解读生物体的基因信息，还可以进行编辑和从头构建，这无疑扩大了生物科学的研究范围和可能性。

2011～2020 年，基因组合成领域实现了一系列重大突破，极大地推动了生物科学和工程的发展。首先，2011 年和 2014 年，由 Jef Boeke 领导的团队成功合成了酵母染色体IX右臂（约 90kb）和染色体III（约 273kb）[75,76]，这不仅是对自然酵母染色体功能的复制，还引入了可编程和可定制的特性，标志着合成生物学由操作单一基因向设计和合成更为复杂的生物结构转变。紧接着，在 2016 年，研究人员成功合成了一个密码子数仅为 57 个的全新大肠杆菌[77]，展示了通过"密码子去冗余"简化微生物基因组的巨大潜力；同年，J. Craig Venter 团队发布了 *M. mycoides* 简化基因组 JCVI-syn3.0，其仅含 473 个基因，该基因组小于任何自然界中能自我复制的基因组[53]。2017 年，合成酿酒酵母染色体的进展为生物生产、药物开发和疾病治疗开拓了新的途径，因为通过编辑、合成染色体，可更灵活地调控酵母的代谢途径。2018 年，我国科学家实现了将所有酿酒酵母染色体合并为一个单一长染色体的重大突破[78]，有助于人们更好地理解染色体结构与功能的复杂关系。这些进展不仅深化了人们对生命科学的认识，而且为医药、生物技术和环境工程领域的实际应用提供了重要的技术手段，为未来更多杰出的科学贡献奠定了坚实基础。

二、合成酿酒酵母 Sc2.0 计划

国际酵母基因组合成计划（The International Synthetic Yeast Genome Project，Sc2.0 计划）是一个代表性的合成生物学项目，该计划由全球范围内多个研究机构之间合作开展，主要目标是合成一个完整的、功能性的酿酒酵母基因组。2011 年，来自美国、中国、英国、新加坡和澳大利亚的研究机构共同启动 Sc2.0 计划，我国的华大基因、清华大学和天津大学参与其中（图 4-24）。这些参与单位集结了各自不同的专长和研究方向，形成了一个全面而高效的研究网络，从基因设计、合成到功能验证，再到系统生物学的深入研究，共同推动合成生物学进入一个全新的发展阶段。

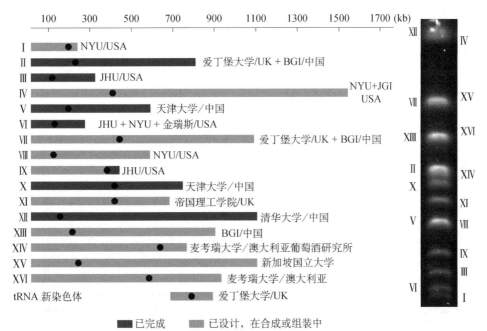

图 4-24　染色体合成机构分工及完成情况（截至 2017 年 3 月）[79]

NYU. 纽约大学；JHU. 约翰霍普金斯大学；BGI. 华大基因；JGI. 美国能源部联合基因组研究中心

至今，Sc2.0 计划已经取得了一系列令人瞩目的成果，包括成功合成了多条酵母染色体[79]，并对其进行了详细的功能和结构分析，它是迄今为止最为复杂、最大规模的合成基因组项目

之一。这一创新性工作不仅为生物科学研究提供了新的工具和平台,科学家可以更加深入地理解基因表达、染色体结构、复制和细胞分裂等基础生物过程;也有助于开发具有特殊功能或具有产业应用价值的微生物,为工业生产、药物开发和可持续能源等多个领域带来新机遇。

(一)人工设计基因组原则

Sc2.0 计划不仅仅是复制酿酒酵母的基因组,也对其进行了一系列创新和改良。在实际操作中,Sc2.0 计划主要采用了分步骤、模块化的策略。首先,通过先进的基因合成和组装技术,每一条酵母染色体都被重新设计和合成(图 4-25)。这一过程通常涉及几个主要步骤,包括删除非必需或冗余的基因、引入新的功能基因,以及重编码已有的基因。合成完成的染色体片段通过酵母人工染色体(yeast artificial chromosome,YAC)构建和修饰或其他方法被引入到酵母细胞中,用以替换其自然存在的染色体(图 4-26)。以下是项目在基因组设计方面采用的一些核心原则。

1)删除与移位:项目中删除了一些非必需或冗余的序列元素,以提高基因组的稳定性和功能性。例如,逆转录转座子、端粒重复部分、重复序列和内含子等被删除。特别值得一提的是针对 tRNA 的处理:由于 tRNA 基因在酿酒酵母基因组中高度冗余(共 275 个),项目组仅保留了 47 个,并将它们从各个染色体上删除,转而集中放置在一个新的染色体上。

2)替换:Sc2.0 计划采用了多种替换策略以优化基因表达和调控。TAG 终止密码子被替换为 TAA,以减少终止密码子的种类。此外,项目组还构建了一种新型的 tRNA,以适应这一改变。PCRTag 被用于标识特定基因或基因簇,以便于后续的追踪和研究。部分同义密码子也被替换,旨在提高密码子偏好性和去除某些酶的识别位点。

3)引入新序列:在非必需基因的前后,项目组加入了 *loxP* 位点,从而建立了 Cre-*loxP* 重组酶系统,实现基因组的"打散-重组"(SCRaMbLE)功能。当 Cre(cyclization recombination)酶在含有 *loxP* 位点的合成酵母细胞中被诱导时,它会促进 DNA 重组,导致基因的删除、插入或倒位。

	野生型染色体大小	合成型染色体大小	更换终止密码子的数目	添加 *loxP* 位点的数目	PCR Tag 重编码碱基对数	限制性酶切位点重编码的碱基对数	删除的 tRNA 数目	删除的 tRNA 碱基对数	删除的重复序列碱基对数
Chr01	230 208	181 030	19	62	3 535	210	4	372	3 987
Chr02	813 184	770 035	93	271	13 651	1 215	13	993	7 030
Chr03	316 617	272 195	44	100	5 272	250	10	794	7 358
Chr04	1 531 933	1 454 671	183	479	25 398	2 298	28	2 261	11 674
Chr05	576 874	536 024	61	174	8 760	813	20	1 471	11 181
Chr06	270 148	242 745	30	69	4 553	369	10	835	9 297
Chr07	1 090 940	1 028 952	126	380	17 910	1 572	36	2 887	13 284
Chr08	562 643	506 705	61	86	9 980	714	11	878	19 019
Chr09	439 885	405 513	54	142	7 943	436	10	736	11 632
Chr10	745 751	707 459	85	249	12 582	1 102	24	1 853	7 523
Chr11	656 816	659 617	68	199	11 769	1 017	15	1 243	4 214
Chr12	1 078 177	999 406	122	291	15 129	1 539	19	1 646	10 843
Chr13	924 431	883 749	100	337	15 911	0	21	1 691	7 673
Chr14	784 333	753 096	96	260	13 329	1 113	14	1 152	5 115
Chr15	1 091 291	1 048 343	147	399	18 015	2 058	20	1 612	9 542
Chr16	948 066	902 994	127	334	15 493	1 374	17	1 338	10 048
总计	12 071 297	11 352 534	1 416	3 932	199 230	16 080	272	21 762	149 420

图 4-25 Sc2.0 计划设计原则的汇总统计数据[79]

4）SCRaMbLE（synthetic chromosome rearrangement and modification by *loxP*-mediated evolution）：这是一个用于加速基因组演化和多样性生成的创新性技术。通过利用已经插入的 *loxP* 位点，SCRaMbLE 可以在基因组内触发一系列有序或随机的重组事件，从而在相对短的时间内生成大量基因组变异，产生具有多样性和新功能的酿酒酵母菌株。

这些设计原则不仅体现了合成生物学中的最新技术和思想，而且为未来基因组设计和人工生命研究提供了宝贵的经验和方法。

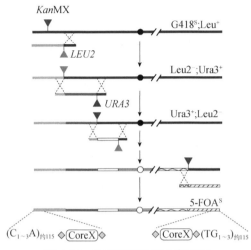

图 4-26　片段组装替换示意图[79]

合成流程：在 Sc2.0 计划中，基因合成采用了一套综合而多层次的策略。首先，项目团队运用了分层组装方法，这是一种自下而上的逐步构建方式。在这个过程中，小的 DNA 片段（约750bp）首先会被合成并组装成更大的 DNA 片段，然后这些更大的片段会进一步组装、替换成完整的新染色体。项目团队利用了重叠扩展聚合酶链反应（OE-PCR）技术，该技术不仅可以扩增目标 DNA 片段，还能在扩增过程中将两个或多个 DNA 片段进行拼接。为了实现较大片段的拼接，项目团队借助了酿酒酵母的同源重组机制，这是一种非常高效和可靠的方式，特别是对于复杂基因组结构的组装。

除组装策略外，该项目还实施了严格的验证机制。每一组装阶段完毕后，均会进行细致的克隆验证，通常包括测序和其他生物化学技术，旨在确保新合成的 DNA 片段与设计方案一致。组装完成后，进一步开展了一系列的功能性实验，如生长测试和代谢分析，以确保新的基因组不仅结构精确，而且功能正常。值得强调的是，Sc2.0 计划采纳了迭代的设计与合成方法。这意味着在初步的功能检验后，如有必要，可以进行基因组的进一步优化与调整。

最后，项目团队还开发了 SCRaMbLE 系统，这是一种创新的技术，允许研究人员在实验室条件下快速地进行基因组进化。通过使用 SCRaMbLE，研究人员能够迅速地筛选和测试具有特定功能或优点的酵母菌株。通过这一系列的综合策略和技术，Sc2.0 计划不仅成功地实现了高度精确和可控的基因组合成，还为合成生物学和基因组科学提供了一个全新的实验平台。

（二）SCRaMbLE 原理

Sc2.0 计划也包括一个 SCRaMbLE 系统[75,80]，这是一种创新的基因重组和进化平台。通过 SCRaMbLE，研究人员可以在细胞内迅速、随机地进行大规模的染色体重排、删除和插入，进而实现染色体结构和功能的快速优化。

　　Cre-*loxP* 重组酶系统是一种被广泛用于基因工程和功能基因组学研究的分子工具。该系统由两个主要组件组成：Cre 酶和 *loxP* 位点。Cre 酶是一种能够识别特定 DNA 序列（*loxP* 位点）的酶，于 1981 年从 P1 噬菌体中发现，基因编码区序列全长 1029bp[81]。*loxP* 是一个由 34 bp 组成的 DNA 序列，包括两段 13bp 的反向重复序列及其间的 8bp 序列（表 4-3）。这两段 13bp 的部分是 Cre 酶的结合区域。在 Cre-*loxP* 系统中，Cre 酶能够辨识两个 *loxP* 位点，并促成它们之间 DNA 的切割及重新连接（图 4-27）。Cre-*loxP* 系统具有很高的精确性和效率，研究人员能够精确地对特定 DNA 片段进行增加、移除或位移操作。该系统的精准控制性赋予了其在众多领域的广泛应用，如基因的敲除、转基因动物模型的建立及基因表达的时空调控。进一步地，通过调整 *loxP* 位点的方向或采用不同种类的 Cre 酶（如 CreER^T2，一个可受药物控制的 Cre 酶[82]），研究人员可执行更为精细、复杂和多样化的基因操作。

表 4-3　不同 *loxP* 位点序列

位点名称	13bp 识别区域	8bp 间隔区域	13bp 识别区域
野生型	ATA ACT TCG TAT A	ATG TAT GC	TAT ACG AAG TTA T
lox 511	ATA ACT TCG TAT A	ATG TAT AC	TAT ACG AAG TTA T
lox 5171	ATA ACT TCG TAT A	ATG TGT AC	TAT ACG AAG TTA T
lox 2272	ATA ACT TCG TAT A	AAG TAT CC	TAT ACG AAG TTA T
M2	ATA ACT TCG TAT A	AGA AAC CA	TAT ACG AAG TTA T
M3	ATA ACT TCG TAT A	TAA TAC CA	TAT ACG AAG TTA T
M7	ATA ACT TCG TAT A	AGA TAG AA	TAT ACG AAG TTA T
M11	ATA ACT TCG TAT A	AGA TAG AA	TAT ACG AAG TTA T
lox 71	TAC CGT TCG TAT A	NNN TAN NN（GCA TAC AT）	TAT ACG AAG TTA T
lox 66	ATA ACT TCG TAT A	NNN TAN NN（GCA TAC AT）	TAT ACG AAC GGT A

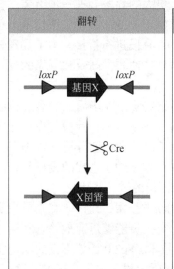 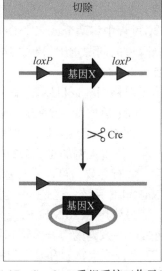 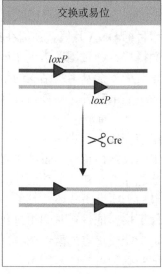

图 4-27　Cre-*loxP* 重组系统工作示意图

切除：两个 *loxP* 位点位于一条 DNA 链上，且方向相同，Cre 酶能有效切除两个 *loxP* 位点间的序列。翻转：两个 *loxP* 位点位于一条 DNA 链上，但方向相反，Cre 酶能导致两个 *loxP* 位点间的序列翻转。交换或易位：如果两个 *loxP* 位点分别位于两条不同的 DNA 链或染色体上，Cre 酶能介导两条 DNA 链的交换或染色体易位在 Sc2.0 计划中，Cre-loxP 系统用于实现 SCRaMbLE。通过在酵母人工染色体的特定区域插入 loxP 位点，并在适当的时候诱导 Cre 酶的活性，研究人员可以随机地重排或修改这些染色体，从而快速地生成具有不同性状的酵母菌株。这一技术加速了合成基因组的优化过程，并提供了一种有效手段来研究基因组结构和功能之间的复杂相互作用。

（三）体外 SCRaMbLE 实例

随着 DNA 合成和组装技术的日益进步，研究人员越来越多地使用合成 DNA 来设计与构建异源生物途径及合成基因组。然而，此过程的高度复杂性也为实验设计、执行和调试带来了考验。利用体外 SCRaMbLE（in vitro DNA SCRaMbLE）[83]，可以为合成生物学带来的这些复杂设计与调试问题提供解决方案。体外 SCRaMbLE 系统采用 Cre 酶和编码多个对称间隔区（loxPsym）位点的纯化 DNA，在试管中进行混合，从而高效地完成基因组或生物合成路径的重新排列。体外 SCRaMbLE 有两种策略可供使用，分别是自上而下法和自下而上法。

1. 自上而下的体外 SCRaMbLE

在自上而下的体外 SCRaMbLE（top-down in vitro SCRaMbLE）研究中，使用纯化的 Cre 酶对编码多个 loxPsym 位点的 DNA 构建体进行了基于重组的优化。这些 loxPsym 位点紧挨着被称为"转录单元"（transcription unit，TU）的序列，这是该系统中需要进行随机重组的单元。当 Cre 酶存在时，通过 Cre/loxPsym 反应，这些转录单元会被随机地删除、翻转或复制。该研究中首先在一个 5kb 长的 DNA 片段上均匀分布了 10 个 loxPsym 位点，并通过重叠 PCR 将其组装成一个质粒（pYW0261）。加入 Cre 酶孵育 1h 后，这个 DNA 库被转化到大肠杆菌中，以便观察生成的产物（图 4-28）。

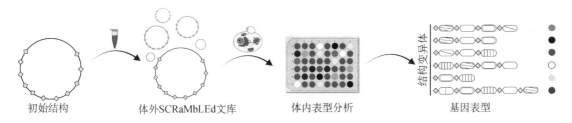

初始结构　　　　体外SCRaMbLEd文库　　　　体内表型分析　　　　基因表型

◇ 34bp loxPsym位点

图 4-28　自上而下的体外 SCRaMbLE 策略[83]

SCRaMbLEd. 两侧含 loxPsym 的 TU 单元

为了深入探究该系统在生物学领域的应用潜力，该研究团队展开了一个体外 SCRaMbLE 实验，该实验涉及一个酵母/大肠杆菌的穿梭载体 pLM495，其编码了 4 个 β-胡萝卜素生物合成途径的转录单元，这些转录单元两侧均有 loxPsym 位点，合计 5 个 loxPsym 位点。这些转录单元分别是来自产生类胡萝卜素的真菌红法夫酵母（Xanthophyllomyces dendrorhous）的三个关键基因（crtE、crtI、crtYB），以及来源于酿酒酵母的截短型 HMG1 基因。经过对纯化的质粒使用 Cre 酶处理 1h 后，所得产物被转化至大肠杆菌中，进行了基因型鉴定。数据显示，基因的删除和翻转出现频率大致均衡，分别为 27% 与 28%。进一步地，团队采用单分子实时测序技术，对经过 SCRaMbLE 处理的质粒库进行深入分析，最终识别出 94 种独特的构建体。质粒随后被转入酿酒酵母中，测定其 β-胡萝卜素产量。其中一株酵母的 β-胡萝卜素产量是对照组的 5.1 倍。与传统的随机突变方法（如易错 PCR 和室温等离子体诱变）相比，研究中的体外 SCRaMbLE 展示出更好的性能，能够从 DNA 结构层面进行优化，而不仅仅是在碱基对水平上。这为快速、高效地编辑和优化复杂的基因网络和代谢途径，特别是在需要大规模 DNA 编辑的商业和研究应用中，提供了一种极具潜力和灵活性的新方法。

2. 自下而上的体外 SCRaMbLE

自下而上的体外 SCRaMbLE（bottom-up *in vitro* SCRaMbLE）策略用于评估一系列候选基因（以"供体片段"形式存在）在提高核心生物合成途径产量方面的作用。该策略采用两种方法（图 4-29），其中第一种方法（图 4-29A）使用具有两个 loxPsym 位点的受体载体，并且每个供体片段编码一个 *URA3* 基因作为选择标记。供体片段由一种基于 *E. coli* 的通用质粒获取，该质粒适用于酵母 Golden Gate 组装和大肠杆菌菌落颜色筛选（红/白）。第二种方法（图 4-29B）采用了仅含一个 loxPsym 位点的受体载体，并且通过体外重组反应进行反向筛选。

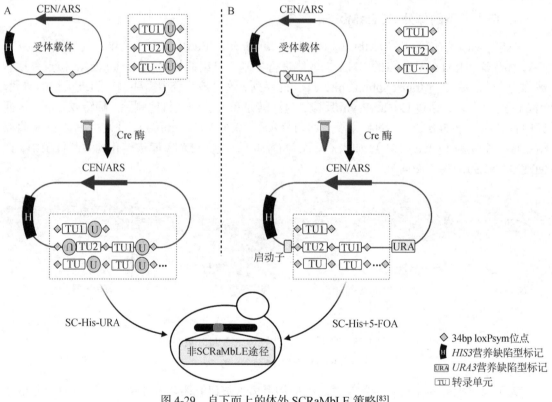

图 4-29　自下而上的体外 SCRaMbLE 策略[83]

CEN/ARS. 着丝粒/复制子；5-FOA. 5-氟乳清酸

以 β-胡萝卜素合成途径为例，研究人员发现只有添加了来源于外源途径的供体片段后，菌落的颜色才会发生显著变化。具体而言，当引入额外的 *crtI* 基因拷贝时，菌落会出现深橙色并伴随着 β-胡萝卜素产量的上升。当供体片段与受体载体比例增加 10 倍时，发生两个或更多插入事件的比例从 12% 增加到约 20%。基于该策略，在单次实验中便可组装完成完整的四基因 β-胡萝卜素合成途径。然而，研究人员也发现第一种方法存在稳定性问题，特别是构建包含多个转录单元（TU）的结构时。为解决这一问题，研究中的第二种方法（图 4-29B）被设计为生成不含直接重复序列的重组产物，并进行反向筛选以剔除未经组装的受体载体。连续传代培养的稳定性实验结果表明，第二种方法更加稳定，从而提高了该体系在生产中应用的实用性。

与体内 SCRaMbLE 系统相比，体外 SCRaMbLE 系统展现出了几项明显的优势。首先，体外 SCRaMbLE 系统的操作更为可控，因为反应可以通过热处理来终止，而体内的 Cre 酶可能会导致生物合成途径和基因组的不稳定性。其次，此技术使得表型与基因型的分析更为简洁且直观，因其能有效降低宿主菌的基因组背景噪声。再者，体外 SCRaMbLE 的反应达到平衡的时间较短且稳定性好，为实验操作带来了灵活性。

体外 SCRaMbLE 系统作为一种高效、可控且灵活的技术，能够生成重新排列并优化后的遗传结构，特别适宜于复杂的生物合成途径和基因组学研究。此技术不仅为合成生物学和功能基因组学领域提供了创新工具，也为遗传网络与基因间交互作用的研究带来了新的视角，还为更广范围内的生物技术应用开辟了新的路径。

（四）酿酒酵母全基因组新染色体的构建

Sc2.0 计划代表了真核基因组工程的第一步，并提供了设计和构建下一代工业微生物的框架。然而，目前使用的实验室菌株 S288c 的基因组缺乏许多为工业和环境菌株所需的多样性基因。为弥补这一缺陷，Kutyna 等研究人员设计并构建了一条兼容 Sc2.0 的新染色体[84]，其中包含了这些多样的全基因组元素，旨在增强 Sc2.0 酵母菌株的表型适应性。这样的设计策略，使得合成染色体进一步拓展了 Sc2.0 酵母菌株对不同碳源的利用范围。

研究团队从 200 多个多样的酵母菌株中筛选出 17 个独特的全基因组序列，作为新合成染色体的构建块。通过生物信息学进行设计拼接，这些序列被有机地组合为一个长达 211 409bp 的 DNA 分子，包含 75 个预测的开放阅读框（ORF）。该分子经过了系列全局系统性改变，使其符合 Sc2.0 计划的设计准则。经设计分子被分割成 21 个大约 10kb 长的片段，以完成 DNA 合成和后续的体内组装。为了进一步验证该新染色体的功能性，研究中还进行了一系列实验，观察合成染色体对菌株适应性和生长速度的潜在影响。这一合成染色体在经过 SCRaMbLE 技术处理后，能产生显著的适应性增益。经此处理后，合成染色体显示出一系列的表型改进，尤其是在提高对特定碳源（如蜜二糖）的利用效率方面。

该项研究不仅成功地增强了 Sc2.0 酵母菌株的表型多样性，扩展了 Sc2.0 计划的应用范围和潜力，更为合成生物学提供了一个有力的工具和框架，帮助这一代工业微生物更好地从实验室走向实际工业应用。这一进展可有助于推动合成生物学和工业微生物学的发展，特别是在为特定的工业和环境应用量身定制工程菌方面。

（五）Sc2.0 计划的最新进展

Sc2.0 计划的国际研究团队经过多年的密切合作，于 2023 年 11 月在 Cell 出版社旗下的 Cell、Molecular Cell 和 Cell Genomics 期刊上发表了多篇论文，报道了多条酵母染色体和一条特殊设计的 tRNA 全新染色体的人工设计与合成。至此，酿酒酵母全部 16 条染色体的人工合成均已完成[85]。

纽约大学的 Jef Boeke 领导的研究团队运用了内源性复制杂交 (endoreduplication intercross) 和 tRNA 表达盒技术，成功地将多条合成染色体合并至同一酵母细胞内，使得超过 50% 的基因组由人工设计的合成染色体组成[86]。团队还开发了基于 CRISPR 介导的双等位基因 URA3 辅助基因组扫描技术（CRISPR directed biallelic URA3-assisted genome scan，CRISPR

D-BUGS），用于揭示由特定设计修改引起的表型变异（称为"漏洞"）。利用此技术，他们精准定位了合成染色体Ⅱ（synⅡ）中的一个漏洞，并发现了与合成染色体Ⅲ（synⅢ）和合成染色体Ⅹ（synⅩ）相关的组合效应，揭示了非预期的遗传相互作用，这与转录调控、肌醇代谢及 tRNA$_{Ser}^{CGA}$ 丰度等密切相关。此外，该研究还提出了第二代染色体跨细胞转移替换技术（chromosome substitution），加速了多条合成染色体整合到同一细胞的过程。

曼彻斯特大学的蔡毅之团队主导的研究报道了酿酒酵母中一种 tRNA 全新染色体的设计、构建和特性分析。这条新染色体长度约为 190kb，包含了全部 275 个重新定位的核 tRNA 基因[87]。为增强其稳定性，设计中引入了来自非酿酒酵母的正交遗传元件。新染色体中的 283 个 rox 重组位点，使其能实现独立的 tRNA SCRaMbLE 随机重组系统。在酵母中构建完成后，研究人员观察到了自发的染色体倍增现象。研究人员通过 tRNA 测序、转录组学、蛋白质组学、核小体定位、复制分析、荧光原位杂交（FISH）和高通量染色体构象捕获技术（Hi-C）等多种方法，对 tRNA 新染色体的行为和功能进行了深入探究。其构建不仅展示了酿酒酵母模型的可追溯性，还为与这些必需非编码 RNA 相关的假设验证提供了可能性。然而，需要注意的是，该 tRNA 全新染色体是在野生型酿酒酵母中构建完成的，其是否能补偿/替代最终 Sc2.0 酵母菌株中的 tRNA 基因，仍需进一步验证。

Jef Boeke 联合中国科学院深圳先进技术研究院的戴俊彪和东京工业大学的 Yasunori Aizawa 等研究团队，共同报道了迄今为止最大的真核生物合成染色体——酿酒酵母的合成染色体Ⅳ（synⅣ）的从头合成[88]。研究团队采用了大片段组装与分级整合策略，显著提高了合成染色体构建的准确性和灵活性，完成了长约 1454kb 的 synⅣ 合成。尽管融合了数千个设计特征，synⅣ 与原生 chrⅣ 在三维结构上仍然非常相似。此外，通过分子内着丝粒重定位技术，对 synⅣ 的三维结构进行操纵，改变了其在细胞核内的三维结构，使其与其他 15 条野生型染色体相比，发生了臂的方向转位，进而探索空间基因调控。与原始 synⅣ 相比，操纵 synⅣ 的三维结构后，基因表达变化极少，说明核质内的定位在酵母基因调控中起次要作用。通过将 synⅣ 的数百个 loxPsym 位点锚定到核内膜，实现了在不改变 DNA 序列的情况下对整个合成染色体的转录抑制。该工作推进了合成真核生物染色体构建的上限，并展示出首个通过设计实现改变三维构型的合成染色体。

这一系列标志性成果展示了 Sc2.0 计划的显著突破，是合成基因组学领域的里程碑，为后续实现酿酒酵母基因组乃至其他真核生物基因组的 100% 人工合成奠定了扎实的基础。

三、合成单条染色体酿酒酵母

近些年，合成生物学领域经历了飞速的发展，从最初的成功构建化学全合成染色体的原核生物，到如今所涉及的复杂真核生物，这种进展证明了其巨大的潜力。2010 年，美国科学家 J. Craig Venter 率先探索这一领域，并在《科学》杂志上成功发表了首篇关于含有全合成染色体的原核生物的研究文献[74]，这一成果为后来的研究奠定了基础。

继此之后，中国科学院分子植物科学卓越创新中心/上海生命科学研究院植物生理生态研究所的覃重军研究团队进一步在这一领域取得了重要突破。2018 年 8 月，该团队在《自然》杂志上发表了一项创新性研究成果：他们成功地将酿酒酵母的 16 条染色体合并（图 4-30），形成了一个具有完整功能的单一染色体[78]。该研究成果"世界首例单条染色体真核细胞"被评选为 2018 年中国十大科技进展之一。

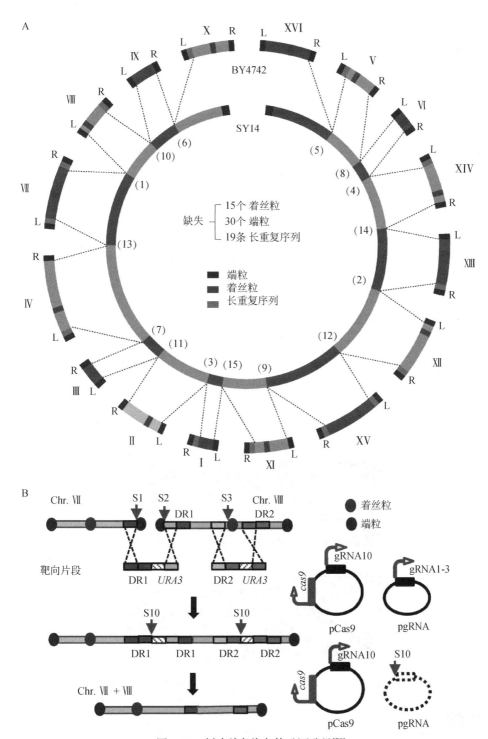

图 4-30　创建单条染色体酿酒酵母[78]

A. 野生型酿酒酵母 BY4742 的 16 条原生染色体（Ⅰ～ⅩⅥ）在外环中对齐；位于内环的酿酒酵母 SY14 的单条染色体经历了 15 轮染色体的末端融合，用虚线表示。B. 基于 CRISPR-Cas9 介导的染色体Ⅶ和Ⅷ的融合。在 gRNA1-3 的引导下，Cas9 核酸酶在端粒（S1 和 S2）和着丝粒（S3）位点进行切割。断裂的染色体与 DNA 靶向片段供体发生同源重组后得以修复。在半乳糖诱导下，同时消除 URA3 标记和向导 RNA 表达质粒；Chr. 染色体研究人员采用了一系列先进的技术手段进行实验设计与操作。他们选用 CRISPR-Cas9 切割系统结合酵母自身的同源重组活性，实现了染色体的精确融合。每完成一轮染色体融合，包括删除一个着丝粒和两个端粒，都会对其进行严格的遗传稳定性测试，确保所产生的融合染色体在遗传上具有稳定性。在融合过程中，一个着丝粒被保留在大致的中间位置，旨在确保融合后的染色体两臂长度平衡。此外，实验预先确定了各种随机选定的染色体对是否能够成功融合，证明酵母细胞能够容忍随机的染色体融合。而为避免非预期的同源重组，研究人员还特意删减了端粒附近的长重复序列。最后，研究者通过多种方法如 PCR 测序、脉冲场凝胶电泳和 Southern 印迹进行了严格的验证。在整个过程中，还采用了 Hi-C 实验以分析融合后染色体的三维结构。

经过 15 轮染色体融合，研究人员成功创建了一个名为 SY14 的酵母菌株（图 4-31）。尽管酵母菌株 SY14 的染色体三维结构发生了显著改变，但其仍保持正常细胞功能。这一结果重新审视了染色体三维结构与基因表达之间的关系，揭示真核生物在极度简化的染色体结构下，仍能正常生存。

此研究为生物学领域带来了深远影响，它可能促进对原核生物与真核生物分类的重新定义，并为医学研究提供新的途径。由于酿酒酵母与人类拥有高度同源的基因，酵母 SY14 为研究与染色体端粒、细胞衰老和癌症相关问题提供了理想的模型。这一创新性研究将合成生物学推向新的高度，尤其是在探索生命的基础结构、功能及其在医学研究中的应用方面。此项里程碑式的成果再次彰显了中国学者在生命科学领域的核心问题上的出色贡献，是继人工合成牛胰岛素和 tRNA 后的又一重大突破，充分体现了中国科学家在探索生命科学基础问题上的领先能力。

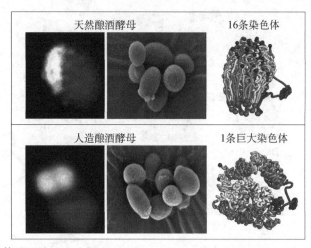

图 4-31　人造单条染色体酿酒酵母（引自 http://www.sippe.ac.cn/xwdt/2019n/201901/t20190103_5224804.html）

思 考 题

1. 创制高效细胞工厂的主要方法有哪些?
2. 请简述 NADPH/NADH 供给的主要策略。
3. 氧化应激工程促进细胞工厂合成效率的原理是什么?
4. 简述基因组改组和易错 PCR 全基因组改组的流程。

5. 简述 MAGE 设计的原则和过程。

6. 何谓无细胞生物合成系统？其特点和种类有哪些？

7. 简述无细胞蛋白质合成的种类和其主要成分。

8. 简述无细胞代谢工程的种类及其各自特点。

9. 简述纯酶无细胞代谢工程的设计原则、ATP 变阻器和分子净化阀模块。

10. 简述粗抽提物无细胞代谢工程的分类和特点。融合 CFPS 的 CFME 有何优点？

11. 什么是必需基因与非必需基因？

12. 基因组缩减有何意义？简述基因组缩减的常规工作流程。

13. 为什么大肠杆菌是适于基因组缩减的研究对象？

14. 什么是 "SCRaMbLE" 系统？介绍一下它的应用。

15. 单条染色体酿酒酵母是如何构建的？有何意义？

参 | 考 | 文 | 献

[1] Bassalo MC, Garst AD, Halweg-Edwards AL, et al. Rapid and efficient one-step metabolic pathway integration in *E. coli*. ACS Synth Biol, 2016, 5（7）: 561-568

[2] Zhang YW, Sun XM, Wang QZ, et al. Multicopy chromosomal integration using CRISPR-associated transposases. ACS Synth Biol, 2020, 9（8）: 1998-2008

[3] Yang SQ, Zhang YW, Xu JQ, et al. Orthogonal CRISPR-associated transposases for parallel and multiplexed chromosomal integration. Nucleic Acids Res, 2021, 49（17）: 10192-10202

[4] Chou HH, Keasling JD. Programming adaptive control to evolve increased metabolite production. Nat Commun, 2013, 4: 2595

[5] Chen X, Dong X, Liu J, et al. Pathway engineering of *Escherichia coli* for alpha-ketoglutaric acid production. Biotechnol Bioeng, 2020, 117（9）: 2791-2801

[6] Liu M, Ding YM, Chen HL, et al. Improving the production of acetyl-CoA-derived chemicals in *Escherichia coli* BL21（DE3）through iclR and arcA deletion. BMC Microbiol, 2017, 17: 10

[7] Chen YW, Xu DB, Fan LH, et al. Manipulating multi-system of NADPH regulation in *Escherichia coli* for enhanced *S*-adenosylmethionine production. Rsc Adv, 2015, 5（51）: 41103-41111

[8] Liu JH, Li HL, Zhao GR, et al. Redox cofactor engineering in industrial microorganisms: strategies, recent applications and future directions. J Ind Microbiol Biot, 2018, 45（5）: 313-327

[9] Jiang LY, Chen SG, Zhang YY, et al. Metabolic evolution of *Corynebacterium glutamicum* for increased production of L-ornithine. BMC Biotechnol, 2013, 13: 47

[10] Jiang LY, Zhang YY, Li Z, et al. Metabolic engineering of *Corynebacterium glutamicum* for increasing the production of L-ornithine by increasing NADPH availability. J Ind Microbiol Biot, 2013, 40（10）: 1143-1151

[11] Liang LY, Liu RM, Wang GM, et al. Regulation of NAD(H) pool and NADH/NAD(+) ratio by overexpression of nicotinic acid phosphoribosyltransferase for succinic acid production in *Escherichia coli* NZN111. Enzyme Microb Tech, 2012, 51（5）: 286-293

[12] Reynolds TS, Courtney CM, Erickson KE, et al. ROS mediated selection for increased NADPH availability in *Escherichia coli*. Biotechnol Bioeng, 2017, 114（11）: 2685-2689

[13] Shen YP, Liao YL, Lu Q, et al. ATP and NADPH engineering of *Escherichia coli* to improve the production

of 4-hydroxyphenylacetic acid using CRISPRi. Biotechnol Biofuels, 2021, 14（1）: 100

［14］ Lu Q, Liu JZ. Enhanced Astaxanthin production in *Escherichia coli* via morphology and oxidative stress engineering. J Agr Food Chem, 2019, 67（42）: 11703-11709

［15］ Zhang YX, Perry K, Vinci VA, et al. Genome shuffling leads to rapid phenotypic improvement in bacteria. Nature, 2002, 415（6872）: 644-646

［16］ Zhang X, Zhang XF, Li HP, et al. Atmospheric and room temperature plasma(ARTP) as a new powerful mutagenesis tool. Appl Microbiol Biot, 2014, 98（12）: 5387-5396

［17］ Shen YP, Pan Y, Niu FX, et al. Biosensor-assisted evolution for high-level production of 4-hydroxyphenylacetic acid in *Escherichia coli*. Metab Eng, 2022, 70: 1-11

［18］ Luhe AL, Tan L, Wu JC, et al. Increase of ethanol tolerance of *Saccharomyces cerevisiae* by error-prone whole genome amplification. Biotechnol Lett, 2011, 33（5）: 1007-1011

［19］ Niu FX, He X, Huang YB, et al. Biosensor-guided atmospheric and room-temperature plasma mutagenesis and shuffling for high-level production of shikimic acid from sucrose in *Escherichia coli*. J Agr Food Chem, 2020, 68（42）: 11765-11773

［20］ Wang HH, Isaacs FJ, Carr PA, et al. Programming cells by multiplex genome engineering and accelerated evolution. Nature, 2009, 460（7257）: 894-898

［21］ Gallagher RR, Li Z, Lewis AO, et al. Rapid editing and evolution of bacterial genomes using libraries of synthetic DNA. Nat Protoc, 2014, 9（10）: 2301-2316

［22］ Wei T, Cheng BY, Liu JZ. Genome engineering *Escherichia coli* for L-DOPA overproduction from glucose. Sci Rep-Uk, 2016, 6: 30080

［23］ Tyo KEJ, Ajikumar PK, Stephanopoulos G. Stabilized gene duplication enables long-term selection-free heterologous pathway expression. Nat Biotechnol, 2009, 27（8）: 760-765

［24］ Chen YY, Shen HJ, Cui YY, et al. Chromosomal evolution of *Escherichia coli* for the efficient production of lycopene. BMC Biotechnol, 2013, 13: 6

［25］ Cui YY, Ling C, Zhang YY, et al. Production of shikimic acid from *Escherichia coli* through chemically inducible chromosomal evolution and cofactor metabolic engineering. Microb Cell Fact, 2014, 13: 21

［26］ Garst AD, Bassalo MC, Pines G, et al. Genome-wide mapping of mutations at single-nucleotide resolution for protein, metabolic and genome engineering. Nat Biotechnol, 2017, 35（1）: 48-55

［27］ Liu RM, Liang LY, Choudhury A, et al. Iterative genome editing of *Escherichia coli* for 3-hydroxypropionic acid production. Metab Eng, 2018, 47: 303-313

［28］ Hartline CJ, Schmitz AC, Han YC, et al. Dynamic control in metabolic engineering: Theories, tools, and applications. Metab Eng, 2021, 63: 126-140

［29］ Shimizu Y, Inoue A, Tomari Y, et al. Cell-free translation reconstituted with purified components. Nat Biotechnol, 2001, 19（8）: 751-755

［30］ Lavickova B, Maerkl SJ. A simple, robust, and low-cost method to produce the PURE cell free system. ACS Synth Biol, 2019, 8（2）: 455-462

［31］ Grasemann L, Lavickova B, Elizondo-Cantu MC, et al. OnePot PURE cell-free system. Jove-J Vis Exp, 2021,（172）: e62625

［32］ Garenne D, Thompson S, Brisson A, et al. The all-*E. coli* TXTL toolbox 3.0: new capabilities of a cell-free synthetic biology platform. Syn Biol, 2021, 6（1）: 1-8

[33] Karim AS，Jewett MC. Cell-free synthetic biology for pathway prototyping. Method Enzymol，2018，608：31-57

[34] Levine MZ，Gregorio NE，Jewett MC，et al. *Escherichia coli*-based cell-free protein synthesis：Protocols for a robust，flexible，and accessible platform technology. J Vis Exp，2019，（144）：e58882

[35] Sun ZZ，Hayes CA，Shin J，et al. Protocols for implementing an *Escherichia coli* based TX-TL cell-free expression system for synthetic biology. J Vis Exp，2013，（79）：e50762

[36] Kim EJ，Kim JE，Zhang YHPJ. Ultra-rapid rates of water splitting for biohydrogen gas production through *in vitro* artificial enzymatic pathways. Energ Environ Sci，2018，11（8）：2064-2072

[37] Chen H，Zhu ZG，Huang R，et al. Coenzyme engineering of a hyperthermophilic 6-phosphogluconate dehydrogenase from NADP(+) to NAD(+) with its application to biobatteries. Sci Rep-Uk，2016，6：36311

[38] Zachos I，Nowak C，Sieber V. Biomimetic cofactors and methods for their recycling. Curr Opin Chem Biol，2019，49：59-66

[39] Opgenorth PH，Korman TP，Bowie JU. A synthetic biochemistry molecular purge valve module that maintains redox balance. Nat Commun，2014，5：4113

[40] 李举谋，石焜，张志钧，等. 多酶级联反应的构建及其在双功能团功能化学品合成中的应用. 生物工程学报，2023，39（6）：2158-2189

[41] Opgenorth PH，Korman TP，Iancu L，et al. A molecular rheostat maintains ATP levels to drive a synthetic biochemistry system. Nat Chem Biol，2017，13（9）：938-942

[42] 魏欣蕾，游淳. 体外多酶分子机器的现状和最新进展. 生物工程学报，2019，35（10）：1870-1888

[43] You C，Chen HG，Myung S，et al. Enzymatic transformation of nonfood biomass to starch. P Natl Acad Sci USA，2013，110（18）：7182-7187

[44] Valliere MA，Korman TP，Woodall NB，et al. A cell-free platform for the prenylation of natural products and application to cannabinoid production. Nat Commun，2019，10：565

[45] Cai T，Sun H，Qiao J，et al. Cell-free chemoenzymatic starch synthesis from carbon dioxide. Science，2021，373（6562）：1523-1527

[46] Yang J，Song W，Cai T，et al. *De novo* artificial synthesis of hexoses from carbon dioxide. Sci Bull（Beijing），2023，68（20）：2370-2381

[47] Dudley QM，Anderson KC，Jewett MC. Cell-free mixing of *Escherichia coli* crude extracts to prototype and rationally engineer high-titer mevalonate synthesis. ACS Synth Biol，2016，5（12）：1578-1588

[48] Karim AS，Jewett MC. A cell-free framework for rapid biosynthetic pathway prototyping and enzyme discovery. Metab Eng，2016，36：116-126

[49] Niu FX，Yan ZB，Huang YB，et al. Cell-free biosynthesis of chlorogenic acid using a mixture of chassis cell extracts and purified spy-cyclized enzymes. J Agric Food Chem，2021，69（28）：7938-7947

[50] Ziegler M，Zieringer J，Döring CL，et al. Engineering of a robust *Escherichia coli* chassis and exploitation for large-scale production processes. Metab Eng，2021，67：75-87

[51] Hong KK，Nielsen J. Metabolic engineering of *Saccharomyces cerevisiae*：A key cell factory platform for future biorefineries. Cell Mol Life Sci，2012，69（16）：2671-2690

[52] Costenoble R，Picotti P，Reiter L，et al. Comprehensive quantitative analysis of central carbon and amino-acid metabolism in *Saccharomyces cerevisiae* under multiple conditions by targeted proteomics. Mol Syst Biol，2011，7：464

［53］Hutchison CA，Chuang RY，Noskov VN，et al. Design and synthesis of a minimal bacterial genome. Science，2016，351（6280）：aad6253

［54］Jinek M，Chylinski K，Fonfara I，et al. A programmable dual-RNA-guided DNA endonuclease in adaptive bacterial immunity. Science，2012，337（6096）：816-821

［55］Hashimoto M，Ichimura T，Mizoguchi H，et al. Cell size and nucleoid organization of engineered *Escherichia coli* cells with a reduced genome. Mol Microbiol，2005，55（1）：137-149

［56］Park MK，Lee SH，Yang KS，et al. Enhancing recombinant protein production with an *Escherichia coli* host strain lacking insertion sequences. Appl Microbiol Biot，2014，98（15）：6701-6713

［57］Mizoguchi H，Mori H，Fujio T. Minimum genome factory. Biotechnol Appl Bioc，2007，46：157-167

［58］Mizoguchi H，Sawano Y，Kato J，et al. Superpositioning of deletions promotes growth of *Escherichia coli* with a reduced genome. DNA Res，2008，15（5）：277-284

［59］Hirokawa Y，Kawano H，Tanaka-Masuda K，et al. Genetic manipulations restored the growth fitness of reduced-genome *Escherichia coli*. J Biosci Bioeng，2013，116（1）：52-58

［60］Kurokawa M，Ying BW. Experimental challenges for reduced genomes：The cell model *Escherichia coli*. Microorganisms，2020，8（1）：3

［61］Fan C，Davison PA，Habgood R，et al. Chromosome-free bacterial cells are safe and programmable platforms for synthetic biology. Proc Natl Acad Sci USA，2020，117：6752-6761

［62］Unthan S，Baumgart M，Radek A，et al. Chassis organism from *Corynebacterium glutamicum*—a top-down approach to identify and delete irrelevant gene clusters. Biotechnol J，2015，10（2）：290-301

［63］Kunst F，Ogasawara N，Moszer I，et al. The complete genome sequence of the gram-positive bacterium *Bacillus subtilis*. Nature，1997，390（6657）：249-256

［64］Ara K，Ozaki K，Nakamura K，et al. *Bacillus* minimum genome factory：effective utilization of microbial genome information. Biotechnol Appl Bioc，2007，46：169-178

［65］Reuss DR，Altenbuchner J，Mäder U，et al. Large-scale reduction of the *Bacillus subtilis* genome：consequences for the transcriptional network，resource allocation，and metabolism. Genome Res，2017，27（2）：289-299

［66］Suárez RA，Stülke J，van Dijl JM. Less is more：toward a genome-reduced *Bacillus* cell factory for "difficult proteins". Acs Synth Biol，2019，8（1）：99-108

［67］Komatsu M，Uchiyama T，Omura S，et al. Genome-minimized *Streptomyces* host for the heterologous expression of secondary metabolism. P Natl Acad Sci USA，2010，107（6）：2646-2651

［68］Sasaki M，Kumagai H，Takegawa K，et al. Characterization of genome-reduced fission yeast strains. Nucleic Acids Res，2013，41（10）：5382-5399

［69］Hirashima K，Iwaki T，Takegawa K，et al. A simple and effective chromosome modification method for large-scale deletion of genome sequences and identification of essential genes in fission yeast. Nucleic Acids Research，2006，34（2）：e11

［70］Sakmar TP. Har gobind khorana（1922—2011）：Pioneering spirit obituary. Plos Biol，2012，10（2）：e1001273

［71］Cello J，Paul AV，Wimmer E. Chemical synthesis of poliovirus cdna：Generation of infectious virus in the absence of natural template. Science，2002，297（5583）：1016-1018

［72］Smith HO，Hutchison CA，Pfannkoch C，et al. Generating a synthetic genome by whole genome assembly：ΦX174 bacteriophage from synthetic oligonucleotides. P Natl Acad Sci USA，2003，100（26）：15440-15445

［73］Gibson DG，Benders GA，Andrews-Pfannkoch C，et al. Complete chemical synthesis，assembly，and cloning of a *Mycoplasma genitalium* genome. Science，2008，319（5867）：1215-1220

[74] Gibson DG，Glass JI，Lartigue C，et al. Creation of a bacterial cell controlled by a chemically synthesized genome. Science，2010，329（5987）：52-56

[75] Dymond JS，Richardson SM，Coombes CE，et al. Synthetic chromosome arms function in yeast and generate phenotypic diversity by design. Nature，2011，477（7365）：471-476

[76] Annaluru N，Muller H，Mitchell LA，et al. Total synthesis of a functional designer eukaryotic chromosome. Science，2014，344（6179）：55-58

[77] Ostrov N，Landon M，Guell M，et al. Design，synthesis，and testing toward a 57-codon genome. Science，2016，353（6301）：819-822

[78] Shao YY，Lu N，Wu ZF，et al. Creating a functional single-chromosome yeast. Nature，2018，560（7718）：331-335

[79] Richardson SM，Mitchell LA，Stracquadanio G，et al. Design of a synthetic yeast genome. Science，2017，355（6329）：1040-1044

[80] Dymond J，Boeke J. The *Saccharomyces cerevisiae* SCRaMbLE system and genome minimization. Bioeng Bugs，2012，3：168-171

[81] Sternberg N，Hamilton D. Bacteriophage P1 site-specific recombination：Ⅰ. Recombination between *loxP* sites. J Mol Biol，1981，150：467-486

[82] Indra AK，Warot X，Brocard J，et al. Temporally-controlled site-specific mutagenesis in the basal layer of the epidermis：comparison of the recombinase activity of the tamoxifen-inducible Cre-ER[T] and Cre-ER[T2] recombinases. Nucleic Acids Res，1999，27（22）：4324-4327

[83] Wu Y，Zhu RY，Mitchell LA，et al. *In vitro* DNA SCRaMbLE. Nat Commun，2018，9：1935

[84] Kutyna DR，Onetto CA，Williams TC，et al. Construction of a synthetic *Saccharomyces cerevisiae* pan-genome neo-chromosome. Nat Commun，2022，13（1）：3628

[85] Dai J，Yang H，Pretorius IS，et al. A spotlight on global collaboration in the Sc2.0 yeast consortium. Cell Genom，2023，3（11）：100441

[86] Zhao Y，Coelho C，Hughes AL，et al. Debugging and consolidating multiple synthetic chromosomes reveals combinatorial genetic interactions. Cell，2023，186（24）：5220-5236

[87] Schindler D，Walker RSK，Jiang S，et al. Design，construction，and functional characterization of a tRNA neochromosome in yeast. Cell，2023，186（24）：5237-5253

[88] Zhang W，Lazar-Stefanita L，Yamashita H，et al. Manipulating the 3d organization of the largest synthetic yeast chromosome. Mol Cell，2023，83（23）：4424-4437

第 五 章

合成基因线路

第一节　基因线路概论

一、基因线路的起源

　　基因线路是合成生物学领域的一个重要分支，其发展历史可以追溯到 20 世纪早期。20 世纪初，科学家开始研究基因的调控和表达机制，但当时的技术限制使得他们难以深入探究细胞内部的分子交互作用。然而，随着分子生物学的快速发展，特别是 DNA 的结构和功能被揭示后，人们开始尝试使用基因工程技术来控制基因的表达。1961 年，Jacob 等提出了乳糖操纵子模型，首次揭露基因的表达调控方式[1]。因此，后续一系列的启动子和操作子被构建出来以控制基因的表达。这为基因线路的概念奠定了基础。随后，随着系统生物学的发展，多种生物的基因表达调控网络逐步被揭示，使研究人员认识到了细胞如何响应外界环境条件的变化，调整胞内各个基因的表达，从而做出相应的应答反馈。随着基因表达调控网络规模的增加，科学家开始逐渐理解基因调控系统的复杂性，对反馈效应的直观分析变得越来越困难且容易出错。20 世纪 90 年代，McAdams 和 Shapiro 首次提出了基因线路的概念[2]。电气工程师常常分析具有成千上万个相互连接的复杂组件的电路，并绘制出相应的电路图来描述这些复杂的组件网络。McAdams 提出能否绘制相应的基因线路，并建立数学模型，以精准描述、分析细胞的基因表达调控网络。21 世纪初，随着合成生物学的发展，基因线路的研究进入了一个全新的阶段。通过组合不同的基因调节元件，如启动子、操纵子和转录因子，构建相应的合成基因线路，可以通过控制外界特定环境的变化，调控胞内相关基因表达。2000 年，第一个人工设计的基因线路被构建出来，标志着合成基因线路的诞生。Collins 等基于两个相互抑制的转录因子，构建了一个双稳态开关[3]。携带该线路的细胞可以在外部信号的作用下在两个稳定的表达状态之间进行切换。Elowitz 和 Leibler 基于 3 个反馈调控的转录因子构建了一个振荡器基因线路，其能够使目标基因的表达呈现出有序的周期振荡模式[4]。

随着技术的不断进步，基因线路的设计和构建变得越来越精确和高效。DNA 合成技术的发展使得研究人员能够按需合成特定序列的 DNA 片段，用于构建基因线路的组件[5]。基因组编辑技术，特别是成簇的规律间隔短回文重复序列（clustered regularly interspaced short palindromic repeats，CRISPR）及 CRISPR 相关蛋白（CRISPR-associated protein，CRISPR-Cas）技术，为基因线路的构建和优化提供了强大的工具[6]。研究人员可以精确地编辑细胞的基因组，以实现特定的基因表达模式和调控方式。此外，CRISPR-Cas、sRNA（small RNA）、反义转录等合成生物学工具的开发，为基因线路中的信号转换提供了工具，丰富了构建基因线路的元件库[7]。此外，通过挖掘能够响应不同信号分子的调节元件，研究人员开发了能够响应不同信号分子的基因线路。根据信号分子的类型，可以将它们分为响应代谢物、环境信号、代谢压力和细胞密度等的基因线路[8]。因此，基因线路被广泛应用于生物制造、医学研究及环境监测等领域[9]。例如，基因线路可以用于重构微生物的代谢网络，平衡细胞生长与产物合成间的代谢流，实现目标产物的高效合成。同时，基因线路可以被设计成生物传感器，用于检测环境中的污染物、生物标志物等。此外，可以设计能够响应癌症标志物的基因线路，以调控药物的释放时间，实现靶向给药。

二、基因线路的组成

一个完整的基因线路通常由输入装置、操纵装置和输出装置组成（图 5-1）。输入装置能够响应输入信号并将其传递给操纵装置。操纵装置能够分析、整合、处理各个输入信号，并将其整合完成的信号给输出装置，使输出装置执行设定的功能，形成相应的输出信号。

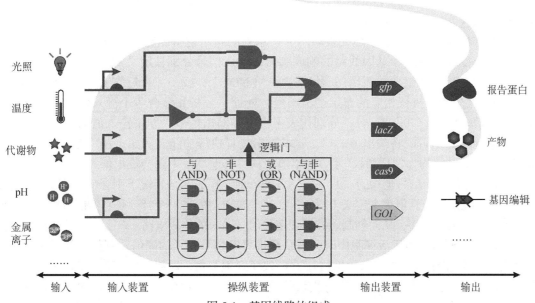

图 5-1　基因线路的组成

1. 输入装置

输入装置具备两个功能：识别输入信号和传递信号。这些输入信号包括光照、温度、pH、胞内/外代谢物和金属离子等。输入装置的核心组件是能够响应信号的调节元件，通常是变构转录因子和核糖开关。变构转录因子由配体结合结构域和 DNA 结合结构域组成[10]。转录因子的配体结合结构域能够有选择性地与信号配体结合，导致蛋白质的构象变化，从而使 DNA 结合结构域与靶标基因的启动子区结合或解离，从而抑制或激活靶标基因的转录。常用于构建基因线路的转录因子包括 LacI（结合异丙基硫代-β-D-半乳糖苷，IPTG）、AraC（结合阿拉伯糖）、TetR（结合无水四环素，aTc）和 LuxR（结合酰基脱氢亮氨酸内酯）[11]。通过改变转录因子与目标配体的结合亲和力，可以进一步增加它们的灵敏度。例如，Lakshmi 等利用易错 PCR 构建了 LacI 突变文库，并获得了 4 个突变体，它们甚至在极低浓度下就能结合 IPTG[12]。这些突变体在添加 1μmol/L IPTG 的情况下显示出比天然 LacI 高 4～7 倍的诱导能力。

核糖开关是另一种输入装置的核心元件。核糖开关是一类能够响应外界信号，调控下游基因转录或翻译的 RNA 序列，通常由适配体结构域和表达平台两部分组成[13]。适配体结构域是一种配体感知结构域，通常位于 mRNA 的 5′-非翻译区（5′-UTR）。适配体是一个高度保守的序列，会形成一个特定的三维结构，能够特异性地结合某种配体，引发自身的构象发生改变，并暴露/隐藏出位于表达平台的核糖体结合位点、终止子或核酶识别位点，从而激活或抑制下游基因的转录或翻译。适配体响应的配体包括代谢物[14]、金属离子[15]等。与转录因子类似，可以通过构建核糖开关的突变文库来改变核糖开关与配体的亲和力。此外，也可以利用指数富集的配体系统进化技术（systematic evolution of ligands by exponential enrichment，SELEX）从核酸文库中筛选出能够识别特定配体的人工适配体[16]。

2. 操纵装置

操纵装置负责整合输入基因线路的各个信号。相对于输入装置和输出装置，一些结构简单的单信号输入基因线路中并不具备操纵装置。对于多信号输入的基因线路，科研人员广泛使用电气工程学中的逻辑门概念来分析整合各个输入、输出信号[17]。在操纵装置中，信号被转换为数字信息。信息的基本单元被表示为一系列的布尔逻辑函数（Boolean logic function）。如果信号强度低于或高于基因线路的响应阈值，输入信号分别被定义为"0"或"1"。操纵装置中各种遗传元件组成的逻辑门，包括"非"（NOT）、"或"（OR）、"与"（AND）、"与非"（NAND）等，能够执行相应的布尔逻辑函数，处理、分析和整合各个输入信息，并输出值"0"或"1"。此时，"0"或"1"分别代表不输出和输出信号。如果输入值的状态满足逻辑门的要求，那么逻辑门将输出值"1"，要求输出装置执行功能。例如，在"与"门中，只有所有的输入信号值均为"1"时，才会输出值"1"，其他情况下则会输出值"0"。在"或"门中，只有所有的输入信号值均为"0"时，才会输出值"0"，其他情况下则会输出值"1"。每个门可以用传统符号或真值表来定义（图 5-2）。这些逻辑门的另一个特征是它们能够组合在一起构建出更加复杂的线路，从而创制能够处理多种信号输入的集成电路。

当这些逻辑门应用于活细胞中时，需要严格界定信号输入的阈值。例如，如果两种不同的生物分子 A 和 B 可以诱导产生生物分子 C 致使细胞凋亡，那么可以创建人工逻辑门来调节细胞的凋亡。在操纵装置中，需要分别设置分子 A 和 B 的阈值，即 A 和 B 的浓度达到多少时，认定输入值为"1"。当所创建的是一个"与"门时，如果 A 和 B 的值都在定义的阈值之上，就会产生 C，从而引发细胞凋亡。也就是说，只有在两个输入值都是"1"的情况下，输出值才会是"1"，从而引发凋亡。相反，当所创建的是一个"或"门时，如果 A 和 B 其中一个值在定义的阈值之上，就会产生 C，从而引发细胞凋亡。实际上，细胞凋亡等细胞功能的调控机制要复杂得多。因此，需要构建更加复杂的逻辑线路才能够实现对细胞的生理功能进行精细的完全控制。然而，这就要组装大量的遗传元件和进行复杂的逻辑运算，人工设计这样的基因线路耗时且容易出错。随着计算科学的发展，一系列基因线路的自动化设计软件被开发出来，用于标准化和精细化地设计、分析和评估复杂的基因线路，如 CELLO[18]。

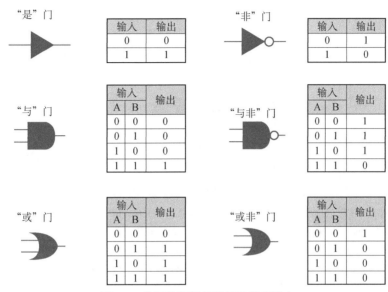

图 5-2　常用的逻辑门符号及其真值表

3. 输出装置

输出装置决定着基因线路的功能。当操纵装置的输出值为"1"时，输出装置将执行相应的操作来实现基因线路的功能。在整个基因线路最终的输出模块中，常用的功能元件包括荧光蛋白、细胞生长必需基因、抗性基因、待调控的基因、重组酶和 CRISPR-Cas 系统等。例如，荧光蛋白是最常用的输出元件，可以实现基因线路的可视化输出[19]，大多数复杂的基因线路最初都使用荧光蛋白作为输出来进行功能验证[20]。在代谢工程领域，这种基因线路能用于产物浓度的监测，因而在菌株改造领域具有广泛的适用性[21]。这类基因线路常常与高通量筛选系统（如流式细胞仪或微流控系统）结合使用，从而高效地筛选出高产突变体（图 5-3A）。抗性基因、生长必需基因等选择性标记常用于菌株的定向进化（图 5-3B）。与基于荧光信号的高通量筛选相比，定性进化的菌株筛选通量更大。高通量筛选的效率受到仪器检出效率的限制，结合基于流式细胞仪或微流控系统，其筛选效率最高可达 10^9 个菌株/天[22]。而定向进化的筛选效率取决于抗生素/生长必需因子的含量。定向进化给了菌株一个选择压力，只有它合成的目标产物的产量达到基因线路的输入阈值时，基因线路才会表达抗性基因或生长必需基因，维持菌株的存活。而生长选择的通量取决于选择压力的大小，即抗生素的浓度和生长必需物质的初始浓度[23]。目前基于基因线路的高通量筛选和定向进化已经用于多个高产菌株或高效酶的筛选[24]。在输出装置中，当使用的功能元件为待调控的基因时，基因线路的功能大多为动态调控细胞的代谢网络，调节各个代谢途径的代谢通量，促进目标产物的高效合成[25]

（图 5-3C）。此外，具有特定功能的功能元件也可以用于输出装置。功能元件可以是另一个转录因子，从而构建多层次的基因线路；可以是 CRISPR-Cas 系统，从而可以通过简单地替换 crRNA 来实现对多个靶点的协同调控。此外，可以应用位点特异性重组酶构建数字电路，通过翻转基因线路中的遗传元件（如启动子）来控制基因线路的输出状态，从而构建多状态的基因线路[25]。因此，利用具有不同功能的输出装置将各个输出装置耦合在一起，可以生成能够执行更多分层和复杂功能的遗传线路。

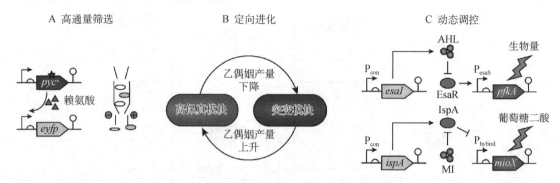

图 5-3　基因线路在代谢工程领域中的常用功能[7]

A. 通过使用易错 PCR，开发了一个丙酮酸羧化酶（由 *pyc* 编码）突变文库。同时，使用赖氨酸响应基因线路检测突变体对赖氨酸产量的影响，并以增强的黄色荧光蛋白（由 *eyfp* 编码）报告蛋白，利用流式细胞仪筛选高产菌株。B. 构建了高保真模块和突变模块，以控制宿主细胞的突变率。C. 采用基因线路动态调控葡萄糖二酸的生物合成。AHL. 酰基丝氨酸内酯；*esaI*. 编码 AHL 合成酶的基因；EsaR. 转录激活因子；*pfkA*. 编码 6-磷酸果糖激酶同工酶 1 的基因；*ispA*. 编码转录抑制因子的基因；MI. 肌醇；*mioX*. 编码肌醇氧化酶的基因；"*"表示突变体

第二节　逻辑门基因线路

一、转录因子及其启动子对

1. 转录因子的作用原理

在转录起始（transcription initiation）过程中，RNA 聚合酶（RNA polymerase）首先需要与基因的启动子结合形成闭合式复合体（closed complex）。DNA 双链分开后转变形成开放式复合体（open complex）后，开始 mRNA 的延伸。然而，在这个过程中，RNA 聚合酶并不与 DNA 直接结合，而是需要转录因子（transcription factor，TF）的参与。因此，TF 作为一类 DNA 结合蛋白，通过影响 RNA 聚合酶与启动子相互作用，对基因的转录起到激活或抑制的作用。TF 具有两个典型结构域：DNA 结合结构域（DNA-binding domain，DBD），负责调控基因的 DNA 序列；效应物结合结构域（effector-binding domain，EBD），负责调控 TF 的活性，包括转录激活结构域或转录抑制结构域。TF 分为两类：正调控蛋白或激活因子（activator），增强受调控基因的转录；负调控蛋白或抑制因子（repressor），降低受调控基因的转录。

TF 的转录激活调控方式之一是蛋白质协同结合 DNA（cooperative binding of protein to DNA），又称为募集（recruitment）机制，即激活因子通过协助 RNA 聚合酶结合到启动子上来

激活从该启动子开始的基因转录。激活因子以其一个表面结合到启动子附近的某一 DNA 位点，同时另一表面与 RNA 聚合酶相互作用，将 RNA 聚合酶带到启动子上。此时，RNA 聚合酶与启动子结合后，自动从闭合式复合体异构化为开放式复合体并起始转录（图 5-4A）。在第二种变构（allostery）的转录激活调控方式中，RNA 聚合酶不需要 TF 的协助就可以结合在 DNA 上形成稳定的闭合式复合体，但是该闭合式复合体无法自动通过异构化转变成开放式复合体，此时，激活因子通过刺激闭合式复合体转变为开放式复合体以激活转录过程（图 5-4B）。在该调控机制中又可以进一步细分为激活因子与 RNA 聚合酶相互作用（比如启动子 glnA 与其激活因子 NtcR），提前诱导启动子的构象发生变化（比如启动子 merT 与其激活因子 MerR），以及激活因子促进启动子的脱离（比如启动子 *malT*）。

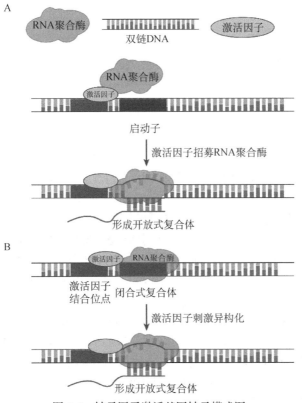

图 5-4　转录因子激活基因转录模式图

A. 激活因子通过招募 RNA 聚合酶与启动子结合，从而激活基因的转录过程；B. 激活因子与 RNA 聚合酶相互作用后，刺激闭合式复合体向开放式复合体异构化，从而激活基因的转录过程

　　与 TF 的转录激活调控方式相对应，TF 的转录抑制调控方式之一是通过结合与启动子有重叠区的位点以阻碍 RNA 聚合酶的结合（图 5-5A），如大肠杆菌（*Escherichia coli*）中的 Lac 抑制因子。另外，抑制因子也可以通过与 RNA 聚合酶相互作用，抑制闭合式复合体到开放式复合体的转变（图 5-5B），如大肠杆菌中的 Gal 抑制因子。此外，抑制因子还可以通过抑制启动子的脱离达到抑制转录的效果，如枯草芽孢杆菌（*Bacillus subtilis*）中的启动子 P_{A3} 及其对应的噬菌体中的蛋白质。

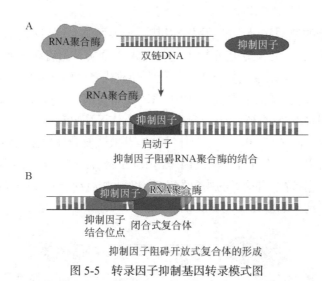

图 5-5 转录因子抑制基因转录模式图

A. 抑制因子的结合位点与启动子存在重叠区，抑制因子的结合阻碍了 RNA 聚合酶的结合从而抑制了转录；B. 抑制因子的结合位点不与启动子存在重叠区，但抑制因子通过与 RNA 聚合酶相互作用，抑制闭合式复合体向开放式复合体转变

2. 转录因子的挖掘与改造

转录组测序（RNA sequencing，RNA-seq）、染色质开放性测序（assay for transposase accessible chromatin with high-throughput sequencing，ATAC-seq）、酵母单杂筛库等是常用的挖掘目标 TF 的方法。在研究基础较少且没有靶基因的情况下，可以选择 RNA-seq 和 ATAC-seq。RNA-seq 是对某一物种或特定细胞在某一功能状态下产生的 mRNA 进行高通量测序，既可以提供定量分析，检测基因表达水平差异，又可以提供结构分析，发现稀有转录本，精确地识别可变剪切位点、基因融合等。ATAC-seq 是利用转座酶 Tn5 易于结合在开放染色质上的特性，人为地将二代测序（NGS）接头连接到转座酶上，通过已知序列的测序标签进行 NGS 测序，明确全基因组范围内的染色质开放程度，得到全基因组范围内 TF 可能结合的位点信息，从而筛选感兴趣的 TF。ATAC-seq 常与 RNA-seq 一起联用进行组合分析。若已有一定的研究基础，酵母单杂交则是将 DNA 顺式作用元件作为诱饵（bait），筛选靶元件特异结合的 TF 的有效方法。该方法包含两个载体，其中一个载体将诱饵基因和易于检测的报告基因融合，另一个载体将 TF 和酵母转录激活结构域融合。在 TF 与诱饵结合的情况下，无论该 TF 是激活因子还是抑制因子，转录激活结构域都会诱导报告基因的表达。

此外，由于大多数 TF 的序列具有保守性，这些保守结构域使得用生物信息学方法进行 TF 的分析成为可能。DBD 是 TF 最主要的保守区域，其次是转录激活结构域和转录抑制结构域。这些区域的氨基酸序列变化较小，确保了 TF 功能的准确行使。因此，可以利用生物信息学分析快速得到筛选到的 TF 的核心区域、信号肽、蛋白质的糖基化位点、磷酸化位点、蛋白激酶结合位点和蛋白质亲/疏水性等性状信息。

上述挖掘 TF 的方法适用于存在目标输入信号的天然 TF 的情况。对于感兴趣的小分子物质，若仍未发现天然存在的 TF，则需要扩展或改变天然 TF 的输入信号及其响应范围，从而获得能够响应特定信号的人工 TF。目前常使用诱变、定向进化和高通量筛选策略来优化 TF 的特异性，以获得能够响应其他代谢物的 TF。例如，通过对阿拉伯糖调节蛋白 AraC 突变，产生了对三乙酸内酯（triacetic acid lactone，TAL）具有更高灵敏度的 TF，用以提高三乙酸内酯的产量。在大多数筛选突变 TF 的研究中，变构转录因子（allosteric transcription factor，aTF）

文库的构建和筛选，通常使用配体诱导的荧光蛋白进行表征，结合荧光激活细胞分选技术（fluorescence-activated cell sorting，FACS）筛选出目的突变体。变构调控依赖于复杂的结构域间相互作用，变构蛋白的诱变会导致大量与配体结合或维持 aTF 功能所需相关残基缺失的突变体。但是，当诱导 aTF 发生突变时，常出现具有提高动态输出范围的突变体被组成型 TF 突变体效果所掩盖的现象。另一种策略是将代谢物的结合蛋白与特定 DNA 结合结构域融合以产生目标代谢物的 TF。例如，通过将异戊烯基二磷酸异构酶（isopentenyl diphosphate isomerase，IDI）与 AraC 的 DNA 结合结构域融合表达后，构建出能够响应异戊二烯焦磷酸的 TF。除此之外，近年来计算机辅助蛋白质设计也逐渐成为研究配体-受体结合的强大工具。例如，可用 ROSETTA 等蛋白质设计软件从头设计可以用于变构调节的功能性蛋白质。

目前，大部分研究仍通过结合高通量、定向进化、计算机辅助蛋白质设计等策略对 TF 的特异性进行改造。这些研究仍依赖于已经得到充分注释的 aTF 和劳动密集型诱变来改变 TF 的特异性。仍没有一种单一的策略能够从一种现有的 aTF 中证明小分子特异性的可进化性。

3. 转录因子的种类

基于 TF 响应细胞内或细胞外的信号并转化为靶基因表达状态的能力，其常常作为响应外界信号分子的生物传感器被应用于基因线路中。TF 根据响应信号种类的不同又可以分为响应外加化学试剂或代谢物分子等的化学信号，以及响应温度、光、金属离子等的物理信号。

大肠杆菌中的异丙基硫代-β-D-半乳糖苷（IPTG）诱导型启动子 P_{lac}、L-阿拉伯糖诱导型启动子 P_{BAD}；枯草芽孢杆菌中的木糖诱导型启动子 P_{xylA}、乳糖诱导型启动子 P_{grac}；酿酒酵母中的半乳糖诱导型启动子 P_{gal} 等作为典型的响应化学信号的启动子，通过响应特定小分子化合物，达到调控基因的目的。例如，在大肠杆菌中，Soma 等设计了一个拨动开关，可以在加入 IPTG 后同时促进代谢流向产物异丙醇的生产和抑制其进入三羧酸循环（tricarboxylic acid cycle，TCA cycle），从而提高异丙醇产量[26]。在酿酒酵母中，通过添加四环素类似物强力霉素，与四环素反式激活蛋白和合成启动子协同作用，可以实现控制葡萄糖流入糖酵解途径的通量，促使碳通量更多流向产物合成途径，提高了葡糖酸和异丁醇的产量[27]。然而，通过外源添加诱导剂实时调控基因的表达很难实现基因的自主控制，且存在化学诱导剂价格昂贵等问题。随后，研究人员开发了基于 TF 响应胞内代谢物的生物传感器，以实现对代谢通量的自主控制，如 N-乙酰神经氨酸（N-acetylneuraminic acid）、丙二酰辅酶 A（malonyl-CoA）、果糖-1,6-二磷酸（fructose-1,6-bisphosphate）等。

除了胞内代谢物含量的变化，发酵参数的调整是另一种类型的基因表达的"及时开关"。发酵温度作为发酵过程中的重要参数和基因的输入信号，具有随时可控性、操作简便、时间反应快、高可逆性和广泛适用性的优点。按照输入信号温度的高低可以分为低温抑制高温激活型与高温抑制低温激活型。来源于大肠杆菌噬菌体 λ 的温敏型元件 PR/PL 及其 TF $CI857_{ts}$ 是典型的高温激活型元器件（37℃开始表达），Fang 等基于该 TF 生物传感器设计激活基因线路以使得碳代谢流最大化地流向草酰乙酸衍生物代谢途径，平衡胞内辅因子的供给循环，最终 L-苏氨酸的转化率达到了 124.03%[28]。Zhou 等利用酿酒酵母中经典的 Gal 调控系统，以番茄红素作为筛选标记对 TF Gal4 进行突变筛选以获取温度敏感型元器件，并最终筛选得到低温激活型 TF 生物传感器，实现了番茄红素生长和生产在发酵过程中通过温度的变化成功解偶联[29]。Wang 等通过结合转录调节因子 $CI857_{ts}$ 和 ter 家族抑制因子 PhlF 设计了一个双功能热敏电路，并进一步利用该电路在大肠杆菌中通过30℃和37℃之间的交换进行双炔聚羟基烷烃酸酯的有序聚合[30]。除了发酵过程中的常见参数，光输入信号由于具有可逆性、瞬时性、强度可控、干扰低等优点，逐渐成为研究热点。例如，Lalwani等报道了一系列OptoLAC系统，这些系统使用光作为输入信号，而不是IPTG来驱动大肠杆菌中的Lac操纵子[31]。与IPTG诱导体系相比，在2L生物反应器中甲戊酸酯和异丁醇的产量分别提高了24%和27%，为替代IPTG在发酵中降低成本提供了潜在的应用前景。Romano等通过改造响应L-阿拉伯糖的AraC及P_{BAD}启动子设计了可由蓝光诱导的AraC二聚体家族（BLADE），从而控制靶向基因的空间和时间双维度的表达[32]。Castillo-Hair等报道了一种蓝藻光生物传感器系统，该系统由绿色/红色光可逆双组分系统CcaSR、两种产生发色体藻蓝胆素的代谢酶和一个控制枯草芽孢杆菌靶基因转录的输出启动子组成[33]。此外，光遗传电路也在真核生物中得到了发展。例如，Zhao等在酿酒酵母中基于TF VP16-EL222构建了一套蓝光激活OptoEXP及蓝光抑制OptpINVRT的光控系统，异丁醇和2-甲基-1-丁醇的滴度分别提高到8.49g/L和2.38g/L[34]。尽管光控系统存在巨大的应用潜力，但该类系统目前仍存在发酵液受光照不均匀的问题，同时将该系统应用于大规模生产还需要改造，比如生物反应器需要具有较好的透光性。除了利用温度和光照作为信号进行代谢途径的动态调控，也可以通过改变培养时的pH及溶解氧浓度来实现细胞内代谢通量的动态变化。

基于未经改造的aTF的生物传感器通常性能差，动态范围窄，工作范围小，在宿主体内的正交性低，为构建响应某种物质的基因线路，必须存在响应该物质的生物传感器。然而，在自然界中，并不是所有的物质都有响应其的生物传感器，这极大地限制了基因线路的种类。因此，在表征未知的生物传感器或构建具有新特异性的工程生物传感器后，还必须对其性能进行微调以满足实际应用。比如，微摩尔浓度的操作范围适用于对胞内代谢通量的动态调控，而摩尔浓度的操作范围更适合高产菌株筛选。由于基于aTF生物传感器的高度模块化，其性能易于改造。变构TF的过表达可以提高生物传感器的工作范围。例如，通过过表达GamR，葡糖胺-6-磷酸（glucosamine-6-phosphate）生物传感器的工作范围扩大，但是动态范围和背景表达急剧下降[35]。改变启动子序列中的操纵子区域的数量或位置同样可以调控基于aTF的生物传感器动态范围。此外，还可以将基于aTF的生物传感器与信号放大系统相结合。例如，Zhou等通过用铜响应启动子驱动GAL转录调控子，构建了一个铜诱导的信号放大机器。与天然的铜感应生物传感器相比，铜感应信号放大系统将对铜的响应放大了2.7倍[36]。将相同的策略应用于枯草芽孢杆菌中，成功设计与构建了动态范围大于10 000倍的基于T7 RNA聚合酶和Lac抑制因子的IPTG诱导系统，并构建了嵌合启动子[37]。基于TF的基因路线具有高特异性、良好的鲁棒性和可调节性，为复杂生物合成系统的调节提供了有效方式。与原核微生物的快速发展相比，可用于真核微生物（如酵母）基因表达控制的基于aTF的生物传感器的数量仍然有限。

二、"是""非""与""或""与非""或非"门基因线路

除了可以根据响应装置对基因线路进行分类，也可以根据基因线路中所使用的布尔逻辑

门种类，将基因线路分为"是""非""与""或""与非"和"或非"等基因线路。

1. "是"门基因线路

"是"门基因线路是常见的基因线路，在"是"门基因线路中，仅具有单个输入信号，往往不存在逻辑装置，并不会将基因线路的输入信号进行整合、处理。当输入信号的值为"1"时，输出信号也会为"1"；输入信号的值为"0"时，输出信号也会为"0"。如图 5-6 所示，丙二酰辅酶 A 响应转录因子 FapR 的表达受到组成型启动子 P_{con} 控制，报告蛋白 eGFP（增强型绿色荧光蛋白）的表达则受到 T7 启动子控制。当细胞中输入信号丙二酰辅酶 A 的浓度较低时，转录因子 FapR 会识别并结合到位于 T7 启动子下游的 FapR 结合位点 *fapRO*，空间上阻碍 RNA 聚合酶与 T7 启动子结合，从而抑制下游报告基因 *egfp* 的转录，基因线路也不输出信号。当细胞中输入信号丙二酰辅酶 A 的浓度达到一定阈值时，转录因子 FapR 会从 FapR 结合位点 *fapRO* 上解离，不再阻碍 RNA 聚合酶与 T7 启动子结合，从而激活下游报告基因 *egfp* 的转录，基因线路就会输出荧光信号[38]。

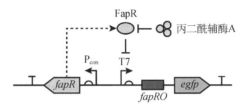

图 5-6　"是"门基因线路

fapR. 丙二酰辅酶 A 响应转录因子的编码基因；*egfp*. 增强型绿色荧光蛋白（eGFP）的编码基因；*fapRO*. 转录因子 FapR 的结合位点；P_{con}. 组成型启动子；T7. T7 启动子

2. "非"门基因线路

"非"门基因线路也只具有单个信号输入，当输入信号的值为"1"时，输出信号会为"0"；当输入信号的值为"0"时，输出信号为"1"。"非"门能够将基因线路原本的输出信号逆转，因此又被称为逆变器。构建"非"门基因线路时，需要在基因线路中引入抑制型的调节元件作为逆变器，包括阻遏蛋白、CRISPR 干扰（CRISPR interference，CRISPRi）系统、asRNA（反义 RNA，antisense RNA）、反义转录等[39]。如图 5-7 所示，黏糠酸响应转录因子 CatR 的表达受到组成型启动子 P_{con} 控制，靶向基因 *pfkA* 的 asRNA *aspfkA* 的表达受到 P_{MA} 启动子控制，基因组上 *pfkA* 基因的表达受到自身天然启动子 P_{pfkA} 的控制。P_{MA} 启动子的起始需要转录因子 CatR 辅助。当细胞中输入信号黏糠酸的浓度较低时，转录因子 CatR 不会结合到 P_{MA} 启动子上的 CatR 结合位点 *catRO*，P_{MA} 启动子无法正常起始转录，asRNA *aspfkA* 的表达受到抑制，因此，基因 *pfkA* 表达不受干扰，会正常输出 PfkA 酶信号。当细胞中输入信号黏糠酸的浓度较高时，转录因子 CatR 会结合到 P_{MA} 启动子上的 CatR 结合位点 *catRO*，招募 RNA 聚合酶起始 P_{MA} 启动子的转录，从而表达下游的 asRNA *aspfkA*，asRNA *aspfkA* 会抑制基因 *pfkA* 的表达，基因线路不再输出 PfkA 酶信号[40]。

3. "或"门基因线路

"或"门基因线路具备两个及以上的信号输入，只有当输入信号为"0"时，输出信号才会为"0"。当输入信号中有一个为"1"时，输出信号都会为"1"。通常可以通过串联启动子来

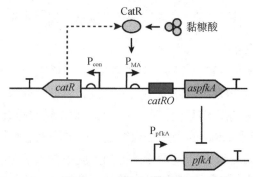

图 5-7 "非"门基因线路

catR. 黏糠酸响应转录因子的编码基因；*pfkA*. 6-磷酸果糖激酶的编码基因；*aspfkA*. 靶向基因 *pfkA* 的反义 RNA *aspfkA*；
catRO. 转录因子 CatR 的结合位点；P_{con}. 组成型启动子；P_{MA}. 受转录因子 CatR 调控的启动子；P_{pfkA}. 基因 *pfkA* 的天然
启动子

构建"或"门基因线路。如图 5-8 所示，IPTG 响应转录因子 LacI 和四环素响应转录因子 TetR 的表达受到组成型启动子 P_{con} 控制，报告蛋白 eGFP 的表达则受到 P_{tet} 和 P_{lac} 启动子控制。只要 P_{tet} 和 P_{lac} 启动子其中一个能够正常转录，下游的报告蛋白 eGFP 就会表达。当细胞中输入信号四环素和 IPTG 的浓度均较低时，转录因子 TetR 和 LacI 会分别结合到 P_{tet} 和 P_{lac} 启动子上的相应结合位点，致使两个启动子 P_{tet} 和 P_{lac} 均不能表达，基因线路不输出荧光蛋白信号；当细胞中输入信号四环素和 IPTG 的浓度有一个高于阈值时，转录因子 TetR 或 LacI 会从启动子上的结合位点解离，激活 P_{tet} 或 P_{lac} 启动子，最后输出荧光蛋白信号[41]。

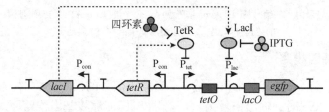

图 5-8 "或"门基因线路

lacI. IPTG 响应转录因子的编码基因；*tetR*. 四环素响应转录因子的编码基因；*egfp*. 增强型绿色荧光蛋白（eGFP）的编码
基因；*tetO*. 转录因子 TetR 的结合位点；*lacO*. 转录因子 LacI 的结合位点；P_{con}. 组成型启动子；P_{tet}. 受转录因子 TetR 调
控的启动子；P_{lac}. 受转录因子 LacI 调控的启动子

4. "与"门基因线路

与"或"门基因线路不同，"与"门基因线路中只有输入信号都为"1"时，输出信号才会为"1"；其余情况下，输出均为"0"。通常可以在一个启动子的下游同时添加不同转录因子的结合位点来构建"与"门基因线路。如图 5-9 所示，IPTG 响应转录因子 LacI 和四环素响应转录因子 TetR 的表达受到组成型启动子 P_{con} 控制，报告蛋白 eGFP 的表达则受到 P_{tet} 启动子控制。当细胞中输入信号四环素和 IPTG 的浓度均较低或其中一个较低时，转录因子 TetR 或 LacI 会分别结合到 P_{tet} 启动子上的相应结合位点，致使启动子 P_{tet} 不能表达，基因线路不能输出荧光蛋白信号；只有当细胞中输入信号四环素和 IPTG 的浓度均高于阈值时，转录因子 TetR 和 LacI 才会都从启动子上的结合位点解离，激活 P_{tet} 启动子，输出荧光蛋白信号[42]。

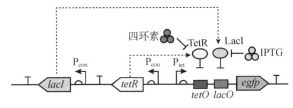

图 5-9　"与"门基因线路

lacI. IPTG 响应转录因子的编码基因；*tetR*. 四环素响应转录因子的编码基因；*egfp*. 增强型绿色荧光蛋白（eGFP）的编码基因；*tetO*. 转录因子 TetR 的结合位点；*lacO*. 转录因子 LacI 的结合位点；P_{con}. 组成型启动子；P_{tet}. 受转录因子 TetR 和 LacI 调控的启动子

5. "与非"门基因线路

相对于"是""非""与"和"或"门基因线路，"与非"门基因线路的结构更加复杂，是由"与"和"非"门基因线路组合构建而成的。在"与非"门基因线路中，只有输入信号都为"1"时，输出信号才会为"0"；其余情况下，输出信号均为"1"。如图 5-10 所示，IPTG 响应转录因子 LacI 和阿拉伯糖响应转录因子 AraC 的表达受到组成型启动子 P_{con} 控制，转录因子 HrpS、HrpR、CI 的表达分别受到启动子 P_{BAD}、P_{lac} 和 P_{hrp} 控制；报告蛋白 GFP 的表达受到 P_{lam} 启动子控制。当细胞中输入信号阿拉伯糖和 IPTG 的浓度均高于阈值时，转录因子 AraC 和 LacI 分别会从启动子上相应的结合位点上解离，激活 HrpS、HrpR 的表达。HrpS、HrpR 形成的复合体将会进一步起始 P_{hrp} 启动子的转录，激活转录因子 CI 的表达。而转录因子 CI 会抑制 P_{lam} 启动子的活性，最终导致基因线路不输出荧光蛋白信号。当细胞中输入信号阿拉伯糖和 IPTG 的浓度没有都高于阈值时，转录因子 AraC 或 LacI 会结合到相应的结合位点抑制 HrpS 或 HrpR 的表达，导致 HrpS、HrpR 无法形成复合体，转录因子 CI 的表达也就无法被激活，P_{lam} 启动子的活性也不会被抑制，最终基因线路会输出荧光蛋白信号[42]。

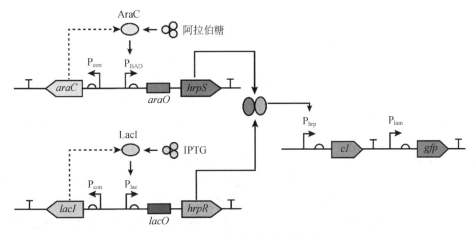

图 5-10　"与非"门基因线路

lacI. IPTG 响应转录因子的编码基因；*araC*. 阿拉伯糖响应转录因子的编码基因；*gfp*. 绿色荧光蛋白（GFP）的编码基因；*hrpS*. 转录因子 HrpS 的编码基因；*hrpR*. 转录因子 HrpR 的编码基因；*cI*. 转录因子 CI 的编码基因；*lacO*. 转录因子 LacI 的结合位点；*araO*. 转录因子 AraC 的结合位点；P_{con}. 组成型启动子；P_{lac}. 受转录因子 LacI 调控的启动子；P_{BAD}. 受转录因子 AraC 调控的启动子；P_{hrp}. 受转录因子 HrpSR 调控的启动子；P_{lam}. 受转录因子 CI 调控的启动子

6. "或非"门基因线路

和"与非"门基因线路类似,"或非"门基因线路是由"或"和"非"门基因线路组合构建而成的。只有输入信号都为"0"时,输出信号才会为"1";其余情况下,输出信号均为"0"。如图 5-11 所示,四环素响应转录因子 TetR 和阿拉伯糖响应转录因子 AraC 的表达受到组成型启动子 P_{con} 控制,转录因子 CI 的表达分别受到启动子 P_{tet} 和 P_{BAD} 控制;黄色荧光蛋白(YFP)的表达受到 P_{lam} 启动子控制。当细胞中输入信号阿拉伯糖和四环素的浓度均低于阈值时,转录因子 AraC 和 TetR 会结合到相应的结合位点抑制转录因子 CI 的表达,导致 P_{lam} 启动子的活性也不会被抑制,最终基因线路会输出荧光蛋白信号。当细胞中输入信号阿拉伯糖和四环素的浓度有一个高于阈值时,转录因子 AraC 或 TetR 从启动子上相应的结合位点上解离,激活转录因子 CI 的表达,抑制 P_{lam} 启动子的活性,最终基因线路不再输出荧光信号[20]。

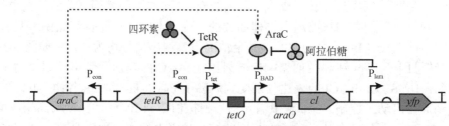

图 5-11 "或非"门基因线路

tetR. 四环素响应转录因子的编码基因;*yfp*. 黄色荧光蛋白(YFP)的编码基因;*cI*. 转录因子 CI 的编码基因;*tetO*. 转录因子 TetR 的结合位点;*araO*. 转录因子 AraC 的结合位点;P_{con}. 组成型启动子;P_{tet}. 受转录因子 TetR 调控的启动子;P_{BAD}. 受转录因子 AraC 调控的启动子;P_{lam}. 受转录因子 CI 调控的启动子

三、基于 CRISPR 系统的基因线路

1. CRISPR 系统简介

CRISPR-Cas 是存在于细菌和古细菌中的一种适应性免疫系统,该系统能够在 RNA 引导的核酸酶作用下切割外来核酸元件,帮助微生物对抗噬菌体等的入侵。CRISPR 系统可分为 class I 和 class II 两类,class I 的效应蛋白是由多个 Cas 蛋白组成的复合体,而 class II 的效应蛋白只包含一个具有多重结构域的 Cas 蛋白[43]。得益于其简单的结构组成,class II 中的 CRISPR-Cas9 或 CRISPR-Cas12a(旧称 Cpf1)是目前使用最为广泛的 CRISPR 系统。在 Cas9 系统中,反式激活 CRISPR RNA(transactivating CRISPR RNA,tracrRNA)会和 crRNA 转录形成的前体 CRISPR RNA(precursor CRISPR RNA,pre-crRNA)中的重复序列发生互补配对,并引导 RNase III 对 pre-crRNA 进行切割从而形成成熟的 crRNA,随后 Cas9 蛋白会同 tracrRNA-crRNA 二聚体形成三元复合物,并在紧邻原间隔序列邻近基序(protospacer adjacent motif,PAM)的目标靶点的特定位置对 DNA 进行切割产生双链断裂(double-stranded break,DSB)(图 5-12A);为了简化该系统的组成,也可以将 crRNA 与 tracrRNA 嵌合为单一引导 RNA(single guide RNA,sgRNA),这样只需要 Cas9 和 sgRNA 便可以实现 CRISPR 系统的特异性靶向切割作用(图 5-12B)。而在 Cas12a 系统中,由于兼具 DNase 结构域与 RNase 结构域的 Cas12a 自身便能促进 pre-crRNA 的成熟,不需 tracrRNA 和其他 RNase 的帮助便可实现特异性靶向切割作用[44](图 5-12C)。理论上,Cas9 与 Cas12a 只会识别并精准地靶向与 sgRNA

或 crRNA 中的引导序列完全互补的 DNA 位点。然而，由于基因组中存在与目标靶点相似但并非完全互补的序列，因此脱靶效应（Cas 蛋白不仅识别目标靶点，还可能无意识地识别和结合相似的 DNA 序列）是不可避免的，特别是在基因组较为庞大的真核生物中。为了解决脱靶问题，可以通过特定的算法来选择更具特异性的 sgRNA 或 crRNA 序列[45]，也可对 Cas 蛋白进行改造以提高其特异性[46]。

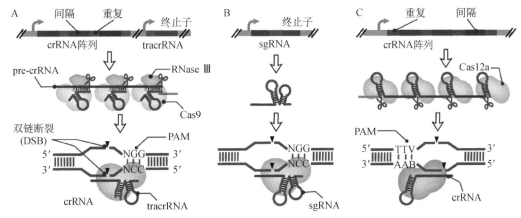

图 5-12　CRISPR 系统的作用机制

2. 基于 CRISPR 的表达调控系统

借助 CRISPR 系统所具备的高度特异性靶向能力，该技术可被应用于目标基因的精准表达调控。通过对 Cas9 中与 DNase 相关的 RuvC 结构域和 HNH 结构域中的关键位点进行失活，可以生成一种无法执行 DNA 链切割的变体，即"dead"Cas9（或称为 dCas9）。同样的，通过在 Cas12a 中 DNase 相关的 RuvC 结构域的关键位点引入失活突变，可以获得无法切割 DNA 链的 dCas12a。尽管这些失活的 Cas 蛋白无法再进行实际的 DNA 切割，但它们仍保留了特异性的 DNA 识别和结合能力。在特定的 sgRNA 或 crRNA 引导下，可以将 dCas9 或 dCas12a 定向到目标基因的特定位置，通过阻碍 RNA 聚合酶的结合及转录的进行而实现对基因表达的干扰，这个过程被称为 CRISPRi。

在原核细胞中，直接将失活的 Cas 蛋白锚定到目标基因的启动子或编码区后，利用其空间位阻效应便可使 RNA 聚合酶（RNA polymerase，RNAP）无法结合或者通过，从而产生 CRISPRi 作用。例如，含有 D10A 与 H840A 的酿脓链球菌（*Streptococcus pyogenes*）的 dCas9 在 sgRNA 引导下，靶向到目的基因的非模板链（nontemplate strand，NT strand）上或者启动子的−35 区时，可以产生强烈的转录抑制作用[47]；与之类似，含有 D917A 或 E1006A 的新凶手弗朗西斯菌（*Francisella novicida*）的 dCas12a 在 crRNA 引导下，靶向到目的基因的模板链（template strand，T strand）上时，也可产生强烈的 CRISPRi 效应[48]（图 5-13A）。在酿酒酵母等转录调控更为复杂的真核生物中，仅通过 dCas9 或 dCas12a 很难实现较强的转录抑制，往往还需要将 MIG1、Mix1、TUP1 或 KRAB 等转录抑制蛋白与失活的 Cas 蛋白进行融合，以构建抑制作用更强的人工转录因子（图 5-13B）。此外，可以通过 SunTag 等蛋白支架对转录的抑制作用进行放大，在单链可变区片段（single-chain variable fragment，scFv）与 GCN4 肽的亲和作用下，可将多个拷贝的转录抑制蛋白招募至目标启动子处[49]（图 5-13C）。

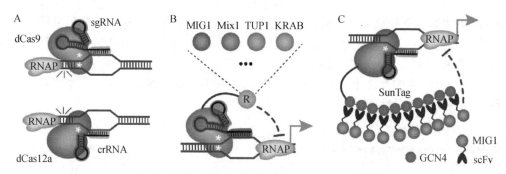

图 5-13　基于 CRISPR 的转录干扰（CRISPRi）系统

通过将转录激活蛋白与失活的 Cas 蛋白融合，可以构建人工转录激活因子。在 sgRNA 或 crRNA 的引导下，将上述人工转录激活因子引导至启动子上游的特定区域，可以招募更多的 RNAP 从而增强转录效率，这个过程被称为 CRISPR 激活（CRISPR activation，CRISPRa）。上游激活序列（upstream activating sequence，UAS）是真核启动子中常见的转录调节元件，当转录调控因子与 UAS 结合后，RNAP 便可与启动子结合并形成前起始转录复合物（preinitiation transcription complex，PIC），从而确保有效的转录起始，基于这一原理可在真核生物中构建高效的 CRISPRa 系统。例如，将转录激活蛋白 VP64、p65、Rta（VPR）构成的三重激活因子或是 RNA 聚合酶 II 中介复合物的亚基 Med2 融合至 dCas9 上，可以在酿酒酵母中实现高效的转录激活（图 5-14A），并且通过 SunTag 与 Spy 等蛋白支架也可增强 CRISPRa 系统的激活作用[49]（图 5-14B）。在大肠杆菌和枯草芽孢杆菌等原核生物中，将 RNAP 的 ω 亚基、内源的转录激活因子或是噬菌体来源的转录激活蛋白与失活的 Cas 蛋白进行融合，可构建具有双重调控作用的人工转录因子，将其靶向到启动子上游区域后可以实现目标基因的上调表达，而若将其靶向到启动子的核心区域或者基因的编码区则会由于空间位阻的作用而实现转录的下调[50]。

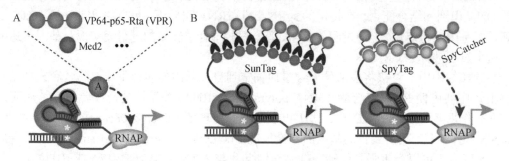

图 5-14　基于 CRISPR 的转录激活（CRISPRa）系统

除对 dCas9 进行改造以外，也可将特定的 RNA 适配体添加到 sgRNA 上得到支架 RNA（scaffold RNA，scRNA），并将转录调控蛋白融合到对应的配体蛋白上，如此一来利用"适配体-配体蛋白"之间的特异性结合作用也可实现 scRNA 对于转录调控蛋白的招募；而且，可以利用 MS2-MCP、PP7-PCP、com-Com 等相互正交的适配体-配体对分别招募转录激活蛋白或转录抑制蛋白，这样仅仅在 dCas9 的介导下便可以实现对于代谢网络的多重调控（图 5-15）。例如，在酿酒酵母中可将噬菌体来源的 RNA 发卡适配体 MS2、PP7 和 com 添加到 sgRNA 的 3′端获得不同的 scRNA，并将转录激活蛋白与转录抑制蛋白分别融合到上述适配体相对应的配体蛋白 MCP、PCP 和 Com 上，从而便能使用对应的 scRNA 实现不同靶基因进行的转录上调与下调[51]。此外，还可以同时对 dCas9 和 sgRNA 进行修饰，构建协同激活介导物（synergistic activation mediator，SAM）来增强 CRISPRa 的效果。例如，将转录激活结构域 VP64 融合到 dCas9 的 C 端的同时，在 sgRNA 上添加 MS2 适配体，并将 p65 和 HSF1 等转录激活蛋白与 MS2 对应的配体蛋白 MCP 相融合，通过由 dCas9-VP64、scRNA 和 MS2-p65-HSF1 构成的三元 SAM 复合物，可以显著增强 CRISPRa 的效果[52]。与传统的基因编辑不同，CRISPRi/a 无须对目的基因的启动子等调节元件进行修改，而是通过与 RNA 聚合酶的相互作用实现目的基因的表达调控，是一种反式作用；由于需要 sgRNA 或 crRNA 的引导，因此 CRISPRi/a 系统具有极强的精准性，只会对目标基因的表达产生影响；此外，CRISPRi/a 具有可逆性，当 Cas 蛋白或引导 RNA 停止表达后，靶基因可以恢复到正常的表达水平。

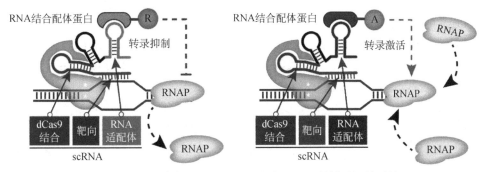

图 5-15 基于支架 RNA（scRNA）与 dCas9 的转录调控系统

3. 基于 CRISPRi/a 的基因线路

基于 CRISPRi/a 的转录调控机制不仅能够实现简单基因线路的搭建，还能够开拓出更为复杂和多样的线路构建方案。通过将 sgRNA 的表达作为输入信号，将目标启动子的表达作为输出信号，可以构建基于 CRISPRi 的 NOT 门（图 5-16A）。这样的门基因线路具有输入为 1 时输出为 0 的特性，可以实现基因表达的抑制。另外，通过同时将 dCas9 衍生的人工转录激活蛋白和 sgRNA 的表达视为两个输入信号，将目标启动子的表达视为输出信号，便能够获得基于 CRISPRa 的 AND 门（图 5-16B），这种门基因线路在两个输入信号都为 1 时产生输出信号，实现基因的上调。

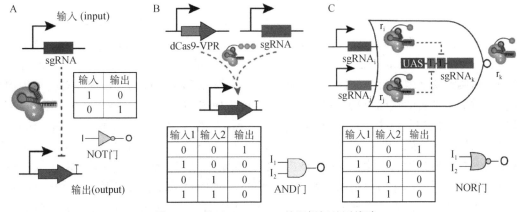

图 5-16 基于 CRISPRi/a 的逻辑门基因线路

此外，基于 CRISPRi/a 系统的特异性和稳定性使得人们能够进一步深入探索更加复杂的基因线路的构建方式。以靶向同一启动子的两个不同 sgRNA 为例，若将这两个 sgRNA 的表达作为两个输入信号，而将目标启动子的表达作为输出信号，可以实现一个基于 CRISPRi 的 NOR 门（图 5-16C）。在这个逻辑门中，只要两个输入信号中至少有一个为 1，输出信号就会变为 0。此外，输出启动子也可以用于另一个新的 sgRNA 的表达，从而实现线路之间的级联，进而不断扩展基因线路的复杂性。基于上述的级联策略，能够产生一系列典型的双输入逻辑线路，如 OR、AND、NAND、XNOR 等，这些基因线路中的逻辑门变异性较小且不会受到回溯效应（即一个基因调节元件的表达也会对其他并未与之直接相连的基因调节元件产生影响）的影响[53]，这为构建更为复杂的生物逻辑线路提供了可能性。除此之外，在大肠杆菌等原核生物中将转录激活蛋白（如 SoxS）与 MCP 等配体蛋白进行融合后，在含有 MS2 等适配体的 scRNA 引导下可以执行 CRISPRa 功能，而使用不含任何适配体的 sgRNA 进行引导则仍然可以发挥 dCas9 的 CRISPRi 功能[54]（图 5-17A）。如图 5-17B 所示，基于上述的 CRISPRi/a 系统，可以构建 1 型非相干前馈回路（incoherent type 1 feedforward loop，I1-FFL）等具有不同网络拓扑结构（network topology）的多层级联基因线路（multi-layer CRISPRa/i cascade）[55]。

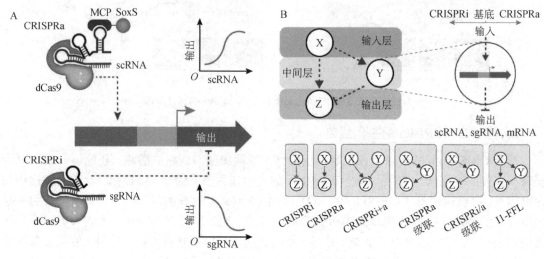

图 5-17 基于 CRISPRi/a 的多层级联基因线路

4. 基于 CRISPRi 的基因装置

CRISPRi 系统的组成较为精简（仅需 dCas9 与 sgRNA），并且具有极强的特异性与正交性，在进行启动子的弱化表达时，只有含有特定 sgRNA 识别靶点的启动子会受到抑制，且不同的"sgRNA-结合位点（binding site，bs）"之间存在正交性，即不会互相干扰，基于上述原理能够构建一系列典型的基因装置。如图 5-18A 所示，为了提高 CRISPRi 衍生基因装置的可预测性并减少其对宿主细胞的代谢负担，可参考前期研究中所采用的几个设计原则：①主要的回路元件放置在一个质粒载体中，以防化学计量数变化引起的扰动；②转录单元（transcriptional unit，TU）之间使用强终止子和一定长度（如 200bp）的间隔序列进行隔离，以阻止转录通读并减小上下游序列背景的干扰；③在 TU 内部的 sgRNA 前后与 RBS 前添加核酶 Cys4 的识别序列（Csy4 是来源于铜绿假单胞菌 CRISPR 系统的一种 RNA 酶，它可以对 CRISPR 阵列的转录本进行加工并从中释放出成熟的 crRNA），该序列不仅能作为转录绝缘子，还能够将需要独立发挥功能的不同组件从同一个转录本中分割开（如 sgRNA 需要释放出来与 dCas9 结合，而荧光蛋白报告基因需要进一步被翻译为蛋白质）；④报告基因上可以融合正交的降解标签来降低交叉干扰（cross-talk），并且 dCas9 与 Csy4 均使用组成型启动子进行表达来保证其恒定的胞内浓度[56]。基于上述的设计原则，通过 sgRNA-bs 之间的正交相互作用，便可获得具有特殊功能的基因装置。例如，利用两对正交的"sgRNA-bs"使 N1 与 N2 两个节点（node）间产生相互的抑制作用，可以得到具有双稳态（bistability）性质的拨动开关（toggle switch，TS）（图 5-18B）。该基因装置在控制器质粒（含有两个诱导表达且正交的 sgRNA）的作用下可使报告基因表达水平表现出"高"和"低"两个稳定状态。当首先使用诱导剂 1 进行处理后即使将该诱导剂移除，报告基因也可以维持在"低"表达水平，而随后使用诱导剂 2 进行处理后再将该诱导剂移除，报告基因可以切换并维持在"高"表达水平；若进行相反的处理过程（诱导剂 2-无诱导剂-诱导剂 1-无诱导剂），则可以实现由"高"表达水平到"低"表达水平两个稳定状态的切换。

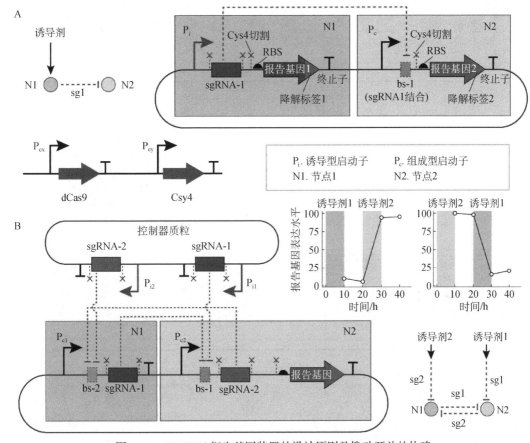

图 5-18 CRISPRi 衍生基因装置的设计原则及拨动开关的构建

基于 CRISPRi 系统还可以构建包括三个节点的具有空间或时间特征的基因装置。例如，通过两个 sgRNA 及其 bs 能够得到包含 N1、N2 及 N3 三个节点的 2 型非相干前馈回路（incoherent type 2 feedforward loop，I2-FFL），在该基因装置中，N1 使用诱导型启动子表达且会对 N2 与 N3 的表达产生抑制作用，N2 与 N3 均使用组成型启动子表达且 N2 会抑制 N3 的表达（图 5-19A）。当分别使用三个荧光蛋白报告基因对该 I2-FFL 装置中三个节点的表达进行表征时，随着诱导剂浓度的升高，N1 中的报告基因表达逐渐增强，N2 中的报告基因表达逐渐减弱，N3 中的报告基因表达呈现先增强后减弱的趋势且在 N1 与 N2 间的开放窗口处出现峰值；此外，将包含上述基因装置的细胞涂布在固体平板上并在其中央加入诱导剂，在诱导剂由平板中心向四周扩散形成的浓度梯度作用下，平板上可以出现一个具有"黄-绿-蓝"径向渐变的空间特征图案。利用三对相互正交的"sgRNA-bs"还可以构建包括三个节点的 CRISPRi 振荡器（CRISPRi oscillator，CRISPRlator），三个节点 N1、N2 与 N3 构成首位相连的环形拓扑结构并且依次对下一个节点的表达产生抑制，通过三个荧光蛋白报告基因可以观察到各节点随时间进行周期性的振荡表达（图 5-19B）。

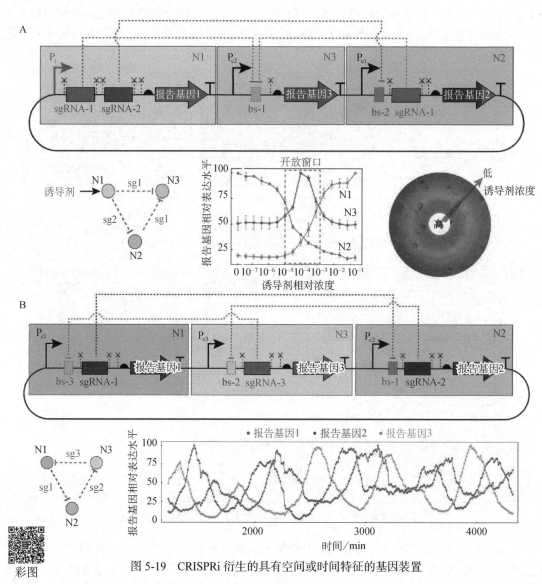

图 5-19　CRISPRi 衍生的具有空间或时间特征的基因装置

5. 中间产物传感器介导的 CRISPRi 基因线路

将中间产物生物传感器与 CRISPRi 系统相耦合，可以构建具有反馈调节作用的基因线路，进而实现对于特定代谢网络的动态与自发调控。例如，*N*-乙酰氨基葡萄糖（GlcNAc）合成途径中 6-磷酸氨基葡萄糖（GlcN6P）是关键的中间产物，通过构建 GlcN6P 生物传感器并将之与 CRISPRi 相结合构建具有激活和抑制双重作用的基因线路，可以实现 GlcNAc 合成的调控。在枯草芽孢杆菌中，阻遏蛋白 GamR 可以特异性地响应胞内的 GlcN6P 浓度并对启动子 P_{gamA} 的转录进行调控，其具体调控机制如图 5-20A 所示：启动子 P_{gamA} 具有两个 GamR 特异性识别的位点 *gamO1*（与启动子-10 区和+1 区相重叠）和 *gamO2*（位于启动子+1 区下游 9bp 处），当胞内 GlcN6P 浓度较低时，GamR 会识别并结合到这两个位点，从而阻碍了 RNAP 的结合进而抑制 P_{gamA} 的表达；而随着胞内 GlcN6P 浓度的提高，与 GlcN6P 结合后的 GamR 会发生结构变化并丧失对 *gamO1* 与 *gamO2* 的结合能力，从而使 P_{gamA} 得以启动表达。基于上述调控机制，可以构建转录受 GamR 抑制的杂合启动子（图 5-20B），这些启动子的表达会随胞内 GlcN6P 浓度的升高而增强，并可作为 GlcN6P 的生物传感器[57]。

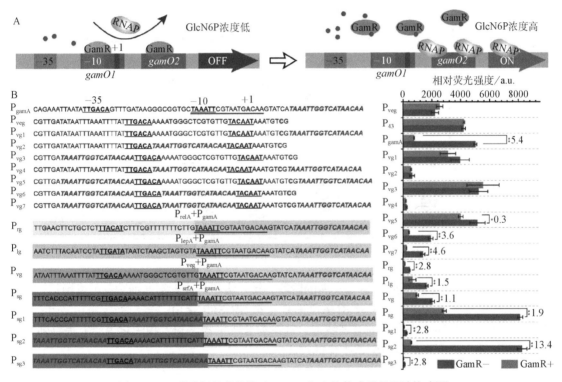

图 5-20　6-磷酸氨基葡萄糖（GlcN6P）生物传感器的设计构建[57]

胞外的氨基葡萄糖（GlcN）转运至胞内后会转变为 GlcN6P，因此可以通过增加胞外 GlcN 的添加量来提高胞内 GlcN6P 的浓度。将 GlcN6P 生物传感器与基于 CRISPRi 的逻辑 NOT 门相耦合构建自发双重调控（autonomous dual-control，ADC）系统后，可以通过添加 GlcN 进行表征：在使用 GlcN6P 生物传感器调控基因 1 表达时，其表达水平会随 GlcN 浓度的升高而增强；而使用 GlcN6P 生物传感器调控 dCas9 的表达并将组成型表达的 sgRNA 靶向基因 2，其表达水平会随 GlcN 浓度的升高而减弱（图 5-21A）。基于 GlcN6P 响应的 ADC 系统构建反馈调节基因线路可以动态调控 GlcNAc 合成，上述基因线路可以同时动态激活 GlcNAc 合成模块中的关键基因 *GNA1* 并动态抑制三个竞争模块的关键基因 *zwf*、*pfkA* 与 *glmM*（图 5-21B）。在该反馈线路的调控作用下，当胞内的 GlcN6P 出现积累时，合成模块表达增强从而促进 GlcN6P

流向 GlcNAc，竞争模块发生弱化作用从而进一步增加流向 GlcN6P 的代谢流，利用具有不同强度的 GlcN6P 生物传感器来组装激活模块与抑制模块，可以实现 GlcNAc 合成的动态平衡与最优调控。

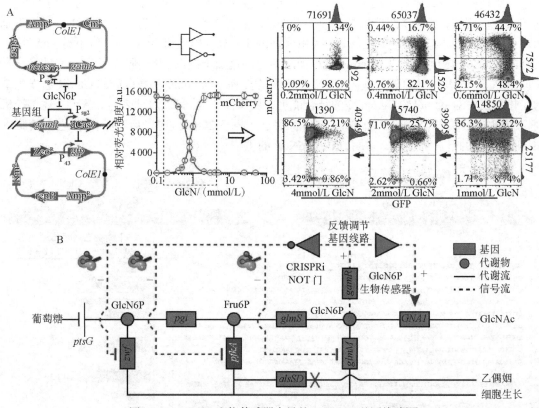

图 5-21　GlcN6P 生物传感器介导的 CRISPRi 基因线路[57]

当前，CRISPR 系统正处于迅猛发展的阶段，新方法和新技术不断涌现。可以预见，将基于 CRISPR 的表达调控系统与引导 RNA 工程[58]、抗 CRISPR 蛋白[59]等新兴技术相结合，可以构建更加复杂、功能更为多样的基因线路，这将为合成生物学和生物医学等研究提供强大的工具，并加速人们理解生命与创造生命的过程。

第三节　开关基因线路

一、双稳态基因开关

双稳态是由物理概念中的多稳态衍生而来的，扩展到生物学中，它表示设计的基因调控网络存在两个甚至更多离散的基因表达水平[60]。双稳态描述了一个动力学系统在参数空间的某个区域内可以切换为两种稳定状态中的任意一个，即对应生物系统中的开启/关闭和调控。形成双稳态需要具备三个特征：第一，系统状态间的平衡，两种稳定状态不能一种过强，一种过弱。第二，一个双稳态系统必须包含一些非线性，当一个激励被施加时，会产生相应的响应，且响应必须比激励的正比例数值更大或更小。第三，通路中需要有正负反馈作用或相互抑制的双向反馈调节元件或蛋白质。

噬菌体 λ 的 CI-Cro 调控便是双稳态的典型代表[61]。噬菌体 λ 在生命周期中存在两种状态：一种是噬菌体进入宿主细胞并潜伏，与宿主细胞一同分裂的溶源态，维持这一状态的唯一调控蛋白是 CI 蛋白；另一种是噬菌体在宿主细胞内大量繁殖并最终分裂宿主细胞的裂解态，其中起关键作用的为 Cro 蛋白，其为裂解态初期重要的基因表达产物与调控蛋白。由于基因 *cI* 和 *cro* 有共同的调控区域，因此可以通过各种反馈来调控彼此的基因表达。

计算科学的发展，为人工设计双稳态开关（又称拨动开关）提供了保障。Gardner 等在大肠杆菌中构建了一种双稳态开关，并提供了一种简单的数学模型来预测开关表现出双稳态所需的条件[3]。双稳态调控开关由两个阻遏蛋白组成（图 5-22）。一对阻遏蛋白（LacI 和 CI）抑制彼此的转录，从而在基因线路中产生双稳态现象，即在任何给定时刻只有其中一个基因是活跃的。通过使用环境输入来解除其中一个抑制子与其操作子的结合，可以将切换器"切换"到所需的转录状态（使用 IPTG 来解除 LacI 的结合，使用热量来解除 CI 的结合）。当添加 IPTG 时，LacI 对阻遏蛋白 CI 和报告荧光蛋白 GFP 的转录抑制效果就会解除，CI 会更进一步地反馈抑制 LacI 的表达，最终基因线路输出 GFP 荧光信号；当提高温度时，CI 对阻遏蛋白 LacI 的转录抑制效果会被解除，LacI 会进一步地反馈抑制 CI 和报告荧光蛋白 GFP 的表达，最终基因线路不再输出 GFP 荧光信号。

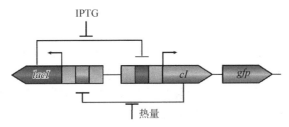

图 5-22　人工设计的双稳态开关

lacI. IPTG 响应转录因子的编码基因；*gfp*. 绿色荧光蛋白（GFP）的编码基因；*cI*. 转录因子 CI 的编码基因

目前，双稳态开关已被应用于代谢网络的动态调控。Tsuruno 等在一种大肠杆菌中设计了一种双稳态开关来调控 3-羟基丙酸的代谢网络[62]。如图 5-23 所示，IPTG 响应转录因子 LacI 的表达受到组成型启动子 P_{con} 控制，转录因子 TetR 和 3-羟基丙酸合成途径相关基因的表达受到启动子 P_{lac} 控制；3-羟基丙酸竞争途径相关基因（*glpK*）的表达受到启动子 P_{tet} 控制。添加 IPTG 后，转录因子 LacI 会从启动子 P_{lac} 上的结合位点解离，激活 TetR 和 3-羟基丙酸合成途径相关基因的表达，从而起始 3-羟基丙酸的合成。同时，表达的转录因子 TetR 会抑制 P_{tet} 启动子的活性，抑制基因 *glpK* 的表达，从而减弱 3-羟基丙酸竞争途径的代谢流。最终，3-羟基丙酸的产量提高了 94%。

二、基因振荡器

生物体内细胞的周期性分裂、激素的周期分泌等节律性行为，大都与外界条件相隔绝，由自身体内的调控系统所决定[63]。生物振荡器是生物系统中一个重要的基本单元，调控细胞内，甚至细胞间的生化过程，但这些天然的节律调控网络较为复杂，且调控机制涉及的基因数目较多，作为单独的研究对象是不适宜的。随着合成生物学的发展，研究人员可以人工设计、构建具有特定功能的基因振荡器，使目的蛋白或基因的表达水平呈现周期性变化，大大降低了分析对象的复杂度和分析生命周期性现象的难度。基因线路产生振荡需要满足三个条件：第一，负反馈回路；第二，整个系统存在非线性；第三，负反馈回路存在合适的时间尺度。但具体的振荡特性还是需要由基因之间相互作用的形式决定。

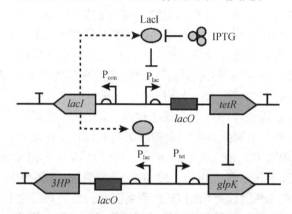

图 5-23　双稳态开关调控 3-羟基丙酸的代谢网络

lacI. IPTG 响应转录因子的编码基因；*tetR*. 四环素响应转录因子的编码基因；*glpK*. 甘油激酶的编码基因；*3HP*. 3-羟基丙酸合成相关基因；*lacO*. 转录因子 LacI 的结合位点；P_{con}. 组成型启动子；P_{tet}. 受转录因子 TetR 调控的启动子；P_{lac}. 受转录因子 LacI 调控的启动子

最典型的 Goodwin 振荡器在 1963 年便被提出，由 P_{lac01} 启动子和其下游的 *lacI* 基因组成，此启动子能够被表达的 LacI 转录因子反馈抑制，构成最简单的负反馈回路。虽然构建和形式简单，但其振荡周期和频率极不稳定。因此，振荡器的构建逐渐向稳定化、复杂化发展，其中包括压缩振荡器、同步振荡器、张弛振荡器等。

压缩振荡器由三个相互阻遏的转录因子组成，这三个转录因子形成的环状反馈回路使靶标基因的表达呈现出振荡模式。构建压缩振荡器的重要条件是使用的启动子表达强度较高，同时还能够被转录阻遏蛋白严谨阻遏。Elowitz 和 Leibler 使用表达强度高、阻遏效应强的杂合启动子和阻遏蛋白成功构建了一个压缩振荡器[4]（图 5-24）。为了增加振荡器的时效性，在各个转录因子和荧光蛋白的 C 端连接降解标签 ssrA。荧光蛋白 GFP 和转录因子 LacI 的表达受到启动子 P_{Ltet01} 控制，转录因子 TetR 的表达受到启动子 λP_R 控制，转录因子 CI 的表达受到启动子 P_{Llac01} 控制；当启动子 λP_R 正常起始转录时，转录因子 TetR 表达，TetR 会抑制启动子 P_{Ltet01} 的活性，因而荧光蛋白 GFP 和转录因子 LacI 的表达受到抑制。转录因子 LacI 的表达受到抑制会解除其对启动子 P_{Llac01} 的抑制作用，转录因子 CI 的表达因此被激活，转录因子 CI 会进一步抑制启动子 λP_R，至此，整个振荡器完成了半个循环。接着，由于启动子 λP_R 的活性受到抑制，转录因子 TetR 不表达，TetR 对启动子 P_{Ltet01} 的抑制作用解除，荧光蛋白 GFP 和转录因子 LacI 得以表达。转录因子 LacI 的表达会抑制启动子 P_{Llac01} 的活性，转录因子 CI 的表达因此被抑制，因而转录因子 CI 对启动子 λP_R 的抑制作用解除，至此，整个振荡器完成了 1 个循环。在整个循环中，荧光蛋白的表达受到了 1 次激活，1 次抑制，在之后的循环过程中，会连续不断地呈现出这种表达模式，使整个基因线路的输出呈现出振荡模式。

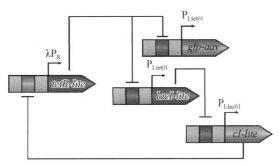

图 5-24　压缩振荡器示意图

lacI-lite. C 端带有蛋白降解标签的 LacI 转录因子的编码基因；*tetR-lite*. C 端带有蛋白降解标签的 TetR 转录因子的编码基因；*cI-lite*. C 端带有蛋白降解标签的 CI 转录因子的编码基因；*gfp-aav*. C 端带有蛋白降解标签的荧光蛋白 GFP 的编码基因；P_{Ltet01}. 受转录因子 TetR 调控的启动子突变体；P_{Llac01}. 受转录因子 LacI 调控的启动子突变体；λP_R. 受转录因子 CI 调控的启动子突变体

　　尽管上述的压缩振荡器可以使基因的表达呈现出振荡模式，但由于在细胞群落中，每个细胞中的转录、翻译水平存在个体差异，群落中各个细胞的振荡周期会不同步，最终影响整个群落的信号输出。为了获得同步，需要在相关联的单元中引入信号转导途径，最常使用的系统为群体响应系统。Garcia-Ojalvo 等为了克服压缩振荡器在各细胞间出现的较大周期性差异，使细胞间的振荡达到同步，将群体感应系统与压缩振荡器相耦合，构建了一个同步振荡器[64]。

第四节　压力响应基因路线

一、代谢反馈回路线路

　　微生物代谢主要通过两种类型的控制来调节：一是通过控制酶表达水平的转录调节，进而影响代谢物浓度；二是通过变构抑制或激活直接改变酶活性的翻译后调节，翻译后代谢调控常见于中枢碳代谢、脂肪酸生物合成途径和氨基酸生物合成途径，可在数秒内快速调节细胞代谢物水平。另外，转录代谢调节在营养摄取、三羧酸（TCA）循环、氨基酸生物合成和能量产生中广泛发挥作用，其主要目标是优化蛋白质表达水平并避免不必要的蛋白质过度产生，从而浪费细胞资源。

1. 反馈抑制

　　反馈抑制（feedback inhibition）是指在代谢途径中，终产物对代谢途径中酶的活性产生抑制（图 5-25）。大多数受到调节的酶是代谢途径中第一步或是代谢分支处的酶，此类酶具有两个结合中心：一个是结合底物并进行催化的反应活性中心，另一个则可以与调节物进行结合，通过引起酶空间结构的改变导致酶活性的降低。这种变化是可逆的，当调节物脱落时，酶的结构复原，酶活性恢复。该调节物是此类酶的非竞争性抑制剂。在氨基酸的天然合成过程中，反馈抑制调节是细胞内重要的调节方式，可以防止细胞内碳源的不必要损失和氨基酸的过量积累。因此，在构建高效合成氨基酸的微生物细胞工厂时，通过对关键酶受调控位点进行突变以解除代谢通路上一些关键酶的反馈抑制作用是非常有效的策略。例如，通过将大肠杆菌中 ATP 转磷酸核糖激酶（L-组氨酸合成通路中的第一步，由 *hisG* 基因编码）的第 271 位谷氨酸突变成赖氨酸，可以在一定程度上解除 L-组氨酸的反馈抑制。在利用谷氨酸棒杆菌生产 L-精氨酸的过程中，通过敲除 *argR*（精氨酸阻遏物 ArgR 的编码基因）及 *farR*（抑制精氨酸合成基因簇的脂肪酰基响应调节子的编码基因）后，L-精氨酸的产量相比于对照菌株提高了 120%[65]。

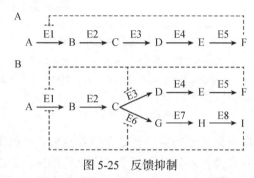

图 5-25　反馈抑制

A. 没有分支代谢途径时，终产物（如 F）往往对代谢途径中的第一个酶（E1）的活性存在抑制作用；B. 当存在分支途径时，终产物（如 F 和 I）往往会抑制分支途径中第一个酶（如 E3 和 E6）的活性，并对代谢途径中的第一个酶（如 E1）有部分抑制作用

2. 反馈阻遏

反馈阻遏（feedback repression）则是由于合成途径产生的高浓度终产物作为辅阻遏物与操纵子编码的无活性阻遏蛋白结合，使阻遏蛋白活化并结合到响应的 DNA 操纵区，阻止 RNA 聚合酶与启动子结合或阻止其向下游转录，从而达到调控酶的表达量的目的（图 5-26）。由于涉及转录、翻译、蛋白质折叠和催化，转录调控改变代谢物浓度的速度比翻译后调控慢得多。乳糖操纵子带有大肠杆菌利用乳糖时所必需的结构基因，分别为阻遏蛋白编码基因 *lacI*、启动子编码基因 *lacP* 和操纵基因 *lacO*。结构基因包括 β-半乳糖苷转乙酰基酶编码基因 *lacA*、β-半乳糖苷酶编码基因 *lacZ* 及乳糖透性酶编码基因 *lacY*。在没有乳糖存在的情况下，乳糖操纵子处于关闭状态，*lacI* 基因处于低水平、组成型表达，产生阻遏蛋白，结合在操纵子上阻止基因的转录。在乳糖存在的情况下，乳糖能够与阻遏蛋白结合引起阻遏蛋白构象的变化，使得阻遏蛋白无法与操纵基因结合，此时，RNA 聚合酶能够顺利向下游移动，乳糖操纵子转录水平提高，加速细胞利用乳糖的速度。由于调节基因所编码的调控蛋白和 DNA 结合后转录水平降低，因此乳糖操纵子的底物诱导系统是一个典型的反馈阻遏调控系统。

乳糖操纵子还受到全局调控蛋白环腺苷酸受体蛋白（cyclic AMP receptor protein，CRP）的正调控系统的调节。正调控的信号分子是胞外的葡萄糖，腺苷酸受体蛋白的检测信号是环腺苷酸（cAMP）浓度。由于细胞内利用葡萄糖的酶是组成型的，当葡萄糖和乳糖同时存在时，细胞内 cAMP 浓度低，无法形成活化的 cAMP-CRP，此时 RNA 聚合酶与启动子的结合能力较弱，乳糖操纵子转录水平低。当胞内葡萄糖被消耗，即胞内 cAMP 浓度高时，cAMP 能够与 CRP 蛋白结合形成活化的 cAMP-CRP，该复合物能够高效结合在乳糖启动子上游，促进 RNA 聚合酶与启动子的结合，使得乳糖操纵子在乳糖的诱导下高效表达。乳糖操纵子表达的正、负调控机制可以很好地解释以葡萄糖和乳糖为碳源培养大肠杆菌时的二次生长现象。

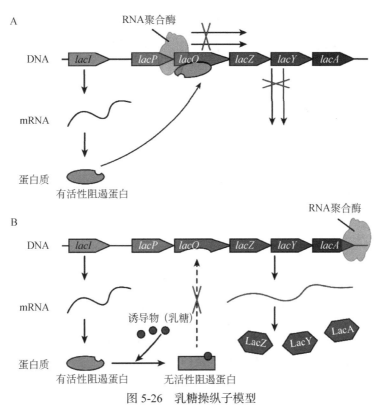

图 5-26　乳糖操纵子模型

A. 在没有诱导剂（乳糖）存在时，*lacI* 基因编码有活性的阻遏蛋白 LacI，并与操纵基因 *lacO* 结合，阻碍 *lacZ*、*lacY*、*lacA* 基因的转录；B. 当诱导剂（乳糖）存在时，与阻遏蛋白 LacI 结合，使得阻遏蛋白 LacI 从有活性转变为无活性，因此无法与操纵基因 *lacO* 结合，*lacZ*、*lacY*、*lacA* 基因完成转录

3. 反馈激活

虽然在天然代谢途径中，反馈抑制与反馈阻遏是最常见的代谢反馈，但反馈激活（feedback activation）同样存在。糖酵解（glycolysis）是细胞代谢重要的中心代谢途径，通过反馈调控糖酵解代谢途径的通量，可以促进糖酵解相关途径产物的生产。Zhu 等在大肠杆菌中设计并构建了感知糖酵解通量的双功能生物传感器，利用该生物传感器下调编码磷酸果糖激酶的 *pfkA* 表达，上调编码 6-磷酸葡萄糖脱氢酶的 *zwf* 表达，在 1L 发酵罐中甲羟戊酸（MVA）产量提高到 111.3g/L[66]。Xu 等基于 TF FapR，在大肠杆菌中构建了响应丙二酰辅酶 A 的双功能基因线路，能够响应胞内丙二酰辅酶 A 浓度，同时激活和抑制相关基因的表达；随后，使用该系统调控胞内丙二酰辅酶 A 的代谢池，从而动态平衡细胞生长和脂肪酸的合成，最终使脂肪酸的产量提高了 15.7 倍[38]。在酿酒酵母中，通过将响应丙二酰辅酶 A 的生物传感器与响应葡萄糖浓度的调控手段相结合，利用响应葡萄糖浓度的 HXT1 启动子控制脂肪酸合成酶基因 *FAS1* 的表达，利用丙二酰辅酶 A 传感器控制 3-羟基丙酸（3-hydroxypropionic acid，3HP）的生产途径，可以在发酵后期抑制脂肪酸合成的同时，在丙二酰辅酶 A 积累量高时激活 3HP 合成酶 Mcr 的表达，实现对代谢途径的分级调控[67]。

丙酮酸作为中枢代谢物，是将糖酵解途径与 TCA 循环联系起来的关键代谢物，是细胞中枢代谢物的重要调节节点。Xu 等通过将丙酮酸响应 TF PdhR 结合位点插入枯草芽孢杆菌启动子 P_{43} 的核心区域，设计并构建了丙酮酸激活的遗传回路。然后，以反义转录作为非门构建丙酮酸抑制遗传回路。最后，基于双功能的丙酮酸响应遗传回路，设计了一个反馈回路控制系统，通过动态上调 ino1 基因及下调 zwf 和 pgi 基因来促进葡糖酸的产生，使葡糖酸产量显著提高到 802mg/L[39]。

二、群体感应基因线路

1. 群体感应

群体感应（quorum sensing，QS）是一种广泛存在于多种微生物中的胞间通信系统。细菌合成并分泌自诱导因子（autoinducer，AI）作为信号分子，AI 随着种群密度的增加而积累，诱导细菌对种群密度的响应，调节生物膜的形成或特定基因的表达，因此该过程也被称为"细胞密度依赖的基因表达"（cell-density-dependent gene expression）。在 AI 诱导目的基因表达的同时，自身合成酶的基因同时被诱导，进而 AI 的浓度提高，大量的 AI 进一步发挥诱导目的基因表达的功能，在 QS 系统中形成一个正反馈回路，因此称为自诱导。

（1）细菌中的群体感应　　根据 AI 的不同可以将 QS 系统分为由 AI-1、AI-2 和 AI-3 诱导的三种。革兰氏阴性菌的 AI-1 为 N-酰基高丝氨酸内酯（acyl-homoserine lactone，AHL）类物质。绝大多数革兰氏阴性菌的群体感应与费氏弧菌（*Vibrio fischeri*）的群体感应系统结构相似。该群体感应系统包括两个最基本的调控蛋白 LuxI 和 LuxR。其中 LuxI 是自诱导剂的合成酶，可以产生 AHL 的信号分子。不同细菌甚至同一细菌的不同 AHL 合成系统，其合成的 AHL 结构不尽相同，酰基碳链长度为 4～16 个碳原子，通常是以 2 个碳原子为基本单元（如 C_4、C_6 和 C_8 等）。*LuxR* 基因编码的转录抑制因子 LuxR 与受群体感应调控的启动子 P_{luxI} 结合抑制下游基因的表达。随着细菌种群密度的增长，AHL 在细胞外富集。当 AHL 的浓度达到一定阈值时，AHL 通过跨膜进入胞内，与转录抑制因子 LuxR 结合形成 LuxR-AHL 复合物，并激活启动子 P_{luxI} 下游基因的表达（图 5-27A）。革兰氏阳性菌的 AI-1 为自诱导肽（autoinducing peptide，AIP）。AIP 通常是由 5～87 个氨基酸组成的线性或环状肽。与 AHL 等小分子不同，AIP 需要转运蛋白（比如 ABC 转运蛋白）或膜通道蛋白才能进行跨膜运输。当胞外的 AIP 积累到一定程度时，双组分传感器激酶检测到 AIP，通过一系列磷酸化反应后，磷酸化受体蛋白识别并结合特定靶序列，从而调控下游基因的表达。金黄色葡萄球菌（*Staphylococcus aureus*）具有典型的革兰氏阳性菌的 QS 系统。该系统包括 AIP 的 ArgD，将 AIP 进行硫代内酯环化修饰并转运到细胞外的 ArgB，双组分感受激酶 ArgC 及效应蛋白 ArgA，以及一个具有调控功能的效应分子 RNA III（图 5-27B）。AI-3 是一种芳香族化合物，但其结构仍未被解析。该群体感应系统常见于欧文氏杆菌、青紫色素杆菌等细菌中。除了同种属间的 QS 系统，不同种属微生物可以通过 AI-2 信号分子进行种间交流。AI-2 由 LuxS 催化合成，*luxS* 基因广泛存在于革兰氏阴性菌和革兰氏阳性菌中。AI-2 信号系统通常不是起到主导地位的 QS 系统，主要与其他 QS 系统一起参与基因表达的调控。

（2）真菌中的群体感应　　研究表明，真菌中同样存在 QS 现象。真菌中的群体感应分子同样能够调节多种生物功能，比如生物膜的形成、毒力因子的产生等。但是相较于研究较为透彻的细菌中的 QS 系统，目前真菌中的 QS 系统仍未被完全揭示。目前只对白色念珠菌中群体感应系统的调控机制研究得较为透彻。已知的白色念珠菌（*Candida albicans*）中的群体感

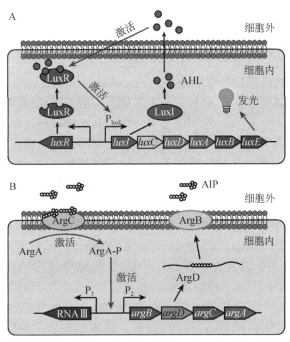

图 5-27 AI-1 类型群体感应系统

A. 费氏弧菌（*Vibrio fischeri*）的群体感应系统由 LuxI 合成自诱导因子 AHL 类物质，达到一定阈值后与 LuxR 结合，并激活 P~luxI~ 下游基因的表达。B. 金黄色葡萄球菌（*Staphylococcus aureus*）的群体感应系统由 ArgD 合成自诱导因子 AIP，由 ArgB 进行硫代内酯环化修饰后转运至胞外，达到一定阈值后，结合并激活双组分信号系统的感应激酶 ArgC，ArgC 磷酸化激活 ArgA，并激活效应分子 RNA Ⅲ 及 *argB*、*argD*、*argC*、*argA* 操纵子的转录

应分子主要有法尼醇及酪醇，法尼醇会影响白色念珠菌生物膜的形成，抑制细胞形态向菌丝状转变，而酪醇则能促进白色念珠菌从酵母细胞到菌丝状态的转换，同白色念珠菌一样，酿酒酵母也能够发生从酵母细胞形态到丝状形态的改变。

酿酒酵母的群体感应信号分子是 2-苯基乙醇（2-phenylethanol）、色氨醇（tryptophol）和对羟苯基乙醇（tyrosol，又称酪醇）。这三种信号分子分别由苯丙氨酸、芳香醇和酪氨酸生成，它们的合成受到环境 pH、芳香族氨基酸的含量、氧气含量及氮浓度的影响。2-苯基乙醇和色氨醇通过 cAMP 蛋白激酶 Tpk2 和 TF Flo8 促进 *Flo11* 基因的表达，Flo11 是细胞壁 GPI 蛋白，参与细胞伸长、两极产生等。三者的合成同时受到细胞密度调控。以色氨醇为例，当细胞达到一定数量时，*ARO9* 和 *ARO10* 基因的表达上调，刺激芳香醇的产生，进而促进色氨醇的合成。而色氨醇也可以促进芳香醇的产生，色氨醇能够激活 TF Aro80，进而促进转氨酶 Aro9 和脱羧酶 Aro10 的表达，从而形成一个正反馈回路。研究表明，2-苯基乙醇和色氨醇的积累量在稳定期达到最大值，而在指数生长期，当 2-苯基乙醇大量产生时，细胞感应到 2-苯基乙醇后，开始对其群体密度有所调整。酪醇临界值出现时间在 2-苯基乙醇和色氨醇之间。同时，酵母信息素及氨也可以作为酿酒酵母的群体感应信号分子，在高群体密度时，信号分子会引发细胞的凋亡。

2. 基于群体感应系统的生物传感器

QS 系统可以自发地将工业微生物从生长期转换到生产阶段。随着 QS 系统原理与关键元件的逐渐清晰，QS 动态调节系统由于具有不需要添加诱导剂、没有遗传干扰、不依赖代谢途径、对细胞生长没有负担等优势，已引起研究者的日益关注，基于 QS 系统的生物传感器成为研究者动态调控胞间通信和生长状况的重要手段之一。

基于 QS 系统的生物传感器是双组分系统（two-component system，TCS）的典型应用。从生物传感器设计的角度来看，如果信号分子不能自然扩散或跨细胞膜运输，则必须共表达转运蛋白以感知细胞外信号。然而，对于许多化合物，其相应的转运体在细胞中不存在，限制了细胞内生物传感器的应用。此外，由于细胞膜的选择渗透性，转化到细胞质的胞外信号可能会严重减弱。因此，细胞内生物传感器无法实时定量检测细胞外信号的强度，进而调节基因表达。有必要构建特异性的生物传感器，直接感知细胞外输入信号并将其转化为细胞质中的基因表达信号。TCS 是最大的多步信号转导系统家族，也是合成生物学中重要的一类传感器。典型的基于 TCS 的生物传感器由膜上的传感器组氨酸激酶（sensor histidine kinase，SHK）、细胞质中的应答调控蛋白（response regulator，RR）和输出启动子组成。

典型的 SHK 包含一个通常位于细胞质中的 C 端递质结构域和一个位于周质空间的 N 端传感器结构域。由于其具有跨膜结构，基于 TCS 的生物传感器可以感知细胞外、膜内或细胞内空间的输入变化。在输入信号存在的情况下，N 端传感器结构域发生构象重排，并传递到 C 端递质结构域，诱导自磷酸化。递质结构域使 RR 的 N 端调控结构域中保守的天冬氨酸残基磷酸化，并将 RR 转化为激活状态。与 TF 一样，RR 通常包含一个调节转录的 C 端效应结构域。磷酸化的 RR 与相应的启动子结合，然后上调或下调靶基因的转录（图 5-28）。

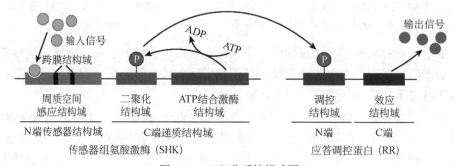

图 5-28 双组分系统模式图

双组分系统由传感器组氨酸激酶（SHK）和应答调控蛋白（RR）组成。其中，SHK 包括位于周质空间的 N 端传感器结构域及胞质内的 C 端递质结构域，RR 包括 N 端调控结构域和 C 端效应结构域。在该系统响应输入信号后，可将组氨酸蛋白激酶侧链中组氨酸残基上的磷酸基团转移到调控结构域的天冬氨基酸残基上，催化自身磷酸化反应，调控磷酸依赖的效应结构域以调控基因的表达

一般来说，TCS 生物传感器的灵敏度或工作范围可以通过调节 SHK 和 RR 的表达水平来优化。利用不同强度的启动子和 RBS 分别在转录与翻译水平上控制 SHK 和 RR 的表达水平。例如，通过优化 *dcuS* 与 *dcuR* 之间的表达比与表达强度，构建了大肠杆菌中富马酸响应的生物传感器。该生物传感器的最大动态范围增加到 6.6 倍。改善 TCS 生物传感器性能的另一种方法是修改 SHK 结构。同时，通过结合来自不同 SHK 的 C 端递质结构域和 N 端传感器结构域，可以构建基于嵌合的 TCS 生物传感器。然而，基于 TCS 的生物传感器的原型主要存在于细菌中，但是在真核生物中复制原核生物中基于 TCS 的生物传感器仍是一个重要挑战。

3. 基于群体感应系统的基因路线

作为基于 QS 生物传感器的经典应用，双功能模块化的 Phr60-Rap60-Spo0A QS 系统已在枯草芽孢杆菌中成功应用。Cui 等利用该系统上调 *ispH*（4-hydroxy-3-methylbut-2-enyl diphosphate reductase，4-羟基-3-甲基-2-烯基二磷酸还原酶）和 *hepS/T*（七戊烯基二磷酸合成酶）基因的表达，抑制 *pyk*（丙酮酸激酶）和 *uppS*（戊烯基转移酶）基因的表达，促进七烯甲萘醌（Menaquinone-7，MK-7）的合成，使 MK-7 产量提高 40 倍[68]。此外，Ge 等创建了 Lux 型 QS 系统变体库，并进一步利用 QS 系统实现了大肠杆菌中 4-羟基香豆素（4-hydroxycoumarin）生物合成途径的多样化代谢控制，使产量提高了 10 倍[69]。同时，Yang 等将工程激素细胞分裂素系统与内源性 Ypd1-Skn7 信号转导途径相结合，构建了酿酒酵母的 QS 系统。利用启动子工程对基于 QS 系统的正反馈电路进行了优化。随后，他们构建了一个负反馈电路，使用生长素诱导的蛋白质降解系统作为非门。他们将该双功能电路应用于 α-法尼烯的生产过程中，其效价提高了 80%[70]。

上述调节系统均为单输入回路，分层和多输入回路对于调节复杂的代谢网络至关重要。例如，Nozzi 等开发了一种基于"或"门电路的靶向蛋白质降解系统，该系统可响应 IPTG 和茶碱（theophylline）。单独添加 IPTG 或茶碱时，靶基因的表达仅部分开启。当这两个信号都被输入时，靶基因表达将被完全激活[71]。此外，构建了由 QS 系统和固定相生物传感器组成的可同时响应细胞群体和生理状态的自诱导"与"门。转录共激活子 HrpR 由 QS 启动子驱动，另一个转录共激活子 HrpS 由静止期启动子控制，只有当细胞群体和生理状态都满足要求时，启动子 P$_{hrp}$ 才会转录。最后，"与"门使大肠杆菌的聚羟基丁酸酯（polyhydroxybutyrate）产量增加了 2 倍[72]。同时，Dinh 和 Prather 还开发了基于半正交或完全正交的代谢枢纽开关的分层遗传回路来调节不同靶基因的表达[73]。例如，分层动态调控可以通过将 QS 系统与肌醇响应型生物传感器相结合，实现 *Pfk* 和 *MIOX* 表达的有序下调和上调[74]。

1. 常见的逻辑门基因线路有多少种？请简述各自的特征及其符号。试设计出相应的逻辑门基因线路。

2. 简述 CRISPRi 基因线路的设计原理。试设计一个 NOT-NOR 的 CRISPRi 基因线路以调控代谢途径。

3. 参考"与非"和"或非"门基因线路的详细设计方案，如何设计三输入-单输出的"与"门逻辑线路？

4. 可以作为逆变器的调控有哪些？

5. 列出双稳态开关和基因振荡器的详细设计方案。

参 | 考 | 文 | 献

［1］Jacob F，Monod J. Genetic regulatory mechanisms in the synthesis of proteins. J Mol Biol，1961，3：318-356

［2］McAdams HH，Shapiro L. Circuit simulation of genetic networks. Science，1995，269（5224）：650-656

［3］Gardner TS，Cantor CR，Collins JJ. Construction of a genetic toggle switch in escherichia coli. Nature，2000，

403（6767）：339-342

［4］Elowitz MB，Leibler S. A synthetic oscillatory network of transcriptional regulators. Nature，2000，403（6767）：335-338

［5］Ye GX，Zhang TT，Nie XR，et al. Single-chromosome fission yeast models reveal the configuration robustness of a functional genome. Cell Reports，2022，40（8）：111237

［6］Cobb RE，Wang Y，Zhao H. High-efficiency multiplex genome editing of streptomyces species using an engineered CRISPR/Cas system. ACS Synth Biol，2015，4（6）：723-728

［7］Xu X，Liu Y，Du G，et al. Microbial chassis development for natural product biosynthesis. Trends Biotechnol，2020，38（7）：779-796

［8］Shi S，Xie Y，Wang G，et al. Metabolite-based biosensors for natural product discovery and overproduction. Curr Opin Biotechnol，2022，75：102699

［9］Gao C，Xu P，Ye C，et al. Genetic circuit-assisted smart microbial engineering. Trends Microbiol，2019，27（12）：1011-1024

［10］Deng C，Wu Y，Lv X，et al. Refactoring transcription factors for metabolic engineering. Biotechnol Adv，2022，57：107935

［11］Brophy JA，Voigt CA. Principles of genetic circuit design. Nat Methods，2014，11（5）：508-520

［12］Satya Lakshmi O，Rao NM. Evolving lac repressor for enhanced inducibility. Protein Eng Des Sel，2009，22（2）：53-58

［13］Roth A，Breaker RR. The structural and functional diversity of metabolite-binding riboswitches. Annu Rev Biochem，2009，78：305-334

［14］Mandal M，Breaker RR. Adenine riboswitches and gene activation by disruption of a transcription terminator. Nat Struct Mol Biol，2004，11（1）：29-35

［15］Dambach M，Sandoval M，Updegrove TB，et al. The ubiquitous riboswitch is a manganese-responsive regulatory element. Mol Cell，2015，57（6）：1099-1109

［16］Darmostuk M，Rimpelova S，Gbelcova H，et al. Current approaches in SELEX：An update to aptamer selection technology. Biotechnol Adv，2015，33（6 Pt 2）：1141-1161

［17］Moon TS，Lou C，Tamsir A，et al. Genetic programs constructed from layered logic gates in single cells. Nature，2012，491（7423）：249-253

［18］Jones TS，Oliveira SMD，Myers CJ，et al. Genetic circuit design automation with cello 2.0. Nat Protoc，2022，17（4）：1097-1113

［19］Tracy BP，Gaida SM，Papoutsakis ET. Flow cytometry for bacteria：Enabling metabolic engineering，synthetic biology and the elucidation of complex phenotypes. Curr Opin Biotechnol，2010，21（1）：85-99

［20］Tamsir A，Tabor JJ，Voigt CA. Robust multicellular computing using genetically encoded nor gates and chemical 'wires'. Nature，2011，469（7329）：212-215

［21］Rogers JK，Church GM. Genetically encoded sensors enable real-time observation of metabolite production. Proc Natl Acad Sci USA，2016，113（9）：2388-2393

［22］Sun G，Qu L，Azi F，et al. Recent progress in high-throughput droplet screening and sorting for bioanalysis. Biosens Bioelectron，2023，225：115107

［23］Dietrich JA，McKee AE，Keasling JD. High-throughput metabolic engineering：Advances in small-molecule screening and selection. Annu Rev Biochem，2010，79：563-590

［24］Lalwani MA，Zhao EM，Avalos JL. Current and future modalities of dynamic control in metabolic engineering. Curr Opin Biotechnol，2018，52：56-65

［25］Roquet N，Soleimany AP，Ferris AC，et al. Synthetic recombinase-based state machines in living cells. Science，2016，353（6297）：aad8559

［26］Soma Y，Tsuruno K，Wada M，et al. Metabolic flux redirection from a central metabolic pathway toward a synthetic pathway using a metabolic toggle switch. Metab Eng，2014，23：175-184

［27］Tan SZ，Manchester S，Prather KL. Controlling central carbon metabolism for improved pathway yields in *Saccharomyces cerevisiae*. ACS Synth Biol，2016，5（2）：116-124

［28］Fang Y，Wang J，Ma W，et al. Rebalancing microbial carbon distribution for L-threonine maximization using a thermal switch system. Metab Eng，2020，61：33-46

［29］Zhou PP，Xie WP，Yao Z，et al. Development of a temperature-responsive yeast cell factory using engineered gal4 as a protein switch. Biotechnol Bioeng，2018，115（5）：1321-1330

［30］Wang X，Han JN，Zhang X，et al. Reversible thermal regulation for bifunctional dynamic control of gene expression in *Escherichia coli*. Nat Commun，2021，12（1）：1411

［31］Lalwani MA，Ip SS，Carrasco-Lopez C，et al. Optogenetic control of the lac operon for bacterial chemical and protein production. Nat Chem Biol，2021，17（1）：71-79

［32］Romano E，Baumschlager A，Akmeriç EB，et al. Engineering arac to make it responsive to light instead of arabinose. Nature Chemical Biology，2021，17（7）：817-827

［33］Castillo-Hair SM，Baerman EA，Fujita M，et al. Optogenetic control of *Bacillus subtilis* gene expression. Nat Commun，2019，10（1）：3099

［34］Zhao EM，Zhang Y，Mehl J，et al. Optogenetic regulation of engineered cellular metabolism for microbial chemical production. Nature，2018，555（7698）：683-687

［35］Wu Y，Chen T，Liu Y，et al. Design of a programmable biosensor-CRISPR genetic circuits for dynamic and autonomous dual-control of metabolic flux in *Bacillus subtilis*. Nucleic Acids Res，2020，48（2）：996-1009

［36］Zhou P，Fang X，Xu N，et al. Development of a highly efficient copper-inducible gal regulation system（CuIGR）in *Saccharomyces cerevisiae*. ACS Synth Biol，2021，10（12）：3435-3444

［37］Castillo-Hair SM，Fujita M，Igoshin OA，et al. An engineered *B. subtilis* inducible promoter system with over 10 000-fold dynamic range. ACS Synth Biol，2019，8（7）：1673-1678

［38］Xu P，Li L，Zhang F，et al. Improving fatty acids production by engineering dynamic pathway regulation and metabolic control. Proc Natl Acad Sci USA，2014，111（31）：11299-11304

［39］Xu X，Li X，Liu Y，et al. Pyruvate-responsive genetic circuits for dynamic control of central metabolism. Nat Chem Biol，2020，16（11）：1261-1268

［40］Yang Y，Lin Y，Wang J，et al. Sensor-regulator and RNAi based bifunctional dynamic control network for engineered microbial synthesis. Nat Commun，2018，9（1）：3043

［41］Bordoy AE，O'Connor NJ，Chatterjee A. Construction of two-input logic gates using transcriptional interference. ACS Synth Biol，2019，8（10）：2428-2441

［42］Wang B，Kitney RI，Joly N，et al. Engineering modular and orthogonal genetic logic gates for robust digital-like synthetic biology. Nat Commun，2011，2：508

［43］Makarova KS，Wolf YI，Iranzo J，et al. Evolutionary classification of CRISPR-cas systems：A burst of class 2 and derived variants. Nat Rev Microbiol，2020，18（2）：67-83

［44］Wu Y，Liu Y，Lv X，et al. Applications of CRISPR in a microbial cell factory：From genome reconstruction to metabolic network reprogramming. ACS Synth Biol，2020，9（9）：2228-2238

［45］Bae S，Park J，Kim JS. Cas-Offinder：A fast and versatile algorithm that searches for potential off-target sites of Cas9 RNA-guided endonucleases. Bioinformatics，2014，30（10）：1473-1475

［46］Naeem M，Majeed S，Hoque MZ，et al. Latest developed strategies to minimize the off-target effects in CRISPR-Cas-mediated genome editing. Cell，2020，9（7）：1608

［47］Qi LS，Larson MH，Gilbert LA，et al. Repurposing CRISPR as an RNA-guided platform for sequence-specific control of gene expression. Cell，2013，152（5）：1173-1183

［48］Miao CS，Zhao HW，Qian L，et al. Systematically investigating the key features of the DNase deactivated CPF1 for tunable transcription regulation in prokaryotic cells. Syn Syst Biotechno，2019，4（1）：1-9

［49］Zhai HT，Cui L，Xiong Z，et al. CRISPR-mediated protein-tagging signal amplification systems for efficient transcriptional activation and repression in. Nucleic Acids Research，2022，50（10）：5988-6000

［50］Wu Y，Liu Y，Lv X，et al. Camers-b：CRISPR/CPF1 assisted multiple-genes editing and regulation system for *Bacillus subtilis*. Biotechnol Bioeng，2020，117（6）：1817-1825

［51］Zalatan JG，Lee ME，Almeida R，et al. Engineering complex synthetic transcriptional programs with CRISPR RNA scaffolds. Cell，2015，160（1-2）：339-350

［52］Chavez A，Tuttle M，Pruitt BW，et al. Comparison of Cas9 activators in multiple species. Nat Methods，2016，13（7）：563-567

［53］Gander MW，Vrana JD，Voje WE，et al. Digital logic circuits in yeast with CRISPR-dCas9 nor gates. Nat Commun，2017，8：15459

［54］Fontana J，Dong C，Kiattisewee C，et al. Effective CRISPRa- mediated control of gene expression in bacteria must overcome strict target site requirements. Nat Commun，2020，11（1）：1618

［55］Tickman BI，Burbano DA，Chavali VP，et al. Multi-layer CRISPRa/i circuits for dynamic genetic programs in cell-free and bacterial systems. Cell Syst，2022，13（3）：215-229，e218

［56］Santos-Moreno J，Tasiudi E，Stelling J，et al. Multistable and dynamic CRISPR-based synthetic circuits. Nat Commun，2020，11（1）：2746

［57］Wu Y，Chen T，Liu Y，et al. Design of a programmable biosensor-CRISPR genetic circuits for dynamic and autonomous dual-control of metabolic flux in *Bacillus subtilis*. Nucleic Acids Res，2020，48（2）：996-1009

［58］Hu LF，Li YX，Wang JZ，et al. Controlling CRISPR-cas9 by guide RNA engineering. Wiley Interdiscip Rev RNA，2023，14（1）：e1731

［59］Kraus C，Sontheimer EJ. Applications of anti-CRISPR proteins in genome editing and biotechnology. J Mol Biol，2023，435（13）：168120

［60］庞庆霄，梁泉峰，祁庆生. 合成生物学开关在代谢工程中的应用. 生物技术通报，2017，33（1）：58-63

［61］Oppenheim AB，Kobiler O，Stavans J，et al. Switches in bacteriophage lambda development. Annu Rev Genet，2005，39：409-429

［62］Tsuruno K，Honjo H，Hanai T. Enhancement of 3-hydroxypropionic acid production from glycerol by using a metabolic toggle switch. Microb Cell Fact，2015，14：155

［63］Lin CL，Chen PK，Cheng YY. Synthesising gene clock with toggle switch and oscillator. IET Syst Biol，2015，9（3）：88-94

［64］Garcia-Ojalvo J，Elowitz MB，Strogatz SH. Modeling a synthetic multicellular clock：Repressilators coupled by quorum sensing. Proc Natl Acad Sci USA，2004，101（30）：10955-10960

［65］Park SH，Kim HU，Kim TY，et al. Metabolic engineering of *Corynebacterium glutamicum* for L-arginine production. Nat Commun，2014，5：4618

［66］Zhu Y，Li Y，Xu Y，et al. Development of bifunctional biosensors for sensing and dynamic control of glycolysis flux in metabolic engineering. Metab Eng，2021，68：142-151

［67］David F，Nielsen J，Siewers V. Flux control at the malonyl-coa node through hierarchical dynamic pathway regulation in. Acs Synthetic Biology，2016，5（3）：224-233

［68］Cui S，Lv X，Xu X，et al. Multilayer genetic circuits for dynamic regulation of metabolic pathways. ACS Synth Biol，2021，10（7）：1587-1597

［69］Ge C，Yu Z，Sheng H，et al. Redesigning regulatory components of quorum-sensing system for diverse metabolic control. Nat Commun，2022，13（1）：2182

［70］Yang X，Liu J，Zhang J，et al. Quorum sensing-mediated protein degradation for dynamic metabolic pathway control in S*accharomyces cerevisiae*. Metab Eng，2021，64：85-94

［71］Nozzi NE，Case AE，Carroll AL，et al. Systematic approaches to efficiently produce 2,3-butanediol in a marine *Cyanobacterium*. ACS Synth Biol，2017，6（11）：2136-2144

［72］He X，Chen Y，Liang Q，et al. Autoinduced and gate controls metabolic pathway dynamically in response to microbial communities and cell physiological state. ACS Synth Biol，2017，6（3）：463-470

［73］Dinh CV，Prather KL. Layered and multi-input autonomous dynamic control strategies for metabolic engineering. Curr Opin Biotechnol，2020，65：156-162

［74］Doong SJ，Gupta A，Prather KLJ. Layered dynamic regulation for improving metabolic pathway productivity in *Escherichia coli*. Proc Natl Acad Sci USA，2018，115（12）：2964-2969

第 六 章

放线菌合成生物学

第一节 概 论

一、放线菌的研究背景与重要性

1. 放线菌的多样性

放线菌（actinobacteria）因其在固体培养基表面的菌落呈放射状而得名（图 6-1）。放线菌存在于土壤、湖泊、海洋、极地和动植物体等各种生境中，种类繁多，是细菌中最大的分类类群之一，目前已知 4208 个种，分属于放线菌门的 6 纲、34 目、75 科和 461 属[1]，其中包括链霉菌属（*Streptomyces*）、小单孢菌属（*Micromonospora*）、游动放线菌属（*Actinoplanes*）、拟无枝酸菌属（*Amycolatopsis*）、糖多孢菌属（*Saccharopolyspora*）、双歧杆菌属（*Bifidobacterium*）等。链霉菌属是放线菌中最大的属，约占 70%，其中包括天蓝色链霉菌（*Streptomyces coelicolor*，模式菌株）、灰色链霉菌（*S. griseus*，产生抗结核病的链霉素）、除虫链霉菌（*S. avermitilis*，产生防治农业害虫的阿维菌素）、恰塔努加链霉菌（*S. chattanoogensis*，产生食品防腐剂的纳他霉素）等。

图 6-1 天蓝色链霉菌的放射状菌落

放线菌是好氧的腐生微生物，能够分解各种生物质作为营养，这也是其分布广泛的原因之一。放线菌的生长温度一般为 25～30℃，少数嗜热放线菌可以在 50～60℃条件下生长。放线菌喜好中性 pH，可以在 pH 6～9 环境中生长，pH 低于 6 则很难生长，因此在制备培养基时需要将 pH 调到中性。因为放线菌是好氧微生物，大规模发酵过程中需要加压通入无菌空气并通过搅拌提升氧气的传递和利用。

2. 放线菌是主要的微生物药物来源

放线菌能够产生小分子代谢物、酶（如食品加工用谷氨酰胺转氨酶）等多种产物，其中最为人们所熟知的是抗生素等次级代谢产物（图 6-2），被广泛地用于临床疾病治疗和农业病虫害防治中。目前已知的 5000 多种生物活性代谢产物中，有三分之二是由放线菌所产生的[2]。根据化学结构并参考其生物合成机制进行分类，这些生物活性物质主要分为聚酮类、肽类、氨基糖苷类、核苷类等，其中聚酮类主要包括 I 型聚酮（阿维菌素、红霉素等）和 II 型聚酮（放线紫红素、表阿霉素等），肽类主要包括非核糖体肽（万古霉素等）、核糖体肽（纳西肽等）、β-内酰胺类（头霉素等）。根据生物活性进行分类，这些代谢产物又可被分为抗细菌（红霉素、万古霉素等）、抗真菌（井冈霉素、那他霉素等）、抗虫（阿维菌素、多氧霉素）、抗肿瘤（表阿霉素、安丝菌素等）、免疫抑制（他克莫司等）、抗糖尿病（如阿卡波糖等）等种类。

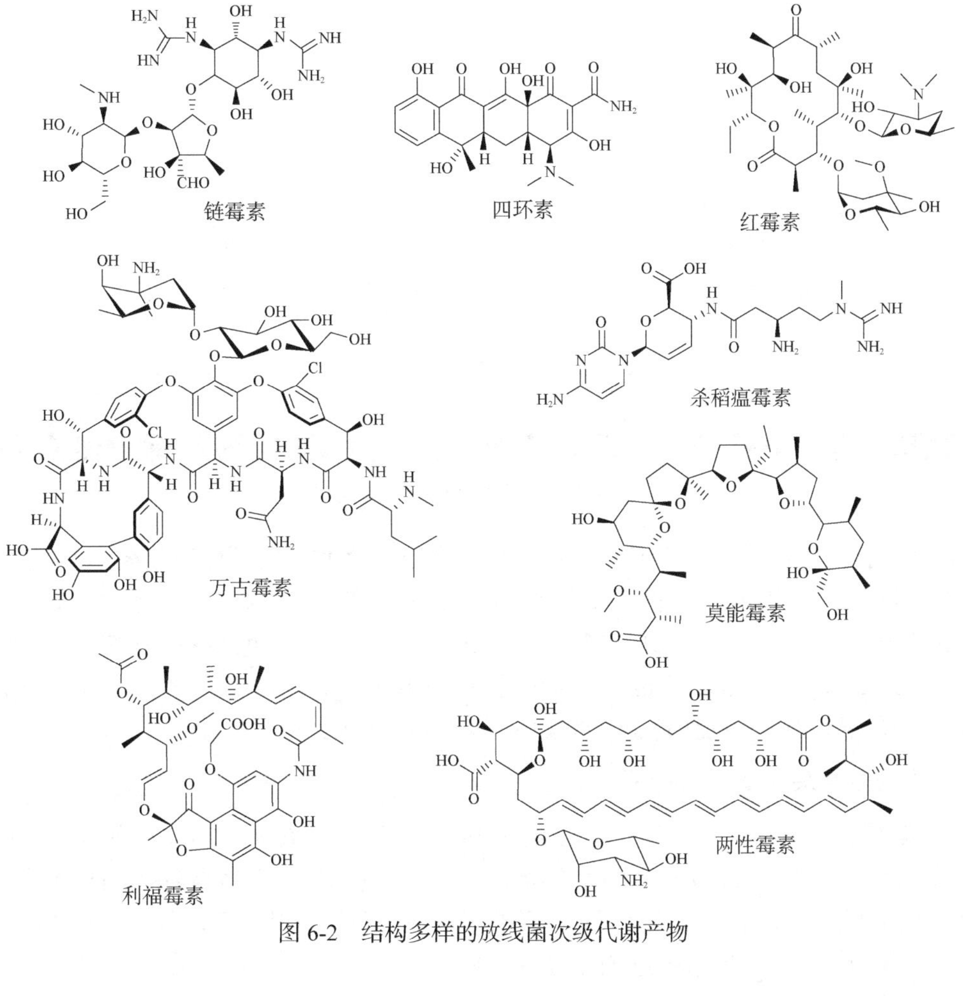

图 6-2　结构多样的放线菌次级代谢产物

二、放线菌的生物学特征

1. 放线菌的形态与分化

放线菌是能够形成分枝的多细胞原核生物,具有比较复杂的形态分化循环,依次形成基质菌丝(substrate mycelium,也称营养菌丝)、气生菌丝(arial mycelium)和孢子丝(spore chain)。在合适的营养条件下,放线菌的孢子萌发,然后通过顶端延伸和产生分枝,在固体营养基质中形成多细胞的基质菌丝,吸收和利用环境中的营养物质;当面临营养匮乏等不利条件时,基质菌丝分化成为直立的气生菌丝,这往往也是抗生素等次级代谢产物开始产生的时刻;当产生足够的气生菌丝后,气生菌丝生长停止,开始形成孢子丝和成熟的孢子(图 6-3)[3]。在实验室的固体培养基上,以上的整个生活周期为 7～10 天。在液体培养基中,放线菌以营养菌丝的形式存在,并形成菌丝团,只有少数菌种能够产生孢子。此外,放线菌的细胞壁具有厚约 35nm 的肽聚糖层,横向由 N-乙酰葡糖胺和 N-乙酰胞壁酸借助 β-1,4-糖苷键形成链状结构,链之间再由胞壁酸上的四肽侧链之间的交联形成立体网格分子,这也是其革兰氏染色(Gram stain)呈现阳性的根本原因。

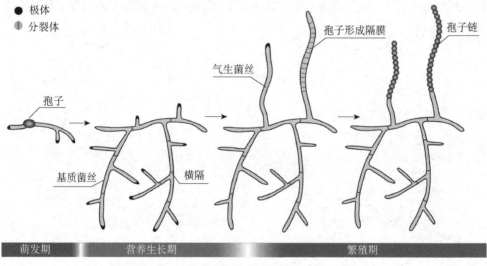

图 6-3　放线菌复杂的形态分化和发育过程

放线菌的基质菌丝会产生蓝色、紫色、红色、黑色等多种不同颜色的色素,可溶性色素会扩散到培养基之中,不可溶性色素则保留在菌丝之中。有些抗生素也具有颜色,如天蓝色链霉菌所产生的天蓝色的放线紫红素(actinorhodin)、红色的十一烷基灵菌红素(undecylprodigiosin)。放线菌的孢子丝也呈现不同的颜色,包括白色、绿色、灰色、黑色、青色等。这些色素和孢子丝的颜色也是放线菌分类学的指标之一。

2. 放线菌复杂的基因组特征

放线菌基因组的 GC 含量高,为 55%～75%,因此在 PCR 扩增时需要的变性温度较高(96℃ 或 97℃),同时连续多个 G 的存在会导致扩增后的产物发生移码突变,DNA 序列测定时也可能导致漏读。目前天蓝色链霉菌、除虫链霉菌、红霉素糖多孢菌等数十种放线菌的基因组都已经被测定,并在此基础上开展了深入的功能分析和高产等发酵性能的改造,为放线菌底盘细胞的构建奠定了基础。

　　放线菌的基因组在原核生物中属于比较大的，为 8～10Mb。链霉菌属的染色体一般是线性的，其染色体末端共价结合蛋白，而糖多孢菌属、地中海无支酸菌属等稀有放线菌的染色体是环形的。天蓝色链霉菌是第一个全基因组测序的链霉菌，其染色体长度为 8.67Mb，GC 含量为 72%，预测到的 ORF 有 7825 个。其中与调控相关的基因有 965 个，暗示了链霉菌表达调控的复杂性；转运相关蛋白 614 个，可能与胞外各种营养物质的内运和胞内产物的外排有关；819 个分泌蛋白，与环境中营养物质的分解和利用有关；22 个次级代谢合成基因簇，解释了链霉菌作为微生物药物主要来源的遗传物质基础；此外，还存在大量未知功能的 ORF（图 6-4）。链霉菌的染色体分为以复制子为中心的核心区（core region），是看家基因的主要存在区域，以及富含多个次级代谢产物生物合成基因簇的非核心区（non-core region），也叫臂区（arm region）[4]。

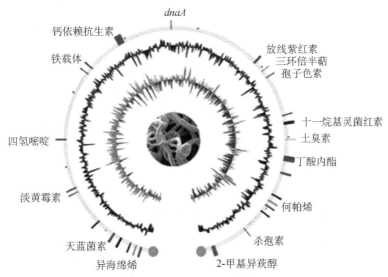

图 6-4　天蓝色链霉菌的线性染色体基因组

dnaA. DNA 复制蛋白编码基因

3. 放线菌次级代谢产物的生物合成特征

　　与其他细菌类似，放线菌的次级代谢产物的生物合成相关基因一般都成簇排列，位于染色体上的特定区域，因此也被称为生物合成基因簇（biosynthetic gene cluster）（图 6-5）。放线菌生物合成基因簇一般包含 10～50 个基因，长度从几十 kb 到 100kb 以上，使得完整基因簇的克隆仍然难度很大。这些相关基因包括与催化有关的结构基因（structure gene）、与基因表达有关的调控基因（regulatory gene）、与产物外排有关的转运基因（transporter gene）、与宿主抵抗产物胁迫有关的抗性基因（resistance gene）等。放线紫红素生物合成基因簇是第一个被完整克隆的基因簇，长度为 22kb，包含 23 个基因。结构基因 *act Ⅰ*、*act Ⅲ*、*act Ⅴ*、*act Ⅶ* 等的编码蛋白负责芳香聚酮链的延伸和释放，调控基因 *act-ORF4* 编码的蛋白质负责调控结构基因、转运基因和抗性基因的表达，转运基因 *act Ⅱ* 编码的蛋白质负责底物的内运或者产物的外排，而抗性基因 *act Ⅳ* 编码的蛋白质赋予宿主对产物的耐受能力（图 6-5）[5]。

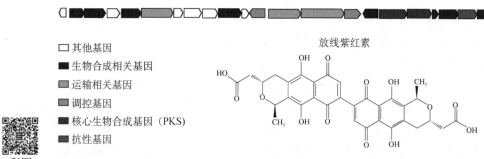

□ 其他基因
■ 生物合成相关基因
▨ 运输相关基因
▨ 调控基因
■ 核心生物合成基因（PKS）
■ 抗性基因

彩图

放线紫红素

图 6-5　放线紫红素生物合成基因簇

4. 放线菌复杂的级联调控与调控网络

放线菌通过复杂的调控系统随着细胞内外环境的变化发生相应调整，调控其他调节基因、次级代谢产物结构基因、抗性基因和转运基因的转录。放线菌的调控系统分为全局性调控因子（global regulator）和途径专一性调控因子（pathway-specific regulator）。全局性调控因子能够同时调节形态分化和化学分化，或同时调节几种次级代谢产物的产生，有时也被称为多效性调控因子（pleiotropic regulator），如 AdpA、GlnR、PhoR（图 6-6）等。途径专一性调控因子指特定的调节某一种抗生素合成的调控因子，也称为基因簇内调控因子（cluster-situated regulator），如天蓝色链霉菌中放线紫红素生物合成的正调控因子 Act II -ORF4[6]。无论是全局性调控因子还是途径专一性调控因子，都分为正调控基因和负调控基因。正调控基因的存在促进其他相关基因的转录，缺少时会降低甚至终止其他相关基因的转录和次生代谢产物的产生；负调控基因的效应与正调控基因相反，存在时会降低或阻遏其他相关基因的转录和次生代谢产物的产生，缺少时则可能使次生代谢产物的产量提高或产生提前。因此，对提高次级代谢产物的产量，调节基因的改造往往比结构基因的改造效果更为明显。

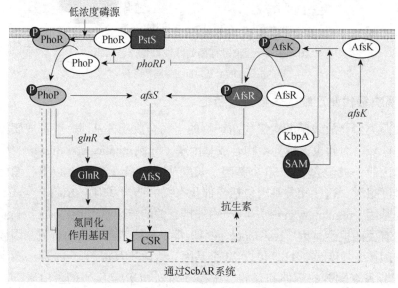

图 6-6　放线菌复杂的级联调控与调控网络

SAM. 硫腺苷甲硫氨酸；CSR. 途径特异性调控因子

第二节　放线菌合成生物学的工具与方法

一、放线菌遗传操作常用质粒与底盘细胞

在自然环境中，放线菌之间的遗传交换相当频繁，这主要是由存在于其中的各种环形或线性质粒介导的。同时与其他微生物类似，放线菌也能够被许多噬菌体感染或溶源化。现今使用的多种放线菌载体就是在上述质粒和噬菌体的基础上改造而来的[7]。许多放线菌还含有长度不等的线性质粒，如最小的是分离于娄彻氏链霉菌中的 12kb 的 pSLA2，最大的是分离于龟裂链霉菌中的 1Mb 的 pPZG103。线性质粒不但具有和线性染色体相似的结构与末端蛋白，在进化过程中还很可能同染色体进行同源交换。

1. 高拷贝质粒 pIJ101 及其衍生质粒

分离自变铅青链霉菌 ISP5434 的环形质粒 pIJ101 大小为 8.83kb，拷贝数高达 300，包含复制区（rep、ori）、转移区（tra）、扩散区（spd）等，宿主范围较广。pIJ101 的全序列已经测定，在 GenBank 的检索号码为 NC-001387。为了多种研究目的，pIJ101 被改造成为具有不同特性的质粒（图 6-7）。其中 pIJ702 的应用最为广泛，它是含有硫链丝菌素抗性基因（tsr）和黑色素合成基因（mel）的链霉菌质粒，其中 tsr 作为筛选标记，而外源片段在 mel 基因内的插入会导致白色菌落的出现，即重组子的获得。pIJ702 的拷贝数与 pIJ101 相似，而且稳定性较好，在非选择压力下也能稳定遗传几代。

pHZ1358 是大肠杆菌-链霉菌双功能 pIJ101 衍生载体，该质粒具有如下特点：一是含有 λ 噬菌体的 cos 位点，所以可以用作基因组黏粒文库的载体；二是含有转移起始位点 oriT，可以在大肠杆菌 RP4/RK2 衍生质粒的辅助下转移到放线菌；三是含有 tsr，其可作为在放线菌中的筛选标记；四是它在多数放线菌中的复制是不稳定的，从而有利于二次交换突变株的获得，已经在变铅青链霉菌、吸水链霉菌、链霉菌 FR-008、南昌链霉菌等多种放线菌菌株中得到应用。

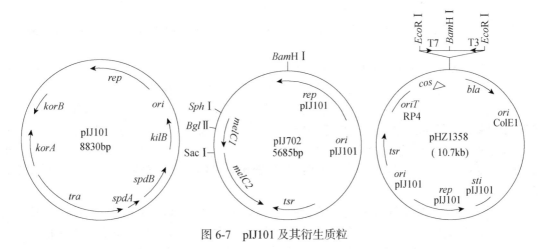

图 6-7　pIJ101 及其衍生质粒

2. 温度敏感型质粒 pSG5 及其衍生质粒

pSG5 是一个全长为 12.2kb 的温度敏感型质粒，并通过滚环方式复制，宿主范围广，拷贝数为 20～50。pSG5 的全序列已知，在 GenBank 的检索号码为 X80774。当培养温度高于 34℃时，pSG5 的复制停止，从而导致细胞分裂过程中的质粒逐渐丢失。pSG5 由于具有与转移有关的基因 traB、traR 和 A 片段，因而可以在变铅青链霉菌等放线菌之间以较低的频率转移。pSG5 复制子的温度敏感特性对于基因中断及置换实验是非常有利的（图 6-8）。

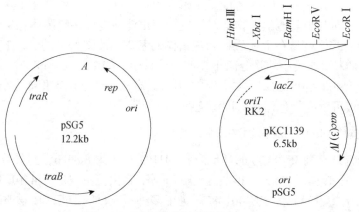

图 6-8　pSG5 及其衍生质粒 pKC1139

ori. 复制起点；*rep.* 复制蛋白编码基因

pKC1139、pHZ132 等 pSG5 衍生质粒仅保留了它的复制区。pKC1139 还具有诱导接合转移所必需的 *oriT*，可同时在大肠杆菌和放线菌中作为筛选标记的阿泊拉霉素抗性基因 *aac(3)Ⅳ*，以及可用于蓝白斑筛选的 *lacZ* 基因。

3. 位点特异性整合型质粒

在放线菌中研究最为透彻、使用最为广泛的位点特异性整合载体主要衍生于噬菌体 ΦC31 和质粒 pSAM2，二者都含有不同的特异性整合位点（*attP*）和整合酶基因（*int*），可以整合到染色体的特定位置。此外，近年来，还陆续发展了具有不同整合位点和整合酶系统的 TG1、ΦBT1、SV1 等位点特异性整合型质粒，丰富了放线菌的遗传操作工具[8]。

在形态学和遗传学方面，链霉菌温和型噬菌体 ΦC31 和大肠杆菌 λ 噬菌体极其相似，能够形成噬菌斑并能使约 2/3 的链霉菌中形成溶源菌。原噬菌体可以通过噬菌体的 *attP* 和染色体上的相应同源序列 *attB* 之间的位点特异性整合插入宿主基因组中。尽管可以利用 ΦC31 转染原生质体的特性进行遗传操作，但是由于其包装容量小、需要制备原生质体等，这方面的应用还是很局限的。更多的应用广泛的 ΦC31 衍生载体仅含有 *attP* 和 *int*。例如，衍生质粒 pSET152 除了含有 *attP* 和 *int*，还具有诱导接合转移所必需的 *oriT*，大肠杆菌质粒 pUC18 复制子，可同时在大肠杆菌和放线菌中作为筛选标记的阿泊拉霉素抗性基因 *aac(3)Ⅳ*，以及可用于蓝白斑筛选的 *lacZ* 基因。pSET152 被广泛地用于基因互补、异源表达和合成生物学研究中。

8.82kb 的 pSAM2 是从自生链霉菌 JI3212 中分离的共价闭合环状质粒，*attP* 的长度为 360bp，能够通过在脯氨酸 tRNA 基因的整合插入到包括分枝杆菌在内的多种放线菌的染色体上。相比较而言，ΦC31 的衍生载体的转化频率比 pSAM2 的衍生载体要高得多（图 6-9）。

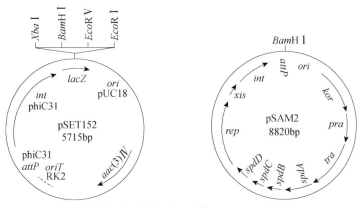

图 6-9　位点特异性整合型质粒 pSET152 和 pSAM2

4. 常用的放线菌底盘细胞

天蓝色链霉菌（*Streptomyces coelicolor*）A3（2）及其衍生菌株：天蓝色链霉菌 A3（2）是最早用于遗传学研究的放线菌，它因为产生天蓝色的放线紫红素（actinorhodin）而得名，同时还产生红色的灵菌红素（prodigiosin）等三种主要抗生素，其中包括由 350kb 的巨大线性质粒 SCP1 编码的次甲霉素；在长期研究其抗生素生物合成和形态分化的过程中，一系列的载体系统、衍生菌株和遗传操作方法得以建立和完善，如第一个低拷贝的共价闭合环状质粒 SCP2 和缺失聚酮次级代谢产物的衍生菌株 CH999；其基因组全序列测定的完成使它的遗传背景更为清晰，成为放线菌遗传操作和异源表达的通用宿主。天蓝色链霉菌衍生菌株 CH999 是为研究聚酮的组合生物合成而特意改造的。McDaniel 等用红霉素的抗性基因替换了天蓝色链霉菌 A3（2）染色体上负责芳香族聚酮放线紫红素合成的 22 个基因，从而部分解除了内源聚酮生物合成基因对外源聚酮生物合成基因表达的影响。

变铅青链霉菌（*Streptomyces lividans*）66 及其衍生菌株：变铅青链霉菌是天蓝色链霉菌的近缘种，在遗传上则更为接近，许多共有的基因同源性高达 95% 以上，这表明它们可能来源于共同的祖先。常用的链霉菌高拷贝质粒 pIJ101 就是从变铅青链霉菌中分离的，而且放线菌染色体的线性结构也是首先在该菌株中发现的。变铅青链霉菌作为通用宿主比天蓝色链霉菌的应用更为广泛，这主要是因为以下几个优点：一是变铅青链霉菌对甲基化的外源 DNA 几乎没有限制性，可以将来自普通大肠杆菌的质粒 DNA 通过原生质体转化直接导入，而天蓝色链霉菌对甲基化的 DNA 具有很强的限制性，只能接受非甲基化的外源 DNA；二是质粒在变铅青链霉菌 JT46 及其衍生菌株中相互之间的重组频率极低；三是衍生菌株 ZX1 的获得，从以往的变铅青链霉菌中分离的质粒和染色体 DNA 在普通水平电泳过程中会有降解，而在 ZX1 菌株中因为缺失了相应的基因簇，从而消除了降解现象。正是由于变铅青链霉菌有益于操作的特点，Ziermann 和 Betlach 模仿天蓝色链霉菌衍生菌株 CH999 的构建方式，用红霉素抗性基因替换了变铅青链霉菌中的放线紫红素生物合成基因簇，获得了背景清晰的衍生菌株 K4-114。

白色链霉菌（*Streptomyces albus*）J1074：白色链霉菌 J1074 被广泛用于生物活性天然产物的异源合成中，包括多杀菌素、盐霉素、默诺霉素、弗德利卡霉素（fredericamycin）等数十种。该菌株的遗传背景清晰，生长迅速，而且缺失了 *Sal* I 限制修饰系统，因此遗传操作简单、方便。白色链霉菌 J1074 的基因组较小，只有 6.84Mb，但是含有 7 套 rRNA 操纵子（一般的放线菌含有 5～6 套），这可能是其生长迅速的原因之一。其基因组上有两套 ΦC31 的 *attB* 位点，这会导致两个拷贝异源生物合成基因簇的插入和编码产物的高产[9]。

二、放线菌常用的启动子

放线菌中含有组成型启动子（即在细胞生长过程中都启动转录的启动子）和诱导型启动子（即在特定诱导物存在时或特定的细胞生长阶段诱导启动转录的启动子）。常用的组成型启动子有来自红霉素糖多孢菌的红霉素抗性基因（*ermE*）的启动子、来自天蓝色链霉菌 SARP 家族转录因子基因（*kasO*）的启动子等[10]。

1. *ermEp* 及其衍生启动子

ermE 的启动子区域包含两个启动子，即 *ermEp1* 和 *ermEp2*，分别从相距起始密码子的 1bp 和 72bp 处开始转录。*ermEp1* 和 *ermEp2* 的−10 区序列与细菌启动子的保守序列相似，而 −35 区序列的保守性很低。*ermEp1* 的−35 区内删除 TGG 三个碱基后，启动子活性增强了大约 5 倍。突变后的启动子被命名为 *ermEp**，也成了放线菌中应用最为广泛的启动子。

2. *kasOp** 及其衍生启动子

kasO 基因编码天蓝色链霉菌天蓝菌素（coelimycin）生物合成基因簇中的 SARP 家族转录因子。*kasO* 基因的核心启动子区域与持家 σ 因子 HrdB 识别的保守启动子序列相似。*kasO* 基因的启动子区域受 γ-丁内酯受体 ScbR 和类 γ-丁内酯受体 ScbR2 的严格调控，分别含有转录因子结合区域 OA 和 OB 位点。首先通过截短启动子区域的 5′ 端，删除了 ScbR2 结合的 OB 位点，产生的启动子 kasOp3 转录强度比原始启动子强度提高了 40 倍。ScbR 结合位点 OA 与启动子的 10 区和 35 区重叠，为了消除 OA 位点，基于 OA 位点序列构建随机突变启动子库。突变文库中 *kasOp361* 活性远高于 *kasOp3*、*ermEp**，将其命名为 *kasOp**。启动子 *kasOp** 在链霉菌异源表达中应用广泛[11]。

3. 硫肽类抗生素诱导的 *tipAp* 启动子

TipAL 蛋白属于 MerR 家族转录因子，其 N 端 HTH 结构域可以与启动子 *tipAp* 的回文序列结合，C 端效应物识别结构域可以共价结合硫链丝菌素。*tipAp* 是放线菌中应用最为广泛的诱导型启动子，来自变铅青链霉菌的硫链丝菌素诱导蛋白（Tip）基因的启动子区域。当 TipAL 蛋白存在时，硫链丝菌素和 TipAL 的不可逆接合产物会同 *tipAp* 结合，从而启动 *tipAp* 控制下的基因转录。由于 TipA 蛋白并不是在所有的放线菌中都有，因此在不同放线菌中尝试使用 *tipAp* 时一定要考察该基因是否存在及其表达情况或同时引入外源 TipA 蛋白基因。用 *tipAp* 表达的优点是，通过在培养基中加入低浓度的硫链丝菌素便能很容易地诱导基因表达，这样基因表达可以不受生理上的控制。但是启动子 *tipAp* 的渗透表达比较高，硫链丝菌素对宿主的生长也有负面影响，因此需要在质粒上同时插入硫链丝菌素抗性基因 *tsr*。

此外，还有四环素诱导的启动子 *tcp830p*、甘油诱导的启动子 *gylP1p* 和 *gylP2p*、氧四环素诱导的启动子 *otrBp* 等。

三、放线菌基因编辑技术

自 20 世纪 70 年代以来，在以天蓝色链霉菌和变铅青链霉菌为模式菌株的放线菌遗传学研究过程中，以英国 John Innes 研究所链霉菌研究室为主的各国研究人员不断创造和优化放线菌的遗传操作，加速了放线菌分子生物学的研究和放线菌工业化应用的进程。外源基因向放线菌的引入方法主要有原生质体的制备与转化、大肠杆菌和放线菌属间接合转移、电穿孔等。近年来，CRISPR-Cas 基因编辑系统的引入和发展，特别是内源 CRISPR 系统的有效利用，显著提高了遗传改造的效率，降低了实验成本，缩短了发酵周期。

1. 放线菌的遗传操作方法

1) 原生质体的制备与转化（protoplast preparation and transformation）：原生质体转化是放线菌遗传操作最传统的方法。放线菌具有很厚的肽聚糖层，通过溶菌酶的作用可以从丝状菌丝体释放出球形原生质体。原生质体还可用于融合及噬菌体 DNA 转染等。原生质体转化的成败取决于原生质体的质量，主要是指原生质体在等渗培养基上的再生能力和对外源 DNA 的吸收能力。

2) 大肠杆菌和放线菌属间接合（conjugation）转移：接合转移是指通过细菌细胞之间的直接接触，DNA 从一个细胞转移至另一个细胞的过程。这个过程是由接合型质粒（如大肠杆菌质粒 RP4 及其衍生质粒）完成的，它通常具有促进供体细胞与受体细胞有效接触的接合功能及诱导 DNA 分子传递的转移功能，两者均由接合型质粒上的有关基因编码。在 DNA 重组中常用的绝大多数载体质粒缺少接合功能区，因此不能直接通过细胞接合方法转化受体细胞，然而如果该质粒上含有接合转移起始区 *oriT*，并在一个含有接合功能区域的辅助质粒的反式作用下，就可以有效地转移至受体细胞。对放线菌的遗传操作而言，接合转移系统具有以下几个优点：一是过程简单，并不需要原生质体转化中的原生质体制备和再生等步骤；二是接合转移过程中 DNA 以单链形式进入受体菌，可以大大减小甚至避开受体菌的限制系统；三是拥有众多的含有 *oriT* 的载体，可以用于位点特异性整合或同源重组等目的；四是因为这些载体都可以在大肠杆菌中复制，因而质粒的构建相当方便。

3) 电穿孔（electroporation）：电穿孔是一种电场介导的细胞膜可渗透化处理技术。受体细胞在一定的电场脉冲的作用下，细胞膜上形成一些微孔通道，使得 DNA 分子直接与裸露的细胞膜脂双层结构接触，并引发吸收过程。大肠杆菌的电穿孔方法已经十分完善，而且效率很高。电穿孔的主要优点是不需要进行原生质体制备与再生等烦琐步骤。尽管早在 1987 年就有通过电穿孔将质粒转入变铅青链霉菌的报道，但是并没有在放线菌中得到广泛应用。迄今为止，已经在地中海无枝酸菌、变铅青链霉菌、耻垢分枝杆菌、马红球菌、小小链霉菌、委内瑞拉链霉菌、龟裂链霉菌等进行过电穿孔的尝试，条件差异大。

2. 传统基因编辑技术

放线菌中的基因失活突变株构建有两种方式，一种是基因中断（gene disruption），另一种是基因置换（gene replacement）。

基因中断是先将基因内部一段 DNA 片段插入载体中，然后整个质粒通过该片段发生同源单交换（single homologous crossover），从而整合到染色体上。整合的质粒两侧是两个突变基因，一个缺失了 3′端，另一个缺失了 5′端，两个突变基因都必须丧失了功能（图 6-10）。由于单一片段的克隆和单交换后就能获得突变株，因此单交换突变株的获得非常迅速，有利于表型的快速鉴定。但是，在没有外源添加抗生素的选择压力下，这类突变株很容易通过第二次单交换回复成野生型。

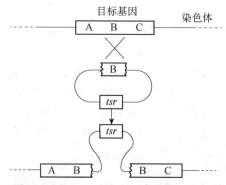

图 6-10　基于同源单交换的基因插入失活

tsr. 硫链丝菌素抗性基因

基因置换是在质粒上将抗生素抗性基因等选择标记插入到目标基因中，或者替换含有该目标基因的 DNA 片段。将构建好的质粒引入放线菌宿主中，并与染色体同源区域发生双交换（double homologous crossovers），导致选择性标记替换目标基因，形成不能回复成野生型的稳定突变株。当两侧每个同源片段很长时（>5kb），有时双交换会同时发生，从而直接得到突变株；但当同源片段较短时（< 5kb 而>1kb），一般会在任意一侧发生单交换，质粒整合到染色体上，此时的突变株具有两种抗性。之后，在只有选择性标记对应的抗生素的存在下进行生长或产孢，才能够最终获得通过第二次交换而丢失了质粒的突变株，该突变株仅具有选择性标记抗性（图 6-11）。因为从获得单交换突变株到筛选得到双交换突变株需要 2～3 轮的产孢培养，整个突变株构建过程冗长，需 3～4 周。

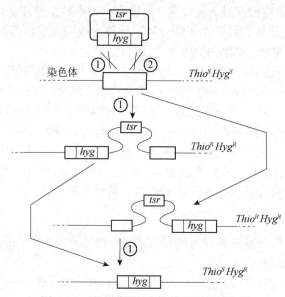

图 6-11　基于同源双交换的基因置换失活

tsr. 硫链丝菌素抗性基因；*hyg*. 潮霉素抗性基因；*Thio^S*. 硫链丝菌素敏感基因；*Hyg^S*. 潮霉素敏感基因；
Thio^R. 硫链丝菌素抗性基因；*Hyg^R*. 潮霉素抗性基因

3. 基于 CRISPR-Cas 系统的新型基因编辑技术

随着 CRISPR 的发现，基于 CRISPR-Cas 系统的高效基因编辑技术在链霉菌、分枝杆菌、游动放线菌等多种放线菌种属中得到了发展和应用，相继产生了 pCRISPomyces-2、pCRISPR-Cas9、pKCCas9dO 和 CRISPR-Cas9-CodA（sm）基因编辑系统。它们的共通之处在于在一个质粒上组装了 *Sp*（*d*）*Cas9* 基因、sgRNA（s）和编辑模板。此外，该质粒衍生于温度敏感型质粒 pSG5，每编辑一轮即可通过升高温度去除质粒，下一轮再引入含有新的 sgRNA（s）和编辑模板的质粒，从而实现多轮基因编辑。CRISPR-Cas 系统产生的双链断裂和放线菌的同源重组修复能力相结合，可以敲除掉一段特定 DNA 片段，也可以引入启动子等元件。当放线菌中引入非同源末端连接（NHEJ）所必需的 *ScaligD* 基因时，也可以通过 NHEJ 方式引入缺失和移码突变。利用核酸酶活性失活的 Cas9（dCas）的 CRISPRi 技术在放线菌中也得到了应用，通过对启动子区域或者编码区进行结合，可以不同程度地降低目标基因的转录水平。此外，针对放线菌的 sgRNA 设计，研究者还发展了 CRISPy-web（https://crispy.secondarymetabolites.org）在线分析软件（图 6-12）[12]。

Cas9 蛋白的表达会给放线菌带来一定的毒性，导致较低的转化率。为了解决这个问题，一方面可以通过使用诱导型启动子（如 *tipAp*）来诱导 Cas9 的表达，另一方面可以使用识别富含 T 的 PAM 序列（5′-TTV-3′）的 Cas12a（也称 Cpf1）。无论是 Cas9 还是 Cas12a，都会引起 DNA 双链断裂，从而会导致具有线性染色体的链霉菌的基因组不稳定。最近，基于 CRISPR 的碱基编辑系统（CRISPR-BEST）利用胞嘧啶脱氨酶和腺嘌呤脱氨酶，可以分别实现 A-G（CRISPR-aBEST）和 C-T（CRISPR-cBEST）的单碱基转换，从而在不产生 DNA 双链断裂的情况下引入终止密码子或氨基酸突变（图 6-12）[13]。

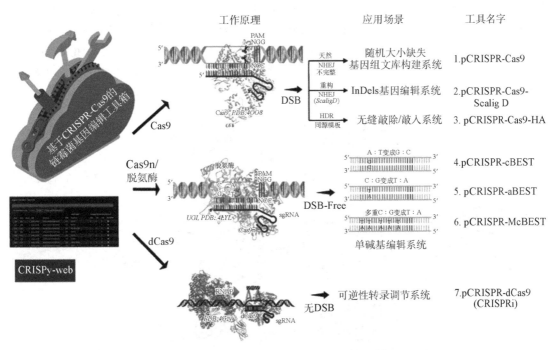

图 6-12　放线菌 CRISPR-Cas 基因编辑系统

Scalig D. 肉色链霉菌连接酶 D

第三节　放线菌合成生物学案例

　　放线菌是微生物药物的主要生产菌，其主要产物类型为聚酮、非核糖体肽、氨基糖苷等。国内外有关工业放线菌的选育和代谢过程优化等研究颇有斩获，但未能有效解决"菌种稳定性差、发酵水平低、同系物杂质多"等技术问题。其主要原因是对放线菌代谢-调控规律缺乏深刻认知，传统随机突变技术的准确性差、效率低，因此放线菌制药技术亟待升级。近年来，合成生物学快速发展，包括基因组重塑、合成途径定向改造和调控通路重构等，为放线菌药物生产菌的高产改造奠定了理论与技术基础，并初步改变了传统技术随机突变准确性差、育种效率低的现状。

　　除了核心的生物合成途径，放线菌药物的生产还受到基因和酶表达，底物、前体、辅因子供给，产物外排、自抗性，以及菌丝体形态的显著影响，对各个相关因素的改造都在一定程度上提高了放线菌药物的产量，从而发展了多种高产策略（图6-13）[14]。基于基因组和转录组分析，对 *adpA*、*wblA*、*glnR* 等全局性调控因子的改造提高了井冈霉素、柔红霉素、阿维菌素等的产量；许多放线菌药物需要特殊的合成前体，如通过提高烯丙基丙二酸单酰 CoA 延伸单元的合成显著提高了免疫抑制剂 FK506 的产量，通过提高甲氧基丙二酸单酰-ACP 特殊延伸单元的供给有效提升了抗肿瘤安丝菌素的产量；由于放线菌基因组中存在多个次级代谢产物生物合成基因簇，因此对合成前体存在着竞争性，敲除多个竞争性基因簇可以为目标代谢产物的合成提供更多的前体，从而提高其产量；产物的有效外排可以降低产物对细胞的胁迫甚至毒性，在纳他霉素生物合成基因簇中和簇外都发现了与纳他霉素外排相关的基因，这些基因的过表达增强了纳他霉素的外排，并相应提高了纳他霉素的产量；此外，液体发酵过程中菌丝体的形态与溶氧和营养物质的传递、次级代谢生物合成基因的表达密切相关，过表达形态相关基因，减小菌丝团，可以有效提升次级代谢产物的产量。在此以阿维菌素和多杀菌素的高产改造为例，展现合成生物学改造在放线菌药物高产中的巨大推动力。

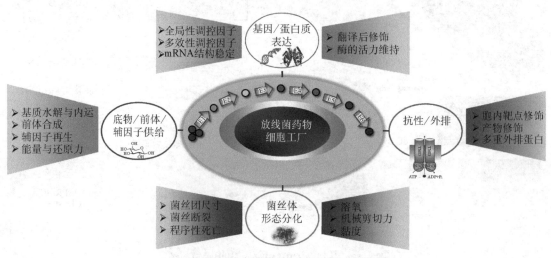

图 6-13　放线菌天然产物的高产策略

一、阿维菌素高产与新结构衍生物改造

阿维菌素（avermectin）是由阿维链霉菌（*Streptomyces avermitilis*）发酵生产的高效低毒生物杀虫剂，在粮食安全、农产品安全、畜牧业和医药健康等领域具有重大意义。其衍生物伊维菌素（ivermectin）可有效治疗河盲症，帮助超过 2 亿非洲人幸免于失明。阿维菌素的产生菌最早是在 1974 年由日本北里研究所的大村智从静冈县的一个土壤样品中分离得到的。阿维菌素自 20 世纪 80 年代由美国 Merck 公司投放市场以来，目前已成为全球用量最大、使用技术最成熟的绿色生物农药。随着遗传学、代谢工程和合成生物学等新技术与方法的发展和应用，我国阿维菌素产业化竞争能力不断提升，生产成本不断降低，并成为世界上阿维菌素的主要生产国，年产量超过 3500t。

1. 阿维菌素的化学结构与生物合成途径

阿维菌素是 16 元大环内酯类抗生素，由 8 种组分组成，分别是 A1a、A1b、A2a、A2b、B1a、B1b、B2a 和 B2b（图 6-14），其中 B1 组分（由 80%～90% 的 B1a 和 10%～20% 的 B1b 组成）具有最强的抗线虫和节肢动物类寄生虫活性及最低的毒性，被广泛应用于农业和畜牧业中。

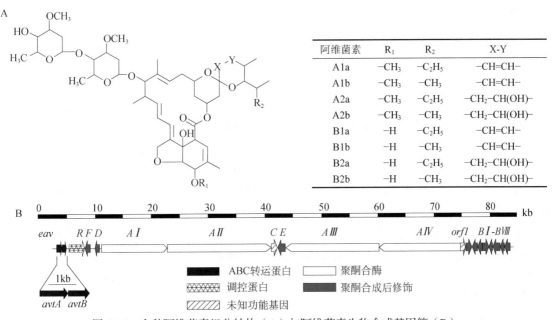

图 6-14 多种阿维菌素组分结构（A）与阿维菌素生物合成基因簇（B）

阿维菌素的生物合成可分为三个阶段。首先，由聚酮衍生而来的起始糖苷配基（6,8a-闭联-6,8a-脱氧-5-氧-阿维菌素糖苷配基）的形成；其次，起始糖苷配基经一系列合成后修饰产生阿维菌素糖苷配基；最后，阿维菌素糖苷配基经糖基转移酶 AveB I 糖基化形成阿维菌素。其中，合成后修饰过程主要包括以下几步：细胞色素 P450 单加氧酶 AveE 负责催化 C6-C8a 位呋喃环的闭合；酮基还原酶 AveF 负责 C5 位的酮基还原；*O*-甲基转移酶 AveD 催化 C5 位羟基的甲基化（图 6-15）[15]。

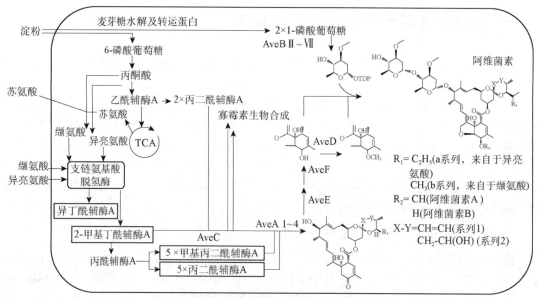

图 6-15　阿维菌素的生物合成机制[15]

TDP. 胸苷二磷酸

2. 阿维菌素的高产改造策略

阿维菌素发酵生产的最佳碳源是淀粉，它先在淀粉酶的作用下转变为麦芽糖和麦芽糊精再被菌体利用，过表达麦芽糖转运系统 *malEFG* 可促进淀粉的利用，从而提高阿维菌素产量。*metK* 是 *S*-腺苷甲硫氨酸（SAM）合成酶基因，过表达 *metK* 可提高 SAM 的浓度和阿维菌素产量。通过比较代谢组学分析添加 SAM 导致高产的原因，揭示了阿维菌素合成的关键前体代谢物，合理添加这些代谢物可显著提高产量。*avtAB* 位于阿维菌素合成基因簇上游，编码阿维菌素的外排泵，过表达 *avtAB* 可减少阿维菌素的反馈抑制从而提高其产量。TetR 家族调控因子 AveT 正调控阿维菌素合成，其重要的靶基因 *aveM* 编码一个未知外排泵，对阿维菌素合成具有抑制作用，过表达 *aveT* 或缺失 *aveM* 都能显著提高野生型菌株和工业生产菌株中阿维菌素的产量。

张立新团队发现阿维菌素高产菌株中基因簇内正调控基因 *aveR* 的表达水平显著提高，由于体外转录实验证实 σ^HrdB 可识别 *aveR* 的启动子，因此利用体外定向进化构建了 *hrdB* 基因的突变文库，进一步通过高通量筛选获得了高产重组菌株 A56，在 180L 发酵罐中阿维菌素 B1a 产量提高了 53% [15]。

3. 阿维菌素的结构改造策略

作为第二代阿维菌素类药物的伊维菌素，由于使用更安全而主要用于兽药和医药中，目前其生产主要采用化学法从阿维菌素 B1 还原而来，该过程需要昂贵的氯化铑作催化剂。用雷帕霉素 PKS 模块 13 上的 DH-ER-KR（脱水酶-烯基还原酶-酮基还原酶）结构域取代野生型阿维链霉菌中阿维菌素 PKS 模块 2 上的 DH-KR 结构域（aveDH2-KR2），获得的重组菌株具有直接合成伊维菌素的能力。将 aveDH2-KR2 分别用来自苦霉素 PKS 模块 4 和寡霉素 PKS 模块 3 上的 DH-ER-KR 所置换，也可以得到产伊维菌素的工程菌。米尔贝霉素是与阿维菌素结构类似的杀虫药物，其 C22 和 C23 之间为饱和键，与伊维菌素相同。在阿维菌素高产菌株中用来自冰城链霉菌米尔贝霉素 PKS 模块 2 的 DH-ER-KR 替换 aveDH2-KR2，获得的工程菌伊维菌素 B1a 产量达到 3.45g/L，可用于工业化生产。

多拉菌素是 20 世纪 90 年代由美国辉瑞公司研发的阿维菌素第三代衍生物，比伊维菌素的杀虫效果更好，其结构为阿维菌素 B1 的 C25 位被环己烷基所取代。将山丘链霉菌中的环己酰 CoA（CHC-CoA）合成基因转入阿维菌素的前体合成阻断突变株（支链 α-酮酸脱氢酶缺陷，不能合成起始单元 2-甲基丁酸和异丁酸）中，突变株获得了合成多拉菌素的能力。将阿维菌素 PKS 的起始模块替换为可加载环己烷羧酸（CHC）的磷内酯霉素 PKS 起始模块，同时转入 CHC-CoA 合成基因，也可以构建出产多拉菌素的工程菌。

二、生物杀虫剂多杀菌素的高产改造

多杀菌素（spinosyn）是由土壤微生物刺糖多孢菌（*Saccharopolyspora spinosa*）产生的大环内酯类次级代谢产物，以多杀菌素 A 和多杀菌素 D 为主。多杀菌素能够直接作用于昆虫的烟碱乙酰胆碱受体和 γ-氨基丁酸受体，可通过刺激运动神经元和引起不自主的肌肉收缩而破坏神经元的活动。与传统化学农药相比，多杀菌素具有降解速度快、选择性强和环境安全等优势，因此由多杀菌素 A 和 D 的混合物开发成多杀霉素（spinosad）杀虫剂等。另外，由刺糖多孢菌突变株发酵产生的多杀菌素 J 和 L，经过化学修饰可变成新型杀虫剂乙基多杀菌素，比第一代多杀菌素更广、对有益昆虫的影响更小、单位面积用量更低、环境中残留期更短。作为农用抗生素的杰出代表，多杀菌素有望成为我国生物农药产业一个新的经济增长点。目前国内外已报道的相关研究中已经对刺糖多孢菌的基因组、遗传背景、杀虫机制及多杀菌素生物合成代谢调控的关键基因有了初步的研究。

1. 多杀菌素的生物合成基因簇及其生物合成途径

多杀菌素是一种大环内酯类化合物，是具有四环体系的聚酮类化合物，核心结构由与十二元大环内酯环连接的 5,6,5-顺-反-反-三环系统组成；此外，在聚酮环的 C9 位、C17 位的羟基上分别连接 1 分子氨基糖（D-福乐糖胺）和 1 分子中性糖（L-鼠李糖）。该复合物中含量占第二位的成分为 D 组分，与 A 组分的差别在于 C6 位上多一个 CH_3 基团。而乙基多杀菌素（spinetoram）则是研究人员在明确多杀菌素生物合成的中间体和生物合成途径后，应用人工神经网络（ANN）对其生物活性进行定量–构效关系分析，将多杀菌素 J 的 C5-C6 双键氢化还原与鼠李糖 3'-*O*-乙基化后获得的一种半合成大环内酯杀虫剂。

已知的多杀菌素生物合成的相关基因有 23 个，包括 5 个聚酮合酶基因（*spnA*、*spnB*、*spnC*、*spnD*、*spnE*）、4 个大环内酯修饰基因（*spnJ*、*spnM*、*spnF*、*spnL*）、5 个鼠李糖合成及转移相关基因（*gtt*、*gdh*、*epi*、*kre*、*spnG*）、3 个鼠李糖甲基化相关基因（*spnH*、*spnI*、*spnK*），以及 6 个福乐糖胺合成及转移相关基因（*spnO*、*spnN*、*spnQ*、*spnR*、*spnS*、*spnP*）。其中 19 个基因都成簇排列在 74kb 的基因簇上，并用 *spn* 来命名（*spnA*～*spnS*）。4 个参与鼠李糖生物合成的关键基因（*gtt*、*gdh*、*epi* 和 *kre*）则位于多杀菌素生物合成基因簇之外（图 6-16）[16]。多杀菌素基因簇除了上述基因，还有几个开放阅读框（open reading frame，ORF），包括 ORF-L15、ORF-L16、ORF-R1、ORF-R2 等。其对多杀菌素合成的作用正在被揭示。

彩图

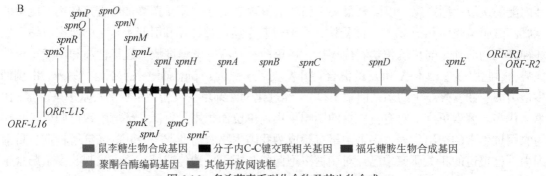

多杀菌素	R_1	R_2	C_5-C_6键	作用
多杀菌素 A	H	CH_3	双键	多杀菌素主要组分
多杀菌素 D	CH_3	CH_3	双键	多杀菌素次要组分
多杀菌素 J	H	H	双键	乙基多杀菌素前体物
多杀菌素 L	CH_3	H	双键	乙基多杀菌素前体物
3'-O-乙基-5,6-二氢多杀菌素 J	H	CH_2CH_3	单键	乙基多杀菌素主要组分
3'-O-乙基-多杀菌素 L	CH_3	CH_2CH_3	双键	乙基多杀菌素次要组分

图 6-16　多杀菌素系列化合物及其生物合成

A. 多杀菌素系列化合物的结构；B. 多杀菌素生物合成基因簇

聚酮链形成和释放之后，会经过一系列的后修饰反应，从而得到大环内酯糖苷配基。首先在 SpnJ 的催化下在 C15 位发生脱氢反应使羟基变为酮基，随后 SpnM 催化的 1,4-脱氢反应使 C11 和 C17 位脱氢，最后在 SpnF 的催化下发生跨环[（4+2）-环化加成反应形成糖苷配基。SpnL 催化 C3 和 C14 之间形成第二个闭合五元环。葡萄糖-1-磷酸在 Gtt、Gdh、Epi 与 Kre 蛋白共同作用下转化为 TDP-鼠李糖，由 SpnG 催化与聚酮骨架相连。随后，经 SpnI、SpnK、SpnH 依次催化甲基化后形成假糖苷配基]。福乐糖胺生物合成的前三步与 TDP-鼠李糖合成的前三步相同，之后 SpnO、SpnN、SpnQ、SpnR 和 SpnS 将 TDP-4-氧代-6-脱氧-D-葡萄糖转化为 TPD-福乐糖胺。福乐糖胺的 N-甲基化是由 SpnS 连续催化的。最终 SpnP 将福乐糖胺转移到假糖苷配基上形成多杀菌素（图 6-17）[17]。

2. 多杀菌素的高产改造策略

目前，研究人员对多杀菌素发酵的高产改造策略主要集中在以下几个方面：对刺糖多孢菌进行传统诱变，发酵过程的优化，利用基因工程手段构建多杀菌素的高产工程菌；利用代谢工程策略构建多杀菌素高产工程菌；基于转录组和蛋白质组学的工程改造；异源表达多杀菌素生物合成基因簇，实现多杀菌素异源高产等（图 6-18）[18]。

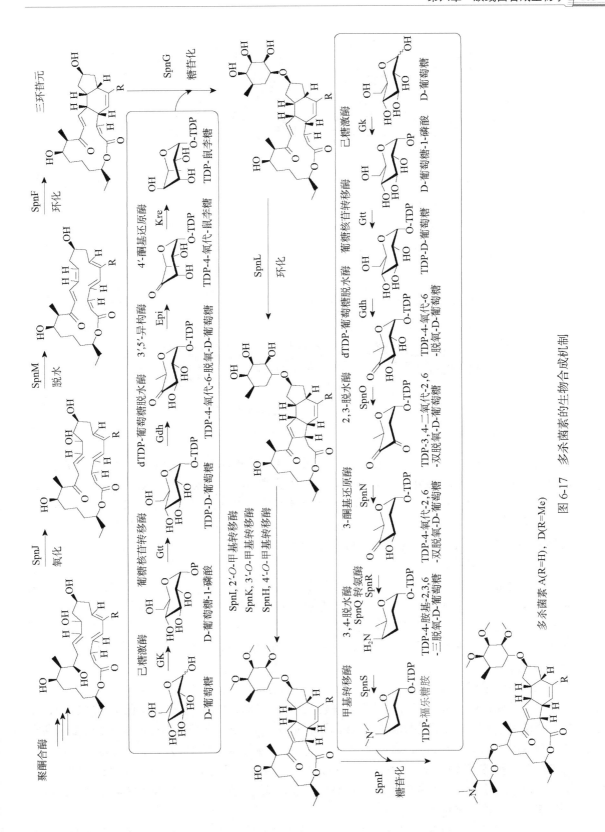

图 6-17 多杀菌素的生物合成机制

多杀菌素 A(R=H), D(R=Me)

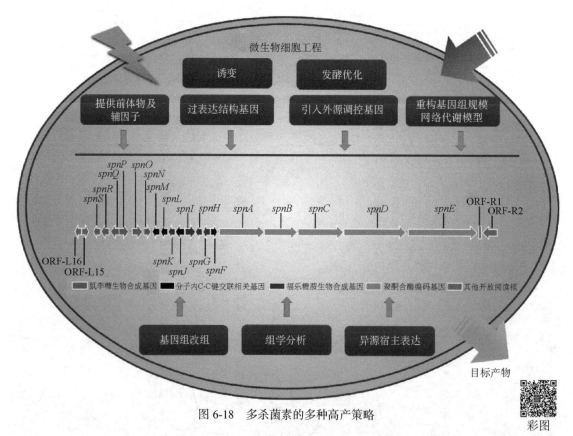

图 6-18　多杀菌素的多种高产策略

研究表明，培养基中的碳源浓度高于 58.5g/L 时，会抑制刺糖多孢菌中多杀菌素的生物合成及菌体的正常生长。另外，溶氧率是影响菌株发酵高产的重要环境因素。将透明颤菌中促进氧吸收的血红蛋白基因（*vgb*）整合到刺糖多孢菌中，在普通溶氧的培养条件下，工程菌株的多杀菌素产量为 466.6mg/L，显著高于原始菌株的 251.1mg/L；研究人员将刺糖多孢菌置于高溶氧环境中（含 H_2O_2）培养，使得多杀菌素和拟糖苷配基的产量增加 3.11 倍，并发现 $NADH/NAD^+$ 的值降低。

β-氧化途径可能是多杀菌素生物合成的重要基础，在发酵培养基中添加草莓籽油和山茶油，多杀菌素产量显著增加，且油的添加会提高脂肪酸代谢、前体供应及与氧化应激相关基因的表达。在此基础上引入来自天然色链霉菌（*Streptomyces coelicolor*）的 β-氧化相关基因 *fadD1* 和 *fadE*，获得的基因工程菌株在含有山茶油的培养基中多杀菌素产量继续提高，达到 784.72mg/L。

在多杀菌素产生菌刺糖多孢菌中，负责鼠李糖合成的 *gtt*、*gdh* 和 *kre* 基因不仅负责多杀菌素中鼠李糖模块的合成，同时也负责多杀菌素中福乐糖胺和细胞壁中鼠李糖单元的合成，成为多杀菌素生物合成途径中的限速步骤。因此对 *gtt*、*gdh* 和 *kre* 基因进行加倍，使得多杀菌素的产量从出发菌株的 82mg/L 增加到 405mg/L。为增强代谢途径中 SAM 循环等前体物供给，将来源于波赛链霉菌（*Streptomyces peucetius*）的正调控基因 *metK*、*rmbA* 和 *rmbB* 在刺糖多孢菌 MUV 进行过表达，使多杀菌素 A 和 D 的产量较野生型菌株分别提高了 7.44 倍和 8.03 倍，达到 372mg/L 和 217mg/L。

Huang 等经比较刺糖多孢菌高产突变株 SS-168 及野生型 SS-WT 间的转录组学差异，发现了高低产菌株中多种生物过程和信号通路存在显著差异，其中包括甘氨酸/丝氨酸/苏氨酸代谢通路等，其或将成为进一步高产改造的靶点。另外，随着生物信息学的发展，Zhou 等通过利用人工神经网络技术及遗传建模的方法对培养基进行优化，提高了刺糖多孢菌中多杀菌素的产量。

思考题

1. 放线菌在生物技术领域的主要应用是什么？
2. 放线菌的基因组有何特征？
3. 放线菌次级代谢产物生物合成与初级代谢的关系如何，其基因簇有何特点？
4. 什么是全局性或多效性调控因子和途径专一性调控因子？
5. 各列举 1 个放线菌中的组成型和诱导型启动子。
6. 简述常用的放线菌底盘细胞及其特点。
7. 简述放线菌中基因置换的质粒构建和突变株获得过程。
8. 接合转移过程的优点有哪些？
9. 放线菌次级代谢产物高产的合成生物学策略有哪些？
10. 放线菌中目前有哪些基于 CRISPR 的遗传操作工具？

参 | 考 | 文 | 献

[1] 李文均，冯楚莹，曹理想，等. "微生物学"教学内容须与时俱进：对放线菌的认知演变及研究进展. 微生物学通报，2023，50（8）：3703-3712

[2] Katz L，Baltz RH. Natural product discovery：past，present，and future. J Ind Microbiol Biotechnol，2016，43（2-3）：155-176

[3] Schlimpert S，Elliot MA. The best of both worlds-*Streptomyces coelicolor* and *Streptomyces venezuelae* as model species for studying antibiotic production and bacterial multicellular development. J Bacteriol，2023，205（7）：e0015323

[4] Bentley SD，Chater KF，Cerdeño-Tárraga AM，et al. Complete genome sequence of the model actinomycete *Streptomyces coelicolor* A3（2）. Nature，2002，417（6885）：141-147

[5] Okamoto S，Taguchi T，Ochi K，et al. Biosynthesis of actinorhodin and related antibiotics：discovery of alternative routes for quinone formation encoded in the act gene cluster. Chem Biol，2009，16（2）：226-236

[6] van der Heul HU，Bilyk BL，McDowall KJ，et al. Regulation of antibiotic production in Actinobacteria：new perspectives from the post-genomic era. Nat Prod Rep，2018，35（6）：575-604

[7] Kieser T，Bibb MJ，Buttner MJ，et al. Practical *Streptomyces* genetics. Norwich：The John Innes Foundation，2000

[8] Gao H，Smith MCM. Use of orthogonal serine integrases to multiplex plasmid conjugation and integration from *E. coli* into *Streptomyces*. Access Microbiol，2021，3（12）：000291

[9] Nepal KK，Wang G. *Streptomycetes*：Surrogate hosts for the genetic manipulation of biosynthetic gene clusters and production of natural products. Biotechnol Adv，2019，37（1）：1-20

[10] Myronovskyi M，Luzhetskyy A. Native and engineered promoters in natural product discovery. Nat Prod Rep，

2016, 33（8）: 1006-1019

[11] Wang W，Li X，Wang J，et al. An engineered strong promoter for *Streptomycetes*. Appl Environ Microbiol，2013，79（14）: 4484-4492

[12] Tong Y，Charusanti P，Zhang L，et al. CRISPR-Cas9 based engineering of Actinomycetal genomes. ACS Synth Biol，2015，4（9）: 1020-1029

[13] Tong Y，Whitford CM，Blin K，et al. CRISPR-Cas9，CRISPRi and CRISPR-BEST-mediated genetic manipulation in streptomycetes. Nat Protoc，2020，15（8）: 2470-2502

[14] Choi SS，Katsuyama Y，Bai L，et al. Genome engineering for microbial natural product discovery. Curr Opin Microbiol，2018，45: 53-60

[15] Zhuo Y，Zhang T，Wang Q，et al. Synthetic biology of avermectin for production improvement and structure diversification. Biotechnol J，2014，9（3）: 316-325

[16] Madduri K，Waldron C，Matsushima P，et al. Genes for the biosynthesis of spinosyns: applications for yield improvement in *Saccharopolyspora spinosa*. J Ind Microbiol Biotechnol，2001，27（6）: 399-402

[17] Galm U，Sparks TC. Natural product derived insecticides: discovery and development of spinetoram. J Ind Microbiol Biotechnol，2016，43（2-3）: 185-193

[18] Tao H，Zhang Y，Deng Z，et al. Strategies for enhancing the yield of the potent insecticide spinosad in *Actinomycetes*. Biotechnol J，2019，14（1）: e1700769

第七章

酵母合成生物学

第一节 概 论

一、酿酒酵母合成生物学的背景与重要性

1. 酿酒酵母合成生物学的发展历史

在 20 世纪 70 年代初期，Cohen 等在一篇研究论文中详细介绍了重组 DNA 技术的创新应用[1]。通过在体外连接不同来源的 DNA 片段来构建载体，并成功地将其导入大肠杆菌中，实现了跨物种的基因传递。这一开创性的实验不仅标志着基因工程领域的诞生，也为随后涉及大量 DNA 编辑操作的生物技术研究和应用打下了坚实的基础。在 20 世纪 80 年代，随着分子克隆技术的进步，科学家已经能够对酿酒酵母（*Saccharomyces cerevisiae*）的基因进行操控和研究。此期间的研究焦点主要集中在对酿酒酵母的遗传调控上。通过使用质粒，研究人员可实现基因的精确导入和表达调节[2]。此外，这一时期还揭示了许多酿酒酵母特有的生理机制和过程。进入 20 世纪 90 年代，伴随着 PCR 技术和基因测序技术的发展，酿酒酵母基因组学开始兴起。在这个时期，完成了酿酒酵母的全基因组测序[3]，为后来的酿酒酵母合成生物学研究提供了基础。同时，这也让我们对酿酒酵母基因与表型的关系，以及酿酒酵母对环境变化的生理应答有了更深入的理解。

2001～2010 年见证了合成生物学概念的诞生，这时的酿酒酵母开始被广泛用于合成新的生物分子和代谢途径组装。代谢工程和系统生物学与合成生物学的融合，带来了设计-构建-测试-学习（DBTL）这一研究范式（图 7-1），这使研究人员能够更有效地利用酿酒酵母进行生物生产[4]。2011～2020 年，伴随着基因合成技术的进步及基因组编辑工具的发展，尤其是 CRISPR-Cas9 技术的出现，其以高效、精准的特性，极大地提高了酿酒酵母基因工程的效率和精度，使得大规模的基因编辑成为可能。在这一时期，全基因组合成开始大放异彩。酿酒酵母作为最早进行全基因组合成的真核生物之一，引领了这个领域的发展。国际酵母基因组

合成 Sc2.0 计划[5]，是一个国际合作项目，旨在合成一个具有全新设计的酿酒酵母基因组。这个项目将人工设计的基因组引入酿酒酵母中，以此探究生命的本质和合成生物学的潜力。

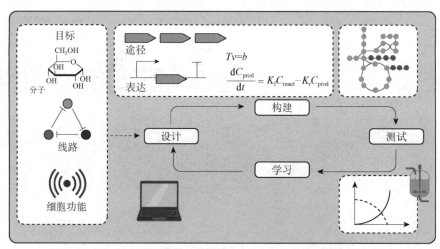

图 7-1　设计-构建-测试-学习（DBTL）的研究范式[4]

Tv 为时间常数（time constant）与某个变量（variable）v 的关系；b 为比例常数或理想值；dC_{prod}/dt 为微分表达式，代表产物浓度（C_{prod}）随时间（t）的变化率；$K_f C_{react}$ 为正向反应速率常数（K_f）乘以反应物浓度（C_{react}），即正向反应的速率；$K_r C_{prod}$ 为反向反应速率常数（K_r）乘以产物浓度（C_{prod}），即反向反应的速率

至此，可以看到在酿酒酵母合成生物学发展的过程中，人类不仅积累了丰富的酿酒酵母遗传资源和方法论，也对酿酒酵母基因组有了深入的认识。这为酿酒酵母合成生物学未来的发展奠定了坚实的基础。

2. 酿酒酵母在合成生物学中的独特地位

酿酒酵母的生物学特性、基因组特点、代谢途径优势及其在疾病研究中的应用等多方面因素塑造出其在生物学领域的重要地位，也反映出其在合成生物学研究及应用中的价值。

首先是酿酒酵母的生物学特性。酿酒酵母是一种生命周期较短、培养方式简单的真核单细胞微生物，在实验中的使用极为方便。酿酒酵母的单细胞特性及具有的高效同源重组机制使得研究人员可以方便地对其进行基因操作，包括基因插入、敲除和替换等。特别是在需要处理大量样本的高通量筛选实验中，这种特性更显得尤为宝贵。此外，酿酒酵母所具备的丰富基因注释和众多的遗传工具为研究人员提供了便利，能够更为精准地设计和搭建基因网络，进而深入理解和精确控制生物系统。

其次是酿酒酵母的基因组特点。酿酒酵母的基因组结构相对简单，保守性高，这使得酿酒酵母成为研究基因功能的理想模型。在过去的研究中，研究人员已经对酿酒酵母的各种生理过程进行了深入探索，包括基因表达、蛋白质合成、细胞周期控制等。这奠定了一个良好的基础，能在此基础平台上设计和构建复杂的生物系统。此外，酿酒酵母中发现的众多基因和信号途径在更复杂的生物体系中也存在，这为人类疾病的研究提供了可能。

再次是酿酒酵母在疾病研究中的应用。由于酿酒酵母的许多生物化学过程与人类相似，酿酒酵母被广泛用作疾病模型，用于药物筛选和疾病机制研究。特别是对于一些复杂的人类疾病，通过在酿酒酵母中模拟其病理过程，研究人员可以更好地理解疾病的机制，并寻找可能的治疗方法或药物[6]。

最后是酿酒酵母的代谢途径优势。酿酒酵母具有一系列复杂的代谢途径，能够生产出大量的有机物。同时，这些代谢途径相对简单，易于进行修改和调控。科学家可以通过调整酵母的内源途径，或引入外源基因和途径，使酿酒酵母生产出许多有用的化合物，如药物、生物燃料、高价值化工产品等[7]。这一特性使得酿酒酵母在生物制造领域具有巨大的应用潜力。

总的来说，无论是在基因研究、疾病研究还是在生物制造方面，酿酒酵母都展示出其在合成生物学中的重要地位。其生物学特性、基因组优势及代谢途径优势，都为科学家提供了强大的工具，帮助他们在基础研究和应用中取得了更多的突破。

3. 酿酒酵母合成生物学的主要应用领域

酿酒酵母合成生物学的应用涵盖了许多领域，包括药物生产、生物燃料生产、食品和饮料工业、环境保护，以及基础生物学研究。

在药物生产领域，科学家通过优化酿酒酵母的代谢路径，成功合成了多种药物。例如，抗疟疾药物青蒿素和抗癌药物紫杉醇就是在酿酒酵母中生产的。酿酒酵母的这种合成能力为药物制造提供了一个有效且可靠的平台。在生物燃料生产中，酿酒酵母已经证明了其作为生物乙醇主要生产微生物的重要地位。此外，通过进一步的代谢工程优化，酿酒酵母现在也能够生产出异戊醇和长链烷烃等更高能量的液体燃料，这些研究成果为实施可持续和环保的能源解决方案提供了可能性。在食品和饮料工业中，酿酒酵母的使用历史悠久，尤其在酿酒、烘焙等领域。利用合成生物学技术，我们可以优化酿酒酵母的代谢途径，使其生产新的风味物质或提高生产效率[8]，进一步提升产品的品质和口感。在环境保护中，工程化的酿酒酵母被用于处理废水和有机废弃物[9]。例如，它们可以用来吸附含有重金属的废水中的有害物质，或者分解有机废弃物。这种利用生物技术处理废物的方法，既有利于环境保护，也为资源的循环利用提供了新的思路。在基础生物学研究方面，酿酒酵母作为一个模式生物，被广泛用于揭示生命的运作机制。通过构建和优化酿酒酵母的代谢网络，科学家可以深入研究基因的功能和代谢途径的调控机制。这有助于理解生命的本质，也为新的治疗方法提供了理论基础。

借助合成生物学技术，酿酒酵母在多个领域都将进一步展现其广泛的应用价值和关键作用。无论是药物生产、生物燃料、食品工业、环境保护还是基础科学研究，酿酒酵母都展现出其独特的价值和潜力。

二、酿酒酵母的生物学基础

1. 酵母的分类和特性

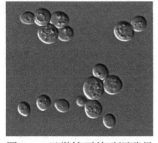

酵母属于真菌界，是一类在生物学和工业应用中都具有重要地位的单细胞微生物。在自然环境中，酵母可以栖息在多样化的生境中，如水体、土壤、植物表面及动物的消化道中。至今已发现的酵母种类超过 1500 种，这些酵母在形态、生理生化特性及遗传背景等方面都有着显著的差异[10]。因此，对酵母的分类研究需要基于多个维度的信息，如形态特征、生化特性、分子序列等。

在所有的酵母中，酿酒酵母可能是最为人们所熟知的种类（图 7-2）。在历史悠久的食品工业中，酿酒酵母通过发酵产生二

图 7-2　显微镜下的酿酒酵母

氧化碳和乙醇，促使面团膨胀并生成风味物质，从而在面包烘焙和酿酒工业中发挥重要作用[11]。同时，由于其生长速度快、基因操作方便等特性，酿酒酵母在生物学研究中也是最重要的模式生物之一，为人们提供了深入理解生命过程的窗口。

2. 酿酒酵母的基因组结构

酿酒酵母的基因组结构具有独特的优点：有 16 条染色体（图 7-3），基因组大小为 12～13Mb，包含 6000 多个基因，涵盖了所有基本的生命过程，多数基因功能也已被注释，并可以通过 SGD（*Saccharomyces* Genome Database，http://www.yeastgenome.org）进行检索[12]。其基因密度较高，基因之间的间隔小，同时重复序列和非编码序列的比例也较低。这使得酿酒酵母基因组具有较高的实用性，为基因编辑提供了便利，并能在全基因组层面上展开研究。许多酿酒酵母基因与人类基因有着高度的同源性，这使得酿酒酵母可以作为研究人类基因功能的模型。酿酒酵母基因组中还包含了许多只在真菌中出现的特异性基因，如某些糖酵解途径的基因、细胞壁生物合成的特异性基因等，这些基因为酿酒酵母的生物学研究及应用开发提供了独特的资源。

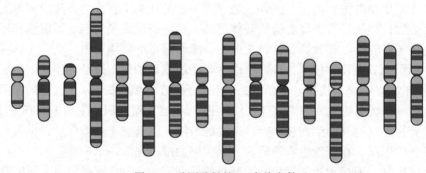

图 7-3　酿酒酵母的 16 条染色体

3. 酵母与人类及其他生物的关联

人类与酵母交流互动的历史源远流长，不仅在食品工业中广泛利用酵母进行发酵生产，也在科学研究中利用酿酒酵母作为模式生物探索生命的奥秘。酵母在基因表达调控、信号转导及细胞周期控制等基础生物学研究中，为科学家提供了宝贵的研究工具。利用酿酒酵母进行的研究，使科学家鉴定出了与人类健康息息相关的许多基因和蛋白质。例如，RAS 蛋白最初在酵母中被识别，而其在人类中的同源蛋白与多种癌症的发生有着紧密的联系[13]。

酵母在自然生态系统中也扮演着重要角色。在土壤和水体中，酵母通过发酵和呼吸作用，参与有机物质的分解和能量的流动[14]。酵母可以协助植物抵御病原微生物的侵害，帮助植物获取营养物质。在动物的消化道中，酵母参与食物的分解和营养的吸收，会对宿主的健康产生影响。

三、酿酒酵母合成生物学的挑战与前景

1. 酿酒酵母合成生物学面临的科学和技术挑战

人们在酿酒酵母合成生物学方面尽管已经取得了重要的突破，仍然面临着一系列的科学和技术挑战。首要的挑战来自于基因编辑技术的局限性。尽管通过 CRISPR 等技术，人们已经

可以方便地进行基因编辑，但对于大规模、多位点的基因编辑，如何提高编辑的效率和准确性仍然存在挑战性。其次，酵母的代谢网络及其调控机制非常复杂，尽管酵母基因组相对高等生物较小，但对其生理过程的理解仍未达到可以精确预测和控制的程度。在合成生物学中，我们希望能通过改造生物的代谢路径来生产有用的物质，如生物燃料、药物等。然而，如何设计、改造和优化复杂的代谢网络，使其达到我们期望的目标，依然是一个极大的挑战。而在酿酒酵母中构建人类疾病模型也面临着挑战。许多疾病，如癌症、阿尔茨海默病等，都是由多个基因的相互作用导致的。如何在酵母中准确地模拟这种复杂性，以便提供更好的疾病模型，需要进一步探索。

2. 酿酒酵母合成生物学的伦理和社会考虑

伴随着合成生物学的发展，一些新的伦理和社会问题也浮现出来。改造生物的行为可能会对环境和生态系统产生哪些影响？当经过大规模基因改造的酵母进入自然环境时，是否会对生物多样性产生影响。因此，在进行基因改造的同时，也需充分考虑其可能带来的生态风险，并进行风险评估。与此同时，酿酒酵母合成生物学所带来的知识产权问题如何处理？当使用合成生物学技术改造天然的基因序列，创造出新的酵母菌株时，知识产权的界定及对创新的保护是否得当？这将触发一系列的法律和伦理问题，需要跨领域的专家共同合作，以探讨和解决技术发展带来的法规问题。公众对合成生物学的接受度也是一个不容忽视的社会问题。作为基因工程的深化应用，合成生物学可能引发公众的担忧和恐惧，如对技术被滥用的担忧，以及对未知风险的恐惧等。因此，需要积极进行科普教育，帮助公众正确理解和接受合成生物学。

3. 酿酒酵母合成生物学的未来趋势和可能的影响

酿酒酵母合成生物学的进展预示着一系列深远的影响。在科学技术层面，这一领域有望推动更高效和更精确的基因编辑技术的诞生。同时，随着代谢网络设计和优化方法的完善，人类将越发靠近全基因组设计和系统生物学的前沿探索。在社会和伦理层面，将建立更完善的风险评估和监管机制，解决知识产权的问题，以及增加公众的科学素养和接受度，促进合成生物学的安全、公平和公众接受的应用。在应用层面，酵母合成生物学会对许多领域产生影响。例如，通过优化酵母的代谢网络生产更高效的化学品、燃料、蛋白质等，以应对日益增长的市场需求。通过建立更好的人类疾病模型，我们可以加快新药的发现和疾病的治疗。在食品和饮料工业中，通过合成生物学技术定制酵母，不仅可以提高生产效率，还能创造出前所未有的风味和消费体验。在未来的太空探索中，通过酿酒酵母合成生物学，人们可以为宇航员生产满足多种感官和营养需求的食物，为长期的太空旅行和居住提供可持续性[15]。

第二节　酵母合成生物学的工具与方法

一、酵母的基因表达与调控

基因表达，作为生物学的核心概念，描述了从 DNA 到 RNA，再到蛋白质的信息流动过程。这一过程不仅是生命活动的基石，而且在细胞功能和特性中起到了决定性的作用。酿酒酵母作为一种单细胞真核生物，因其与包括人类在内的高等真核生物的基因表达机制的相似性，被视为模式生物进行研究。在酿酒酵母中，基因表达的调控涉及多个层次，其中，基因表达基本单元的构成尤为关键。一个基本的基因表达单元（或称基因表达盒）主要由启动子、基因编码区和终止子组成（图 7-4）。启动子作为转录的调控区域，决定了基因的转录起始；基因编码区则携带编码蛋白质或特定 RNA 的遗传信息；而终止子标志着转录过程的终止。三者共同确保了基因能得到恰当的表达。值得注意的是，酵母的基因表达系统因其特有的多功能性和灵活性，已被广泛应用于多种微生物的基因研究中，如那些实验室环境中难以操作或分析的微生物[16]。此外，酿酒酵母基因表达的研究揭示了许多与人类健康相关的基因和蛋白质，提供了理解生命过程的窗口，为生物技术和医学领域来了深远影响的同时，也带来了无数的机会和挑战。

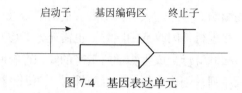

图 7-4　基因表达单元

（一）启动子

酿酒酵母是目前最重要的基因表达系统之一。得益于简洁、安全、无害的特点，其已经被广泛用作生产高值代谢产物的理想细胞工厂。启动子作为基因转录的核心元素，可调节转录的启动和强度，在控制基因表达和优化代谢途径中起着重要的作用。不同强度和特性的启动子在很大程度上决定了基因的表达效能，进而直接决定了工程生物体系的性能和质量。

酿酒酵母的启动子可大致分为两个部分：调节区域和核心区域（core promoter）。调节区域决定转录的强度，核心区域决定转录的方向和起始位点（图 7-5）。酿酒酵母的启动子调节区域具有上游激活序列（UAS）或上游抑制序列（URS），大致位于启动子核心区域上游的 $100\sim1400$bp 处，包含一个或多个转录因子结合位点，这些位点通过结合特定的转录因子来激活或抑制转录。

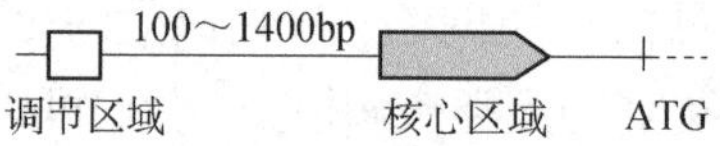

图 7-5　启动子示意图

在合成生物学领域，天然的酿酒酵母内源启动子作为关键元件，被广泛应用于调控基因表达，以满足特定的科研和应用需要。过去的几十年中，已经鉴定和利用了许多酵母的内源启动子[17]。例如，从糖酵解途径衍生出的启动子，如 P_{TDH3}、P_{PGK1}、P_{ADH1} 和 P_{PDC1}，尤为常见。其他常用的启动子包括细胞色素 c 同源异构体启动子 P_{CYC1} 和转录延伸因子启动子 P_{TEF1}。不同的启动子具有不同的强度，直接影响基因表达的效果。因此，为了确保基因的最佳功能表达，选择合适的启动子是至关重要的。这些内源启动子可以进一步划分为组成型和诱导型两大类。组成型启动子无须额外添加物质，便可启动基因的表达。它们可持续介导基因的表达，在代谢工程和合成生物学中备受青睐。诱导型启动子则可以响应特定的信号，使基因表达强度得到增强或减弱。通过调节培养基中的某些成分，改变特定信号的强弱，可以调控特定蛋白质的表达，或将细胞的生长与产物合成阶段区分开，避免异源有毒蛋白或产物合成带来的损害。需注意的是，诱导型启动子的强度不一定优于组成型启动子。在选择使用组成型还是诱导型启动子时，应当理性考虑，权衡启动子的诱导剂、基础活性及诱导因子的特性。一些常见的诱导型启动子包括由半乳糖诱导的启动子，如 P_{GAL1}、P_{GAL2} 和 P_{GAL7}，还有其他如 P_{ADH2} 和 P_{CUP1} 等启动子。半乳糖诱导表达系统的工作原理是，在高葡萄糖浓度下，Snf1-Mig1 途径抑制 *GAL4* 的表达，从而抑制 P_{GAL} 启动子的活性。在缺乏半乳糖的情况下，调节因子 Gal80 结合到转录激活因子 Gal4 上，从而阻止 P_{GAL} 转录的启动。然而，在无葡萄糖并存在半乳糖的条件下，Gal3 结合到 Gal80 上，诱导构象变化，释放 Gal4，随后激活 P_{GAL} 启动子的转录[18]。

基因表达系统的调控和优化对于合成生物学的应用至关重要。启动子作为基因表达的关键调节元件，是这一调控策略的核心。近年来，由于内源性启动子无法满足全场景的需求，因此启动子工程和改造已经成为一个热门研究领域[19]，旨在提高基因的表达效率和特异性。一项研究表明，通过对酵母启动子 P_{GPD1} 进行截短，可以在某些工程菌株中减少甘油的形成并提高乙醇的发酵效率，为基因表达提供了全新的调控机制。此外，借助合成生物学技术可构建出杂合型启动子；这些启动子糅合了不同启动子的特性，以实现特定的表达模式。例如，通过将新日柄杆菌（*Caulobacter crescentus*）的木糖依赖型 DNA 结合抑制因子（XylR）与棉阿舒囊霉（*Ashbya gossypii*）的 TEF 启动子进行组合，构建的杂合型启动子能在酿酒酵母中实现木糖诱导的基因表达，为基因调控提供了新的工具[20]。合成的 GAL1 核心启动子为在酿酒酵母中构建 AND 门动态控制器提供了一个便利的平台，为精确控制基因表达开启了新的可能性[21]。随着研究的深入，发现某些特定的合成启动子如 $P_{3xC\text{-}TEF1}$，在各种环境条件下都展现出高强度与稳定的表达效果。为了更好地利用启动子，调控基因表达，Yuan 等构建了酿酒酵母的全基因组启动子库[22]，这为研究人员在特定条件下，快速鉴定与选择合适的启动子提供了便利。然而，酿酒酵母启动子长度通常在数百 bp，相对较长，在一定程度上限制了酵母在大规模合成生物学研究中的应用。Redden 和 Alper 构建出包含 1500 万个候选对象的元件库，经过深入分析及鲁棒性测试，成功筛选出 9 个鲁棒性强的最小启动子核心元件[23]。这些元件与特定的上游激活序列组合，可创建出长度小于 120bp、效率与传统启动子相当但长度缩短高达 80% 的高效启动子。此项研究不仅实现了酵母启动子的高效缩减，还为酵母及其他真菌的合成生物学研究带来了宝贵的新工具。综上所述，酿酒酵母中的启动子工程和改造为合成生物学与代谢工程提供了强大的工具，使得基因的表达可以被精确地调控。这为高效的基因表达和代谢产物的生产提供了有力支撑，预示着其在未来科学研究和工业应用中具有广阔前景。

（二）终止子

基因正确表达过程离不开终止子这一个关键元件。终止子负责标记转录的终止位置并确保 mRNA 得到正确的加工和成熟。尽管大部分基因表达的研究焦点集中在启动子的活性上，使得终止子相对较少受到关注，但其在基因表达调控中的重要性不容忽视。近年的研究表明，终止子不仅影响基因的转录效率，还可以调节 mRNA 的半衰期和稳定性。有研究指出，使用具有增强表达的终止子可以延长 mRNA 的半衰期，进而提高基因的表达水平[24]。为深入探索终止子的功能和特性，"Terminatome"这一工具箱应运而生，它汇聚了酿酒酵母全基因组的终止子区域，为研究人员提供了宝贵的信息[25]。有趣的是，一些终止子还具有双向性的特征。这意味着某些终止子可以在两个方向上终止转录，有效地阻止隐性转录进入邻近的基因[26]。Wei 等进行了一项系统性的研究，他们在 P_{TYS1} 介导表达的增强型绿色荧光蛋白（eGFP）报告基因下游插入了 100 种不同的酵母终止子，并测量了相应的 eGFP 荧光强度，从而对这些终止子的功能特性进行了评估[27]。在所评估的终止子中，45 个被确定为强终止子，31 个为中等终止子，24 个为弱终止子。当以 T_{PGK1} 作为基准终止子进行比较时，这些终止子的功能强度为 0.0613～1.8002，平均相对荧光强度为 0.9945。实验也揭示出终止子内部效率元件与其功能强度之间存在显著的关联。此外，终止子的选择也会直接影响基因的表达：当强终止子与诱导型启动子或组成型强启动子匹配时，其对基因表达的影响较小；但与弱启动子匹配时，基因表达会有显著的增强。研究还进一步指出，在不同的酵母生长条件下，虽然碳源对强和中等终止子的影响并不显著，但果糖和蔗糖可显著增强弱终止子的强度。此项研究为人们深入理解酵母终止子的功能提供了重要的视角。随着对终止子功能和调控机制的进一步探索，可以期待在基因表达调控中发现更多的应用方式和优化策略。

通过对基因表达的精细调控，可以实现生物合成途径和生物生产过程优化等多方面的应用。在酿酒酵母中，通过多样化的启动子和终止子来达到基因表达的精细调控是合成生物学和基因工程领域的重要手段。通过选择和设计适当的启动子与终止子，研究人员能够在多个层面（如转录启动、转录效率、转录终止和 mRNA 的稳定性等）调控基因的表达，从而精确地控制基因的表达水平和表达模式。这对于基因功能的研究、代谢途径的构建和优化，以及合成生物系统的设计和应用具有重要意义[28]。

启动子和终止子进行组合为研究人员提供了多样化的选择，也对如何设计、挑选合适的特定启动子-终止子应用于研究提出了挑战。为了加速设计过程，Roehner 等开发了一个名为"Double Dutch"的计算辅助工具，可用于生物系统元件的组合设计[29]。该工具包括一种模拟退火算法，可以在考虑表达强度、部分重复使用和合成成本的情况下选择合适的组合（图 7-6）。2017 年，Burén 等将来自模式固氮细菌维涅兰德固氮菌（*Azotobacter vinelandii*）的含 9 个

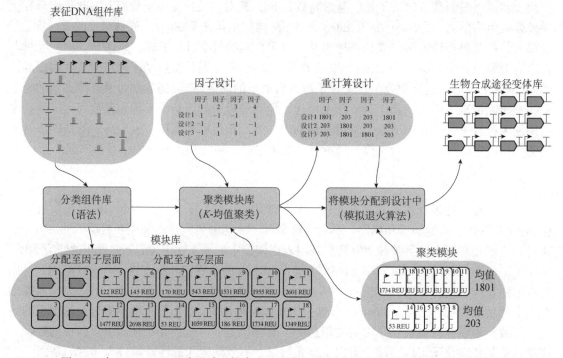

图 7-6　在 Double Dutch 中设计生物合成途径库的工作流程及此工作流程涉及的数据[29]

固氮酶基因的基因簇（*nifHDKUSMBEN*）整合至酵母染色体上，以期验证固氮酶在真核细胞中的表达情况，为未来开发固氮作物奠定基础[30]。在这项研究中，他们的核心目标是优化固氮酶的表达并确保其在线粒体中正确定位。为此，研究人员运用了前述工具，利用了 29 个启动子和 18 个终止子进行组合，以优化调控这些基因的表达水平，并最终成功实现了 NifDK 四聚体的组装。在一项关于酿酒酵母用于生物合成衣康酸的研究中，研究人员利用一组表达强度差达 174 倍的启动子-终止子组合来实现对基因表达水平的精细调控；通过迭代平衡通路表达，最优菌株产生了 815mg/L 的衣康酸，比出发菌株提高了 4 倍[31]。

这些研究表明，通过优化启动子和终止子的选择与组合，可以实现生物合成途径中关键酶的高效表达和协同调控，进而提高生物合成途径的效率和产物产量。通过合成生物学的方法，还可以进一步扩展启动子和终止子的多样性与功能，为基因表达的精细调控提供更多的可能性和选择，从而推动合成生物学和基因工程领域的发展与创新。

（三）筛选标记

在酿酒酵母的基因操作如基因敲除、基因片段替换、整合或质粒的转化等步骤中，需使用筛选标记来选择正确的转化子。根据功能和应用的特性，筛选标记被划分为多种类型。最初用于酵母转化的筛选标记基因是内源的营养型隐性标记，后来又增加了显性标记（如药物抗性）。这些标记基因的选择和使用取决于特定的应用和菌株背景。如果菌株缺乏合适的营养缺陷基因型而无法使用隐性标记，则须选择使用显性标记。这种情况在野生型或工业菌株中较为常见。

原养型营养标记在筛选标记中占有重要地位。这类标记主要源于氨基酸或核苷酸的生物合成途径，它们在具有相应基因失活或缺失的营养缺陷型酵母菌株中发挥作用（表 7-1）[32]。

表 7-1 常见营养型标记[32]

基因名称	基因产物	筛选条件 [a]
内源基因		
ADE1	N-琥珀酰-5-氨基咪唑-4-甲酰胺核糖核苷酸合成酶，参与嘌呤的生物合成	缺乏腺嘌呤
ADE2	磷酸核糖基氨基咪唑羧化酶，参与嘌呤的生物合成	缺乏腺嘌呤
ADE8	磷酸核糖-甘氨酰胺转甲酰酶，参与嘌呤的生物合成	缺乏腺嘌呤
ECM31	酮泛酸羟甲基转移酶，参与泛酸的生物合成	缺乏泛酸
HIS2	组氨醇磷酸酯酶，参与组氨酸的生物合成	缺乏组氨酸
HIS3	咪唑甘油-磷酸脱水酶，参与组氨酸的生物合成	缺乏组氨酸
LEU2	β-异丙基苹果酸脱氢酶，参与亮氨酸的生物合成	缺乏亮氨酸
LYS2	α-氨基己二酸还原酶，参与赖氨酸的生物合成	缺乏赖氨酸
MET15	O-乙酰高丝氨酸-O-乙酰丝氨酸硫化氢酶，参与含硫氨基酸的生物合成	缺乏甲硫氨酸、半胱氨酸
TRP1	磷酸核糖基邻氨基苯甲酸异构酶，参与色氨酸的生物合成	缺乏色氨酸
URA3	乳清酸核苷-5′-磷酸脱羧酶，参与嘧啶的生物合成	缺乏尿嘧啶
异源基因		
AURA3	源自 *Arxula adeninivorans* 的乳清酸核苷-5′-磷酸脱羧酶	缺乏尿嘧啶
CaLYS5	源自白假丝酵母的磷酸泛酰巯基乙胺基转移酶	缺乏赖氨酸
CaURA3	源自白假丝酵母的乳清酸核苷-5′-磷酸脱羧酶	缺乏尿嘧啶
KILEU2	源自乳酸克鲁维酵母的 β-异丙基苹果酸脱氢酶	缺乏亮氨酸

续表

基因名称	基因产物	筛选条件 [a]
异源基因		
KIURA3	源自乳酸克鲁维酵母的乳清酸核苷-5′-磷酸脱羧酶	缺乏尿嘧啶
MET2-CA	源自卡尔斯伯酵母的 L-高丝氨酸-O-乙酰基转移酶，参与甲硫氨酸的生物合成	缺乏甲硫氨酸
Sp his5+	源自粟酒裂殖酵母的咪唑甘油-磷酸脱水酶	缺乏组氨酸
Sp ura4+	源自粟酒裂殖酵母的乳清酸核苷-5′-磷酸脱羧酶	缺乏尿嘧啶

a 不含相应成分的培养基

以酿酒酵母的 URA3 基因为例，该基因编码鸟嘌呤脱氢酶，是尿嘧啶生物合成途径中的关键酶，负责将鸟嘌呤转化为尿嘧啶，在整个途径中扮演着关键角色。酿酒酵母细胞在 URA3 基因缺失或失活的情况下，无法合成尿嘧啶，因此表现为尿嘧啶营养缺陷型。当研究人员需要将外源 DNA（如质粒）引入这些酿酒酵母细胞时，URA3 基因可以作为筛选标记；只有成功转化质粒并表达 URA3 基因的细胞才能在缺乏尿嘧啶的培养基上生长（图 7-7）。此外，URA3 基因还具有反向筛选的功能。具体而言，携带 URA3 基因的酿酒酵母细胞在含有 5-氟乳清酸（5-FOA）的培养基中无法生存。这是因为 5-FOA 是尿嘧啶的结构类似物，当 URA3 在酿酒酵母中被表达时，5-FOA 会被转化为有毒的 5-氟尿嘧啶，从而抑制细胞的生长。因此，当需要从酵母细胞中去除带有 URA3 基因的质粒或其他 DNA 片段时，5-FOA 可以作为反向筛选试剂，只有丢失了 URA3 基因的酿酒酵母细胞可在含有 5-FOA 的培养基上生长。这种特性使 URA3 基因成为酿酒酵母分子生物学和合成生物学中的宝贵工具，为研究人员提供了筛选和分析酿酒酵母基因编辑的有效手段[32]。此外，某些原养型营养标记还可以基于菌落的颜色进行基因型筛选。例如，携带失活的 ade1 或 ade2 等位基因的酿酒酵母菌株会因嘌呤生物合成途径前体在液泡中积累而呈红色，而腺苷原养型菌株则为白色。除了使用酿酒酵母的内源性营养基因，还可以利用异源基因来补偿酿酒酵母的营养缺陷，进而作为筛选标记。

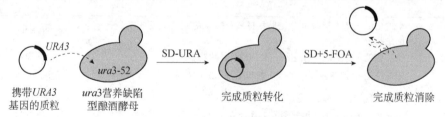

图 7-7　URA3 可作为筛选及反向筛选标记进行应用

SD-URA. 缺尿嘧啶的培养基；SD+5-FOA. 含 5-FOA 的培养基

在酿酒酵母的合成生物学相关研究中，除了营养筛选标记，抗性标记也起到了关键作用。这些标记为研究人员提供了筛选成功转化或已完成基因敲除的酿酒酵母细胞的有效工具。kan 抗性标记赋予酿酒酵母对遗传霉素（geneticin，G418）的抗性，这是一种氨基甘露醇类抗生素，对多种真菌和细菌都有抗性效果。含 kan 抗性标记的酿酒酵母能够在含有 G418 的培养基中生存[33]。而 cat 抗性标记提供了对氯霉素（chloramphenicol）的抗性，这是一种广谱抗生素，主要用于抑制细胞的蛋白质合成。ble 抗性标记则使酿酒酵母对腐草霉素（phleomycin，属于博来霉素家族）具有抗性。这些抗性标记为缺乏合适营养缺陷型背景的酿酒酵母菌株中的遗传工程提供了快速、简便和可靠的筛选手段。随着新的抗性标记和筛选方法的不断开发，预期未来的酿酒酵母合成生物学相关研究有望实现更高的转化效率与稳定性。

（四）转录因子与动态调控

基因表达是一个多阶段且高度复杂的过程，其从 DNA 转录到 RNA，再由 RNA 翻译为蛋白质。为确保特定的基因在恰当的时间和环境中得到准确的表达，这些步骤受到多种分子机制的调控。其中，转录因子在基因表达调控中起到了重要的作用。转录因子是一类特殊的蛋白质，能够与 DNA 上的特定序列结合，从而增强或抑制某个或多个目标基因的转录活性。在酿酒酵母中，转录因子根据其 DNA 结合模式、特定的 DNA 结合序列及其在转录过程中的角色（如激活或抑制）被分类。它们在酿酒酵母的多种生理过程如细胞周期调控、应激响应和代谢途径的调节中都不可或缺。转录因子通常结合到基因启动子区域的特定 DNA 序列上，这些序列被称为转录因子结合位点（TFB），它们的存在和位置决定了基因是否及何时被转录。需要强调的是，转录因子的活性和表达水平也是受到严格调控的。例如，某些转录因子可能仅在特定的环境条件下被激活，或者需要与其他蛋白质或小分子结合后才能发挥作用。高通量测序技术的应用为人们识别并详细描述了酵母中的众多转录因子，揭示了其结合位点、调控网络和功能，提供了一个全面的视图，帮助人们了解酵母细胞如何通过复杂的转录调控网络来响应环境变化和调控其生理过程[34]。随着合成生物学的发展，酵母中的转录因子被广泛应用于调控基因表达水平，以及构建基因回路、生物传感器和其他工具中。

在利用微生物进行化合物生产时，经常需要对其固有代谢过程进行全面的重编程。这通常涉及对多个基因的表达进行同步调整，而传统的方法在这方面可能显得力不从心。利用全局转录机制工程技术（global transcription machinery engineering，gTME）可以实现对整体转录组的调整，从而引发多个基因的转录变化，并赋予细胞新的特性。尽管该技术在原核细胞中已得到验证，但由于真核细胞中具有多种不同功能的 RNA 聚合酶，其转录机制更为复杂，这对于应用该技术来说是一个挑战。Alper 等通过对转录因子 Spt15 进行突变和筛选，得到了能够增强乙醇耐受性和提高葡萄糖转化为乙醇效率的正向突变。*SPT15* 基因中三个独立突变的联合效应产生了这种预期表型，具体为苯丙氨酸被丝氨酸所替代（Phe177Ser）、酪氨酸被组氨酸所替代（Tyr195His），以及赖氨酸被精氨酸所替代（Lys218Arg），研究展现出 gTME 技术在实现传统方法难以触及的复杂表型改造方面的潜力[35]。Huang 等对几株具有不同蛋白质分泌能力的酿酒酵母突变株进行了全基因组水平的转录响应变化分析（图 7-8）[36]。研究表明，为了支撑蛋白质的高效分泌，酵母细胞中的许多生理过程都发生了相应调整，尤其是其能量代谢发生改变，表现为呼吸效应减弱和发酵特征增强。同时，氨基酸的生物合成平衡与硫胺素的生物合成降低也有积极影响。继而他们采用一种名为转录因子报告分析（transcription factor reporter analysis）的技术，识别出了在突变株中与蛋白质分泌高度相关的关键转录因子。通过调节这些转录因子的表达水平（如表达或敲除），成功提高了蛋白质的分泌量。例如，当过表达 Mbp1、Mss11 和 Sut1，或敲除 Tup1、Bas1、Hap2 和 Hap4 等转录因子时，酵母细胞分泌蛋白质的能力得到增强。

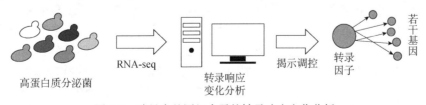

图 7-8　酵母全基因组水平的转录响应变化分析

　　基于转录因子对启动子的调节作用，可以构建用于监测细胞状态或动态调控代谢网络的生物传感器系统。此传感器系统通常由三个模块组成：信号输入（signal input）、信号感应（signal sensing）和信号输出（signal output）（图 7-9）。转录因子的配体结合结构域（ligand-binding domain, LBD）感知输入信号，如代谢产物和化学诱导剂等，并导致其 DNA 结合结构域（DNA-binding domain, DBD）发生构象改变。随后，这些发生构象变化的转录因子会结合到启动子的转录因子结合位点，进而触发转录输出信号。基于转录因子的生物传感器技术已逐渐成为合成生物学与代谢工程领域中的重要工具。它们被广泛应用于多种场景，如异源途径优化、高通量筛选及菌株评估等[37]。

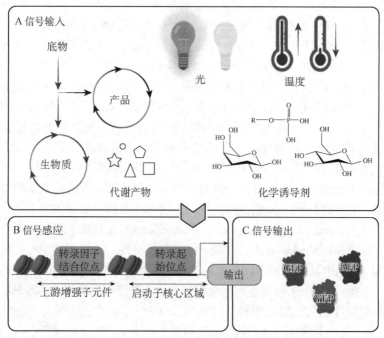

图 7-9　基于响应型转录因子-启动子的生物传感器系统[37]

GFP. 绿色荧光蛋白；RFP. 红色荧光蛋白；YFP. 黄色荧光蛋白

　　动态调节是平衡细胞生长和产品合成两个阶段的有效策略。当细胞生物量积累达到一定的阈值需切换到产物的生物合成时，可以通过添加化学诱导剂来增加生物合成途径的代谢通量，从而在细胞生长和产品合成之间达成平衡[38]。

　　碳源、营养物和离子等都可作为化学诱导信号。基于这类物质的浓度变化，可对目标基因进行转录调节，实现基因的上调或下调。Bian 等在酿酒酵母中开发了一个双信号分层动态调控系统，该系统可同时感应葡萄糖浓度和培养温度变化[39]。其中，δ-胡萝卜素的合成基因由响应葡萄糖变化的启动子 P_{ADH2} 控制，而将 δ-胡萝卜素转化为叶黄素的基因则由温度响应型的 GAL 启动子控制。该系统将叶黄素生物合成分为三个阶段：第一阶段（高葡萄糖水平，30℃）是酵母细胞的生长阶段，第二阶段（低葡萄糖水平，30℃）是 δ-胡萝卜素的合成阶段，第三阶段（低葡萄糖水平，24℃）是 δ-胡萝卜素转化为叶黄素阶段。这种策略有效地解决了细胞生长和产物合成之间的冲突，并降低了细胞途径的内部竞争，工程化酵母菌株 YLutein-3S-6 的叶黄素合成水平最终达到了 19.92mg/L，是当时报道的叶黄素异源生产系统中的最高水平。Teixeira 等使用铜离子响应启动子 P_{CUP1} 来精确调控脂肪酰基辅酶 A 合酶 Faa1 的表达，从而高效地调节游离脂肪酸向脂肪酰基辅酶 A 的转化过程[40]。这种方法规避了直接敲除 Faa1 和 Faa4 时可能引发的游离脂肪酸过量释放和前体物质的不必要浪费问题。Zhou 等则结合了天然 GAL 系统和铜离子响应启动子的各自特点，巧妙地将 Gal4 和 Gal80 分别置于铜诱导启动子 P_{CUP1} 和铜抑制启动子 P_{CTR3} 的控制下，从而构建出新的铜诱导 GAL 调控系统——CuIGR。他们进一步引入了基于 N 端降解子（N-degron）的蛋白质降解技术，将一个特定的降解标签（N-degron tag，K15）与 Gal80 的 N 端进行融合，减少了 Gal80 的浓度，成功降低了系统的本底表达水平，从而实现了更广泛的动态调控范围。这一新的铜诱导 GAL 调控系统被命名为 CuIGR4。在 CuIGR4 系统中，受启动子 P_{GAL1}、P_{GAL2}、P_{GAL7} 和 P_{GAL10} 驱动的基因表达显示出了高度的调控精确性。相较于天然的铜离子诱导启动子 P_{CUP1}，CuIGR4 系统对铜离子的响应强度提升了 2.7 倍；当加入微量的铜离子进行诱导后，报告荧光蛋白 EGFP 的表达水平和番茄红素的产量分别提升了 72 倍和 33 倍[41]。

虽然采用化学物质进行诱导较为常用，但是一些化学诱导剂价格较高，并有干扰细胞代谢途径的潜在风险。此外，应用化学诱导剂时，其诱导效果可能难以完全逆转。鉴于这些挑战，研究人员探索了其他诱导方法，如光和温度，作为潜在的替代方案。

采用光进行基因的诱导表达具有多种优势：成本较低，对细胞干扰小，可在空间和时间上进行精确调控，以及具有可逆特性。光遗传学是一个新兴的领域，专注于使用光来调控细胞内的各种生理过程。光遗传学系统的一个特点是能够响应不同波长的光。近年来的研究表明，当结合多种光响应系统时，可以通过减少它们之间的相互干扰，实现"正交调控"，从而使基因表达的调控更为精确和稳定[37]。光受体蛋白是一种在受到特定波长光的照射后会发生构象变化，并进而形成寡聚体或聚合体的特殊蛋白。光遗传学系统主要基于光诱导转录因子来工作，该转录因子由两个主要部分组成：DNA 结合结构域（DBD）和光响应域（VVD）。当受到蓝光的照射时，这些转录因子会发生二聚化，进而结合至基因上游序列，直接激活或抑制基因的转录。基于光遗传学工具，研究人员可以通过简单地调整光的强度和照射时间，以精确地调控关键基因的表达水平和持续时间。Xu 等构建了一个名为 yLightOn 的单组分光遗传学系统，用于调节酿酒酵母细胞中的基因表达[42]。该系统包括一个 LexA-VVD 光开关转录因子，与 Gal4 激活域（LVAD）融合，可控制红色荧光蛋白（mCherry）对光信号的响应。yLightOn 系统中的抑制蛋白 LexA 源于大肠杆菌的 SOS 响应系统，与酿酒酵母细胞的遗传分子元件保持正交，从而避免与酿酒酵母细胞成分发生串扰所导致的泄露表达。yLightOn 系统不仅设计精简，其调控也十分严格，其开启与关闭的表达比例高达 500 倍。此外，该系统通过采用基于 ssrA 蛋白降解标签的策略，实现了在酵母细胞中对蛋白质的稳定时空调控。Zhao 等成功构建了两种光遗传学线路：OptoEXP 与 OptoINVRT。其中，OptoEXP 是光诱导型遗传线路，而 OptoINVRT 则为光抑制型遗传线路。这两种线路可用于调控酿酒酵母细胞生长并提升高值产品的产量[43]。在验证实验中，异丁醇和 2-甲基-1-丁醇的产量分别达到 8.49g/L 和 2.38g/L。然而，在大规模发酵过程中，由于生物反应器内的光穿透能力有限，使用这些光诱导调控系统会面临挑战。为了解决这一问题，研究人员在 OptoEXP 光遗传学线路与 GAL 调控系统的基础上，进一步研发了蓝光激活的 OptoAMP 线路，旨在增强其对光的转录响应。OptoAMP 系统通过光控实现三阶段发酵（生长、诱导和生产阶段），成功提高了乳酸、异丁醇和柚皮素等产品的产量[44]。但 OptoAMP 与 OptoINVRT 都基于 GAL 调控系统，这意味着当需要同时激活和抑制基因时，其功能受到限制。为了拓宽应用范围，Lalwani 等引入了来自粗糙脉孢菌（*Neurospora crassa*）的 Q 系统，据此构建了新型的光诱导线路（OptoQ-AMP）和光抑制线路（OptoQ-INVRT）。鉴于 Q 系统和 GAL 调控系统的正交性，新的光遗传学工具（OptoQ-AMP 和 OptoQ-INVRT）与既有系统可以协同工作，实现在光控制下对不同基因的同步激活和抑制。采用这两个正交的光遗传学线路调控乙偶姻合成途径中的多个基因，可实现乙偶姻产量的显著提升，达到 35g/L[45]。

在微生物培养中，温度作为关键的控制参数，会显著影响发酵过程。事实上，即使在细胞生长的后期，也可通过改变温度来实现对基因表达的控制。这种温度调控机制通过调节温度来调控温度敏感蛋白与启动子之间的相互作用，从而得到控制基因表达的效果[37]。在酿酒酵母中，已有文献报道了若干种温度诱导表达的元件或系统，包括温度敏感的酸性磷酸酶启动子，受温度敏感蛋白 Sir3 抑制的 MATα 系统，以及基于 Gal4 转录因子温度敏感型突变体的 GAL 系统等。

GAL 系统操作简便，能有效地诱导异源基因高效表达。但是，由于 GAL 系统中对葡萄糖响应的中间代谢物的负调控，可能会在低葡萄糖浓度下产生对基因表达的不严谨控制，从而出现基因的表达泄漏。为解决此问题，Zhou 等研究者通过敲除 Gal80 并引入具有温度敏感性的 Gal4 突变体 Gal4M9，构建了一个温度响应型 GAL 系统。经过对其温度诱导特性的验证，该系统已被成功应用于调控番茄红素的生物合成中，细胞生物量和番茄红素分别增加了 44% 和 177%，取得了较好的应用效果[46]。Gal4M9 的温度响应系统也被应用于解耦虾青素的生产与细胞生长中，在两阶段高密度发酵中产生了 235mg/L 的虾青素，实现了较高水平的生产[47]。此外，利用温度响应的调控机制，研究人员可深入探究代谢途径中关键酶的温度偏好性。例如，合成藏红花素的前体——玉米黄质，能在 30℃ 条件下有效生成并在细胞膜中稳定存储。但位于细胞质中的 Ccd2 酶在此温度下活性受限，影响了藏红花素的产量。通过 Gal4M9 温度调控系统，实现了在 25℃ 条件下的同步生物合成和转化，大幅提高了玉米黄质向藏红花素的转化效率。这些研究成果充分展现了温度调控在微生物合成领域的巨大潜力，特别是为高价值化合物的生产提供了一种有效的优化策略。

在基因表达调控中，除了通过人工改变外部环境因素以影响基因表达，也可以根据细胞内部的生理状态进行动态调整。这种策略主要是通过感知细胞内部的代谢状态，以此来调节相应的代谢路径，确保系统处于平衡状态。如此，能够规避由代谢流量过大或不足引起的代谢失衡，从而提高生产效率。细胞密度、胞内代谢物及胞内生理压力等都是能够触发此类动态调节的关键因子。

细胞间通信是一种在生物界中广泛存在的现象，对单一细胞功能及细胞群体内的细胞间互动都具有重要意义。但由于受到内外部环境噪声的影响，确保相同基因型的细胞群体行为的协同性成为一大挑战。研究自然界中的细胞间通信机制，并通过合成生物学方法构建人工细胞间通信系统，已被证实能够显著增强细胞群体的协同性[48]。这种通信的核心机制在于，随着细胞密度的增加，细胞所分泌的自诱导物浓度也会相应提升。一旦这些自诱导物的浓度超过特定阈值，它们会与调控蛋白形成复合体，从而触发并激活下游基因的表达，无须人为额外添加诱导物，实现了细胞生长与基因表达间的自然关联。

酿酒酵母细胞自身便具备一套原生的细胞间通信系统。其单倍体细胞可被分为"a"型或"α"型，并能够通过释放特异性的小肽信息素来识别邻近的不同交配型细胞。当特异性小肽信息素浓度达到一定水平并与膜受体 Ste2 结合时，会激活 MAPK（mitogen-activated protein kinase）信号通路，并通过 Far1 使细胞停滞在细胞周期的 G₁ 阶段。此外，大约有 200 个基因通过转录激活因子 Ste12 与其启动子上游的 5'-（A/T）GAAACA-3'信息素响应元件结合，从而得以启动表达[49]。利用这一原理，Williams 等在 a 型单倍体酿酒酵母细胞中构建了一个群体感应（quorum sensing，QS）系统（图 7-10）[50]。通过响应型启动子 P_{FUS1} 控制 α 信息素和 GFP 的表达，设计出一个正反馈回路。随着细胞密度的上升，α 信息素浓度增加，从而促进 GFP 和 α 信息素的表达增加。当 α 信息素受到响应芳香族氨基酸启动子 P_{ARO9} 的调控时，研究人员可以通过调节芳香族氨基酸的种类及浓度来控制信息素响应途径。这种方法不仅为基于细胞密度和环境因子变化的基因表达调控提供了更高的灵活性，而且有助于优化生物生产过程。

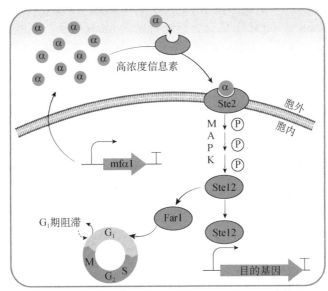

图 7-10 基于酿酒酵母 α 信息素的群体感应调控系统（改自文献[37]）

研究人员已经在拟南芥（*Arabidopsis thaliana*）中鉴定出群体感应系统并将其迁移至酿酒酵母中。通过将拟南芥的细胞因子异戊烯腺苷（IP）引入酿酒酵母细胞进行分泌表达，释放到胞外环境中的 IP 能被附近的细胞所感知。随着酵母细胞密度的上升，累积的 IP 与细胞因子受体 AtCRE1 结合，进而激活内源性的 Ypd1-Skn7 信号通路，并驱动能响应 SKN7 的合成启动子 P_{SSRE} 转录表达[51]。Yang 等通过引入植物激素诱导降解技术来提升拟南芥群体感应系统在酵母中的应用效果，实现了对关键角鲨烯合成酶 Erg9 的动态降解，将 α-法尼烯的产量提高了80%。这是首次成功利用群体感应介导的动态蛋白质降解技术来调控酿酒酵母的代谢途径[52]。

近年来，基于代谢物的生物传感器在动态调控代谢路径中的关键基因表达上发挥了重要作用。这些传感器能够实时监测细胞内代谢物的浓度，从而根据菌株的代谢状态对基因表达进行精确调节。代谢路径中的关键节点可以通过响应关键代谢物浓度变化的生物传感器来调控。通过精细化调控这些节点，可以提高从上游前体到下游产物的转换效率，既提高了目标产物的产量，同时也降低了细胞的代谢压力。这种方法增强了对细胞生长和代谢流向的控制，优化了生产过程。在酿酒酵母的代谢过程中，乙酰辅酶 A 和丙酰辅酶 A 是关键的中间代谢物，并且也是合成许多化学物质的关键前体。以 3-羟基丙酸（3-hydroxypropionic acid，3HP）为例，David 等通过使用高浓度葡萄糖诱导型启动子 P_{HXT1} 和 fapO/FapR 系统的双阶段策略实现了对 3HP 合成的动态调控[53]。该系统能够感知并响应细胞内丙酰辅酶 A 的浓度变化，从而有效地调节碳代谢流。在发酵过程中，由于葡萄糖的持续消耗，浓度不断降低，P_{HXT1} 介导的脂肪

酸合成酶基因 *FAS1* 表达强度减弱，进而减少了脂肪酸的合成。而不断积累的乙酰辅酶 A 通过与 FapR 结合解除了转录抑制，促使乙酰辅酶 A 还原酶 MCRCα 被动态激活，使 3HP 的产量增加近 10 倍，达到 1g/L。

（五）RNA 干扰和表达沉默

RNA 干扰（RNA interference，RNAi）是在众多真核生物中所发现的基因沉默机制，涉及小干扰 RNA（siRNA）或微小 RNA（miRNA）分子。在许多生物学过程中，尤其是基因表达的调控中，RNAi 发挥了重要的作用。这些小 RNA 分子与 RNA 诱导沉默复合物（RNA-induced silencing complex，RISC）结合，导向特定的 mRNA 分子，并导致其降解或翻译的抑制[54]。

近年的研究显示，虽然酿酒酵母中不存在天然的 RNAi 系统/机制，但通过遗传工程手段可在其细胞内重建 RNAi 系统，推进了 RNAi 的研究和应用。Catala 等在 2004 年的研究中指出，酿酒酵母虽然不具备 RNAi 系统，但其 RNase III 的同源基因（*Rnt1p*）对细胞周期和核分裂过程却是至关重要的[55]。这暗示了与 RNAi 相关的某些分子机制在酿酒酵母中可能扮演了不同的生物学角色。尽管最初科学界认为，包括酿酒酵母在内的所有芽殖酵母（budding yeast）都不具备 RNAi 机制，Drinnenberg 等却在某些芽殖酵母种类，如芽殖酵母（*Saccharomyces castellii*）和白色念珠菌（*Candida albicans*）中发现了 RNAi 系统[56]。其作用机制为，RNase III 末端核酸酶 Dicer 能将双链 RNA（dsRNA）连续切割为 siRNA，这些 siRNA 随后与效应蛋白 Argonaute 结合，发挥对目标转录分子的切割作用。他们经进一步研究发现，只需引入 *S. castellii* 的两种 RNAi 相关蛋白 Ago1 和 Dcr1，便可在酿酒酵母中构建 RNAi 系统。此外，Suk 等尝试将人类 RNAi 系统中相关的三种蛋白质 Ago2、Dicer 和 TRBP 引入酿酒酵母，并使用 GAL 启动子调控这三种蛋白质的表达。同时，选用 GFP 作为报告基因来研究人源 RNAi 系统在酿酒酵母中的效果。结果表明，仅需引入人源的 Ago2、Dicer 和 TRBP，酿酒酵母内即可生成 GFP siRNA 并实现对报告基因的表达沉默。这些发现表明，在酿酒酵母中可以通过引入人源的 Ago2、Dicer 和 TRBP 重建人类 RNAi 系统，使酿酒酵母成为深入研究人类 RNAi 系统的遗传模式生物。研究人员还观察到，缺乏 Ago2 或 TRBP 的菌株仍能生成 GFP siRNA，但缺乏 Dicer 的菌株则不能，说明 Dicer 对于 siRNA 的生物合成必不可少，而 Ago2 和 TRBP 则是非必需的。

酵母细胞的互作网络具有高度复杂性，仅仅通过对选定的或随机选取的基因进行过表达或敲除，难以完全探明基因功能与目标产物合成之间的联系。而适度的基因抑制表达为提高产物合成效率开辟了更多的可能性，也有助于识别具有潜在益处的下调目标基因。基于这一背景，RNAi 为酿酒酵母的合成生物学应用提供了更为灵活的基因表达调控手段，尤其适用于那些不能直接被敲除的必需基因的表达水平调节，或研究基因剂量效应对目标表型的影响，进而挖掘有益的调控靶点。Wang 等利用 *S. castellii* 的 Ago1 和 Dcr1 在酿酒酵母中重构了 RNAi 系统，旨在挖掘能够提升酵母蛋白质分泌能力的基因靶点[57]。通过微流控高通量筛选技术，他们对约 $2.43×10^5$ 个基于 RNAi 抑制基因表达水平的酵母细胞进行了评估，采用模式蛋白 α-淀粉酶作为指标来分析细胞分泌蛋白质的能力。研究结果显示，多个与细胞代谢、蛋白质修饰、运输和降解相关的基因如 *YDC1*、*AAD4*、*ADE8*、*SDH1*、*VPS73*、*KTR2*、*CNL1*、*SSA1* 和 *CDC39* 等在被抑制表达后，均对蛋白质分泌水平产生了显著影响。这进一步证实，利用 RNAi 系统可更全面地调控基因表达，为深入研究基因功能并制定新的细胞改造策略提供了坚实的基础。深化对这些机制的认识，有助于人们更有效地构建高效细胞工厂，以满足对特定目标产物的合成需求。

（六）蛋白质亚细胞定位

酿酒酵母属于单细胞真核生物，其细胞内部复杂，拥有各种亚细胞器。为了确保蛋白质能够在适当的细胞位置发挥其功能，合成后的蛋白质需要被准确地运输定位。这种定位过程对于蛋白质功能的发挥至关重要[58]。蛋白质定位信号是一种由特定的氨基酸序列构成的分子标签，它可以被细胞内部的运输系统识别。当这些标签被识别时，它们会引导蛋白质借由细胞的运输系统（如内质网、高尔基体和囊泡等）定位到其功能所需的特定亚细胞区域，如细胞质、细胞核、线粒体、内质网、胞外等。蛋白质定位信号的类型多样，包括核定位信号、核输出信号、线粒体定位信号和膜定位信号等。以核定位信号为例，它通常包含正电荷的氨基酸（如精氨酸和赖氨酸），这使其能够与细胞核孔复合体的负电荷区域相互作用，从而引导蛋白质进入细胞核。线粒体定位信号通常位于蛋白质的 N 端，并含有疏水氨基酸和带电氨基酸，这些特性使其能与转运通道相互作用，进而促使蛋白质进入线粒体。

在合成生物学的研究领域，蛋白质定位信号具有重要的应用价值。这些信号使得研究人员能够精确地控制合成蛋白质在细胞空间的位置，从而实现预期的生物学功能和生物技术应用。例如，通过将特定的蛋白质定位信号与目的蛋白融合，可将目的蛋白定位到细胞的特定区域，实现信号转导、代谢工程和细胞行为控制等目的。Xue 等则利用预测工具 SignalP，在酿酒酵母全基因组水平上分析并识别出潜在的信号肽，并测试挑选出高效信号肽用于介导异源蛋白的分泌表达[59]。在代谢工程中，通过将催化酶定位到细胞的特定区域，可创建具有特定亚细胞区域活性的代谢途径合成系统，从而提高产物的合成效率和产量。

在微生物的生物合成领域中，研究人员经常面临挑战：细胞底盘中存在与目标生物合成途径相竞争的代谢途径，或前体供应不足，从而使得构建高效的生物合成途径变得困难。然而，酿酒酵母细胞中的亚细胞器为相关研究提供了解决方案：它们能为合成途径提供独立于竞争途径的微环境，从而在细胞中形成一个优化的、隔离的合成区域。过氧化物酶体是细胞的一个重要细胞器，脂肪酸可在其中被降解，但在常规发酵条件下，这种降解会受到抑制。与细胞质相比，过氧化物酶体中并不富含那些选择脂肪醛作为首选催化底物的醛还原酶/醇脱氢酶（aldehyde reductase/alcohol dehydrogenase，ALR/ADH）。此外，其内部的紧凑空间有助于提高底物在催化过程中的流通效率，同时还存在 NADP 依赖的异柠檬酸脱氢酶同工酶 Idp3，它能为酰基辅酶 A 或脂肪酸的还原提供必要的 NADPH。基于上述优势，Zhou 等在 2016 年的研究中指出，过氧化物酶体可能是生产脂肪酸衍生物的理想场所[60]。他们利用过氧化物酶体定位信号 per2（GGGSAAVKLSQAKSKL）将脂肪酸衍生合成途径中的关键酶——脂肪酰基辅酶 A 还原酶（fatty acyl-CoA reductase，FaCoAR）定位到过氧化物酶体中，结果显示脂肪酸衍生物（如脂肪醇、烷烃和烯烃）的产量得到了显著提升。值得注意的是，此策略还有效降低了由酶活性竞争所导致的副产品积累。为了进一步优化此策略，研究团队对与过氧化物酶体生成相关的基因进行了调控，通过敲除 *PEX31*、*PEX32* 并过表达 *PEX34*，他们成功增加了过氧化物酶体的数量，从而实现了最多 3 倍的产物增产。此研究表明，通过蛋白质定位信号将生物合成途径特异性地定位到过氧化物酶体是提高脂肪酸衍生化学品产量的有效策略（图 7-11）。

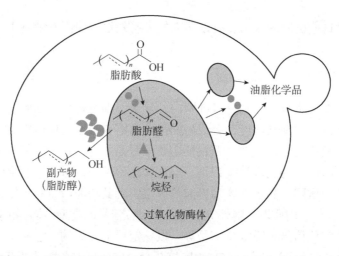

图 7-11　脂肪酸衍生物合成途径定位至过氧化物酶体可提升产物合成效率（改自文献[60]）

二、片段组装技术

在合成生物学领域，酿酒酵母重组系统已被认定为一种独特而高效的手段，尤其是在 DNA 组装和基因工程方面展现了其独到的优势。其背后的机制，即高效的同源重组机制，为酿酒酵母提供了特殊的特性。通过这一机制，具有同源序列的片段或基因可以发生重组，无论是单个基因的组装还是大规模的合成基因组的构建，酿酒酵母重组技术均能发挥其独特作用。相较于传统的基因工程方法，如酶切-连接法，酿酒酵母重组技术简化了实验步骤，降低了错误率，提升了 DNA 组装的效率。因此，能够实现 DNA 片段的快速精确组装，无须依赖外源性酶如连接酶或其他辅助物质。

进一步追溯历史，在 20 世纪 80 年代，酿酒酵母重组技术便得到了显著的发展。当时，Orr-Weaver 等采用酿酒酵母作为模式生物，开展了一系列实验，探讨了环形和线性 DNA 分子与染色体之间的重组互作机制，深入研究了 DNA 分子是如何通过同源重组整合到酵母染色体上的[61]。他们的研究结果表明，DNA 的末端在同源重组中起到了关键作用。当目标片段与酵母染色体同源的区域经过限制性内切酶消化后，整合效率会显著提高。有趣的是，当对同一同源序列进行两次限制性内切酶切割以移除 DNA 的内部片段时，这些被删减的线性分子仍能保持高效的转化能力。此外，这些带有缺口的线性分子在整合时，其缺失片段会被染色体的同源片段所替代，使得其最终的结构与环形分子整合后的结构一致。同时，该过程中的 Rad52 蛋白起着核心的作用。在携带 rad52-1 突变的酵母中，线性 DNA 分子的整合受到抑制，而环形 DNA 分子不受影响。这些结果凸显了 Rad52 蛋白在 DNA 修复过程中的关键作用，它可能涉及 DNA 修复合成，这对于线性质粒的整合和修复、双链断裂的修复及基因转化至关重要。这些研究不仅增进了人们对酵母 DNA 修复和重组机制的理解，还展示了这些成果的潜在应用价值。多年的研究表明，酿酒酵母中的同源重组效率远高于细菌和其他高等真核生物。这种天然的重组机制为人们提供了一种高效、精确的 DNA 片段组装方法，逐步被开发为基因克隆、特异性突变、质粒构建及目标基因的中断和敲除中的重要工具。

Shao 等报道了一种基于酿酒酵母同源重组系统的途径组装方法，称为 DNA assembler（DNA 组装）[62]。与传统的途径克隆技术相比，DNA assembler 利用了酵母中现有的同源重组机制，避免了多步克隆的重复周期，不依赖于限制性内切酶消化和体外连接，仅需 1～2 周就可以将多个 DNA 片段组装到酵母的质粒或染色体上（图 7-12）。

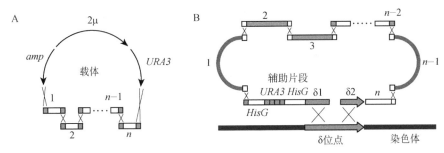

图 7-12　利用酿酒酵母体内同源重组系统完成生物合成途径的一步法组装和整合[62]

A. 组装于载体上；B. 组装及整合至酵母染色体的 δ 位点

研究人员借助 DNA assembler 成功地组装了具有功能的 D-木糖利用途径（3 个基因，长度约 9kb）、玉米黄素生物合成途径（5 个基因，长度约 11kb），以及结合 D-木糖利用和玉米黄素生物合成的途径（8 个基因，长度约 19kb）。对于较短的途径（3～5 个基因，约 10kb），使用约 50bp 的重叠区域已可获得高达 80%～100% 的组装效率；而对于较长的途径（8 个基因，约 19kb），使用稍长的重叠区域（125～430bp）仍能达到相对高的组装效率（40%～70%）（表 7-2）。此外，通过调整插入片段与载体骨架之间的比例，长途径的组装效率可得到进一步提升。例如，在 8 基因途径中，使用含约 50bp 重叠区域的片段进行组装时，将插入片段的数量翻倍，而线性化载体的数量保持不变，结果显示在 SC-URA 筛选平板上出现的菌落数量增加，并获得了 70% 的组装效率，这一效率明显高于使用较低量插入片段时的 20%。DNA assembler 是首次利用酵母体内同源重组系统实现多基因生物合成途径的体内一步组装技术。这种方法仅需要简单的 DNA 制备和一步酵母转化，因此它已经成为合成生物学、代谢工程和功能基因组学研究中构建生化途径的重要工具。

表 7-2　DNA assembler 一步法进行途径组装时的效率[62]

途径类型	重叠区长度		
	约 50bp	约 125bp	270～430bp
3 基因途径			
基于质粒/%	100	90	80
基于染色体/%	80	80	100
5 基因途径			
基于质粒/%	80	60	80
基于染色体/%	80	70	80
8 基因途径			
基于质粒/%	20	50	40
基于染色体/%	10	60	70

使用含重叠序列的 DNA 片段进行体内重组组装展现出巨大的潜力，这不仅适用于小规模实验室的途径工程，还可应用于自动化的高通量菌株构建。尽管如此，体内组装法所达到的正确组装率仍有提升空间，同时组装部件的标准化在实验室的常规应用中尚未得到深入探讨。Kuijpers 等对此进行了优化，并提出了一种更具通用性的高效 DNA 片段组装法用于质粒的构

建[63]。为了尽量减少错误组装的质粒和提高组装平台的多功能性，他们主要做了两个关键的改进：①对载体框架的基本元件（复制子和筛选标记）进行拆分；②在每个组装片段的侧翼加入了一个长为60bp、与酵母基因组非同源的标准化合成重组序列。这些改进使得假阳性转化子的数量仅为之前方法的1/100。通过采用60bp合成重组序列作为组装策略，研究者可以更加灵活地设计复杂的表达途径，并利用PCR技术快速并方便地制备所需的组装片段。基于此策略，他们成功地将 9 个带有末端重叠序列的片段组装成了一个包含6个糖酵解基因、长达21kb的质粒，组装正确率达到了95%。而在之前的研究中，较大（超过15kb）的DNA构建体（DNA construct）正确组装的效率往往不超过70%。更深入的分析揭示，所组装的质粒与其预期设计高度吻合，同时这些质粒所携带的糖酵解基因均被证明可正常发挥功能。

随着合成生物学相关产业的快速发展，对工程化菌株在生产效率和稳定性上的要求越来越高。为满足这些要求，菌株需要能够同时高效表达大量的内源和外源基因。与质粒表达相比，染色体整合表达具有更高的遗传稳定性。因此，开发能够在染色体上快速、高效地构建更长、更复杂的合成路径的遗传工具变得至关重要。尽管通过单次转化，可以实现将一个包含 10 个片段的22kb DNA 结构成功整合到酵母的某个染色体位点，但效率较低，转化子中仅有5%含有组装正确的结构。为了解决这一问题，Kuijpers 等开发出原位组装与靶向染色体整合技术（combined *in vivo* assembly and targeted chromosomal integration，CATI），应用于长序列复杂 DNA 结构的染色体整合[64]。这种技术的独特之处在于，它使用了归巢核酸内切酶（meganuclease）Ⅰ-*Sce*Ⅰ来引入 DNA 的双链断裂，从而显著提高染色体整合效率。利用这种方法，他们成功地将总长22kb 的 DNA 结构整合到酵母的单个染色体位点，整合效率高达95%。归巢核酸内切酶Ⅰ-*Sce*Ⅰ在这一过程中发挥了至关重要的作用，其高度的特异性确保了DNA 靶点在预期位置被精准地切开，从而增加了多基因片段的整合效率（图 7-13）。由于该包含多个基因的长序列途径被整合到了染色体上，它的表达稳定性得到更好的保障，这对于大规模工业应用尤为重要。与传统的 δ 位点整合方法相比，使用归巢核酸内切酶Ⅰ-*Sce*Ⅰ介导的染色体整合法更为精准。总体而言，归巢核酸内切酶Ⅰ-*Sce*Ⅰ辅助的 CATI 方法为酵母菌株的工程化改造带来了显著进步，为酿酒酵母在大规模代谢工程领域中的应用提供了新的手段。

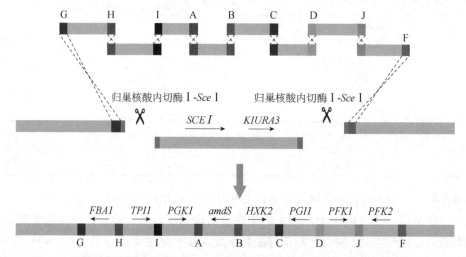

图 7-13　利用归巢核酸内切酶Ⅰ-*Sce*Ⅰ辅助多基因片段的染色体位点特异整合[64]

三、基因编辑技术

酿酒酵母作为模式真核生物，占据着基因功能和代谢机制研究的重要位置。对酿酒酵母进行基因编辑，有助于深入探究其复杂代谢和生物学特性，得以明确基因与细胞生理及其代谢之间的微妙关联。在合成生物学领域，研究人员致力于通过调控酿酒酵母的代谢途径，设计并构建新的生物系统，以达到将底物高效转化为各种高附加值产品的目的。利用基因编辑技术，现在能够对酵母的代谢网络进行更加精准的调整，因此对菌株进行工程化改良的工作更加系统化、效率更高，从而在提高菌株性能的过程中具有卓越的效率和精确性。相较于依赖于传统的、效率相对较低的菌株随机突变和筛选方法，基因编辑技术建立了一个更为理性且系统化的生物改造流程。因此，基因编辑技术的应用为科学家带来了强大的研究工具，它不仅深化了人们对酿酒酵母生物学属性的洞察，而且开发了其在生物技术及工业生产领域的广泛应用潜力。

（一）传统基因编辑技术

基于酿酒酵母的天然内源重组机制，研究人员可以利用外源 DNA 片段与其基因组上的同源序列进行重组，实现基因敲除、插入、替换等基因编辑操作。这种策略通常需要构建一个带有筛选标记（如抗生素抗性基因）的线性 DNA 片段，该片段的两端与目标基因的上下游序列同源。当这个线性 DNA 片段被转化到酵母细胞中时，它会通过同源重组与染色体上的目标基因或位点进行交换，从而敲除或替换掉目标基因[65]。为了在酿酒酵母中重复利用筛选标记进行多次的基因编辑，Güldener 等结合了外源 kan 抗性标记基因与 Cre-loxP 重组系统的特点，设计了在抗性标记基因两侧带有 loxP 位点的 loxP-kanMX-loxP 片段用于基因敲除，并进一步将其构建在质粒 pUG6 上[66]。通过从 pUG6 质粒 PCR 扩增出带有目标位点同源序列的 loxP-kanMX-loxP 片段，并将其转化至酿酒酵母后，可以实现对目标位点的高效整合和替换。随后，将携带 Cre 酶基因的辅助质粒 pSH47 转化到酵母细胞中，并诱导 Cre 酶的表达。Cre 酶会识别并作用于 loxP 位点，触发 loxP 位点间的重组，从而去除两个 loxP 位点之间的 kanMX 片段，只保留 1 个 loxP 位点。这样，loxP-kanMX-loxP 片段就可以被重新利用于下一轮的基因编辑过程中。Cre-loxP 重组系统的使用尽管较为便利，但每次使用后都会在染色体上留下 1 个 loxP 位点。因此，研究人员期待能够在进行基因编辑时不留下非必要的多余序列，仅产生预期的序列改动，实现无痕基因编辑。

无痕基因编辑可以基于酿酒酵母的重组机制，结合使用具有反筛特性的筛选标记如 URA3、amdSYM 来实现。以 amdSYM 为例，它是 Solis-Escalante 等开发的一种新型筛选标记，也是酿酒酵母中第一个具有反筛特性的显性筛选标记[67]。amdSYM 筛选标记由棉阿舒囊霉（Ashbya gossypii）的 TEF2 启动子和终止子，以及一个密码子优化的乙酰胺酶基因[amdS，该基因源自构巢曲霉（Aspergillus nidulans）]组成。amdSYM 使酿酒酵母细胞能够以乙酰胺（acetamide）为唯一氮源生长，但这些携带 amdSYM 片段的酿酒酵母在含有氟乙酰胺（fluoroacetamide）的培养基中无法存活。以无痕基因敲除为例，含有 amdSYM 标记的片段具有以下组成：①一段 50～55bp 的序列，与待敲除目标基因的上游部分（包括起始密码子）同源，以及一段与目标基因下游部分（包括终止密码子）同源的 50～55bp 序列，这两段序列用于与目标基因发生同源重组；②amdSYM 筛选标记；③一个 40bp 的序列，与目标基因上游区域同源，在整合后在酿酒酵母染色体的目标位点引入同向重复序列，用于筛选标记的无痕移除（图 7-14）。将这样的打靶片段转化至酿酒酵母中，可在以乙酰胺为唯一氮源的组成型培养基（synthetic medium）中筛选阳性克隆。随后将筛选得到并确认基因敲除成功的菌株在 YPD

培养基中培养；由于染色体上存在直接的重复序列，可能会发生重组交换，从而将其间的 *amdSYM* 移除。接着，在含有氟乙酰胺的组成型培养基中进行反向筛选，因为仍携带 *amdSYM* 片段的酵母细胞在该培养基中无法存活，只有那些已发生二次重组交换丢失了 *amdSYM* 片段的细胞可以生长，从而实现了对目标基因的无痕敲除。Huang 等利用 *amdSYM* 筛选标记对酿酒酵母中与蛋白质分泌相关的基因进行了多轮编辑，基因编辑后的菌株不仅在蛋白质分泌能力上显著提高，也具备较好的遗传稳定性。在批次补料发酵条件下，菌株的重组蛋白分泌量达 2.5g/L[68]。

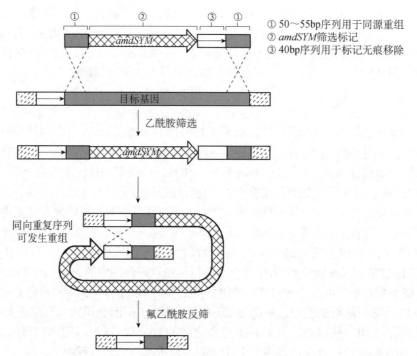

① 50～55bp序列用于同源重组
② *amdSYM*筛选标记
③ 40bp序列用于标记无痕移除

图 7-14　基于 *amdSYM* 标记用于无痕基因敲除的片段组成及敲除示意图（改自文献[67]）

（二）新型基因编辑技术

传统的酿酒酵母基因操作方法，如同源重组技术，尽管已经相对成熟，但由于其效率受到所需同源臂长度的限制，因此在某些特殊应用中，其效率仍然不高，无法满足实际的使用需求。CRISPR 技术，即成簇的规律间隔短回文重复序列（clustered regularly interspaced short palindromic repeats）技术，是近年来在生物技术领域涌现出的一项革命性技术。CRISPR-Cas 系统是一种源于细菌和古菌的防御外部入侵核酸的适应性免疫机制。该技术的核心在于 Cas9 蛋白与特定的向导 RNA 结合，从而精确地定位并切割目标 DNA 序列。其操作过程简洁高效，只需设计特定的 sgRNA，便可以对选定的基因位点进行精确编辑。其最大的优势在于编辑效率极高，使得研究者能在短时间内获得改造后的酿酒酵母菌株。

2013 年，DiCarlo 等首次在酿酒酵母中应用了 CRISPR-Cas9 技术[69]。在这项研究中，研究人员采用了 Ⅱ 型细菌的 CRISPR-Cas 系统，对酿酒酵母基因组进行编辑。他们引入的 CRISPR-Cas 系统主要由两部分组成：Cas9 基因及能够靶向基因组的 CRISPR 向导 RNA（gRNA）。该系统在酿酒酵母中展现出专一性且高效的靶向基因组目标位点的 RNA 引导内切酶切割活性。研究人员采用组成型表达 Cas9 蛋白和瞬时表达 gRNA 的方式，展示了利用

CRISPR-Cas 系统靶向目标位点产生双链断裂,可以极大地提高基于单链和双链核苷酸供体修复片段的同源重组率,分别增加了 5 倍和 130 倍。此外,当将表达 gRNA 的质粒和供体 DNA 分子共转化到持续表达 Cas9 蛋白的酿酒酵母细胞中时,供体 DNA 分子与酵母基因组目标位点发生重组的频率高达近 100%。这项创新性的研究为后续领域的相关研究奠定了坚实的基础。随后,许多研究团队纷纷采用 CRISPR-Cas9 技术进行酵母的多基因编辑、基因组规模的突变筛选及高通量的功能基因组学分析。

　　尽管已经开发了多种用于酿酒酵母菌株改造的技术,进行多基因编辑的菌株构建仍是一个耗时过程。Mans 等报道了基于 CRISPR-Cas9 的新方法,该方法可用于酿酒酵母菌株的快速构建,展示了其同时引入多重基因编辑的潜力[70]。在先前的研究中,将 CRISPR 系统引入酿酒酵母时,Cas9 蛋白的编码基因主要是通过质粒进行表达的[69]。考虑到多轮转化需要在每轮后移除质粒,将 cas9 基因整合到染色体上显得更为理想。因此,Mans 等将 cas9 基因整合到了具有不同遗传背景酿酒酵母中,从而得到了一系列供后续使用的工程菌株。例如,工程菌株 IMX672(遗传背景为:*MATa ura3-52trp1-289leu2-3, 112his3can1∶∶cas9-natNT2*)是通过将 cas9 基因整合替换了菌株 CEN.PK2-1C 的 *CAN1* 基因构建得到的。这些工程菌株可以通过 EUROSCARF(European *Saccharomyces cerevisiae* Archve for Functional Analysis)获取(http://www.euroscarf.de)。为了扩展 CRISPR 系统在不同遗传背景菌株中的使用,Mans 等基于先前的研究[69],以质粒 p426-SNR52p-gRNA.CAN1.Y-SUP4t 为基础,通过 Gibson 组装技术替换了 *URA3* 筛选标记,从而构建了一系列带有不同筛选标记的单 gRNA 表达质粒(pMEL10~pMEL17,图 7-15A)。得益于酿酒酵母的高效重组系统,这些单 gRNA 表达质粒的使用可被简化。可以将单 gRNA 表达质粒的框架、PCR 扩增的 gRNA 序列及相应的靶点修复片段一同转化到酵母菌株中,从而一次性完成对目标靶点的编辑,无须预先在体外构建 gRNA 表达质粒,质粒的组装和靶点编辑都在胞内进行。为了进一步提高多位点编辑的效率,他们还构建了一系列的双 gRNA 表达质粒(pROS10~pROS17,图 7-15B)。通过使用一个双 gRNA 表达质粒,可以实现两个目标靶点的同步编辑。该系列的双 gRNA 表达质粒带有不同的筛选标记,允许同时转化多个质粒。他们将两个分别带有 *KlURA3* 和 *TRP1* 筛选标记的质粒,以及三个分别带有 *KlURA3*、*TRP1* 和 *HIS3* 筛选标记的质粒共转化到酵母菌株 IMX672 中,成功实现了 4 个基因和 6 个基因的同时敲除,敲除效率分别达到了 70% 和 65%。这是首次报道通过单次转化实现酿酒酵母 6 个基因的敲除。此外,在这项研究中,研究人员也展示了基于 CRISPR 系统完成的多基因的组合整合、基因点突变等实验,证明了 CRISPR-Cas9 在酿酒酵母菌株改造中的灵活性及多样性。

　　CRISPR 系统已经极大地提升了菌株改造的能力,但在多靶点编辑的应用中,其仍受限于 gRNA 的处理效率及通量。Zhang 等采用了一种基于内源 RNA 加工的机制[71],通过 tRNA 将串联的 gRNA 元件间隔开,从而构建出 gRNA-tRNA 阵列;通过一个启动子,便可完成多个 gRNA 的有效转录,并将此技术应用于 CRISPR 系统中(图 7-16),称之为 GTR-CRISPR(a gRNA-tRNA array for CRISPR-Cas9)。该方法相较于传统的"1 个启动子-1 个 gRNA-1 个终止子"的基本转录单元,能实现更高效率的多基因敲除。在对 5 个基因同时敲除时,GTR-CRISPR 系统的效率可达 88.9%;而基于传统转录单元串联的方法,5 个基因敲除的效率仅为 6.7%。他们通过提高启动子的表达强度并采用双启动子驱动 gRNA 的表达,使得 8 个基因的同时敲除效率达到了 86.7%。为了进一步简化操作,他们采用 Golden Gate 片段组装法来构建辅助质粒,从而省略了在大肠杆菌中的克隆步骤。在 Golden Gate 反应完成后,直接将混合液转化至酵母细胞中,便可实现基因编辑。这一升级版的系统被称为快捷 GTR-CRISPR(lightning GTR-CRISPR)。利用优化后的快捷 GTR-CRISPR 系统对酿酒酵母进行基因编辑时,4 个基因同时敲除的效率达到了95.6%。此系统还能在 3 天内完成对 6 个基因的同时敲除，效率达到 60%。利用这一系统，酿酒酵母的工程改造速度得到了极大的提升，仅用 10 天便完成了两轮共 8 个与脂肪酸合成相关的基因编辑，大幅提高了游离脂肪酸的产量，摇瓶中的产量达到了 559.52mg/L 的水平，相较于改造前提升了 30 倍。

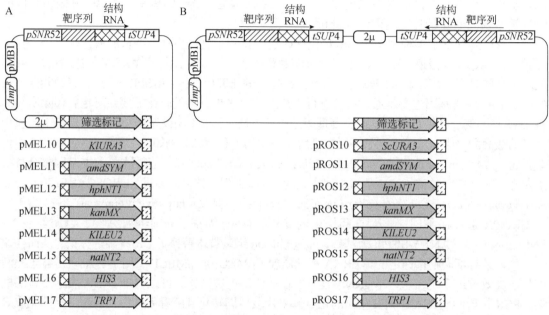

图 7-15　含不同筛选标记的 gRNA 表达质粒[70]

A. 单 gRNA 位点；B. 双 gRNA 位点

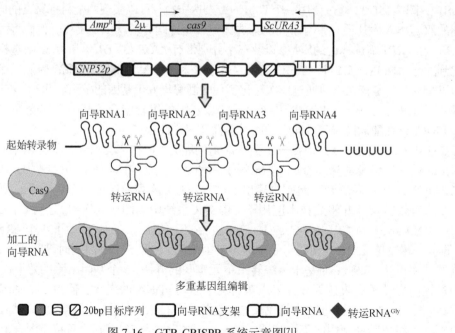

图 7-16　GTR-CRISPR 系统示意图[71]

随着对 CRISPR 系统的深入开发，其已不局限于用在直接的基因编辑中；在合成生物学和代谢工程领域中的应用，被进一步扩展。Lian 等报道了一种正交三功能 CRISPR 系统（CRISPR-AID）的组合代谢工程技术[72]，该技术可在酿酒酵母中实现转录激活、转录抑制和基因敲除的功能。为构建这样一个正交三功能的 CRISPR 系统，至少需要三种能在酿酒酵母中正常发挥作用的 CRISPR 蛋白。因此，研究人员对以下两类（Cas9 和 Cpf1）共 6 种 CRISPR 蛋白进行了性能验证：SpCas9［源自酿脓链球菌（*Streptococcus pyogenes*）］、NmCas9［源自脑膜炎奈瑟球菌（*Neisseria meningitides*）］、St1Cas9［源自嗜热链球菌（*Streptococcus thermophiles*）］、SaCas9［源自金黄色葡萄球菌（*Staphylococcus aureus*）］、LbCpf1［源自毛螺菌科细菌（*Lachnospiraceae bacterium*）ND2006］和 AsCpf1［源自氨基酸球菌属（*Acidaminococcus* sp.）BV3L6］。在测试后，选取了去除核酸剪切酶活性的 LbCpf1（dLbCpf1）与转录激活模块 VP 融合，得到了 dLbCpf1-VP，用于基因的转录激活（transcriptional activation，CRISPRa）；选取了去除核酸剪切酶活性的 SpCas9（dSpCas9）与转录抑制模块 RD11-RD5-RD2 融合，得到了 dSpCas9-RD1152，用于基因的转录抑制（transcriptional interference，CRISPRi）；选取功能完整的 SaCas9 用于基因敲除（gene deletion，CRISPRd）。这样就成功构建出了正交三功能的 CRISPR-AID 系统（图 7-17）。为了验证该系统的工作性能，研究人员利用红色荧光蛋白基因 *mCheery*、黄色荧光蛋白基因 *mVenus* 和内源基因 *ADE2* 进行了实验。实验结果显示，mCheery 的表达强度提升了 5 倍（转录激活），mVenus 的表达强度下降为原来的 1/5（转录抑制），*ADE2* 基因的敲除效率达到了 95%，表明该系统具有很好的工作性能。随后，将该系统用于酿酒酵母的代谢工程改造中。通过同步转录激活 *HMG1* 基因、转录抑制 *ERG9* 基因和敲除 *ROX1* 基因，将 β-胡萝卜素产量提升了 3 倍。在进一步的代谢工程组合改造实验中，研究人员以提升酿酒酵母菌株表面展示重组蛋白（里氏木霉葡聚糖内切酶 II，EG II）效率为目标，选择了 14 个转录激活靶点、17 个转录抑制靶点及 5 个敲除靶点进行实验；其中大多数靶点在单独测试中均可提升 EG II 的表面展示效率。基于 CRISPR-AID 系统，他们创建了一个包含所有同步转录激活、转录抑制和敲除的组合库，经过筛选，挑选出的最优组合可将 EG II 的表面展示效率提升 2.5 倍。

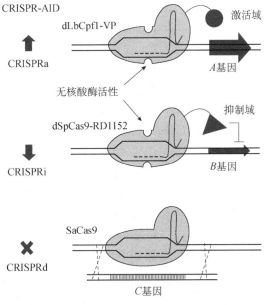

图 7-17　正交三功能的 CRISPR-AID 系统[72]

第三节 **酵母合成生物学案例**

在生物技术的飞速发展中，合成生物学作为一种新兴的、跨学科的研究领域，通过设计和构建新的生物系统与生物部件，以实现特定的、可预测的功能。利用酿酒酵母，研究人员能够探讨生物系统的基本原理，并开展多种生物技术应用的研发。酿酒酵母合成生物学的应用涵盖了基因电路设计、生物合成途径的构建与优化等多个方面。为了实现目标化合物的高效生产，研究人员利用酿酒酵母开发了多种基因调节元件和信号转导通路，以实现基因表达的精细调控和动态平衡。同时，利用基因编辑技术如 CRISPR-Cas 系统，为基因的精确修改和途径优化提供了强有力的工具。通过合成基因组的设计和构建，研究人员也在探索全新的生物系统设计和生物合成能力的开发。

酿酒酵母的合成生物学应用已经拓展到实际的生物技术领域，包括药物发现和生产、生物燃料和化学品生产等。例如，通过优化酵母的代谢途径和基因表达系统，研究人员成功地提高了生物合成产品的产量和效率，使实现可持续生产和绿色生产成为可能。这些应用案例展现了酿酒酵母合成生物学的多方面潜力和实用价值。随着合成生物学和基因工程技术的不断进步，酿酒酵母的应用将更为广泛，其在生物技术和工业生产中的重要性也将随之增加。通过不断探索和优化，酿酒酵母合成生物学将为解决人类面临的多种挑战提供强有力的支持。本节将通过详细的案例介绍，展现酿酒酵母合成生物学在不同领域中的应用和实现，以及它如何为生物科学和生物工程的发展做出贡献。

一、改造酿酒酵母用于生物合成青蒿素前体

青蒿素是从黄花蒿中提取的抗疟疾药物。鉴于其自然提取产量有限并且价格昂贵，研究人员尝试利用合成生物学方法在微生物细胞中生产青蒿素。2003 年，Keasling 团队通过将紫穗槐-4,11-二烯合酶（amorpha-4,11-diene synthase，ADS）及酿酒酵母的甲羟戊酸途径（mevalonate pathway）引入大肠杆菌，实现了青蒿素关键前体紫穗槐-4,11-二烯的合成[73]。这是最早的合成生物学应用示范之一，是合成生物学领域的一个重要里程碑。随后，该研究团队采用了多种策略对菌株进行优化，如调整基因间区域、将酵母来源的 3-羟基-3-甲基戊二酸单酰辅酶 A 合成酶（3-hydroxy-3-methyl-glutaryl coenzyme A synthase，HMGS）和 3-羟基-3-甲基戊二酸单酰辅酶 A 还原酶（3-hydroxy-3-methyl glutaryl coenzyme A reductase，HMGR）替换为金黄色葡萄球菌来源的 HMGS 和 HMGR，并开发了一种限氮限碳的新型发酵技术，这些措施使紫穗槐-4,11-二烯的产量提升至超过 25g/L[74]。

尽管在大肠杆菌中已成功高效地产生紫穗槐-4,11-二烯，但为了得到更适合转化为青蒿素的晚期前体——青蒿酸，还需细胞色素 P450 酶的参与。由于大肠杆菌对于 P450 酶的表达不够理想，研究团队尝试将合成体系转移到酿酒酵母中。在酵母体系，研究人员不仅优化了法尼基焦磷酸（FPP）生物合成途径以增强 FPP 的生成并减少其用于合成甾醇的消耗，还引入了 ADS、细胞色素 P450 单氧化酶（cytochrome P450 monooxygenase，CYP71AV1）和细胞色素 P450 还原酶 1（CPR1），成功构建出第一个能够生产青蒿酸的工程化酿酒酵母菌株[75]。

进一步地，通过在酵母中联合表达黄花蒿来源的细胞色素 b5（cytochrome b5，CYB5）、醇脱氢酶 1（alcohol dehydrogenase1，ADH1）和青蒿醛脱氢酶 1（artemisinic aldehyde dehydrogenase1，ALDH1）（图 7-18），青蒿酸的产量得到了显著提升，最终在优化发酵条件下达到了 25g/L[76]。得到的青蒿酸可以经过化学法进一步转化为青蒿素。

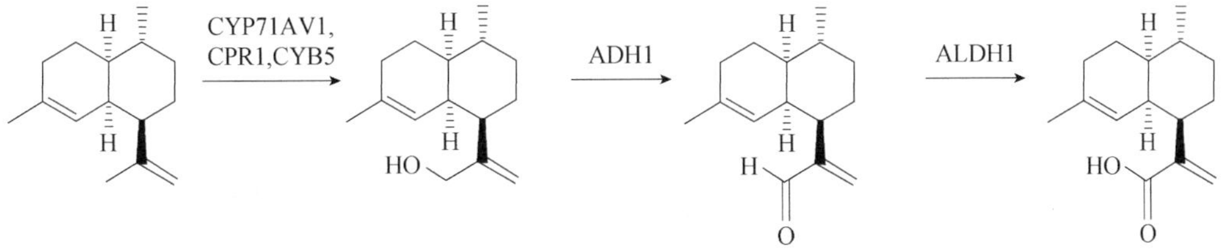

图 7-18　经过三步催化反应可将紫穗槐-4，11-二烯转化为青蒿酸

将青蒿素的生产从植物转移到微生物生产平台，如酿酒酵母，使得青蒿素的生产不再依赖于宝贵的植物资源，又实现了更高效、可控的生产方式，为其商业化生产打开了新的大门。这一系列研究展示了通过合成生物学技术，特别是利用酿酒酵母作为生产宿主，可以实现药物生产的创新和优化。从早期的基因工程尝试，到成功设计和优化了能够生产青蒿素前体的酵母菌株，为后续利用合成生物学技术生产其他重要药物提供了宝贵的经验和启示，展现了合成生物学在现代药物生产中的巨大潜力和应用价值。

二、改造酿酒酵母用于生物合成抗癌药物长春碱前体

在 2019～2021 年，由于制造癌症化疗药物长春碱（vinblastine）和长春新碱（vincristine）所需的马达加斯加长春花干叶供应不足，这两种药物面临严重短缺。为了获取 1g 长春碱或长春新碱，需要分别从 500kg 和 2000kg 的植物干叶中进行提取。

2022 年 8 月，由 Keasling 领衔来自丹麦技术大学和加利福尼亚大学伯克利分校的研究人员在 Nature 期刊上发表了一项创新研究，介绍了使用模块化工程技术改造酿酒酵母来生产这两种抗癌药物的方法[77]。他们成功地在酿酒酵母中生产了长春碱的前体物质文多灵（vindoline）和长春质碱（catharanthine），并进一步通过体外化学合成制造了长春碱。长春碱的生物合成涉及超过 30 个酶促反应，研究将整个合成路径分为三个模块来进行：第一个模块的产物为异胡豆苷（strictosidine）；第二个模块的产物为长春质碱和水甘草碱（tabersonine）；第三个模块的产物为文多灵。该工程化酿酒酵母改造共进行了 56 次基因编辑，包括异源表达来自植物的 34 个外源基因，以及对酿酒酵母内源基因的敲除、敲低和过表达，从而提高前体物质的供应，实现了目标产物的合成。此外，第一个模块的产物异胡豆苷产量被提高了超过 1000 倍，达到 25.2mg/L。由于异胡豆苷是所有单萜吲哚生物碱的关键前体，这为生产各种有医疗价值的化合物如拓扑替康和伊立替康的前体喜树碱（camptothecin）提供了可能性。这个新构建的平台不仅能够生成天然的药物分子，还可以用于合成非天然的衍生物，进一步优化药物的疗效和安全性。该研究生产目标物质不受天气、植物病害和物流问题的影响，可使用简单的再生原料进行生产，为未来的抗癌药物供应提供了一个可持续和稳定的方法。这是目前已知的利用微生物生产植物天然产物的最长生物合成路径（图 7-19）。

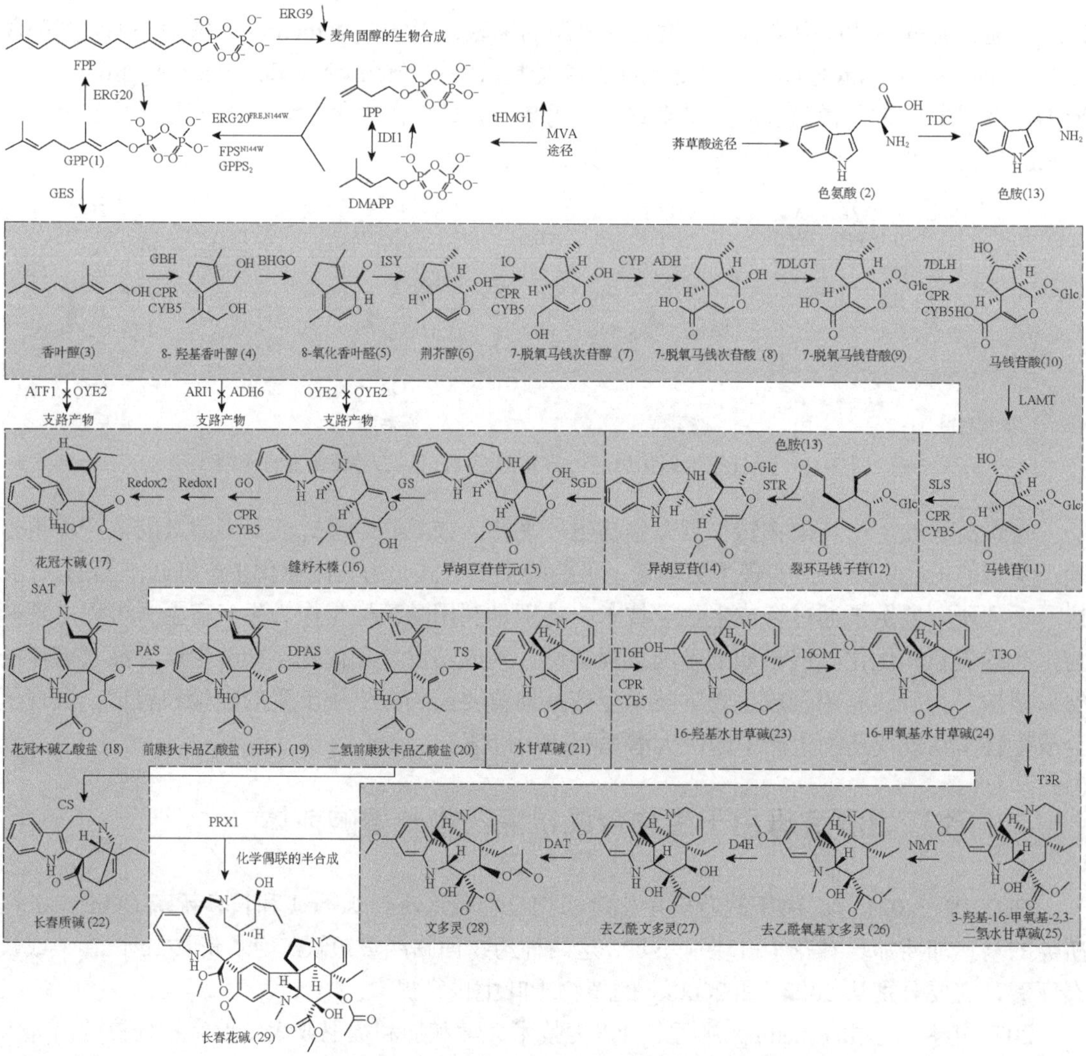

图 7-19   在酵母中生产长春碱的完整生物合成途径[77]

FPP. 法尼基焦磷酸；GPP. 香叶基焦磷酸；IPP. 异戊烯焦磷酸；DMAPP. 二甲基烯丙基焦磷酸；MVA. 甲羟戊酸；GPPS. 香叶基焦磷酸合酶；FPS^N144W. 法尼基焦磷酸合酶的 N144W 突变体；CPR. 细胞色素 P450 还原酶；CYB5. 细胞色素 b5；GES. 香叶醇合酶；G8H. 香叶醇 8-羟化酶；8HGO. 8-羟基香叶醇氧化还原酶；ISY. 环烯醚萜合酶；IO. 环烯醚萜氧化酶；CYP. 细胞色素 P450；ADH. 醇脱氢酶；7DLGT. 7-脱氧马钱苷酸葡萄糖转移酶；7DLH. 7-脱氧马钱苷酸羟化酶；LAMT. 马钱苷酸-O-甲基转移酶；TDC. 色氨酸脱羧酶；GS. 缝籽木榛合酶；GO. 缝籽木榛氧化酶；Redox1. 蛋白质氧化还原 1；Redox2. 蛋白质氧化还原 2；SAT. 花冠木碱-O-酰基转移酶；CS. 长春质碱合酶；TS. 水甘草碱合酶；T16H. 水甘草碱 16-羟化酶；16OMT. 水甘草碱合酶 16-O-甲基转移酶；T3O. 水甘草碱-3-氧化酶；T3R. 16-甲氧基-2,3-二氢-3-羟基水甘草碱合酶；NMT. 16-甲氧基-2,3-二氢-3-羟基水甘草碱-N-甲基转移酶；D4H. 去乙酰氧基文多灵羟化酶；DAT. 去乙酰文多灵-4-O-乙酰转移酶；PRX1. Ⅲ型过氧化物酶

　　2023 年 1 月，浙江大学的连佳长团队报道了在巴斯德毕赤酵母中实现了长春质碱的合成[78]。至该研究报道发表时，这是在非模式生物中异源合成的最复杂的分子。值得注意的是，这项研究采用甲醇作为碳源，成功地将甲醇直接转化为长春碱前体，表明通过合成生物学技术，毕赤酵母有潜力将甲醇转变为具有高附加值的化合物。

三、酿酒酵母生物合成脂肪酸

　　石化资源的使用推动了人类社会的飞速进展，但随着人口和经济的持续增长，我们需要找到更为可持续的生产方式。工程化的微生物在生产燃料和化学品上提供了一个解决方案，可以有效减少碳足迹，辅助或替代传统的生产方式。尤其是，微生物生产的脂肪酸在近年成为焦点，是因为其在制造多种产品如油脂化学品、洗涤剂、润滑油、化妆品和药品中有巨大的应用潜力。然而，胞内的代谢网络调控严谨。对细胞进行改造以引导底物代谢流向目标产物，并确保产量和效率满足商业化需求，这无疑是一个巨大的挑战。

2018 年，瑞典查尔莫斯理工大学的 Jens Nielsen 及其团队在 Cell 期刊上发布了一项研究，报道了如何利用酿酒酵母来进行游离脂肪酸的生产。众所周知，酿酒酵母通常通过乙醇发酵进行代谢。但通过一系列代谢工程的改造，研究团队成功地将酿酒酵母的代谢从乙醇发酵转变为脂肪酸生产。

具体来说，从葡萄糖到脂肪酸的转换可以分为三个模块：葡萄糖到丙酮酸的上游模块，丙酮酸到乙酰辅酶 A 的中间模块，以及乙酰辅酶 A 到脂肪酸的下游模块。研究团队先前已构建了一种工程酵母菌株，其能生产 7g/L 的脂肪酸[79]。在这项研究中，他们进一步优化了菌株 YJZ45，提高了乙酰辅酶 A 的供应，从而使得新工程菌株 Y&Z019 的脂肪酸产量相比 YJZ45 增加了 46%。随后，研究人员微调了糖酵解和 PPP 途径，以增加辅因子 NADPH 的供应。他们也重新设计了异柠檬酸脱氢酶节点，以优化碳通量的分配。结合限制氮的供应并使用 HXT1 启动子动态地控制关键基因的表达，将脂肪酸生成与细胞生长分开，从而有效地提高了脂肪酸产量。通过在葡萄糖和氮受限的条件下进行分批培养，最佳菌株 Y&Z036 脂肪酸产量比出发菌株提高了 4 倍，达 33.4g/L，这是当时报道的最高水平。

接下来，研究团队经深入研究，成功地在工程菌株中敲除了三个丙酮酸脱羧酶基因 PDC1、PDC5 和 PDC6，从而阻断了乙醇的生成。为了弥补这种基因敲除后在葡萄糖中导致的生长缺陷，他们使用了适应性定向进化技术，获取了生长恢复的进化菌株，建立了一个稳定的重编程胞内代谢网络。这一系列步骤消除了 "葡萄糖到乙醇" 代谢模式，成功构建了从乙醇发酵到纯脂肪酸合成的酵母菌株产油酵母（synthetic oil yeast）（图 7-20）[80]。

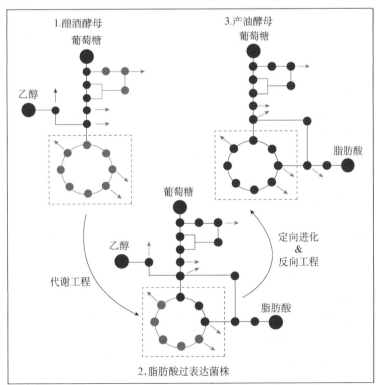

图 7-20　代谢途径重编程及定向进化构建脂肪酸合成酵母[80]

此外，值得关注的是，通过基因组测序和代谢特性鉴定，研究人员发现进化菌株中的丙酮酸激酶突变在平衡糖酵解和细胞生长、缓解 Crabtree 效应中起到了关键作用。这一发现揭示了酿酒酵母经过数百万年的进化之后，其代谢机制依然具有极高的可塑性。这一研究为未来基于生物的燃料和化学品生产奠定了坚实的基础，突显了酿酒酵母在合成生物学研究中拥有的巨大潜能。

1. 为什么酿酒酵母在合成生物学中具有重要地位？

2. 酿酒酵母在合成生物学中有哪些应用？

3. 酿酒酵母基因组大小是多少？有什么特点？

4. 酿酒酵母中基本的基因表达单元由什么组成？如何通过启动子调控基因表达？

5. 列举 1～2 个酿酒酵母的筛选标记，以及简述如何应用该筛选标记。

6. 转录因子的作用是什么？

7. 什么是酿酒酵母代谢途径的动态调控？有何意义？

8. RNA 干扰如何发挥沉默基因表达的作用？

9. 请介绍一下酿酒酵母的体内片段组装技术。

10. CRISPR 技术在酿酒酵母中有哪些应用？

参 | 考 | 文 | 献

[1] Cohen SN，Chang AC，Boyer HW，et al. Construction of biologically functional bacterial plasmids *in vitro*. Proc Natl Acad Sci USA，1973，70（11）：3240-3244

[2] Sikorski RS，Hieter P. A system of shuttle vectors and yeast host strains designed for efficient manipulation of DNA in *Saccharomyces cerevisiae*. Genetics，1989，122（1）：19-27

[3] Goffeau A，Barrell BG，Bussey H，et al. Life with 6000 genes. Science，1996，274（5287）：546，563-567

[4] Nielsen J，Keasling J D. Engineering cellular metabolism. Cell，2016，164（6）：1185-1197

[5] Richardson SM，Mitchell LA，Stracquadanio G，et al. Design of a synthetic yeast genome. Science，2017，355（6329）：1040-1044

[6] Khurana V，Lindquist S. Modelling neurodegeneration in *Saccharomyces cerevisiae*：Why cook with baker's yeast? Nat Rev Neurosci，2010，11（6）：436-449

[7] Hong KK，Nielsen J. Metabolic engineering of *Saccharomyces cerevisiae*：A key cell factory platform for future biorefineries. Cellular and Molecular Life Sciences，2012，69（16）：2671-2690

[8] van Wyk N，Kroukamp H，Pretorius IS. The smell of synthetic biology：Engineering strategies for aroma compound production in yeast. Fermentation，2018，4（3）：54

[9] Massoud R，Khosravi-Darani K，Sharifan A，et al. Lead bioremoval from milk by *Saccharomyces cerevisiae*. Biocatalysis and Agricultural Biotechnology，2019，22：101437

[10] Kurtzman C，Fell JW，Boekhout T. The Yeasts：A Taxonomic Study. New York：Elsevier，2011

[11] Mortimer RK. Evolution and variation of the yeast（*Saccharomyces*）genome. Genome Res，2000，10（4）：

403-409

[12] Cherry JM，Hong EL，Amundsen C，et al. *Saccharomyces* genome database：The genomics resource of budding yeast. Nucleic Acids Res，2012，40（Database issue）：D700-D705

[13] Cazzanelli G，Pereira F，Alves S，et al. The yeast *Saccharomyces cerevisiae* as a model for understanding ras proteins and their role in human tumorigenesis. Cell，2018，7（2）：14

[14] Yurkov AM，Rohl O，Pontes A，et al. Local climatic conditions constrain soil yeast diversity patterns in mediterranean forests，woodlands and scrub biome. Fems Yeast Res，2016，16（1）：fov103

[15] Llorente B，Williams TC，Goold HD，et al. Harnessing bioengineered microbes as a versatile platform for space nutrition. Nat Commun，2022，13（1）：6177

[16] Sisko JL，Spaeth K，Kumar Y，et al. Multifunctional analysis of chlamydia-specific genes in a yeast expression system. Mol Microbiol，2006，60（1）：51-66

[17] Zhu J，Zhang MQ. Scpd：A promoter database of the yeast *Saccharomyces cerevisiae*. Bioinformatics，1999，15（7-8）：607-611

[18] Xie W，Ye L，Lv X，et al. Sequential control of biosynthetic pathways for balanced utilization of metabolic intermediates in *Saccharomyces cerevisiae*. Metab Eng，2015，28：8-18

[19] Alper H，Fischer C，Nevoigt E，et al. Tuning genetic control through promoter engineering. Proceedings of the National Academy of Sciences，2005，102（36）：12678-12683

[20] Hector RE，Mertens JA. A synthetic hybrid promoter for xylose-regulated control of gene expression in *Saccharomyces* yeasts. Mol Biotechnol，2017，59（1）：24-33

[21] Teo WS，Chang MW. Development and characterization of and-gate dynamic controllers with a modular synthetic gal1 core promoter in *Saccharomyces cerevisiae*. Biotechnol Bioeng，2014，111（1）：144-151

[22] Yuan T，Guo Y，Dong J，et al. Construction，characterization and application of a genome-wide promoter library in *Saccharomyces cerevisiae*. Frontiers of Chemical Science and Engineering，2017，11（1）：107-116

[23] Redden H，Alper HS. The development and characterization of synthetic minimal yeast promoters. Nat Commun，2015，6：7810

[24] Curran KA，Karim AS，Gupta A，et al. Use of expression-enhancing terminators in *Saccharomyces cerevisiae* to increase mrna half-life and improve gene expression control for metabolic engineering applications. Metab Eng，2013，19：88-97

[25] Yamanishi M，Ito Y，Kintaka R，et al. A genome-wide activity assessment of terminator regions in *Saccharomyces cerevisiae* provides a "Terminatome" toolbox. ACS Synth Biol，2013，2（6）：337-347

[26] Uwimana N，Collin P，Jeronimo C，et al. Bidirectional terminators in *Saccharomyces cerevisiae* prevent cryptic transcription from invading neighboring genes. Nucleic Acids Res，2017，45（11）：6417-6426

[27] Wei L，Wang Z，Zhang G，et al. Characterization of terminators in *Saccharomyces cerevisiae* and an exploration of factors affecting their strength. Chembiochem，2017，18（24）：2422-2427

[28] Deaner M，Alper HS. Promoter and terminator discovery and engineering. Synthetic Biology-Metabolic Engineering，2018，162：21-44

[29] Roehner N，Young EM，Voigt CA，et al. Double dutch：A tool for designing combinatorial libraries of biological systems. ACS Synth Biol，2016，5（6）：507-517

[30] Burén S，Young EM，Sweeny EA，et al. Formation of nitrogenase NifDK tetramers in the mitochondria of *Saccharomyces cerevisiae*. ACS Synth Biol，2017，6（6）：1043-1055

［31］Young EM，Zhao Z，Gielesen BEM，et al. Iterative algorithm-guided design of massive strain libraries，applied to itaconic acid production in yeast. Metab Eng，2018，48：33-43

［32］Siewers V. An overview on selection marker genes for transformation of *Saccharomyces cerevisiae*. *In*：Mapelli V. Yeast Metabolic Engineering：Methods and Protocols. New York：Springer New York：3-15

［33］Goldstein AL，McCusker JH. Three new dominant drug resistance cassettes for gene disruption in *Saccharomyces cerevisiae*. Yeast，1999，15（14）：1541-1553

［34］Hahn S，Young ET. Transcriptional regulation in *Saccharomyces cerevisiae*：Transcription factor regulation and function，mechanisms of initiation，and roles of activators and coactivators. Genetics，2011，189（3）：705-736

［35］Alper H，Moxley J，Nevoigt E，et al. Engineering yeast transcription machinery for improved ethanol tolerance and production. Science，2006，314（5805）：1565-1568

［36］Huang M，Bao J，Hallstrom BM，et al. Efficient protein production by yeast requires global tuning of metabolism. Nat Commun，2017，8：1131

［37］Xiao C，Pan Y，Huang M. Advances in the dynamic control of metabolic pathways in *Saccharomyces cerevisiae*. Engineering Microbiology，2023，3（4）：100103

［38］Hartline CJ，Schmitz AC，Han Y，et al. Dynamic control in metabolic engineering：Theories，tools，and applications. Metab Eng，2021，63：126-140

［39］Bian Q，Jiao X，Chen Y，et al. Hierarchical dynamic regulation of *Saccharomyces cerevisiae* for enhanced lutein biosynthesis. Biotechnol Bioeng，2023，120（2）：536-552

［40］Teixeira PG，Ferreira R，Zhou YJ，et al. Dynamic regulation of fatty acid pools for improved production of fatty alcohols in *Saccharomyces cerevisiae*. Microb Cell Fact，2017，16（1）：45

［41］Zhou P，Fang X，Xu N，et al. Development of a highly efficient copper-inducible gal regulation system (CuIGR) in *Saccharomyces cerevisiae*. ACS Synth Biol，2021，10（12）：3435-3444

［42］Xu X，Du Z，Liu R，et al. A single-component optogenetic system allows stringent switch of gene expression in yeast cells. ACS Synth Biol，2018，7（9）：2045-2053

［43］Zhao EM，Zhang Y，Mehl J，et al. Optogenetic regulation of engineered cellular metabolism for microbial chemical production. Nature，2018，555（7698）：683-687

［44］Zhao EM，Lalwani MA，Chen JM，et al. Optogenetic amplification circuits for light-induced metabolic control. ACS Synth Biol，2021，10（5）：1143-1154

［45］Lalwani MA，Zhao EM，Wegner SA，et al. The *Neurospora crassa* inducible q system enables simultaneous optogenetic amplification and inversion in *Saccharomyces cerevisiae* for bidirectional control of gene expression. ACS Synth Biol，2021，10（8）：2060-2075

［46］Zhou P，Xie W，Yao Z，et al. Development of a temperature-responsive yeast cell factory using engineered gal4 as a protein switch. Biotechnol Bioeng，2018，115（5）：1321-1330

［47］Zhou P，Li M，Shen B，et al. Directed coevolution of beta-carotene ketolase and hydroxylase and its application in temperature-regulated biosynthesis of astaxanthin. J Agric Food Chem，2019，67（4）：1072-1080

［48］Ge C，Yu Z，Sheng H，et al. Redesigning regulatory components of quorum-sensing system for diverse metabolic control. Nat Commun，2022，13（1）：2182

［49］Bardwell L. A walk-through of the yeast mating pheromone response pathway. Peptides，2005，26（2）：339-350

［50］Williams TC，Nielsen LK，Vickers CE. Engineered quorum sensing using pheromone-mediated cell-to-cell communication in *Saccharomyces cerevisiae*. ACS Synth Biol，2013，2（3）：136-149

［51］Chen MT，Weiss R. Artificial cell-cell communication in yeast *Saccharomyces cerevisiae* using signaling elements from *Arabidopsis thaliana*. Nat Biotechnol，2005，23（12）：1551-1555

［52］Yang X，Liu J，Zhang J，et al. Quorum sensing-mediated protein degradation for dynamic metabolic pathway control in *Saccharomyces cerevisiae*. Metab Eng，2021，64：85-94

［53］David F，Nielsen J，Siewers V. Flux control at the malonyl-coa node through hierarchical dynamic pathway regulation in *Saccharomyces cerevisiae*. ACS Synth Biol，2016，5（3）：224-233

［54］Hannon GJ. RNA interference. Nature，2002，418（6894）：244-251

［55］Catala M，Lamontagne B，Larose S，et al. Cell cycle-dependent nuclear localization of yeast rnase iii is required for efficient cell division. Mol Biol Cell，2004，15（7）：3015-3030

［56］Drinnenberg IA，Weinberg DE，Xie KT，et al. RNAi in budding yeast. Science，2009，326（5952）：544-550

［57］Wang G，Björk SM，Huang M，et al. RNAi expression tuning，microfluidic screening，and genome recombineering for improved protein production in *Saccharomyces cerevisiae*. Proc Natl Acad Sci USA，2019，116（19）：9324-9332

［58］Huh WK，Falvo JV，Gerke LC，et al. Global analysis of protein localization in budding yeast. Nature，2003，425（6959）：686-691

［59］Xue S，Liu X，Pan Y，et al. Comprehensive analysis of signal peptides in *Saccharomyces cerevisiae* reveals features for efficient secretion. Advanced Science，2023，10：2203433

［60］Zhou YJ，Buijs NA，Zhu ZW，et al. Harnessing yeast peroxisomes for biosynthesis of fatty-acid-derived biofuels and chemicals with relieved side-pathway competition. J Am Chem Soc，2016，138（47）：15368-15377

［61］Orr-Weaver TL，Szostak JW，Rothstein RJ. Yeast transformation：A model system for the study of recombination. Proc Natl Acad Sci USA，1981，78（10）：6354-6358

［62］Shao Z，Zhao H，Zhao H. DNA assembler，an *in vivo* genetic method for rapid construction of biochemical pathways. Nucleic Acids Res，2009，37（2）：e16

［63］Kuijpers NG，Solis-Escalante D，Bosman L，et al. A versatile，efficient strategy for assembly of multi-fragment expression vectors in saccharomyces cerevisiae using 60bp synthetic recombination sequences. Microb Cell Fact，2013，12：47

［64］Kuijpers NG，Chroumpi S，Vos T，et al. One-step assembly and targeted integration of multigene constructs assisted by the Ⅰ-*Sce* Ⅰ meganuclease in *Saccharomyces cerevisiae*. Fems Yeast Res，2013，13（8）：769-781

［65］Wach A，Brachat A，Pohlmann R，et al. New heterologous modules for classical or PCR-based gene disruptions in *Saccharomyces cerevisiae*. Yeast，1994，10（13）：1793-1808

［66］Güldener U，Heck S，Fielder T，et al. A new efficient gene disruption cassette for repeated use in budding yeast. Nucleic Acids Res，1996，24（13）：2519-2524

［67］Solis-Escalante D，Kuijpers NG，Bongaerts N，et al. amd SYM，a new dominant recyclable marker cassette for *Saccharomyces cerevisiae*. Fems Yeast Res，2013，13（1）：126-139

［68］Huang M，Wang G，Qin J，et al. Engineering the protein secretory pathway of *Saccharomyces cerevisiae* enables improved protein production. Proc Natl Acad Sci USA，2018，115（47）：E11025-E11032

［69］DiCarlo JE，Norville JE，Mali P，et al. Genome engineering in *Saccharomyces cerevisiae* using CRISPR-Cas systems. Nucleic Acids Res，2013，41（7）：4336-4343

［70］Mans R，van Rossum HM，Wijsman M，et al. CRISPR/Cas9：A molecular Swiss army knife for simultaneous introduction of multiple genetic modifications in *Saccharomyces cerevisiae*. Fems Yeast Res，2015，15（2）：fov004

［71］Zhang Y，Wang J，Wang Z，et al. A gRNA-tRNAarray for CRISPR-Cas9 based rapid multiplexed genome editingin *Saccharomyces cerevisiae*. Nat Commun，2019，10：1053

［72］Lian J，HamediRad M，Hu S，et al. Combinatorial metabolic engineering using anorthogonal tri-functional CRISPR system. Nat Commun，2017，8：1688

［73］Martin VJ，Pitera DJ，Withers ST，et al. Engineering a mevalonate pathway in *Escherichia coli* for production of terpenoids. Nat Biotechnol，2003，21（7）：796-802

［74］Paddon CJ，Keasling JD. Semi-synthetic artemisinin：A model for the use of synthetic biology in pharmaceutical development. Nat Rev Microbiol，2014，12（5）：355-367

［75］Ro DK，Paradise EM，Ouellet M，et al. Production of the antimalarial drug precursor artemisinic acid in engineered yeast. Nature，2006，440（7086）：940-943

［76］Paddon CJ，Westfall PJ，Pitera DJ，et al. High-level semi-synthetic production of the potent antimalarial artemisinin. Nature，2013，496（7446）：528-532

［77］Zhang J，Hansen LG，Gudich O，et al. A microbial supply chain for production of the anti-cancer drug vinblastine. Nature，2022，609（7926）：341-347

［78］Gao J，Zuo Y，Xiao F，et al. Biosynthesis of catharanthine in engineered *Pichia pastoris*. Nature Synthesis，2023，2（3）：231-242

［79］Zhou YJ，Buijs NA，Zhu Z，et al. Production of fatty acid-derived oleochemicals and biofuels by synthetic yeast cell factories. Nat Commun，2016，7：11709

［80］Yu T，Zhou YJ，Huang M，et al. Reprogramming yeast metabolism from alcoholic fermentation to lipogenesis. Cell，2018，174（6）：1549-1558

第 八 章
医学合成生物学

第一节 概 论

现代医学依然面临着许多复杂的挑战，如慢性疾病的日趋普遍、癌症发病率和死亡率的持续攀升、人口老龄化催生的健康需求及抗生素耐药带来的严重威胁等。现有的治疗手段往往难以有效地解决这些问题。随着现代生物技术和基因工程的快速发展，合成生物学为解决这些健康问题提供了新的可能性。

合成生物学是一门生物学、信息学和工程学相结合的新兴交叉学科，它应用工程学原理对生物系统进行模块化设计和构建，以获得对生命活动的高度可控性，实现对生命体的精确编程、改造和优化。合成生物学的核心理念是将生命体视为可以像机械电路一样进行标准化设计和模块化组装的工程系统，综合运用基因合成、基因编辑和基因电路等技术实现对生命体的高精度操控和重新设计。合成生物学的最终目的是定制设计人工生命体，用于改善健康、能源、农业、环境等领域。在医学领域，人们可以应用合成生物学原理，通过对微生物（病毒、细菌等）、细胞、组织和其他生命体的人工再造，开发创新型医学工具，用于疾病诊断、治疗和预防。

在 20 世纪 80 年代和 90 年代，随着 DNA 测序和基因合成技术的迅速发展，遗传工程和基因编辑的能力成为现实，合成生物学随之兴起。不久之后，科学家开始将合成生物学应用于医学领域。医学合成生物学的起源可以追溯到 21 世纪初，研究人员构建了能够特异性靶向肿瘤的细菌和病毒，并改造了噬菌体用于治疗细菌感染，这些概念验证研究展示了合成生物学在医学方面的潜力。随后，多个研究小组工程化了益生大肠杆菌，用于检测和消灭假单胞菌等病原体，为合成生物疗法针对微生物组的发展奠定了基础。研究人员还利用工程化酵母大规模生产抗疟药物青蒿素的前体青蒿酸，使得低成本生产这种救命药物成为可能。

自 2010 年起，合成生物学快速发展，高效便捷的工具如 CRISPR-Cas9 基因编辑、大规模 DNA 合成和单细胞组学等相继出现，使定制化和靶向遗传操作成为可能。利用这些技术，可以对植物或动物的细胞、器官乃至生物系统进行工程设计，并将其应用于疾病诊断、再生医学、基因治疗、疫苗制备和药物开发等领域。在短短数十年间，合成生物学技术已从简单的微生物扩展到复杂的哺乳动物细胞和组织，合成生物学在医学领域的应用也日益广泛。

医学合成生物学主要的研究内容包括药物的合成生物学制造、工程活体治疗、基因治疗和噬菌体治疗等（图 8-1）。

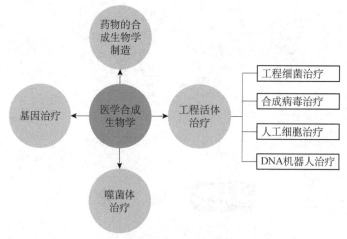

图 8-1　医学合成生物学

合成生物学家利用设计的活体细胞、细菌、病毒颗粒或 DNA 构建的纳米机器人（nanorobot）将基因线路输送到体内预定部位，在这些部位，运载药荷可以诊断和治疗早期疾病（图 8-2）。首先根据疾病的相关标记物和合适的治疗输出设计基因线路，或借助计算机辅助设计基因线路。接着，选择合适的宿主如细菌、病毒、哺乳动物细胞或纳米机器人等来表达基因线路。随后，根据不同宿主选择合适的递送方式输送到人体预定位点，细菌和哺乳动物细胞封装后，分别通过摄食和注射递送到人体；而病毒和 DNA 纳米机器人可通过输液递送到人体。基因线路一旦进入人体预定位点，即可发挥诊断、治疗或预防疾病的作用。

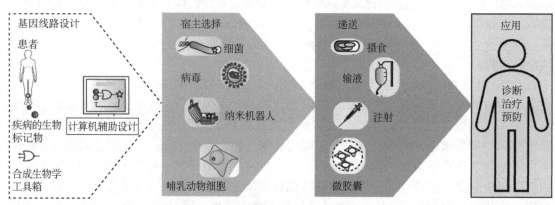

图 8-2　工程活体治疗的原理

一、工程细菌

1）工程化益生菌：通过基因工程改造大肠杆菌和乳酸杆菌等细菌，使其能够感知疾病信号，并产生治疗性蛋白质或多肽，用于治疗胃肠道紊乱、炎症、细菌感染等疾病。

2）癌症治疗：通过对沙门氏菌、李斯特菌和梭状芽孢杆菌等细菌的工程化，使其能够特异性地感染肿瘤细胞，并在其中复制，而不影响正常细胞。上述细菌可用于癌症诊断或递送抗癌药物。

3）细菌生物合成：通过改造细菌，使其能够合成治疗性蛋白质、代谢物或化合物，旨在开发高效、绿色和可再生的生物制造过程。

二、合成病毒

1）溶瘤病毒：利用合成生物学技术，研究人员对腺病毒、单纯疱疹病毒、痘苗病毒等常见的低致病性病毒进行工程改造，去除了致病性基因，使它们能够特异性感染和消灭肿瘤细胞，而不影响正常细胞；同时，他们还在病毒中嵌入了治疗基因电路，使得治疗基因能够在肿瘤部位特异性地表达。目前，已有数十种溶瘤病毒用于癌症治疗。

2）基因治疗载体：腺相关病毒具有高度的安全性和组织选择性，因而作为基因递送载体被广泛用于基因治疗领域。工程化的腺相关病毒能够传递功能性基因，用于治疗遗传性疾病，如地中海贫血、血友病、神经系统疾患等。目前，人工智能技术也被应用于腺相关病毒衣壳蛋白的定向进化，使其具有更强的靶向性和感染活性。

3）疫苗：由于减毒疫苗和灭活疫苗未能满足临床需求，研究人员通过对病毒进行工程化改造，使其能够感染细胞并大量产生抗原，但不能自我复制，从而既能强力刺激免疫反应，又能保证安全性。相关的病毒载体疫苗已被开发用于预防 COVID-19 等多种感染性疾病。

三、人工细胞

1）嵌合抗原受体（chimeric antigen receptor，CAR）细胞：利用合成生物学技术，人们可以改造 T 细胞、自然杀伤细胞（NK）、巨噬细胞（macrophage）等免疫细胞，使它们通过 CAR 能够更有效地识别肿瘤细胞表面的抗原并对肿瘤细胞发起攻击。目前，CAR-T 细胞疗法在血液肿瘤领域已经取得了巨大成功，对包括多发性骨髓瘤在内的多种血液肿瘤的整体反应率（overall response rate，ORR）超过 90%。

2）调节性 T 细胞（regulatory T cell，Treg）：Treg 是人体内重要的免疫调节细胞，其生理功能是控制过度免疫反应造成的机体损伤。人们通过改造 Treg 使它们能更持久地发挥免疫调节作用，并将其应用于治疗自身免疫性疾病和移植排斥反应。

3）诱导多能干细胞（induced pluripotent stem cell，iPSC）：iPSC 技术是通过表达多种转录因子（如 Oct4、Sox2、c-Myc、Klf4 等）使在终末分化的体细胞恢复多向分化潜能的过程。目前，研究人员可以将 iPSC 定向分化为能够分泌胰岛素的胰岛 B 细胞，用于治疗 2 型糖尿病。

四、工程化生物系统应用于临床治疗的挑战

虽然医学合成生物学正在飞速发展并已展现出巨大潜力，但是将工程化生物系统从概念

验证研究转化为可行的临床治疗依然面临着许多挑战，这些挑战包括以下三个方面。

1）安全性：人工微生物具有免疫原性、脱靶效应、失控增殖等风险，基因递送可能导致插入突变从而破坏宿主基因组，而 iPSC 则具有潜在的成瘤性风险等。必须充分研究这些潜在的风险，建立有效的预防和控制手段，以确保临床使用的安全性。

2）有效性：与高度受控的实验室环境相比，人体内的环境更为复杂多变，因此人工微生物或人工细胞在其中的治疗效果可能受到限制。人工合成生物系统的稳定性和持久性是另一核心挑战，如何避免基因电路和人工生物系统随时间的推移而失活是关键问题。

3）可控性：传统治疗药物通常是小分子化合物或大分子抗体等，其大规模生产制备、存储、运输等工艺都已日趋成熟。而医学合成生物学所使用的人工合成生物系统是"活"的药物，因此需要保证其感染、复制、递送的能力。优化生产工艺，建立规模化和标准化的生产流程及相应的质量控制和检测体系，以制备满足临床规模需求的人工合成微生物、细胞和生物分子，仍然是一个巨大的挑战。

过去几十年间，合成生物学已从设想逐渐成为现实，并对疾病诊断、治疗和预防等医学领域产生了深远的影响，工程化微生物和人工细胞为人们打开了实现精准医学和个性化治疗的大门。尽管在安全性、有效性和可控性等方向上仍面临系列挑战，但医学科学界已在这些方面取得重大进展。随着基础研究的不断深入和转化医学的蓬勃发展，合成生物学将与材料科学、人工智能、纳米技术和生物医学等领域紧密结合，在人类健康领域取得了重大进展。我们有理由相信，医学合成生物学这个崭新的领域必将在不久的将来可以改善和拯救无数的生命，最终实现人类健康的全面提升。

第二节　药物的合成生物学制造

目前药物生产通常采用天然提取或化学合成的方法，但这些工艺难以应对某些复杂化合物的生产需求。这些化合物在自然界中含量极低，且难以人工合成和纯化，如抗癌药紫杉醇、抗疟药青蒿素和镇痛药吗啡等重要药物，它们的生产规模和可持续性均受到限制。生物合成为解决这一问题提供了一个理想的替代方案。利用合成生物学技术，人们可以设计并构建能够高效生产复杂天然产物或新型药物衍生物的微生物菌株，其产量远超自然水平。微生物发酵还具有可再生性，有利于可持续生产。此外，微生物产生的目标化合物通常会分泌到培养基中，与从植物中提取相比，后续的分离和纯化工艺也大为简化。除了人工微生物菌株，无细胞系统也被开发用于药物的生物合成。无细胞系统是指在无活细胞的情况下进行体外生物活动（如转录和翻译）的系统。由于其具备开放性、易于控制、灵活性和对细胞毒性高度耐受等优势，该系统已被用于合成在细胞中难以表达或有毒的蛋白质类药物。无细胞系统还非常适合高通量筛选。近年来，生物合成在可持续和经济高效的药物生产方面展现出了巨大的潜力。

一、萜类药物的生物合成

萜类化合物是由五碳化合物异戊二烯衍生的化合物，也是植物次生代谢产物中最大的一类，约占已鉴定的天然产物的 60%。许多萜类化合物含有具生物活性的药用成分，如青蒿素、紫杉醇和人参皂苷等。

1）青蒿素：一种从植物青蒿中提取的含有内过氧桥的倍半萜内酯，具有抗疟疾作用[1]。然而，它在植物青蒿中的含量极低（仅为 0.01%～1%），远远不能满足实际的医疗需求[2]。由于青蒿素分子具有多个手性中心，其化学合成途径困难且低效。利用微生物合成青蒿素的前体可提高药物生产效率，降低药物生产成本。倍半萜烯的生物合成是合成生物学的一个里程碑。重组大肠杆菌最初合成丁香烯的产量只有 24mg/L。经过不断的优化，工程酵母成功合成了另一种青蒿素前体青蒿酸，其产量达到了 25g/L[3]。青蒿酸的生物合成是合成生物学的一个成功范例。

2）紫杉醇：一种从太平洋红豆杉树中提取的二萜类化合物，具有抗癌作用。目前，紫杉醇的生产主要依赖于植物细胞培养技术，虽然比天然红豆杉树皮的含量提高了 10 倍，但仍面临费时且效率较低的问题。Ajikumar 等改造了大肠杆菌细胞，使其能够生产紫杉醇的前体紫杉二烯，其产量达到了 1g/L[4]。

3）人参皂苷：一种从人参属植物中提取的三萜皂苷，具有预防癌症和抗衰老的作用。利用酵母细胞工厂，可以合成各种人参皂苷，如人参皂苷 Rh2 和人参皂苷 CK 等，它们的产量分别达到了 2g/L[5]和 5g/L[6]。微生物方法的应用有效缓解了人参皂苷在临床应用中的短缺情况。

二、生物碱药物的生物合成

生物碱是一类至少含有一个氮原子的有机化合物，广泛存在于自然界中。由于生物碱具有多种药理活性，它们常被用于治疗疼痛、焦虑、癌症等疾病。然而，从植物中提取生物碱的过程既费时又费力，而且存在法律和伦理问题。因此，利用微生物通过生物合成技术生产生物碱具有重要的意义。生物合成不仅可以避免种植违禁植物，还可以提高生物碱的纯度和选择性。以下将介绍两类重要的生物碱药物——阿片类药物和大麻素的生物合成进展。

1）阿片类药物：一类从罂粟未成熟浆果中分离的生物碱，具有强效的镇痛作用。目前，阿片类药物主要通过化学合成或半合成的方式制备，但这些方法存在低效、高成本和环境污染等问题。为了解决这些问题，近年来，许多研究者尝试利用代谢工程技术在微生物中实现阿片类药物的生物合成。Galanie 等首先在工程酵母细胞中表达了 21 个基因（用于合成蒂巴因）或 23 个基因（用于合成羟考酮），分别得到了 6.6×10^{-5}g/L 和 3×10^{-7}g/L 的产量[7]。随后，Nakagawa 等改进了这一过程，使用大肠杆菌作为底盘细胞，使蒂巴因和羟考酮的产量分别提高到 2.1×10^{-3}g/L 和 4.0×10^{-5}g/L[8]。此外，其他阿片类药物如可待因等也已经在微生物中成功合成，并且产量达到了毫克级别。然而，与市场需求相比，这些产量仍然很低，因此未来的研究应该继续优化微生物的代谢途径和调控机制，以提高生物合成阿片类药物的效率和稳定性。

2）大麻素：一类从大麻中提取的天然产物，具有镇痛和抗焦虑作用。由于大麻在许多国家和地区被视为非法植物，大麻素的供应受到了严格的限制。此外，大麻素的化学结构复杂，难以通过化学合成或半合成的方式大量制备。因此，利用微生物通过生物合成技术生产大麻素也具有重要的意义。延胡索乙素和大麻萜酚酸是两种难以从植物中提取的著名大麻素。Hafner 等利用酵母作为底盘细胞，实现了延胡索乙素的生物合成，其产量达到了 3.6×10^{-6}g/L[9]。Luo 等则建立了一条完整的大麻萜酚酸的生物合成途径，他们利用工程化酵母细胞使大麻萜酚酸的产量达到了 0.1g/L[10]。这些都是利用合成生物学技术高效生产复杂大麻素的成功案例。

三、氨基酸衍生物药物的生物合成

氨基酸是构成生物体的基本单元之一，它们及其衍生物在维持人类健康方面发挥着重要作用。由于这类化合物含有多个手性中心，因此它们通常采用生物合成的方式而非化学合成的方式来制备。相比于生物碱和萜类化合物，氨基酸衍生物的结构更为简单，但却具有更高的多样性。

1) 赛洛西宾：一种由 L-色氨酸衍生而来的化合物，具有治疗药物成瘾、抑郁症和创伤后应激障碍的潜力。通过基因工程技术，大肠杆菌或酿酒酵母可以异源表达赛洛西宾生物合成途径的相关基因，使其产量分别达到了 1.2g/L[11]和 0.6g/L[12]。

2) 三七素：一种最初从家山黧豆种子中提取出来的植物次级代谢产物，能够诱导人体血小板聚集，是中药云南白药的主要活性成分之一。研究人员通过优化大肠杆菌中三七素的代谢流，使其最终产量提高到了 1.29g/L[13]。

四、不对称合成的生物催化

不对称合成是一种制备手性分子的有机合成方法。手性分子具有两种镜像对称的构型，但它们不能叠合在一起。不同构型的手性分子可能具有不同的生物或物理效应，因此不对称合成的目标是选择性地得到其中一种构型的手性分子。不对称合成通常需要使用一种手性的催化剂，它能够区分并优先产生一种手性分子。目前常用的催化剂有金属类的催化剂，但它们存在低效和金属污染的问题。生物催化可大大提高不对称合成的效率，为高效获得手性分子提供帮助。

例如，西格列汀是一种治疗糖尿病的药物，它能够竞争性地抑制二肽基肽酶-4（DPP-4），从而减少 GLP-1 的降解，增加胰岛素的分泌。西格列汀的市场规模在 2021 年达到了 14 亿美元。然而，西格列汀的化学合成过程中，需要通过铑为基础的手性催化剂转移手性胺，这样会导致立体选择性低和铑污染。为了解决这个问题，科学家从一种具有催化上述化学反应的分子机制但对前西格列汀酮没有活性的转氨酶开始，采用底物步移、同源建模和饱和诱变的方法，开发了一种具有一定催化活性的转氨酶突变体；随后通过定向进化的进一步改造，最终得到一种全新的具有广泛适用性的生物催化剂，用于高效合成手性胺，显著提高了西格列汀的合成效率和纯度[14]。这个案例展现了利用合成生物学手段开发的新型生物催化剂在高效和可持续制药过程中的应用潜力。

五、利用无细胞系统合成治疗性蛋白

蛋白质类药物（如抗体和重组蛋白）在全球药物市场中占据了越来越重要的地位。例如，阿达木单克隆抗体（adalimumab）和帕博利珠单克隆抗体（pembrolizumab）分别居 2022 年全球药物销售额的第二位和第三位。无细胞蛋白质合成（cell-free protein synthesis，CFPS）为解决蛋白质毒性问题和筛选胞内蛋白质提供了解决方案。此外，冻干技术使无细胞系统在保存一年后仍能保持高活性。

目前常用的 CFPS 系统有两种，分别是细胞裂解液系统和纯化成分系统[15]。最常见的细

胞裂解液来自大肠杆菌、小麦胚芽和酵母[16]。大肠杆菌裂解液常用于合成蛋白质，小麦胚芽裂解液用于构建蛋白质阵列，酵母裂解液则用于合成糖蛋白。Shimizu 等利用 36 种转录/翻译相关酶和高度纯化的核糖体开发了一种无细胞系统[17]。然而，纯化成分的成本极高，阻碍了其推广应用。因此，细胞裂解液系统是目前 CFPS 系统的首选。

　　CFPS 系统为快速生产疫苗提供了平台。Kanter 等开发了一种无细胞系统，用于高效生产由抗体单链可变区片段（scFv）与粒细胞-巨噬细胞集落刺激因子（GM-CSF）组成的融合蛋白，这是一种 B 细胞淋巴瘤疫苗[18]。Lu 等描述了一种表达 H1N1 流感病毒结构域的 CFPS 系统，用于生产潜在的、具有广泛保护作用的流感疫苗[19]。Tsuboi 等在基于酵母裂解液的无细胞系统中成功表达了三种疟疾蛋白，而这在重组细胞中很难生产[20]。

　　CFPS 系统也常用于合成抗体。Jaroentomeechai 等利用 CFPS 系统在大肠杆菌无细胞系统（补充糖基化酶体系）中合成了具有 N-糖基化修饰的 scFv，对维持蛋白质药物（包括某些抗体）的半衰期和活性非常重要[21]。总体而言，无细胞系统具有快速、便捷和可按需定制等优点，正逐渐成为重组表达系统的有益补充。

第三节　工程细菌的诊疗

　　细菌是地球上分布范围最广、种类和数量最多的生物之一，与人们的日常生活息息相关。细菌也是人体表面和内部最常见的外源生物，与机体的稳态维持和疾病发生有密切关联。以大肠杆菌等模式微生物为代表，人类对细菌的研究已有上百年的历史，逐渐认识到细菌具有快速繁殖适合培养、基因组简单易于操作、长期与人体共存安全性良好等诸多关键特征，使其成为开发人工生物系统用于疾病诊疗的理想的底盘生物。第一，细菌生长迅速，能够规模化生产，易于实现低成本的生产。它们快速的复制也使得人工设计的基因电路能够在细菌体内快速迭代，在短时间内获得优化的基因模块。第二，细菌拥有小型的基因组，可以使用像 CRISPR 这样的成熟工具进行高效的遗传操作，使得插入合成回路和重编程等操作变得简单直接。第三，细菌拥有灵活多样的代谢能力，可以产生种类繁多的生物分子。这种代谢多样性使得工程细菌能够合成小分子、酶、抗体和其他治疗分子。第四，目前已鉴定出多种非致病性的细菌种类和菌株，如大肠杆菌 Nissle 1917 和双歧杆菌，可以作为安全的底盘。此外，致病性菌株也可以通过敲除或替换毒性基因实现减毒。这些经过临床验证的菌株确保了工程细菌的安全性。第五，部分非致病性细菌无须改造即可定植于肠道和肿瘤等组织，实现靶向性局部给药。第六，细菌感染可以激活免疫系统，从而增强对抗疾病的免疫反应。

　　近年来，合成生物学家设计并构建了能感知和转导疾病生物标志物信号的基因电路，并将其植入工程细菌中，使工程细菌具备根据信号通路进行诊断和治疗的能力，从而实现了对治疗时空和剂量的精准控制。利用细菌活性进行疾病诊疗是一种集灵活性、可持续性和可预测性于一体的强大新策略，目前正处于迅速发展阶段，有望为人类疾病提供更多新的治愈途径。

一、工程细菌应用于癌症诊疗

　　早在 19 世纪早期，医学界就已经开始观察到细菌感染有时能够减缓甚至治愈肿瘤的现象。1893 年，美国医生 William Coley 成功将细菌灭活，制备成了"科利毒素"（Coley's toxin），并最终成功治疗了近千名肿瘤患者[22]。随着对细菌的深入研究，人们逐渐认识到细菌疗法具有出色的靶向性、较低的毒副作用及卓越的免疫激活效应。虽然细菌肿瘤治疗的作用机制尚未被完全认识，但主要的可能机制是：①肿瘤靶向性，在肿瘤的缺氧和酸性环境中免疫监视能力弱，导致细菌能在肿瘤微环境中定植和增殖，而在正常组织中因其严格的免疫机制，细菌将被快速清除而无法定植；而且厌氧菌也不会在与肿瘤无关的缺氧性或炎症性病变中定植。②细菌在肿瘤内部与癌细胞竞争营养。③细菌具有内在抗肿瘤活性。④细菌的免疫原性会激活宿主局部的免疫系统，从而杀死肿瘤细胞。

目前已报道许多细菌可用于肿瘤治疗，包括：①益生菌，如乳酸杆菌（*Lactobacillus* spp.）、大肠杆菌（*Escherichia coli*）Nissle 1917、链球菌（*Streptococcus* spp.）、乳酸乳球菌（*Lactococcus lactis*）、干酪乳杆菌（*Lactobacillus casei*）、长双歧杆菌（*Bifidobacterium longum*）、丁酸梭菌（*clostridium butyricum*）和拟杆菌（*Bacteroides* spp.）等；②一般毒性细菌，如结核分枝杆菌（*Mycobacterium tuberculosis*）、鼠伤寒沙门氏菌（*Salmonella typhimurium*）和单核细胞增生性李斯特菌（*Listeria monocytogenes*）；③致病性细菌，如副溶血性弧菌（*Vibrio parahaemolyticus*）、绿脓杆菌（*Pseudomonas aeruginosa*）等[23]。益生菌对肿瘤的靶向性强，但没有溶瘤作用；而致病菌的天然毒性过强，会杀伤正常组织细胞。在这些细菌中，沙门氏菌因其卓越的靶向性、溶瘤活性及易于改造等特点，被认为是理想的肿瘤治疗载体。

但是天然细菌无法根除实体瘤，而借助合成生物学技术，细菌工程化改造为肿瘤治疗开辟了崭新的途径。目前利用合成生物学技术，细菌的合成生物学改造主要聚焦在提高细菌的安全性、肿瘤靶向性和利用基因线路表达抗肿瘤效应分子等三个方面[24]。敲除毒力基因和构建营养缺陷菌株是提高细菌安全性和靶向性的主要手段，如敲除 *purI* 和 *msbB* 基因的伤寒沙门氏减毒株 VNP20009、敲除 *aroA* 基因的芳香族氨基酸营养缺陷伤寒沙门氏减毒菌株 SL3261。然而单靠减毒细菌往往无法根除实体瘤。20 世纪 90 年代中期，在首次描述了通过肿瘤靶向细菌传递治疗有效载荷可以增强疗效后，人们探索了用工程细菌作为载体来表达各种抗肿瘤药效应分子[24,25]，包括细胞因子（cytokine）、细胞毒性剂（cytotoxic agent）、前药物转化酶（prodrug-converting enzyme）、调节因子（regulatory factor）、肿瘤相关抗原/抗体（turmor-associated antigen/antibody）和小干扰 RNA（siRNA），如表 8-1 所示。

表 8-1 抗肿瘤效应分子

种类	效应分子
细胞因子	IL-2、IL-4、IL-12、IL-18、TNFSF14、CCL21、INF-γ、TNF-α、GM-CSF
细胞毒性剂	溶细胞素 A、Noxa、TRAIL、FasL、CD40L、白喉毒素、凋亡素
前药物转化酶	胸苷激酶、胞嘧啶脱氨酶、硝基还原酶、嘌呤核苷酸酶、羧肽酶 G2、酪酸盐还原酶 YieF、HSV-TK 和 PNR
调节因子	天冬氨酸酶、内皮抑素、血小板反应蛋白、RBM5、4-1BBL
肿瘤相关抗原/抗体	CEA-scFv、RGD、CD20-特异抗体、TGF-α、NY-ESO-1、HPV16-E7、存活素、PCSA、AFP
siRNA	靶向 STAT3、Bcl-2、PLK1、Sox2、IDO 和 MDR1

注：IL. 白细胞介素；TNFSF14. 肿瘤坏死因子超家族 14；CCL21. 趋化因子配体 21；IFN-γ.干扰素 γ；TNF-α.肿瘤坏死因子 α；GM-CSF. 粒细胞巨噬细胞集落刺激因子；Noxa. 促凋亡蛋白；TRAIL. 肿瘤坏死因子相关凋亡诱导配体；FasL. Fas 配体；CD40L.CD40 配体；HSV-TK.单纯疱疹病毒胸苷激酶；PNR. 硝基还原酶；4-1BBL.4-1BB 配体；CEA-scFv. 抗癌胚抗原单链可变区片段；RGD. 精氨酸-甘氨酸-天冬氨酸肽；TGF-α. 转化生长因子 α；NY-ESO-1.肿瘤抗原；HPV16-E7. 抗原；PCSA. 前列腺干细胞抗原；AFP. 甲胎蛋白；STAT3. 信号转导及转录激活蛋白 3；Bcl-2. 凋亡抑制蛋白；PLK1.丝氨酸/苏氨酸蛋白激酶 1；Sox2. 干性维持转录因子 2；IDO. 吲哚胺-2,3-双加氧酶；MDR1. 多药耐药蛋白 1

许多基因线路已成功用于抗肿瘤效应分子的表达，以提高细菌的肿瘤治疗效果，如自杀开关、群体感应基因线路、逻辑振荡器、小分子（如水杨酸）诱导线路、环境（如缺氧）诱导线路、光诱导线路、逻辑门基因线路等。

下面介绍一些工程细菌在癌症诊断和治疗中的代表性应用。

首先，工程细菌在癌症诊断中具备潜力。麻省理工学院与加利福尼亚大学圣地亚哥分校的研究团队将 LacZ 报告基因植入大肠杆菌中，该基因在细菌与肿瘤细胞接触时被启动表达，导致大量 LacZ 酶的产生。随后，研究人员向小鼠体内注射一种化学发光底物，该底物在 LacZ 酶的作用下会释放化学发光信号，并在小鼠尿液中富集，使尿液变为红色。通过监测尿液颜色的变化，研究人员可以初步推测小鼠是否患有肿瘤及肿瘤的状态。研究人员发现，这一方法比传统显微镜检测更加敏感，可以检测出直径小于 1cm 的肿瘤[26]。

在癌症治疗领域，Royo 等研究人员设计了一个水杨酸诱导的电路，用于改造经过减毒处理的沙门氏菌，以将 5-氟胞嘧啶转化为细胞毒性产物，从而选择性地杀伤肿瘤细胞[27]。沙门氏菌经注射后会定位到肿瘤组织，随着水杨酸（诱导剂）和 5-氟胞嘧啶（底物）的注射，细菌细胞内开始生成 5-氟尿嘧啶，并将其释放到肿瘤环境中，从而实现对肿瘤细胞的毒性作用。

加利福尼亚大学圣地亚哥分校的研究团队设计了基于群体感应的基因线路，让细菌在肿瘤环境内生长达到一定阈值后自行裂解，并同步释放出抗癌药物。在大量裂解后，少数存活下来的细菌重新增殖并进行下一轮裂解和释放抗癌药物，因此形成脉冲式的递送周期。这一方法在实现细菌药物递送的前提下，最大限度地减少了细菌在体内的定殖数量，从而降低了对周围组织的损伤和毒副作用[28]。

为了提高抗癌细菌疗法的安全性和有效性，研究人员正致力于增强细菌对肿瘤的精确靶向性。尽管一些细菌天然具有在实体瘤内的厌氧环境中定向生长的趋向性，如大肠杆菌、霍乱弧菌、沙门氏菌和李斯特菌等，但通常情况下，这种亲和力尚不足以实现精确的靶向治疗，因为细菌仍然会在体内广泛分散[29]。为增强细菌对肿瘤的特异性，策略之一是通过定向进化的方式培养细菌，使其在肿瘤内生长并产生适应性突变，以筛选出更适合在肿瘤内生长的细菌变种。此外，研究人员还可以设计细菌，使其在外膜上表达肿瘤靶向分子，如黏附肽。例如，一种减毒沙门氏菌菌株通过将精氨酸-甘氨酸-天冬氨酸（RGD）肽与细菌外膜蛋白 A（OmpA）融合，使细菌表面展示出 RGD 肽。RGD 肽能够与肿瘤细胞上广泛高表达的 αvβ3 整合素结合，从而提高了细菌对肿瘤细胞的黏附性。改善细菌对肿瘤趋向性的另一种方法是利用遗传回路，将细菌的生长与肿瘤特征如高浓度乳酸盐、低氧和低 pH 等相结合。在这些感应回路中，细菌生长所需的基因转录受细菌启动子的控制，以响应这些环境线索，从而限制细菌向肿瘤生长。鉴于其他组织中可能也存在某些信号，通过"AND"逻辑门将感应回路组合在一起，可进一步提高肿瘤特异性，减少细菌突变逃逸的情况，从而实现更长期的生物封闭。这些策略的研究和发展为抗癌细菌疗法的改进提供了关键的方向，有望为患者提供更加安全和有效的治疗选择。

我国研究人员在抗癌细菌疗法的开发领域取得了显著的进展。我国自主研发的 SGN1 注射液是全球首个在中国和美国均进入临床试验阶段的细菌载体基因工程生物制品，具有精确靶向和快速溶解肿瘤的能力。SGN1 采用减毒沙门氏菌载体携带甲硫氨酸水解酶，能够降解肿瘤生长所必需的甲硫氨酸，从而杀伤肿瘤。这种溶瘤产品具有高效杀伤肿瘤的特性，且适用于多种实体肿瘤。此外，中国科学院深圳先进技术研究院的团队致力于采用合成生物学方法，以降低细菌毒性、增强细菌靶向性，并赋予细菌多样化功能，旨在将细菌改造成更为特异、智能和高效的抗肿瘤工具。

综上所述，工程细菌能特异性富集在肿瘤部位，诱导直接溶瘤作用，并在肿瘤微环境中产生强大的免疫调节作用，唤醒被肿瘤抑制的宿主免疫系统，还可用作药物或细胞因子的递送载体，从而增强抗肿瘤效果。

二、工程细菌应用于糖尿病诊疗

细菌已被设计用于检测尿液中的葡萄糖浓度。Courbet 等描述了一种检测人尿液样本中异常葡萄糖浓度的方法，他们将细菌传感器封装在水凝胶微珠中，尿液中的葡萄糖会在微珠中变为红色。体外细菌血糖仪的检测灵敏度比尿试纸高一个数量级[30]。

工程细菌还可进一步用于糖尿病的治疗。例如，在工程肠道细菌中合成用于治疗糖尿病的蛋白质和多肽。利用经改造的益生菌格氏乳杆菌（*Lactobacillus gasseri*）ATCC 33323 合成了胰高糖素样肽-1（glucagon-like peptide-1，GLP-1）的多肽，口服细菌治疗糖尿病大鼠后，血糖水平下降了 33%[31]。同样，经改造的 *Lactococcus lactis* FI5876 也能在高浓度葡萄糖条件下生物合成 GLP-1，以刺激胰岛 B 细胞分泌胰岛素[32]；经改造的益生菌副干酪乳酸菌（*Lactobacillus paracasei*）ATCC 27092 能分泌血管紧张素（1-7）[Ang-（1-7）]（一种抗炎、抗血管扩张和血管生成的肽类药物），口服该细菌后，糖尿病小鼠体内的 Ang-（1-7）浓度升高，且胰岛素敏感性增加，因而减少了糖尿病小鼠的视网膜和肾损伤。此外，口服合成穿透素（一种细胞穿膜肽，具有增强胰岛素输送的能力）和 GLP-1 融合蛋白的工程长杆菌 HB15 还能增强结肠直肠中 GLP-1 的产生[33]。通过将 GLP-1 与肽聚糖锚定蛋白 PrtP 融合，研究人员也成功设计出了能在细菌膜上展示 GLP-1 类似物的 *L. paracasei* BL23，这种工程菌改善了糖尿病大鼠的血糖控制情况[34]。除 GLP-1 外，工程乳杆菌 MG1363 还同时表达了免疫调节细胞因子 IL-10 和人胰岛素前体等蛋白，与小剂量的全身抗 CD3 联合治疗，可逆转非肥胖糖尿病小鼠因不受控的自身免疫而引发的糖尿病[35]。这种设计可能对人类 1 型糖尿病患者也有治疗作用。

三、工程细菌应用于代谢疾病诊疗

工程化肠道微生物已被开发用于治疗代谢性疾病[36]。例如，被改造的大肠杆菌可以合成 *N*-酰基磷脂酰乙醇胺（NAPE），其代谢物具有厌食效应，可用于治疗高脂肪饮食引起的小鼠肥胖症[37]。代谢性疾病的患者会代谢障碍而导致有毒化合物在体内堆积，造成中毒。例如，小肠是毒性物质氨的主要来源，将肠道产生的氨转化为精氨酸可以治疗高氨血症。为此，Kurtz 等改造了一种肠道常驻菌——大肠杆菌 Nissle 1917 菌株，口服给药即可在小鼠和猴子模型中成功将小肠的氨转化为 L-精氨酸，并减少了肝脏疾病导致的高氨血症。该菌株在健康受试者的 I 期临床试验中表现出良好的安全性，具有进一步临床开发的潜力[38]。此外，Isabella 等将大肠杆菌 Nissle 1917 重新编程为过表达苯丙氨酸降解通路基因的工程菌，以降解苯丙酮尿症（PKU）患者体内过量的苯丙氨酸。在 Pahenu2/enu2 PKU 小鼠模型中，口服给予工程菌治疗能显著降低血苯丙氨酸的浓度，降幅达 38%[39]。

酒精性肝病是肝脏疾病的主要种类之一[40]。工程化的枯草芽孢杆菌和乳酸乳杆菌可用于表达乙醇降解通路的乙醇脱氢酶和乙醛脱氢酶，以加速乙醇的代谢并减轻乙醇过度摄入造成的肝损伤[41]。此外，在慢性乙醇暴露期间，抗革兰氏阳性细菌的 REG3G 蛋白在胃肠道中异常低表达，增加了感染风险。罗伊氏乳杆菌经改造后能表达白细胞介素-22（IL-22），提高了酒精性肝病小鼠肠道中 REG3G 的丰度，从而减少了肝感染导致的炎症和损伤[42]。

四、工程细菌应用于胃肠道疾病诊疗

益生菌可用于治疗炎症性肠病（inflammatory bowel disease，IBD）[43]。IBD 是消化道组织的慢性炎症，主要包括溃疡性结肠炎和克罗恩病。IBD 患者常患有腹泻、疼痛和体重减轻等症状。肠道中常驻着大量细菌，研究人员通过合成生物学的方法使肠道细菌拥有治疗胃肠道疾病的能力。Praveschotinunt 等改造了大肠杆菌 Nissle 1917，使它能表达 Curli 纤维蛋白与三叶因子（TFF，胃黏膜保护肽家族）融合蛋白，产生细胞外纤维基质，促进小肠上皮的完整性，以增强肠道黏膜的愈合能力，从而缓解小鼠的 IBD。结果表明，工程化的大肠杆菌显著抑制了促炎细胞因子的产生，缓解了小鼠的体重减轻，保持了结肠长度，在葡聚糖硫酸钠（DSS）诱导的急性结肠炎小鼠模型中表现出抗炎能力。该设计有望作为通用模式扩展到其他针对 IBD 的益生菌活体疗法中[44]。

工程细菌还可以通过清除病原体来治疗胃肠道感染性疾病。铜绿假单胞菌是一种常见的多药耐药病原菌，会严重危害患者的健康。工程化大肠杆菌 Nissle 1917 已被开发用于检测、预防和治疗铜绿假单胞菌的肠道感染[45]。改造的大肠杆菌能感知铜绿假单胞菌产生的信号分子 N-酰基高丝氨酸内酯，并通过自溶释放分散素（生物膜降解酶）和细菌素（抗菌肽）以清除肠道中的病原体。重编程的细菌不仅对铜绿假单胞菌有杀灭作用，还显示出对该菌的长期预防能力（超过 15 天）。

3-羟基丁酸（3-hydroxybutyrate，3HB）是人体内酮体的一种成分，已被证明对结肠炎具有治疗作用。Yan 等构建了过表达 3HB 生物合成通路的大肠杆菌 Nissle 1917。与野生型大肠杆菌相比，工程细菌在肠炎模型中对小鼠体重、结肠长度、潜血水平、肠道髓过氧化物酶活性及促炎细胞因子浓度等指标均显示出更好的疗效[46]。

然而，这些研究都仅在小鼠中获得初步结果，它们尚未进入临床试验阶段，后期仍需要进一步开展系统的非临床研究并评估它们在人体中的应用潜力。

五、工程细菌应用于抗疟原虫

由于耐药性的出现，疟疾在发展中国家仍然造成了巨大的负担，因而迫切需要开发新方法来对抗这种致命疾病。疟原虫是导致疟疾的病原体，它们以雌性按蚊为传播媒介感染人类。因此，切断按蚊传播途径被认为是预防疟疾的关键手段。中国科学院上海生命科学研究院植物生理生态研究所的研究人员巧妙地利用了按蚊体内的共生细菌来控制疟疾传播。研究人员首先从雌性按蚊的卵巢中分离出沙雷氏菌属（Serratia）的新菌株 AS1，发现该菌株可以在蚊子体内的中肠和卵巢等器官定植，并可以通过交配传给后代，且对蚊子的生存和繁殖没有明显的负面影响。随后，AS1 菌被改造成可以同时分泌 5 种抗疟原虫蛋白的工程细菌。蚊子摄入这些工程菌后，疟原虫在蚊子体内的发育受到了显著的抑制，疟原虫卵囊减少 90% 以上。由于 AS1 菌可以在蚊子群体中迅速传播，使蚊群失去传播疟疾的能力，因而可以从源头上阻断疟疾的传播。与改造蚊子基因组相比，这种方法操作更为简便，也避免了转基因蚊子的生物安全问题[47]。

综上所述，通过合成生物学方法可以设计并构建工程细菌用于活体生物疗法。随着对细菌了解的深入和电路设计的发展，研究人员可以构建具有精确感知、诱导激活和持久作用的新一代细菌疗法。然而，在减弱细菌毒性并提高体内可控性等方面，我们仍需做更多努力。

第四节　合成病毒的诊疗

长期以来，人们都将病毒视为病原体，研究人员对其感染过程及在宿主细胞内的复制机制展开了深入研究，以期找到抗病毒的策略。然而，随着人们对病毒生物学的深入了解，以及合成生物学的迅速发展，研究人员开始将病毒工程化，使其成为强大的医疗工具。合成病毒用于医学领域具有以下优势：第一，每种病毒都有明确的宿主细胞特异性，可以利用这种选择性来靶向感染特定细胞进行治疗；第二，与细胞和细菌相比，病毒结构简单，更容易进行工程化改造以携带治疗基因；第三，病毒具有高效转导细胞的能力，可作为基因治疗载体来传递健康基因治疗遗传病；第四，病毒能激活宿主的先天和获得性免疫应答，这一特性可应用于疫苗和抗肿瘤免疫治疗开发中。目前，病毒的天然特性正在以创新方式应用于合成生物学，为开发新型诊疗策略提供了思路和手段。但是，病毒工程化也会带来生物安全隐患，需要谨慎评估风险。

一、合成病毒应用于癌症治疗

在 20 世纪早期，临床医生观察到一些感染病毒或注射疫苗后肿瘤消退的个案，从而提出了病毒可以治疗肿瘤的猜想。到了 20 世纪中叶，研究人员开始使用野生病毒或减毒毒株进行肿瘤治疗，虽然看到了一些疗效，但受限于野生病毒的毒性，以上临床研究未获成功。直到 20 世纪 90 年代，随着基因工程技术的进步，研究人员才可以通过改造病毒基因组，从而提高其肿瘤选择性和杀瘤活性。此后，利用病毒治疗肿瘤的疗法步入了发展的快车道[48]。

研究人员将可以选择性感染并杀伤肿瘤细胞而不影响正常细胞的可复制病毒称为溶瘤病毒。它们既可以是天然存在的，也可以是经基因工程改造的病毒。溶瘤病毒能通过多种机制发挥抗肿瘤效应：首先，病毒选择性地在肿瘤细胞中大量复制，介导了直接溶瘤效应；其次，病毒的感染和复制会招募并激活大量免疫细胞，从而克服肿瘤的免疫抑制微环境，促进抗肿瘤免疫；最后，经基因工程改造的病毒可以高效递送治疗基因。因此，溶瘤病毒是靶向治疗、免疫治疗和基因治疗相结合的新型抗癌药物[49]。

Talimogene laherparepvec（T-Vec）是美国 FDA 首个批准上市的溶瘤病毒药物。它以感染人类的 I 型单纯疱疹病毒（HSV-1）为骨架，敲除了病毒编码的毒性基因 *ICP34.5* 和 *ICP47* 以减少病毒在正常细胞的复制，提高其肿瘤选择性；插入了编码粒细胞-巨噬细胞集落刺激因子（GM-CSF）以招募树突状细胞（DC），从而增强抗肿瘤免疫应答。在临床应用中，单用 T-Vec 可使部分患者产生持久应答；与免疫检查点抑制剂联用可增强其抗肿瘤效应[50]。

John 等利用化学遗传开关系统控制溶瘤痘苗病毒的复制和（或）基因表达，从而提高其安全性和有效性。研究者首先通过核糖体定量分析病毒启动子的强度，然后将不同药物的诱导系统与病毒启动子进行融合以构建合成启动子，实现了强效的可诱导表达而基线不渗漏表达。研究者还构建了嵌合合成启动子，以增强治疗基因表达水平的精准调控[51]。

近年来，我国学者在溶瘤病毒领域取得了显著的进展。上海三维生物技术有限公司的安科瑞已获批上市，武汉滨会生物科技股份有限公司的 OH2、深圳亦诺微医药科技有限公司的T3011、广州威溶特医药科技有限公司的 M1 等溶瘤病毒均已进入临床试验阶段。清华大学研究团队通过使用合成基因线路来控制腺病毒的复制和免疫效应因子的释放，从而提高了腺病毒针对特定肿瘤细胞的靶向性和疗效。他们构建了一个感知开关电路，可以整合多个肿瘤特异性启动子和 miRNA 输入来控制 E1A 基因的表达，进而选择性地启动腺病毒在肝癌细胞中的复制。结果表明，感知开关电路可以选择性地启动腺病毒在多种肝癌细胞中的复制，但不影响正常细胞。进一步通过数学模型对腺病毒治疗系统进行定量分析，发现编码免疫效应因子的腺病毒疗效优于外源给药的组合疗法[52]。他们研发的基于合成基因线路的溶瘤病毒产品SynOV1.1 于 2020 年 11 月获得美国 FDA 临床试验许可。

二、合成病毒应用于基因治疗

病毒载体是将遗传物质受控地导入细胞进行基因治疗的常用工具，目前最常用的病毒载体包括腺相关病毒（AAV）、腺病毒（Ad）和慢病毒。病毒载体具有高转导效率的优势，可将基因递送到分裂和非分裂细胞。通过选择不同血清型的毒株或改变病毒的表面蛋白，还可以使病毒载体靶向特定细胞类型。由于慢病毒可以将遗传物质整合到宿主细胞的 DNA 中，因而可以实现持续的基因表达。经历了 40 多年的发展，病毒载体研究领域积累了不少成功和失败的经验，近年来进入了临床应用的快速增长期[53]。

目前，全球范围内已有 3 款基于 AAV 的基因治疗药物获批上市，分别是递送脂蛋白脂酶（lipoprotein lipase，LPL）编码基因的 alipogene tiparvovec，用于治疗 LPL 缺乏症[54]；携带维甲酸异构水解酶（retinoid isomerohydrolase，RPE65）编码基因的 voretigene neparvovec-rzyl，用于治疗遗传性视网膜疾病[55]；表达运动神经元生存蛋白（survival motor neuron，SMN1）编码基因的 onasemnogene abeparvovec，用于治疗脊髓性肌萎缩[56]。此外，还有超过 200 个临床试验正在进行中，适应证包括老年性黄斑病变、肌营养不良、血友病和 X 连锁肌管肌病等。AAV 载体基因疗法面临的主要挑战是免疫原性问题，包括对载体衣壳蛋白和外源基因的适应性免疫反应。目前的解决方法包括合理设计载体（如使用组织特异性启动子、miRNA 下调基因表达等）和优化给药途径。AAV 载体疗法在人体应用中总体上安全性良好，但仍需要持续评估其短期和长期的安全性。

Ad 载体具有很强的免疫原性[57]，适用于疫苗开发和肿瘤治疗[58,59]。慢病毒载体则在 CAR-T 细胞的制备过程中有广泛的应用[60]。

然而，病毒载体也存在一些关键的局限性。例如，它们的载荷容量有限，无法携带大片段基因序列；病毒蛋白也可能引起不利于疗效和安全性的免疫反应；病毒基因组的整合可能会破坏正常基因，产生遗传毒性。

总体而言，病毒载体是基因疗法中不可或缺的工具。虽然其安全问题仍然存在，但研究人员会继续对病毒载体进行工程化改造，以增强其特异性、最小化毒性和提高其转导效率。随着持续创新，病毒载体技术在治疗各种遗传性疾病方面将具有光明的前景。

三、合成病毒应用于疫苗开发

疫苗是预防传染性疾病最有效的方法。目前，已有 6 种病毒载体基因疗法产品获批上市或授权紧急使用，用于预防埃博拉病毒感染和 COVID-19。所有获批产品均基于重组复制缺陷病毒载体，病毒基因组携带了目标病毒的表面蛋白基因。使用复制缺陷病毒载体可降低载体病毒本身的安全风险。这些产品的作用机制包括：①病毒载体高效进入注射部位的细胞并将基因构建体转入感染细胞；②所转入的基因指导细胞过表达目标病毒的表面蛋白，刺激免疫系统产生细胞免疫和体液免疫应答，以抗病毒感染[61]。

将威胁生命的致病病毒转化为具有感染活性但无害的减毒疫苗一直是疫苗研发的重点方向。北京大学的研究团队利用合成生物学方法在甲型流感病毒基因组中引入过早终止密码子（premature termination codon，PTC），使其在感染人体细胞后不能进行完整的蛋白质翻译。这些含有 PTC 的病毒虽然保留完整的感染能力，但在常规细胞中不能复制。通过在基因组不同位置引入多个 PTC，研究者获得了在转基因细胞中能大量复制且遗传稳定的子代病毒。在小鼠、豚鼠和貂模型中，接种 PTC 病毒不仅能诱导对抗原性不同的流感病毒的强大体液、黏膜和 T 细胞免疫应答，发挥预防性作用；甚至还能中和已存在的感染病毒株，发挥治疗性效应。这一发现颠覆了传统病毒疫苗的概念，成为活病毒疫苗的重大突破。与依赖少数几个氨基酸突变的传统减毒活病毒相比，合成病毒的减毒效果来源于几百处的 PTC 所产生的累积效应，因此产生回复突变的可能性极低，其安全性显著提高。此外，通过这一方法获得减毒株所需的时间短，明显缩短了疫苗的研发周期[62]。这种利用合成生物学方法构建减毒活疫苗的策略被称为合成减毒病毒工程技术，可能成为一种将活病毒转化为疫苗的通用技术，适用于大多数病毒。

类似地，中国科学院武汉病毒研究所的团队采用"密码子去优化"策略对寨卡病毒（ZIKV）的关键基因 E 和（或）NS1 进行大量同义突变，从而获得了减毒毒株。与亲本 ZIKV 相比，密码子去优化的 ZIKV 对哺乳动物的毒性减弱，而偏向于在昆虫细胞中复制。在众多合成病毒中，Min E+NS1 毒株可诱导产生强大的中和抗体，完全保护小鼠免受致命感染和孕期垂直传播。更重要的是，大量同义突变使突变体几乎不可能重获野生毒力。此外，研究人员证明密码子去优化的策略可开发包括 ZIKV、日本脑炎病毒和西尼罗病毒在内的多种减毒活疫苗，具有广谱适用性[63]。

四、噬菌体治疗

噬菌体是专一感染细菌、古菌和藻类等微生物的病毒，是地球上多样性最高和最丰富的生物体，是合成生物学研究中重要的模式生物。随着超级耐药菌威胁的日益严重，噬菌体治疗是一种有发展前景的方式。噬菌体疗法的主要优点在于：①具有很强的感染特异性，不会对宿主正常菌群有作用。②高效性，噬菌体的增殖能力强，能迅速、有效地清除感染细菌。③低毒性和不易产生耐药性。④多样性，噬菌体广泛存在，易分离、开发。⑤噬菌体个体微小，可渗透到普通药物分子无法穿透的区域，如血脑屏障。给药后，能遍布全身，迅速到达感染部位。⑥可个性化治疗，根据不同细菌的特点选择合适的病毒进行治疗。⑦具有宿主菌依赖性，随着宿主菌的清除而死亡，不会残留在体内。2014 年，噬菌体疗法被美国国家过敏和传染病研究所列为应对抗生素抗性的重要武器之一。目前，噬菌体疗法在临床治疗中已经取得了一些显著的成果。例如，噬菌体被用于治疗感染性疾病，如皮肤感染、呼吸道感染等。近年来，噬菌体疗法在治疗癌症、神经退行性疾病、痤疮等方面也开始崭露头角。然而噬菌体疗法临床上的大规模应用受到各种因素的制约，如高度特异性引起的宿主谱窄；噬菌体作用后，大量细菌的裂解可能导致内毒素和超抗原的释放，从而引起炎症等反应，出现严重的副作用；噬菌体可能会被免疫系统视为入侵者，使其难以维持有效浓度。因此，噬菌体的合成生物学改造为突破这些制约因素提供了无限可能。通过对噬菌体基因组进行编辑，乃至重新设计、合成噬菌体基因组，获得具有新功能的噬菌体，是当前噬菌体合成生物学研究的重要内容。目前利用合成生物学技术改造的噬菌体已成功提高了噬菌体侵染效率，拓宽了噬菌体宿主范围，降低了噬菌体毒性和免疫原性等[64]。

近年来国内也有多个噬菌体治疗的报道。上海噬菌体与耐药研究所采用抗生素-噬菌体联合治疗方案成功治愈了多重耐药肺炎克雷伯菌尿路感染患者。中国科学院深圳先进技术研究院、深圳市人民医院和深圳市呼吸病研究所采取抗生素-针对耐药鲍曼不动杆菌的专一噬菌体联合雾化给药方式，经过连续两周的治疗，成功清除了患者肺部感染的耐药鲍曼不动杆菌[64]。

第五节 人工细胞的诊疗

细胞是人体结构和功能的基本单元，人体由数量庞大的细胞构成。据估计，成年男性约有 36 万亿个细胞，成年女性约有 28 万亿个细胞，儿童约有 17 万亿个细胞[65]。细胞对人体的健康状况起决定性作用，细胞功能异常或死亡会导致疾病发生。外源性回输正常细胞或经人工改造的"优化"细胞以替代功能异常或死亡的细胞，是一种新兴的治疗策略，称为细胞疗法。

随着合成生物学的迅速发展，研究人员可以根据信号网络对活底盘细胞（如哺乳动物细胞）进行合理的重新设计，创造出各种新型疗法，以实现对疾病的诊断和治疗。在体外细胞模型和动物模型中，经基因线路改造的人工细胞在恶性肿瘤、代谢性疾病和再生医学等的治疗和干预等方面已取得重大突破，为进一步开展临床应用奠定了坚实的基础。目前，多种细胞疗法已经通过严格的新药审批和监管流程进入商业化使用，如改造 T 细胞治疗淋巴瘤，以及使用患者自体干细胞修复损伤的角膜上皮等。与生物制品和基因疗法相比，细胞疗法具有天然的定向能力，可以高度智能地感知和响应疾病状态。然而，细胞疗法依然面临一些共性的转化障碍，如安全性问题和高昂的制造成本。要实现细胞疗法的全面开发，研究人员仍需解决诸多难题，如增加细胞来源、提高存活率、定义治疗效能、阐明可复制药物的药代动力学属性、确保安全性、实现大规模制造等。利用合成生物学方法可以重编程天然细胞的功能以解决这些难题，使细胞疗法的临床应用更为广泛。

一、人工细胞应用于癌症治疗

T 细胞是人体重要的免疫细胞，可通过 T 细胞受体（TCR）识别被病原体感染的细胞或癌症细胞并将它们清除，因而在识别和抵御感染与异常细胞方面起着关键作用。然而，肿瘤细胞可以通过下调人类白细胞抗原（HLA）分子逃避 TCR 的识别，并通过多种方式抑制 T 细胞的激活。CAR 是包含抗原结合域和 T 细胞激活域的工程化受体。CAR-T 细胞疗法是从患者体内获取 T 细胞，通过基因工程使其表达识别肿瘤抗原的特异性 CAR，然后再输回到患者体内，以杀伤表面表达目标抗原的肿瘤细胞[66]。CAR-T 细胞疗法起源于 21 世纪初，使用抗体的 scFv 靶向 B 细胞特异的表面抗原 CD19，以治疗 B 细胞淋巴瘤[67]。人工 CAR 的开发分为三代，第一代 CAR 仅包含 CD3 ζ 细胞内信号域，第二代 CAR 增加了共刺激信号域如 4-1BB 或 CD28，当前还在研究含有多个共刺激信号域的第三代 CAR [68]。CAR 中的 scFv 可识别肿瘤表面蛋白，因此 CAR-T 细胞的杀伤作用不依赖抗原的处理和呈递，也不受 HLA 表达下调的限制[68]。相较 TCR，CAR 可利用抗体的高亲和力特异性识别肿瘤相关抗原，且可靶向 TCR 难以识别的糖脂、异常糖基化蛋白及构象变异抗原。临床试验结果显示，CAR-T 细胞疗法可产生强大的抗肿瘤效应，美国 FDA 已批准靶向 CD19 的 CAR-T 细胞疗法用于急性淋巴细胞白血病和大 B 细胞淋巴瘤的治疗。

CAR-T 细胞疗法已经步入商业化阶段。第一个被批准上市的 CAR-T 细胞疗法是 Novartis 和宾夕法尼亚大学开发的用于治疗弥漫性大 B 细胞淋巴瘤（DLBCL）的靶向 CD19 的 Kymriah。DLBCL 是非霍奇金淋巴瘤（NHL）的一种典型形式，占 NHL 的 40%。2017 年，美国 FDA 也批准了 Yescarta 用于治疗 DLBCL[69]。在临床研究中，使用靶向 CD19 的 CAR-T 细胞治疗 DLBCL 患者，有 25% 的患者部分反应，50% 以上完全反应。观察到 2 年以上的持续反应，说明 CAR-T 细胞的疗效显著[70]。然而，在 Yescarta 治疗的患者中观察到细胞因子风暴（13%），过度释放促炎细胞因子，说明安全性还有待进一步提高[71]。

CAR-T 细胞疗法中的目标抗原选择对安全性和有效性都至关重要[72]。如果 CAR-T 细胞可以识别非恶性细胞表达的胞膜蛋白，则可能会发生严重的细胞毒性作用——脱靶效应[73]。理想的目标抗原应高度且稳定地表达于癌细胞表面，但不表达于正常细胞表面[74]。多发性骨髓瘤难以通过传统的化疗或干细胞移植治疗，CAR-T 细胞疗法在多发性骨髓瘤的临床研究中显示出治疗潜力。目前使用的抗原中，肿瘤坏死因子超家族成员 B 细胞成熟抗原（BCMA）是多发性骨髓瘤 CAR-T 细胞疗法最有希望的候选靶点。BCMA 主要表达于癌细胞，在正常细胞中的表达仅限于浆细胞和部分 B 细胞[75]。BCMA 是第一个用于 CAR-T 细胞疗法的多发性骨髓瘤靶点抗原，可以在患者体内引起系统性治疗反应。在 BCMA CAR-T 细胞的首个剂量爬坡临床试验中，12 名患者接受治疗，其中 2 名患者获得了较好的缓解，但治疗中存在与细胞因子风暴相关的毒性[76]。当前有多项关于 BCMA CAR-T 细胞安全性和疗效的临床试验正在进行或已完成，展现出良好的治疗潜力[77]。

尽管 CAR-T 细胞疗法在治疗血液肿瘤方面取得了前景乐观的治疗结果，但在绝大多数的实体瘤治疗中疗效则非常有限。与血液瘤相比，实体瘤对 CAR-T 细胞疗法提出了独特的挑战：首先，实体瘤中高度的抗原异质性为其提供了逃避 CAR-T 细胞治疗的有效机制，而 CAR-T 细胞疗法通常针对单一抗原，无法识别肿瘤中的所有癌细胞。其次，实体瘤周围常存在物理屏障，如胶原蛋白等，这有效阻止了 T 细胞的浸润。此外，T 细胞还面对高度免疫抑制的实体瘤肿瘤微环境，这最终导致 T 细胞耗竭和功能失调。到目前为止，CAR-T 细胞疗法还没有很好地克服实体瘤的这些障碍[78]。

二、人工细胞应用于感染性疾病治疗

鉴于 CAR-T 细胞治疗血液肿瘤的成功，研究人员试图将其应用于其他疾病。由于 T 细胞在抗病毒感染中发挥着重要作用，CAR-T 细胞被考虑用于治疗艾滋病毒、乙型肝炎病毒、丙型肝炎病毒、人类巨细胞病毒、EB 病毒和 SARS-CoV-2 等病毒性传染病，其中大多数临床试验是针对艾滋病病毒的。

尽管联合抗逆转录病毒疗法已经显著提高了 HIV 感染者的生活质量[79]，但由于潜伏感染的记忆 CD4+T 细胞仍存在，尚不能根治 HIV 感染，而且 HIV 在潜伏状态下长期存活[80,81]。因此，克服 HIV 潜伏状态成为病毒消除的主要挑战。研究人员提出了使用 CAR-T 细胞疗法来解决这一问题的可能性。CAR-T 细胞不依赖于主要组织相容性复合体（MHC）发挥功能，因此可以克服 HIV 感染细胞下调 MHC-Ⅰ表达的逃避机制[82]。此外，CAR-T 细胞可以产生功能性记忆 T 细胞，从而在感染再次发生时迅速作出反应[83]。经过进一步研究还发现 CAR-T 细胞在脑脊液中也能检测到，这是 HIV 潜伏感染的重要部位之一，提示 CAR-T 细胞可能在 HIV 潜伏库中发挥作用[84]。然而，早期的 HIV 特异性 CAR-T 细胞设计以 CD4 受体为基础，并未取得成功。目前，主要用于将抗 HIV CAR 的结构设计成广谱中和抗体（bNAb）。广谱中和抗体通过靶向 HIV 包膜糖蛋白（Env）来抑制大多数循环的 HIV 毒株，因此设计 bNAb-CAR 对 HIV 治疗似乎是有益的[85]。

综上所述，CAR-T 细胞疗法在解决 HIV 潜伏感染问题方面具有潜在的应用价值，特别是通过使用 bNAb-CAR 来靶向 HIV 感染细胞。这一领域的研究为寻找根治 HIV 的新方法提供了有希望的方向。

三、人工细胞应用于代谢性疾病治疗

人工设计的细胞能够感知代谢性疾病的特异信号，触发特异性表达报告分子或释放治疗药物的开关，从而实现对人体生理代谢状态的监测，以及对代谢性疾病的诊断与治疗。

胰岛 B 细胞能够合成和分泌胰岛素[86]。作为哺乳动物唯一的胰岛素合成部位，胰岛 B 细胞可以通过糖酵解和刺激-感应-分泌耦合过程等信号转导途径感知血糖浓度[87,88]。胰岛素的分泌过程包括以下步骤：血糖通过细胞膜运输进入胰岛 B 细胞内并在细胞内经过糖酵解代谢，导致细胞膜去极化、能量生成和 K^+ATP 通道的关闭，这将激活钙通道 Cav1.3 诱导钙内流并促使胰岛素颗粒的分泌。1 型糖尿病患者的胰岛 B 细胞胰岛素合成功能缺陷，2 型糖尿病患者的体细胞胰岛素敏感性降低，都会导致血糖浓度过高。Xie 等利用合成生物学多重筛选方法，将人胚肾细胞系 HEK-293 工程化为能够感知血糖浓度并分泌胰岛素的细胞。研究者证明 Cav1.3 的过表达使细胞具备胰岛 B 细胞样葡萄糖传感功能。Cav1.3 控制的钙与合成的 Ca^{2+} 诱导启动子的组合实现了通过调节的体内转录响应并监测葡萄糖水平。在成功构建 HEK-293-B 细胞后，研究者通过将细胞植入小鼠体内，发现这种葡萄糖响应胰岛素产生的 HEK-293-B 细胞系能维持小鼠血糖稳态超过 3 周，并在 3 天内自动纠正 1 型糖尿病小鼠的高血糖[89]。HEK-293-B 细胞的优势是显而易见的。与灵长类动物的胰岛相比，HEK-293-B 细胞在稳定 1 型糖尿病小鼠餐后血糖方面表现更为突出。此外，HEK-293-B 细胞更容易在体外大量培养，可实现规模化生产，具有良好的产品纯度、稳定性和质量。

我国科研团队设计并构建了一个由人胰岛素受体和 MAPK 信号转导通路组成的合成传感器，可以检测血液中的胰岛素水平。将这个传感器与合成的 TetR-ELK1 转录因子连接，当检测到高胰岛素时启动下游基因的表达，实现了高胰岛素自动触发脂联素的表达。该电路的治疗效果在瘦素缺乏、瘦素受体缺乏和饮食诱导等三种胰岛素抵抗小鼠模型中得到验证。植入携带电路的微囊化细胞后，小鼠血液中的脂联素浓度升高，胰岛素水平、血脂和胰岛素抵抗指数降低。植入稳定表达电路的 HEK-293 细胞系 HEK$_{IR-Adipo}$ 后也观察到类似的治疗效果。该自调节电路可以自动检测高胰岛素并释放适量的脂联素，避免治疗剂量过高的副作用[90]。该团队还设计了一个齐墩果酸（oleanolic acid，OA）诱导型、多西环素（doxycycline，Dox）抑制型的基因表达模块，通过 OA 诱导短效 GLP-1 的表达来治疗肝源性糖尿病。在体内和体外实验中证明了该基因表达模块可以准确调控药物的表达。仅 OA 诱导短效 GLP-1 的表达可以同时缓解肝源性糖尿病小鼠的多种症状。这种将植物提取物控制蛋白质药物表达的策略，可以最大限度地利用生物系统的治疗潜力，为合成生物学在分子医学中的转化应用提供了新思路[91]。

四、人工诱导多能干细胞在医学中的应用

干细胞具有自我更新和分化能力，是替代损伤细胞的理想来源。然而，人体内绝大多数细胞是终末分化的细胞，干细胞数量极少。利用合成生物学方法可以通过过表达一系列去分化相关基因来生成人类干细胞，其中的一个应用是诱导多能干细胞（iPSC）[92]。iPSC 是从体细胞生成的多能干细胞，由日本科学家山中伸弥的实验室发现，通过引入 Oct3/4、Sox2、c-Myc 和 Klf4 这 4 个转录因子可以将成纤维细胞转变为类似胚胎干细胞的细胞[93]，这些细胞可以再分化为血细胞、骨细胞或神经细胞，用于治疗各种组织和器官的损伤。与胚胎干细胞不同，iPSC 的生成不需要使用人类胚胎，避免了伦理方面的争议。此外，自体体细胞分化的 iPSC 还可以避免免疫排斥[94]。

iPSC 具有自我更新和连续传代的能力，因此将患者的体细胞样本诱导生成 iPSC 可以用于医学研究。目前，国外已经建立了唐氏综合征和多囊肾病的 iPSC 细胞系医学研究资源库。一项由牛津大学牵头的名为 StemBANCC 的跨国合作项目建立了 1500 株患者来源的 iPSC 细胞系以进行药物筛选，助力新药研发[95]。多个以 iPSC 为研究模型的高通量药物筛选和分析研究正在全球范围内广泛开展[96]。

iPSC 还被广泛应用于组织再生和治疗的开发中。为了满足输血的需求，研究人员成功地从 iPSC 中获得了红细胞[97]和血小板[98]。当在癌症患者的免疫治疗中需要大量的自然杀伤细胞时，可以利用 iPSC 来获得这些细胞，以克服它们在体外复制能力差的缺陷[99]。在小鼠研究中，研究人员观察到 iPSC 具有抗衰老的效应[100]。此外，化学诱导 iPSC 分化为心肌细胞已被广泛使用。这些 iPSC 来源的心肌细胞携带患者本身的遗传信息，可以建立长 QT 综合征和缺血性心脏病等疾病模型[101]。脐血细胞可以被诱导为 iPSC，用于治疗小鼠视网膜功能障碍[102]。再分化的 iPSC 还可以用于治疗脑部损伤，治疗后大鼠和猴子的运动功能得以恢复[103]。

器官移植技术迅速发展而器官供体长期紧缺。通过 iPSC 实现器官再生是目前的研究热点之一。运用山中伸弥的方法，可以通过体外培育 iPSC 并将其诱导成为心肌细胞，使小鼠胎儿期心脏再生为正常心脏[104]。此外，研究人员还通过 iPSC、内皮干细胞和间充质干细胞三种细胞共培养，生成了三维血管化的、具有生物学功能的人类肝脏。这种仿生过程使肝芽能自行

包装成一个复杂的器官，并成功移植到啮齿动物体内。移植后的"肝脏"能够表达肝脏特异的蛋白质并具有药物代谢功能，还可救治药物诱导的致命肝功能衰竭[105]。由此可见，iPSC 在器官再生方面展现出了巨大的应用潜力。

可喜的是，部分 iPSC 技术已经进入了临床试验阶段。例如，大阪大学的一个研究组利用 iPSC 分化生成"心肌薄片"，将其移植到重度心力衰竭患者体内，该临床研究计划已在日本获得批准，正在招募 92 名患者[106]。一个正在进行的 I 期临床试验利用从 6 名患者皮肤细胞重编程的视网膜上皮细胞（RPC）替代病变的 RPC，已表现出良好的安全性，其有效性有待进一步的临床研究[107]。类似地，利用自体 iPSC 分化的造血干细胞治疗地中海贫血的 I 期临床试验也正在进行中，正在招募患者[108]。然而，到目前为止，还没有基于 iPSC 的疗法进入 III 期临床研究，主要担忧 iPSC 的安全性问题，存在致癌可能：在注入 iPSC 的小鼠体内观察到了畸胎瘤。此外，诱导效率低、基因组重编程不完全、免疫原性及载体基因组整合也都是令业界担忧的问题。因此，iPSC 的大规模临床应用仍需更多努力。

五、人工细胞在组织工程中的应用

组织工程是利用细胞培养技术在体外人工控制细胞增殖、分化并生长成需要的组织，使之工程化批量产出，用于修复由意外损伤等引起的功能丧失的组织，以满足临床需要。合成生物学可以通过设计细胞的信号网络来控制和指导细胞功能，从而实现定制化的组织工程，为医学研究开辟新的可能性。

通过过表达功能基因或转录因子使干细胞分化生成特定的组织细胞，这是组织工程中一种简单常见的方法[109]。然而，基因过表达缺乏反馈控制机制，无法避免过度表达导致的细胞毒性。例如，抗凋亡因子 Bcl-2 的过量表达可能导致肿瘤发生风险[110]。使用 CRISPR/dCas9 生物开关或合成 mRNA 可以实现基因在时间和空间上的特异性表达，从而解决这个问题[111,112]。此外，引入基因转录检测小分子或细胞表面蛋白也有较多研究，如 Tet 调控系统。Gersbach 等设计了一个 Tet-off 系统来控制 Runx2 因子的表达，以调节体内成骨过程[113]。Jo 等采用 Tet-on 系统在工程化大鼠软骨细胞中特异性表达维持软骨细胞活力的关键转录因子 Sox9，从而激活 II 型胶原和软骨蛋白的表达。在植入的细胞支架中注射 Tet 系统诱导剂多西霉素（Dox）后，软骨细胞降解受到抑制[114]。Tet-on 系统也用于过表达白细胞介素-1 受体拮抗剂（IL-1Ra）的基因，以调节软骨发生过程中的炎症反应[115]。Tet 开关系统帮助人们实现了组织工程中基因表达的时间可控性。

光遗传学激活系统可在组织工程中实现细胞行为的时空可控性。光感应蛋白能响应紫外线和远红外线的激发，使光感应成为一种可行的激活方式[116]。通过构建光遗传学回路，使光敏感蛋白与转录因子连接构成光遗传学激活系统，已成功应用于调控细胞排列[117]。Sakar 等在骨骼肌母细胞中表达了光敏钾离子通道，使其响应蓝光脉冲的刺激而收缩。多个表达该通道的成熟骨骼肌可以被精确协调激活。此外，研究者使用了一种高通量"肌肉芯片"设备，将人工肌母细胞制成了成熟、有功能的三维肌肉微组织。该设备不仅为肌母细胞提供了肌肉排列、融合和成熟所需的受控应力，还可测量微组织产生的力和表征肌管的形态[118]。在组织工程中利用光控制工程化的骨骼肌细胞，可通过对光敏感离子通道和下游元件的激发实现远程激活或抑制基因。总的来说，光遗传学为组织工程提供了在空间和时间上精确控制细胞行为的能力，是组织工程一个有前景的方向。

利用合成生物学方法还可以设计人工受体，如 G 蛋白偶联受体（GPCR）[119]和 synNotch 受体[120]，以控制细胞的迁移和自组装。研究人员成功设计了可以感应氯氮平-*N*-氧化物浓度的人工 GPCR——DREADD（designer receptor exclusively activated by designer drug），并利用浓度梯度引导细胞迁移[121]，这种技术可用于创伤愈合和组织再生。另外，利用 synNotch 方法也可以编程细胞之间的黏附信号，从而引导成纤维细胞组装成多层结构并极化[122]。这些研究展示了利用合成生物学构建人工细胞，实现对其迁移和自组装的精确控制，在组织工程等领域具有重要的应用前景。

总体来说，生物电路的表达可以实现细胞的功能化，以应用于组织工程中。在这个领域已开发了多种合成生物学的设计思路，如时间和空间依赖的基因表达及感应和自体调控系统等。尽管从合成组织到临床应用还面临着许多障碍，但这些设计思路和基础研究都为将来的研究奠定了基础。

 思 考 题

1. 请简述合成生物学在医学中的主要应用。
2. 医学合成生物学的主要研究内容有哪些？请简述工程活体治疗的原理。
3. 请举例说明合成生物学在药物合成中的主要应用。
4. 请简述工程细菌应用于癌症诊疗的优点和注意事项。
5. 简述细菌肿瘤治疗的可能机制及其发展方向。
6. 试设计一个基因线路表达抗肿瘤效应分子。
7. 请举例说明合成病毒在基因治疗中的主要应用。
8. 在医学领域中使用的工程细胞主要有哪些？

参 | 考 | 文 | 献

[1] Liu CZ，Zhou HY，Zhao Y. An effective method for fast determination of artemisinin in *Artemisia annua* L. by high performance liquid chromatography with evaporative light scattering detection. Analytica Chimica Acta，2007，581（2）：298-302

[2] Hong GJ，Hu WL，Li JX，et al. Increased accumulation of artemisinin and anthocyanins in *Artemisia annua* expressing the arabidopsis blue light receptor cry1. Plant Molecular Biology Reporter，2009，27（3）：334-341

[3] Ro DK，Paradise EM，Ouellet M，et al. Production of the antimalarial drug precursor artemisinic acid in engineered yeast. Nature，2006，440（7086）：940-943

[4] Ajikumar PK，Xiao WH，Tyo KE，et al. Isoprenoid pathway optimization for taxol precursor overproduction in *Escherichia coli*. Science，2010，330（6000）：70-74

[5] Wang P，Wei W，Ye W，et al. Synthesizing ginsenoside rh2 in *Saccharomyces cerevisiae* cell factory at high-efficiency. Cell Discovery，2019，5：5

[6] Shi Y，Wang D，Li R，et al. Engineering yeast subcellular compartments for increased production of the lipophilic natural products ginsenosides. Metabolic Engineering，2021，67：104-111

[7] Galanie S，Thodey K，Trenchard IJ，et al. Complete biosynthesis of opioids in yeast. Science，2015，349（6252）：1095-1100

［8］Nakagawa A，Matsumura E，Koyanagi T，et al. Total biosynthesis of opiates by stepwise fermentation using engineered *Escherichia coli*. Nat Commun，2016，7：10390

［9］Hafner J，Payne J，MohammadiPeyhani H，et al. A computational workflow for the expansion of heterologous biosynthetic pathways to natural product derivatives. Nat Commun，2021，12（1）：1760

［10］Luo X，Reiter MA，d'Espaux L，et al. Complete biosynthesis of cannabinoids and their unnatural analogues in yeast. Nature，2019，567（7746）：123-126

［11］Adams AM，Kaplan NA，Wei Z，et al. *In vivo* production of psilocybin in *E. coli*. Metabolic Engineering，2019，56：111-119

［12］Milne N，Thomsen P，Mølgaard Knudsen N，et al. Metabolic engineering of *Saccharomyces cerevisiae* for the *de novo* production of psilocybin and related tryptamine derivatives. Metabolic Engineering，2020，60：25-36

［13］Li W，Zhou Z，Li X，et al. Biosynthesis of plant hemostatic dencichine in *Escherichia coli*. Nat Commun，2022，13（1）：5492

［14］Savile CK，Janey JM，Mundorff EC，et al. Biocatalytic asymmetric synthesis of chiral amines from ketones applied to sitagliptin manufacture. Science，2010，329（5989）：305-309

［15］Hong SH，Kwon YC，Jewett MC. Non-standard amino acid incorporation into proteins using *Escherichia coli* cell-free protein synthesis. Frontiers in Chemistry，2014，2：34

［16］Gan R，Jewett MC. A combined cell-free transcription-translation system from *Saccharomyces cerevisiae* for rapid and robust protein synthe. Biotechnology Journal，2014，9（5）：641-651

［17］Shimizu Y，Inoue A，Tomari Y，et al. Cell-free translation reconstituted with purified components. Nature Biotechnology，2001，19（8）：751-755

［18］Kanter G，Yang J，Voloshin A，et al. Cell-free production of scFv fusion proteins：An efficient approach for personalized lymphoma vaccines. Blood，2007，109（8）：3393-3399

［19］Lu Y，Welsh JP，Swartz JR. Production and stabilization of the trimeric influenza hemagglutinin stem domain for potentially broadly protective influenza vaccines. Proc Natl Acad Sci USA，2014，111（1）：125-130

［20］Tsuboi T，Takeo S，Iriko H，et al. Wheat germ cell-free system-based production of malaria proteins for discovery of novel vaccine candidates. Infect Immun，2008，76（4）：1702-1708

［21］Jaroentomeechai T，Stark JC，Natarajan A，et al. Single-pot glycoprotein biosynthesis using a cell-free transcription-translation system enriched with glycosylation machinery. Nat Commun，2018，9（1）：2686

［22］Richardson MA，Ramirez T，Russell NC，et al. Coley toxins immunotherapy：A retrospective review. Alternative Therapies in Health and Medicine，1999，5（3）：42-47

［23］Wei XY，Du M，Chen ZY，et al. Recent advances in bacteria-based cancer treatment. Cancers，2022，14（19）：4945

［24］Zhou SB，Gravekamp C，Bermudes D，et al. Tumour-targeting bacteria engineered to fight cancer. Nat Rev Cancer，2018，18（12）：727-743

［25］Liang K，Liu Q，Li P，et al. Genetically engineered *Salmonella typhimurium*：Recent advances in cancer therapy. Cancer Lett，2019，448：168-181

［26］Danino T，Prindle A，Kwong GA，et al. Programmable probiotics for detection of cancer in urine. Science Translational Medicine，2015，7（289）：289ra284

［27］Royo JL，Becker PD，Camacho EM，et al. *In vivo* gene regulation in *Salmonella* spp. by a salicylate-dependent control circuit. Nat Methods，2007，4（11）：937-942

［28］Din MO，Danino T，Prindle A，et al. Synchronized cycles of bacterial lysis for *in vivo* delivery. Nature，2016，536（7614）：81-85

［29］Yu YA，Shabahang S，Timiryasova TM，et al. Visualization of tumors and metastases in live animals with bacteria and vaccinia virus encoding light-emitting proteins. Nature Biotechnology，2004，22（3）：313-320

［30］Courbet A，Endy D，Renard E，et al. Detection of pathological biomarkers in human clinical samples via amplifying genetic switches and logic gates. Science Translational Medicine，2015，7（289）：289ra283

［31］Duan FF，Liu JH，March JC. Engineered commensal bacteria reprogram intestinal cells into glucose-responsive insulin-secreting cells for the treatment of diabetes. Diabetes，2015，64（5）：1794-1803

［32］Arora T，Wegmann U，Bobhate A，et al. Microbially produced glucagon-like peptide 1 improves glucose tolerance in mice. Molecular Metabolism，2016，5（8）：725-730

［33］Verma A，Zhu P，Xu K，et al. Angiotensin-（1-7）expressed from lactobacillus bacteria protect diabetic retina in mice. Translational Vision Sience & Technology，2020，9（13）：20

［34］Lin Y，Krogh-Andersen K，Pelletier J，et al. Oral delivery of pentameric glucagon-like peptide-1 by recombinant lactobacillus in diabetic rats. PLoS ONE，2016，11（9）：e0162733

［35］Takiishi T，Korf H，van Belle TL，et al. Reversal of autoimmune diabetes by restoration of antigen-specific tolerance using genetically modified lactococcus lactis in mice. J Clin Invest，2012，122（5）：1717-1725

［36］He M，Shi B. Gut microbiota as a potential target of metabolic syndrome：The role of probiotics and prebiotics. Cell & Bioscience，2017，7（1）：54

［37］Chen Z，Guo L，Zhang Y，et al. Incorporation of therapeutically modified bacteria into gut microbiota inhibits obesity. J Clin Invest，2014，124（8）：3391-3406

［38］Kurtz CB，Millet YA，Puurunen MK，et al. An engineered *E. coli* Nissle improves hyperammonemia and survival in mice and shows dose-dependent exposure in healthy humans. Science Translational Medicine，2019，11（475）：eaau7975

［39］Isabella VM，Ha BN，Castillo MJ，et al. Development of a synthetic live bacterial therapeutic for the human metabolic disease phenylketonuria. Nature biotechnology，2018，36（9）：857-864

［40］Cusi K，Isaacs S，Barb D，et al. American association of clinical endocrinology clinical practice guideline for the diagnosis and management of nonalcoholic fatty liver disease in primary care and endocrinology clinical settings：Co-sponsored by the american association for the study of liver diseases（AASLD）. Endocrine Practice：Official Journal of the American College of Endocrinology and the American Association of Clinical Endocrinologists，2022，28（5）：528-562

［41］Lu J，Zhu X，Zhang C，et al. Co-expression of alcohol dehydrogenase and aldehyde dehydrogenase in bacillus subtilis for alcohol detoxification. Food and Chemical Toxicology：An International Journal Published for the British Industrial Biological Research Association，2020，135：110890

［42］Hendrikx T，Duan Y，Wang Y，et al. Bacteria engineered to produce IL-22 in intestine induce expression of reg3g to reduce ethanol-induced liver disease in mice. Gut，2019，68（8）：1504-1515

［43］Jakubczyk D，Leszczyńska K，Górska S. The effectiveness of probiotics in the treatment of inflammatory bowel disease（IBD）—a critical review. Nutrients，2020，12（7）：1973

［44］Praveschotinunt P，Duraj-Thatte AM，Gelfat I，et al. Engineered *E. coli* Nissle 1917 for the delivery of matrix-tethered therapeutic domains to the gut. Nat Commun，2019，10（1）：5580

［45］Hwang IY，Koh E，Wong A，et al. Engineered probiotic *Escherichia coli* can eliminate and prevent pseudomonas aeruginosa gut infection in animal models. Nat Commun，2017，8：15028

［46］Yan X，Liu XY，Zhang D，et al. Construction of a sustainable 3-hydroxybutyrate-producing probiotic *Escherichia coli* for treatment of colitis. Cellular & Molecular Immunology，2021，18（10）：2344-2357

［47］Wang S，Dos-Santos ALA，Huang W，et al. Driving mosquito refractoriness to plasmodium falciparum with engineered symbiotic bacteria. Science，2017，357（6358）：1399-1402

［48］Shalhout SZ，Miller DM，Emerick KS，et al. Therapy with oncolytic viruses：Progress and challenges. Nature Reviews Clinical Oncology，2023，20（3）：160-177

［49］Harrington K，Freeman DJ，Kelly B，et al. Optimizing oncolytic virotherapy in cancer treatment. Nature Reviews Drug Discovery，2019，18（9）：689-706

［50］Soliman H，Hogue D，Han H，et al. Oncolytic T-Vec virotherapy plus neoadjuvant chemotherapy in nonmetastatic triple-negative breast cancer：A phase 2 trial. Nature Medicine，2023，29（2）：450-457

［51］Azad T，Rezaei R，Singaravelu R，et al. Synthetic virology approaches to improve the safety and efficacy of oncolytic virus therapies. Nat Commun，2023，14（1）：3035

［52］Huang H，Liu Y，Liao W，et al. Oncolytic adenovirus programmed by synthetic gene circuit for cancer immunotherapy. Nat Commun，2019，10（1）：4801

［53］Bulcha JT，Wang Y，Ma H，et al. Viral vector platforms within the gene therapy landscape. Signal Transduct Target Ther，2021，6（1）：53

［54］Burnett JR，Hooper AJ. Alipogene tiparvovec，an adeno-associated virus encoding the Ser（447）X variant of the human lipoprotein lipase gene for the treatment of patients with lipoprotein lipase deficiency. Current Opinion in Molecular Therapeutics，2009，11（6）：681-691

［55］Russell S，Bennett J，Wellman JA，et al. Efficacy and safety of voretigene neparvovec（AAV2-hRPE65v2）in patients with RPE65-mediated inherited retinal dystrophy：A randomised，controlled，open-label，phase 3 trial. Lancet（London，England），2017，390（10097）：849-860

［56］Mendell JR，Al-Zaidy S，Shell R，et al. Single-dose gene-replacement therapy for spinal muscular atrophy. The New England Journal of Medicine，2017，377（18）：1713-1722

［57］Muruve DA. The innate immune response to adenovirus vectors. Human Gene Therapy，2004，15（12）：1157-1166

［58］Peng Z. Current status of gendicine in china：Recombinant human ad-p53 agent for treatment of cancers. Human Gene Therapy，2005，16（9）：1016-1027

［59］Heise C，Sampson-Johannes A，Williams A，et al. ONYX-015，an *E1B* gene-attenuated adenovirus，causes tumor-specific cytolysis and antitumoral efficacy that can be augmented by standard chemotherapeutic agents. Nature Medicine，1997，3（6）：639-645

［60］Maude SL，Frey N，Shaw PA，et al. Chimeric antigen receptor t cells for sustained remissions in leukemia. The New England Journal of Medicine，2014，371（16）：1507-1517

［61］Zhao Z，Anselmo AC，Mitragotri S. Viral vector-based gene therapies in the clinic. Bioengineering & Translational Medicine，2022，7（1）：e10258

［62］Si L，Xu H，Zhou X，et al. Generation of influenza a viruses as live but replication-incompetent virus vaccines. Science，2016，354（6316）：1170-1173

［63］Li P，Ke X，Wang T，et al. Zika virus attenuation by codon pair deoptimization induces sterilizing immunity in mouse models. Journal of Virology，2018，92（17）：E00701-E00718

［64］袁盛建，马迎飞. 噬菌体合成生物学研究进展和应用. 合成生物学，2020，1：635-655

［65］Hatton IA，Galbraith ED，Merleau NSC，et al. The human cell count and size distribution. Proc Natl Acad Sci USA，2023，120（39）：e2303077120

［66］Feins S，Kong W，Williams EF，et al. An introduction to chimeric antigen receptor（CAR）T-cell immunotherapy for human cancer. American Journal of Hematology，2019，94（S1）：S3-S9

［67］Sadelain M，Rivière I，Brentjens R. Targeting tumours with genetically enhanced T lymphocytes. Nature Reviews Cancer，2003，3（1）：35-45

［68］Sadelain M，Brentjens R，Rivière I. The basic principles of chimeric antigen receptor design. Cancer Discovery，2013，3（4）：388-398

［69］Locke FL，Ghobadi A，Jacobson CA，et al. Long-term safety and activity of axicabtagene ciloleucel in refractory large B-cell lymphoma（ZUMA-1）：A single-arm，multicentre，phase 1-2 trial. The Lancet Oncology，2019，20（1）：31-42

［70］Haslauer T，Greil R，Zaborsky N，et al. CAR T-cell therapy in hematological malignancies. International Journal of Molecular Sciences，2021，22（16）：8996

［71］Shimabukuro-Vornhagen A，Gödel P，Subklewe M，et al. Cytokine release syndrome. J Immunother Cancer，2018，6（1）：56

［72］Sadelain M，Rivière I，Riddell S. Therapeutic T cell engineering. Nature，2017，545（7655）：423-431

［73］Brudno JN，Kochenderfer JN. Recent advances in CAR T-cell toxicity：Mechanisms，manifestations and management. Blood Reviews，2019，34：45-55

［74］Carpenter RO，Evbuomwan MO，Pittaluga S，et al. B-cell maturation antigen is a promising target for adoptive T-cell therapy of multiple myeloma. Clinical Cancer Research：An Official Journal of the American Association for Cancer Research，2013，19（8）：2048-2060

［75］Novak AJ，Darce JR，Arendt BK，et al. Expression of BCMA，TACI，and BAFF-R in multiple myeloma：A mechanism for growth and survival. Blood，2004，103（2）：689-694

［76］Ali SA，Shi V，Maric I，et al. T cells expressing an anti-b-cell maturation antigen chimeric antigen receptor cause remissions of multiple myeloma. Blood，2016，128（13）：1688-1700

［77］Raje N，Berdeja J，Lin Y，et al. Anti-BCMA CAR T-cell therapy BB2121 in relapsed or refractory multiple myeloma. The New England Journal of Medicine，2019，380（18）：1726-1737

［78］Hou AJ，Chen LC，Chen YY. Navigating CAR-T cells through the solid-tumour microenvironment. Nature Reviews Drug Discovery，2021，20（7）：531-550

［79］Murphy EL，Collier AC，Kalish LA，et al. Highly active antiretroviral therapy decreases mortality and morbidity in patients with advanced HIV disease. Annals of Internal Medicine，2001，135（1）：17-26

［80］Sadowski I，Hashemi FB. Strategies to eradicate HIV from infected patients：Elimination of latent provirus reservoirs. Cellular and Molecular Life Sciences：CMLS，2019，76（18）：3583-3600

［81］Finzi D，Hermankova M，Pierson T，et al. Identification of a reservoir for HIV-1 in patients on highly active antiretroviral therapy. Science，1997，278（5341）：1295-1300

［82］Schwartz O，Maréchal V，le Gall S，et al. Endocytosis of major histocompatibility complex class I molecules is induced by the HIV-1 nef protein. Nature Medicine，1996，2（3）：338-342

［83］Scholler J，Brady TL，Binder-Scholl G，et al. Decade-long safety and function of retroviral-modified chimeric antigen receptor T cells. Science Translational Medicine, 2012, 4（132）: 132ra153

[84] Grupp SA, Kalos M, Barrett D, et al. Chimeric antigen receptor-modified T cells for acute lymphoid leukemia. The New England Journal of Medicine, 2013, 368（16）: 1509-1518

[85] Hale M, Mesojednik T, Romano Ibarra GS, et al. Engineering HIV-resistant, anti-HIV chimeric antigen receptor T cells. Molecular Therapy: The Journal of The American Society of Gene Therapy, 2017, 25（3）: 570-579

[86] Ren J, Jin P, Wang E, et al. Pancreatic islet cell therapy for type i diabetes: Understanding the effects of glucose stimulation on islets in order to produce better islets for transplantation. Journal of Translational Medicine, 2007, 5: 1

[87] Ashcroft FM, Rorsman P. K（ATP）channels and islet hormone secretion: New insights and controversies. Nature Reviews Endocrinology, 2013, 9（11）: 660-669

[88] Hashimoto N, Kido Y, Uchida T, et al. Ablation of PDK1 in pancreatic beta cells induces diabetes as a result of loss of beta cell mass. Nat Genet, 2006, 38（5）: 589-593

[89] Xie M, Ye H, Wang H, et al. B-cell-mimetic designer cells provide closed-loop glycemic control. Science, 2016, 354（6317）: 1296-1301

[90] Ye H, Xie M, Xue S, et al. Self-adjusting synthetic gene circuit for correcting insulin resistance. Nature Biomedical Engineering, 2017, 1（1）: 0005

[91] Xue S, Yin J, Shao J, et al. A synthetic-biology-inspired therapeutic strategy for targeting and treating hepatogenous diabetes. Molecular Therapy: The Journal of the American Society of Gene Therapy, 2017, 25（2）: 443-455

[92] Soldner F, Jaenisch R. Stem cells, genome editing, and the path to translational medicine. Cell, 2018, 175（3）: 615-632

[93] Takahashi K, Yamanaka S. Induction of pluripotent stem cells from mouse embryonic and adult fibroblast cultures by defined factors. Cell, 2006, 126（4）: 663-676

[94] Araki R, Uda M, Hoki Y, et al. Negligible immunogenicity of terminally differentiated cells derived from induced pluripotent or embryonic stem cells. Nature, 2013, 494（7435）: 100-104

[95] Morrison M, Klein C, Clemann N, et al. StemBANCC: Governing access to material and data in a large stem cell research consortium. Stem Cell Reviews and Reports, 2015, 11（5）: 681-687

[96] Sharma A, Burridge PW, McKeithan WL, et al. High-throughput screening of tyrosine kinase inhibitor cardiotoxicity with human induced pluripotent stem cells. Science Translational Medicine, 2017, 9（377）: eaaf2584

[97] Yang CT, Ma R, Axton RA, et al. Activation of KLF1 enhances the differentiation and maturation of red blood cells from human pluripotent stem cells. Stem Cells（Dayton, Ohio）, 2017, 35（4）: 886-897

[98] Sugimoto N, Eto K. Platelet production from induced pluripotent stem cells. Journal of Thrombosis and Haemostasis: JTH, 2017, 15（9）: 1717-1727

[99] Cichocki F, Bjordahl R, Gaidarova S, et al. iPSC-derived NK cells maintain high cytotoxicity and enhance *in vivo* tumor control in concert with t cells and anti-PD-1 therapy. Science Translational Medicine, 2020, 12（568）: eaaz5618

[100] Sarkar TJ, Quarta M, Mukherjee S, et al. Transient non-integrative expression of nuclear reprogramming factors promotes multifaceted amelioration of aging in human cells. Nat Commun, 2020, 11（1）: 1545

[101] Thomas D, Cunningham NJ, Shenoy S, et al. Human-induced pluripotent stem cells in cardiovascular research:

Current approaches in cardiac differentiation，maturation strategies，and scalable production. Cardiovascular Research，2022，118（1）：20-36

[102] Park TS，Bhutto I，Zimmerlin L，et al. Vascular progenitors from cord blood-derived induced pluripotent stem cells possess augmented capacity for regenerating ischemic retinal vasculature. Circulation，2014，129（3）：359-372

[103] Tang H，Sha H，Sun H，et al. Tracking induced pluripotent stem cells-derived neural stem cells in the central nervous system of rats and monkeys. Cellular Reprogramming，2013，15（5）：435-442

[104] Chen Y，Lüttmann FF，Schoger E，et al. Reversible reprogramming of cardiomyocytes to a fetal state drives heart regeneration in mice. Science，2021，373（6562）：1537-1540

[105] Takebe T，Sekine K，Enomura M，et al. Vascularized and functional human liver from an iPSC-derived organ bud transplant. Nature，2013，499（7459）：481-484

[106] Guo R，Morimatsu M，Feng T，et al. Stem cell-derived cell sheet transplantation for heart tissue repair in myocardial infarction. Stem Cell Research & Therapy，2020，11（1）：19

[107] Maeda T，Mandai M，Sugita S，et al. Strategies of pluripotent stem cell-based therapy for retinal degeneration：Update and challenges. Trends in Molecular Medicine，2022，28（5）：388-404

[108] Deinsberger J，Reisinger D，Weber B. Global trends in clinical trials involving pluripotent stem cells：A systematic multi-database analysis. NPJ Regenerative Medicine，2020，5：15

[109] Hodgkinson CP，Gomez JA，Mirotsou M，et al. Genetic engineering of mesenchymal stem cells and its application in human disease therapy. Human Gene Therapy，2010，21（11）：1513-1526

[110] Reed JC，Cuddy M，Slabiak T，et al. Oncogenic potential of Bcl-2 demonstrated by gene transfer. Nature，1988，336（6196）：259-261

[111] Cheng AW，Wang H，Yang H，et al. Multiplexed activation of endogenous genes by CRISPR-on，an RNA-guided transcriptional activator system. Cell Research，2013，23（10）：1163-1171

[112] Warren L，Manos PD，Ahfeldt T，et al. Highly efficient reprogramming to pluripotency and directed differentiation of human cells with synthetic modified mrna. Cell Stem Cell，2010，7（5）：618-630

[113] Gersbach CA，le Doux JM，Guldberg RE，et al. Inducible regulation of RUNX2-stimulated osteogenesis. Gene Therapy，2006，13（11）：873-882

[114] Jo A，Denduluri S，Zhang B，et al. The versatile functions of SOX9 in development，stem cells，and human diseases. Genes & Diseases，2014，1（2）：149-161

[115] Glass KA，Link JM，Brunger JM，et al. Tissue-engineered cartilage with inducible and tunable immunomodulatory properties. Biomaterials，2014，35（22）：5921-5931

[116] Mansouri M，Strittmatter T，Fussenegger M. Light-controlled mammalian cells and their therapeutic applications in synthetic biology. Advanced Science（Weinheim，Baden-Wurttemberg，Germany），2019，6（1）：1800952

[117] Sauers DJ，Temburni MK，Biggins JB，et al. Light-activated gene expression directs segregation of co-cultured cells *in vitro*. ACS Chemical Biology，2010，5（3）：313-320

[118] Sakar MS，Neal D，Boudou T，et al. Formation and optogenetic control of engineered 3D skeletal muscle bioactuators. Lab on a Chip，2012，12（23）：4976-4985

[119] Conklin BR，Hsiao EC，Claeysen S，et al. Engineering GPCR signaling pathways with RASSLs. Nat Methods，2008，5（8）：673-678

[120] Zhu I，Liu R，Garcia JM，et al. Modular design of synthetic receptors for programmed gene regulation in

cell therapies. Cell，2022，185（8）：1431-1443，e1416

[121] Park JS，Rhau B，Hermann A，et al. Synthetic control of mammalian-cell motility by engineering chemotaxis to an orthogonal bioinert chemical signal. Proc Natl Acad Sci USA，2014，111（16）：5896-5901

[122] Gilbert C，Ellis T. Biological engineered living materials：Growing functional materials with genetically programmable properties. ACS Synthetic Biology，2019，8（1）：1-15

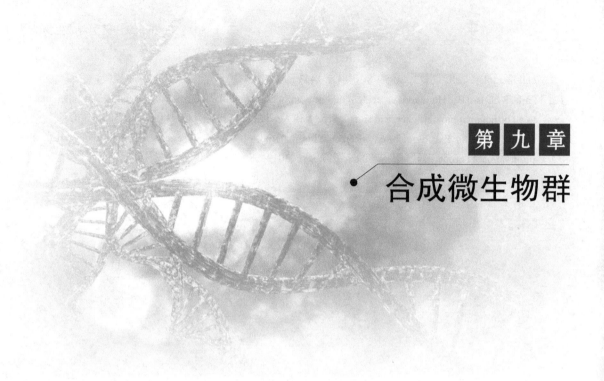

第九章

合成微生物群

合成微生物群研究是合成生物学与微生物组相结合的前沿交叉领域，是当前新兴的研究方向。合成微生物组是指依据相互作用、空间协调、菌群稳定和生物遏制等原则，将不同的微生物进行优势整合人工设计，具备更加复杂的、单一菌株无法实现的生物学功能且动态稳定存在的微生物群落。本章节将从研究历程、研究方法、目前研究成果等几个方面介绍合成微生物群。由于合成微生物群是新型研究领域，当前研究成果在不断地被迭代更新，此章节谨以介绍研究进展为主，为读者了解、学习、钻研此方向提供一定的素材。

第一节 合成微生物群的研究历程

近十年来，随着合成生物学与微生物组学研究技术和成果的突飞猛进，合成微生物群的相关研究也得到了良好的发展。

合成微生物群研究的一个挑战是创造出能体现种群水平行为的合作微生物群系统，其中一个关键点是复制出群体中不同种类微生物的通信功能，这种通信又称为微生物群体感应（quorum sensing）。微生物群体感应是利用微生物细胞信号机制来调节多种基因的转录与表达。2015 年，美国赖斯大学生物科学系 Matthew R. Bennett 研究团队[1]描述了一个合成微生物群的构建，包括两种不同的细菌类型——"激活剂"菌株和"阻遏剂"菌株。这些菌株产生两种细胞信号分子，在跨越两个菌株的合成通路中调控基因。这两种菌株只有在共同培养时才会产生种群水平的协调与活动。此研究通过多个合作菌株的基因工程来规划种群水平的动态能力，为合成具有多种细胞类型的复杂微生物群提供了理论基础。

2016 年，德国慕尼黑大学 Bärbel Stecher 研究团队[2]报道结合详尽的菌株收集和合成生物学的方法，将基因组引导设计用于微生物群落的合成中，此系统可用于深入了解微生物-微生物和微生物-宿主之间的相互作用，以研究肠道中的生态和疾病相关机制。对肠道感染的保护是宿主及其本地微生物相互作用的结果。人类和小鼠的肠道微生物群是高度多样化的，因此为其个体成员分配特定的属性具有挑战性。Bärbel Stecher 等使用了一组小鼠菌株和模块化设计方法来创建一个最小的细菌群落，该群落在连续几代小鼠中可以稳定定植，并表现出对鼠伤寒沙门氏菌（*Salmonella typhimurium*）有害菌的定殖抗性。该微生物群系统的设计与合成策略是一个高度通用的实验系统，对于类似合成微生物群的构建提供了参考与借鉴。合成微生物群的构建离不开先进的技术支持。2019 年，麻省理工学院/哈佛大学的布罗德研究所 Paul C. Blainey 研究团队[3]搭建了一个基于液滴的平台 kChip，可以进行快速、大规模并行、自下而上地筛选与构建合成微生物群落。kChip 筛选平台可以识别具有光学信号的多物种菌群，能够在不同的环境条件下对微生物进行表型表征，研究中测试的功能包括抑制病原体、降解难降解底物等，同时在此平台中可以测试外界扰动对于其功能的稳健性。该平台在基础和应用微生物生态学中有诸多应用。2020 年，康奈尔大学梅尼格生物医学工程学院 Iwijn de Vlaminck 研究团队[4]开发了一项荧光原位杂交（HiPR-FISH）技术，此技术是一种通用技术，它使用二进制编码、光谱成像和基于机器学习解码来定位与创建复杂群落中数百种微生物物种位置和身份的微米级图谱。HiPR-FISH 为单细胞分辨环境微生物群落的空间生态提供了可能性。2023 年，中国科学院深圳先进技术研究院戴磊研究团队[5]利用误差鲁棒性编码的荧光探针对微生物群落进行空间分析，提出了使用误差鲁棒性序列荧光原位杂交（SEER-FISH）对微生物群进行空间分析，这是一种高度多路复用和精确的成像方法，允许在微米尺度上绘制微生物群落及在复杂的微生物群落中进行准确的分类鉴定。SEER-FISH 为现场分析复杂微生物群落的空间生态提供了一种有用的方法。

近年来，科研工作者在合成微生物群的理性设计与构建上作出了诸多有效尝试。2021 年，伦敦大学学院细胞与发育生物学系 Chris P. Barnes 研究团队[6]展示了一种自动化设计的方法来构建合成群落，通过计算探索所有的二应变和三应变系统，使用贝叶斯方法进行模型选择，并确定产生稳定状态群落的最稳健的候选系统。2022 年，美国斯坦福大学 Michael A. Fischbach 研究团队[7]创建了一个功能齐全、抗入侵的合成微生物组。该微生物组由 100 多个细菌菌种组成，并被成功移植到小鼠体内。这是迄今为止设计的最复杂和定义最明确的合成微生物组，它为编辑复杂的微生物联合体提供了可能性，并有利于微生物群-微生物群和微生物群-宿主相互作用机制的研究。

第二节　合成微生物群的研究方法

本节将主要介绍合成微生物群的研究方法。以下方法在实际应用中多见整合与交互，相互验证以期得到较好的合成效果。

一、经典的共培养方法

在合成微生物群研究的最初期，共培养方法是经典且常用的一种测试方法。共培养实验为微生物间的交叉喂养提供了广泛应用的验证，这些实验仅限于有限数量的微生物，并且最常由两个成员进行。此外，共培养主要局限于可培养的微生物，其结果取决于培养方法和培养基组成，降低了其对自然系统的适用性。在此类人工合成微生物体系中，重视代谢工程的逻辑思路并将其应用于构建微生物群系统中，让不同的微生物种群承担不同的代谢功能，则能够构建微生物种群的相互作用关系，建立代谢网络，实现分工合作。麻省理工学院 Gregory Stephanopoulosy 研究团队[8]设计并组装了大肠杆菌（*Escherichia coli*）及酿酒酵母（*Saccharomyces cerevisiae*）联合体，将具有药用价值紫杉烷类的生物合成途径分为两个独立的途径，大肠杆菌产生并分泌紫杉二烯中间体，然后酿酒酵母完成必要的氧化步骤以实现功能化。这一联合体解决了单菌种难以兼容长代谢途径的难题，通过代谢分工使代谢途径各部分得到优化，获得了更高的产量。

二、建立在多组学测序数据基础上合成微生物群的构建

利用宏基因组学、宏转录组学、宏蛋白质组学、代谢组学及比较基因组分析进行多图谱测试与分析：微生物群落的组成可以随着时间的推移而发生显著变化。在菌株水平分辨率下的时间分析是研究微生物群落纵向动态的基础。宏基因组学结合差异分析可以从复杂的微生物群落中检索几乎完整的基因组，并能够识别营养缺陷和营养需求微生物[9]。微生物群落的高通量功能谱可以通过基于序列和基于质谱的组学方法获得。宏转录组学、宏蛋白质组学和代谢组学分别测量 mRNA、蛋白质或代谢物水平[10]。这些方法可以结合起来确定特定条件下和不同时间点的活跃代谢途径，并可以帮助解决相互作用网络。利用比较基因组分析，可以基于参考基因组或宏基因组数据进行基因组比较分析。基于基因组的缺陷预测可以表明潜在的合作或竞争相互作用。在代谢途径的芯片分析中，通过实验数据证实，可以产生微生物群落中的碳、能量和营养流动模型。

三、动态建模

计算和数学理论模型被用于背景由高通量实验技术生成的复杂组学数据。这种建模方法包括常微分方程和基于代理的模型，并可以模拟调节网络（信号通路和代谢途径）和微生物群落的动态变化[11,12]。

四、围绕设计–构建–测试–学习周期构建合成微生物群

这是由 Lawson 等提出的合成微生物群落的方法[13]。这个周期包括开发一个初始的微生物群落设计或初步模型系统来实现一个定义的工程目标，之后构建微生物群落并测试其功能，进一步评估此设计构建是否达到了设计目标，整理归纳并将新信息纳入后续设计-构建-测试-学习（design-build-test-learn，DBTL）周期的决策过程（图 9-1）。这种方法已被成功应用于制造、代谢工程和其他场景（"构建、测量、学习"），并可以帮助人们迅速开发急需的工具和设计概念来利用微生物群，旨在提供创新的解决方案和推进人类认知。

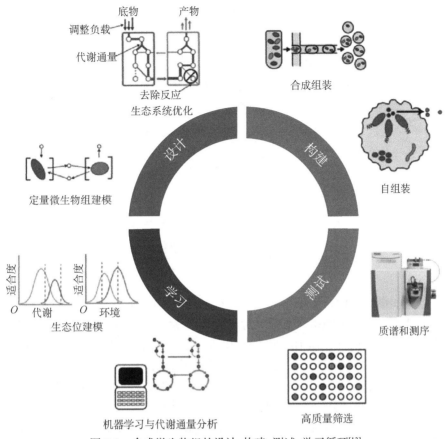

图 9-1　合成微生物组的设计-构建-测试-学习循环[13]

合成微生物群的研究成果

　　人类微生物群在健康和疾病中的重要性在科学界得到了广泛的共识。目前，利用宿主-微生物组的相互作用来开发合成微生物组疗法有添加疗法、减法疗法和调节疗法三种常用的策略[14]（图 9-2）。添加疗法包括添加微生物菌种或微生物联合体。减法疗法旨在去除特定疾病的已知病原体。调节疗法则是利用某些非生物制剂来改变或操纵宿主-微生物组的相互作用以实现特定功能。例如，Kaleido Biosciences 公司生产的修饰聚糖可以刺激微生物群中某些细菌群的生长[15]。

　　2022 年 11 月 30 日，美国 FDA 批准了全球首款粪便微生物组疗法 RBX2660，该产品是由 Rebiotix 生物技术公司开发的，用于预防 18 岁及以上患者艰难梭菌感染（CDI）的复发，患者须接受抗生素治疗后使用[16]。此外，由 Seres Therapeutics 公司开发的 SER-109 是一种抗生素使用之后针对复发性艰难梭菌感染的微生物组疗法，由纯化的厚壁菌门孢子组成，其在艰难梭菌复制周期及艰难梭菌感染的发病机制中发挥调节作用。在一项Ⅲ期临床试验中，SER-109 在复发性 CDI 患者中获得了较高的持续临床反应率，与安慰剂相比具有良好的安全性。目前 SER-109 已被美国 FDA 批准为孤儿药。由 Finch Therapeutics 公司开发的一种用于预防

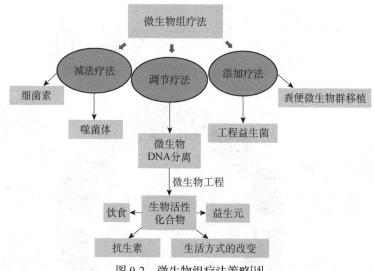

图 9-2 微生物组疗法策略[14]

成人复发性艰难梭菌感染的口服微生物组疗法候选药物 CP101 也已获得美国 FDA 的突破疗法和快速通道认证。在一项随机、安慰剂对照的 II 期临床试验（PRISM3）中，CP101 达到了主要疗效终点，在第八周时，CP101 使 CDI 患者复发风险降低了 33.8%，且没有严重不良反应事件发生[17]。由 MaaT Pharma 公司开发的且已获得美国 FDA 和欧洲药品管理局（EMA）孤儿药认定的 MaaT033，是一组由已知可产生抗炎短链脂肪酸的细菌组成的微生物组。它是一种口服、供体来源、标准化、高丰富度、高多样性的微生物组生态系统疗法，在两种类固醇均难治的急性移植物抗宿主病伴胃肠道受累（acute graft-versus-host-disease with gastrointestinal involvement，GI-aGvHD）患者中使用[18]。

日本庆应义塾大学医学院 Kenya Honda 研究团队根据梭状芽孢杆菌在增加 Treg 细胞的丰度和诱导重要抗炎分子方面的作用，分离并筛选了 17 株梭状芽孢杆菌，通过口服这些菌株，改善了成年小鼠的结肠炎和过敏性腹泻症状[19]。基于这项研究构建的合成菌群 VE202，被用于治疗炎症性肠病，目前已进入临床试验。此外，Kenya Honda 研究团队还从健康的人体粪便中分离出 11 株可以诱导 γ-干扰素产生的菌株，构建的合成菌群被用于癌症的免疫辅助治疗，目前也已进入临床试验[20]。

2023 年，Michael A. Fischbach 研究团队利用构建的合成微生物群落[21]，研究微生物群诱导的 T 细胞在肠道群落的菌株水平上的特性。此项研究工作表明，T 细胞对共生体的识别集中于广泛保守的、高表达的细胞表面抗原，为新的治疗策略打开了大门，其中定植体-特异性免疫反应被合理地改变或重新定向[22]。2023 年，Michael A. Fischbach 研究团队构建的一个复杂定义的微生物群落变异表明，在生态位内功能冗余的菌株可以在生态位外产生广泛的、不同的影响。研究表明去除梭状芽孢杆菌（*Clostridium scindens*）和 *Clostridium hylemonae* 消除了次生胆汁酸的产生，并以一种高度特异性的方式重塑了群落：8 株菌株的相对丰度变化了逾 100 倍[23]。

越来越多的人认为人类肠道共生体会影响非传染性疾病，如炎症性肠病（inflammatory bowel disease，IBD）。在一项新的研究中，来自以色列魏茨曼科学研究所和德国癌症研究中心的 Eran Elinav 研究团队首次设计了一种噬菌体组合疗法，它能够精确靶向并抑制与炎症性肠病相关的肠道细菌。这一发现展示了使用噬菌体治疗与肠道菌群相关的疾病的可能性[24]。

合成微生物群为当前科学研究的前沿交叉方向。合成微生物群的构建与应用在人类健康、疾病治疗等领域有着重要的意义与巨大的前景。但目前此研究领域仍处于发展初期，面临着众多挑战，如定义微生物群表征，合成菌落的适用性、生物安全性、稳定性等[25]。

利用目前的测序技术，可以对肠道中的微生物组进行更广泛和更深入的鉴定，但仍有一些微生物不容易被目前的技术捕获，需要升级测序技术以提高微生物的检测能力。目前对正常肠道微生物组组成的了解还不够完全，某些合成微生物群落的菌株还能在胃肠黏膜中移植，它们通常位于黏膜外层，在炎症性肠病等疾病中，某些菌株能渗透到宿主的上皮细胞和免疫细胞中相互作用。因此，用于检测合成微生物组定植情况的粪便样本可能无法准确反映黏液中的固着微生物群（图9-3）。

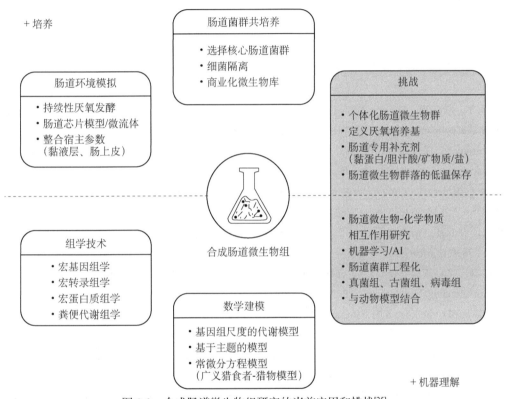

图 9-3 合成肠道微生物组研究的当前应用和挑战[25]

菌株在合成微生物群落中是如何发挥作用的，如果不了解应用于治疗中的某些微生物的功能机制，将无法确定合成微生物组中关键的微生物成分，从而影响合成微生物群的构建与应用。虽然单一的微生物成分是了解微生物组的关键，但微生物常常通过协同功能或排他性作用而在宿主-合成微生物组的互作中产生重要影响。因此，研究合成微生物组中菌株在微生态系统中的功能，对明确各菌株在合成微生物组中的功能具有重要意义。研究合成微生物组中菌株在微生态系统中的功能是重要的研究方向。

全面了解微生物在疾病发病机制中的作用，是评估合成微生物组疗效和潜在的不利因素的关键。此外，所移植的合成微生物的某些微生物有可能长期存在于受体体内。对合成微生物组的使用及其结果进行记录是强制性的，以监测该疗法的潜在副作用。迄今为止，大多数研究都依赖于使用 16S rRNA 基因测序分析微生物群组成，但准确预测反应可能需要分析宏基因组（微生物群的所有基因组内容）和（或）宏转录组（微生物群活跃表达的所有基因），以识别对不同类型干预的反应者和无反应者。然而，使用宏基因组测序预测合成微生物组在疾病治疗中的成功率仅局限于学术研究，其成本和时间花费均较高，需要开发周期短且低成本的预测手段和监测手段。

1. 合成微生物群领域是合成生物学与微生物组学相结合的前沿交叉领域。请简述常用于此方向的研究方法及列举对应的研究成果。

2. 请简述 Lawson 提出的设计-构建-测试-学习（design-build-test-learn）原理应用于合成微生物群研究的思路。

参 | 考 | 文 | 献

[1] Chen Y，Kim JK，Hirning AJ，et al. SYNTHETIC BIOLOGY Emergent genetic oscillations in a synthetic microbial consortium. Science，2015，349（6251）：986-989

[2] Brugiroux S，Beutler M，Pfann C，et al. Genome-guided design of a defined mouse microbiota that confers colonization resistance against *Salmonella enterica* serovar Typhimurium. Nat Microbiol，2016，2（2）：16215

[3] Kehe J，Kulesa A，Ortiz A，et al. Massively parallel screening of synthetic microbial communities. P Natl Acad Sci USA，2019，116（26）：12804-12809

[4] Shi H，Shi QJ，Grodner B，et al. Highly multiplexed spatial mapping of microbial communities. Nature，2020，588（7839）：676-681

[5] Cao ZH，Zuo WL，Wang LX，et al. Spatial profiling of microbial communities by sequential fish with error-robust encoding. Nat Commun，2023，14（1）：1477

[6] Karkaria BD，Fedorec AJH，Barnes CP. Automated design of synthetic microbial communities. Nat Commun，2021，12（1）：672

[7] Cheng AG，Ho PY，Aranda-Díaz A，et al. Design，construction，and augmentation of a complex gut microbiome. Cell，2022，185（19）：3617-3636

[8] Zhou K，Qiao KJ，Edgar S，et al. Distributing a metabolic pathway among a microbial consortium enhances production of natural products. Nat Biotechnol，2015，33（4）：377-383

[9] Zuñiga C，Zaramela L，Zengler K. Elucidation of complexity and prediction of interactions in microbial communities. Microb Biotechnol，2017，10（6）：1500-1522

[10] Franzosa EA，Hsu T，Sirota-Madi A，et al. Sequencing and beyond：Integrating molecular 'omics' for microbial community profiling. Nat Rev Microbiol，2015，13（6）：360-372

[11] Xiao YD，Angulo MT，Friedman J，et al. Mapping the ecological networks of microbial communities. Nat Commun，2017，8：2042

[12] An G，Mi Q，Dutta-Moscato J，et al. Agent-based models in translational systems biology. Wires Syst Biol Med，2009，1（2）：159-171

[13] Lawson CE，Harcombe WR，Hatzenpichler R，et al. Common principles and best practices for engineering microbiomes. Nat Rev Microbiol，2019，17（12）：725-741

［14］Yadav M，Chauhan NS. Microbiome therapeutics：Exploring the present scenario and challenges. Gastroenterol Rep，2022，10：goab046

［15］FitzGerald MJ，Spek EJ. Microbiome therapeutics and patent protection. Nat Biotechnol，2020，38（7）：806-810

［16］https://www.serestherapeutics.com/our-programs/

［17］Finch Therapeutics Group. Finch Therapeutics Corporate Updates and Reports Third Quarter 2022 Financial Results.（2022-11-10）https://www.globenewswire.com/news-release/2022/11/10/2552963/0/en/Finch-Therapeutics-Provides-Corporate-Updates-and-Reports-Third-Quarter-2022-Financial-Results.html［2023-12-25］

［18］https://www.maatpharma.com/pipeline/

［19］Atarashi K，Tanoue T，Shima T，et al. Induction of colonic regulatory t cells by indigenous species. Science，2011，331（6015）：337-341

［20］Tanoue T，Morita S，Plichta DR，et al. A defined commensal consortium elicits cd8 t cells and anti-cancer immunity. Nature，2019，565（7741）：600-605

［21］Cheng AG，Ho PY，Aranda-Díaz A，et al. Design，construction，and augmentation of a complex gut microbiome. Cell，2022，185（19）：3617-3636

［22］Nagashima K，Zhao AS，Atabakhsh K，et al. Mapping the T cell repertoire to a complex gut bacterial community. Nature，2023，621（7977）：162-170

［23］Wang M，Osborn LJ，Jain S，et al. Strain dropouts reveal interactions that govern the metabolic output of the gut microbiome. Cell，2023，186（13）：2839-2852

［24］Federici S，Kredo-Russo S，Valdés-Mas R，et al. Targeted suppression of human IBD-associated gut microbiota commensals by phage consortia for treatment of intestinal inflammation. Cell，2022，185（16）：2879-2898

［25］Mabwi HA，Kim E，Song DG，et al. Synthetic gut microbiome：Advances and challenges. Comput Struct Biotec，2021，19：363-371